华东交通大学教材（专著）出版基金资助项目

电力系统分析

主　编　　徐祥征
副主编　　罗　杰　　韩志杰

西南交通大学出版社
·成　都·

内 容 提 要

本书共八章，主要包括电力系统的基本概念、电力系统元件的参数和等值电路、电力系统的潮流分布计算、电力系统的有功功率和频率调整、电力系统的无功功率和电压调整、电力系统三相短路的分析与计算、电力系统不对称故障的分析与计算、牵引供电系统短路分析与计算。书后附录给出了同步电机参数计算公式、网络化简表及短路电流计算曲线。每章列出一定数量的习题，对于广大读者掌握和应用相关的内容有一定的帮助。

本书可作为电气工程及其自动化专业师生用书，也可作为从事电气工程相关工程技术人员参考用书。

图书在版编目（CIP）数据

电力系统分析 / 徐祥征主编. —成都：西南交通大学出版社，2022.12

ISBN 978-7-5643-9112-6

Ⅰ. ①电… Ⅱ. ①徐… Ⅲ. ①电力系统－系统分析 Ⅳ. ①TM711

中国版本图书馆 CIP 数据核字（2022）第 252361 号

Dianli Xitong Fenxi

电力系统分析

主编　徐祥征　　责任编辑 / 黄淑文

封面设计 / 原谋书装

西南交通大学出版社出版发行

（四川省成都市金牛区二环路北一段 111 号西南交通大学创新大厦 21 楼　610031）

发行部电话：028-87600564　028-87600533

网址：http://www.xnjdcbs.com

印刷：四川森林印务有限责任公司

成品尺寸　185 mm×260 mm

印张　19.5　　字数　487 千

版次　2022 年 12 月第 1 版　　印次　2022 年 12 月第 1 次

书号　ISBN 978-7-5643-9112-6

定价　56.00 元

课件咨询电话：028-81435775

前 言

本书是根据强基础、宽专业的教学改革需要和宽口径电气工程及其自动化专业人才培养需要而编写的。本书阐述了电力系统基本概念与电力系统运行的基本原理，突出电力系统潮流计算、电力系统短路分析与计算和交流牵引供电系统短路分析与计算。

本书在编写过程中，既注重电力系统基本理论和基本计算方法介绍，又避繁就简舍弃部分烦琐的理论推导。同时，补充与轨道交通相关的牵引供电系统短路分析与计算的相关内容，以满足轨道交通特色人才培养的需求。在内容组织方面力图满足电气工程各专业方向的共同需求与各专业特点，充分体现专业教材的综合性和工程性，为学生进一步学习相关领域理论和从事相关领域工作奠定坚实基础。

本书由徐祥征教授主编，罗杰老师和韩志杰高工担任副主编，徐祥征教授和罗杰老师负责全书统稿。全书共分八章，其中第一章第一节至三节、第二章、第三章由华东交通大学徐祥征教授编写；第一章第四节和第五节由南昌交通学院万本庚老师编写；第四章、第七章由华东交通大学罗杰老师编写；第五章由华东交通大学余勇祥老师编写；第六章由华东交通大学曾晗老师编写；第八章第一、二节及附录由华东交通大学吴文辉老师编写；第八章第三节由北京城建设计发展集团股份有限公司韩志杰高工编写。

本书在编写过程中得到了武汉大学、北京城建院和南昌交通学院等单位同仁们的支持与帮助，在此一并向他们表示衷心的感谢！

由于编者水平有限，书中如有不妥之处，恳请读者批评指正。

编　者

目　录

第 1 章　电力系统的基本概念

电能由于可以大量生产，便于远距离输送、分配、集中管理和控制，又容易转换成其他形式的能量，已成为人类生活和社会生产中最重要的能源。电力系统是国民经济发展的基础，其发展程度和水平已成为衡量一个国家现代化程度和人民生活水平的重要标志。电力系统的根本任务是向用户提供充足、可靠、优质和价格合理的电能。为此，要认真做好电力系统规划、设计、安装、调试和运行与控制等方面的工作。

本章重点介绍电力系统的运行特点、接线方式和电压等级等基本内容。这些内容是电力系统分析的基础。通过本章的学习，读者应对电力系统有一个整体认识。

1.1　电力系统概述

1.1.1　我国电力系统的发展现状

1882 年 7 月 26 日，上海电气公司一台 12 kW 的蒸汽发电机组发电，点亮了上海南京路上 15 盏弧光灯。这是中国第一座发电厂，是中国电力工业的开端。

到中华人民共和国成立前夕，全国发电装机容量只有 185 万 kW，年发电量 43 亿 kW·h，人均年用电量只有 9 kW·h，发电装机容量和发电量分别居世界第 21 位和 25 位。

到 1978 年，在近 30 年的时间里，全国（不含中国香港、澳门和台湾地区，下同）发电装机容量达到 5 712 万 kW，年发电量达到 2 566 亿 kW·h，发电装机容量和发电量分别跃居世界第 8 位和第 7 位。

到 2004 年底，全国发电装机容量达到 1.4 亿 kW·h，年发电量达到 21 730 亿 kW·h，发电装机容量和发电量均列世界第 2 位。

到 2021 年底，全国发电装机容量达到 23.77 亿 kW，年发电量达到 81 122 亿 kW·h，发电装机容量和发电量均列世界第 1 位。2015—2021 年全国发电装机容量及增速情况见图 1.1 和图 1.2。

从 20 世纪 80 年代开始，中国电力工业进入大机组、高电压、大电网阶段。目前，全国形成 6 大跨省电网，即东北、华北、华东、华中、西北和南方电网和 4 个省级电网，即山东、新疆、海南和西藏电网。500 kV 输电网络已成为电网的主干网络。西北电网的 750 kV 输变电工程已投入运行。

自 1993 年从葛洲坝至上海的第一条±500 kV 直流线路投入运行后，高压直流输电在我国得到应用，第二条从三峡至常州的相同电压的直流线路于 2003 年投入运行。2006 年 12 月，三峡至上海±500 kV 直流（三沪直流）输电工程正式投产运行，它是三峡三期输变电工程的标志性工程，是三峡工程配套的近万公里输变电工程中的第三条直流线路，同时也是继三常（三峡—江苏常州）直流工程、三广（三峡—广东惠州）直流工程、贵广（贵州—广州）直流工程后我国投产的第四个 3 000 MW 大型直流输电工程。它的竣工投产使三峡电站向华东地区的送电能力提高 1 倍，同时三峡梯级枢纽向华东送电的整体能力也达到 7 200 MW。

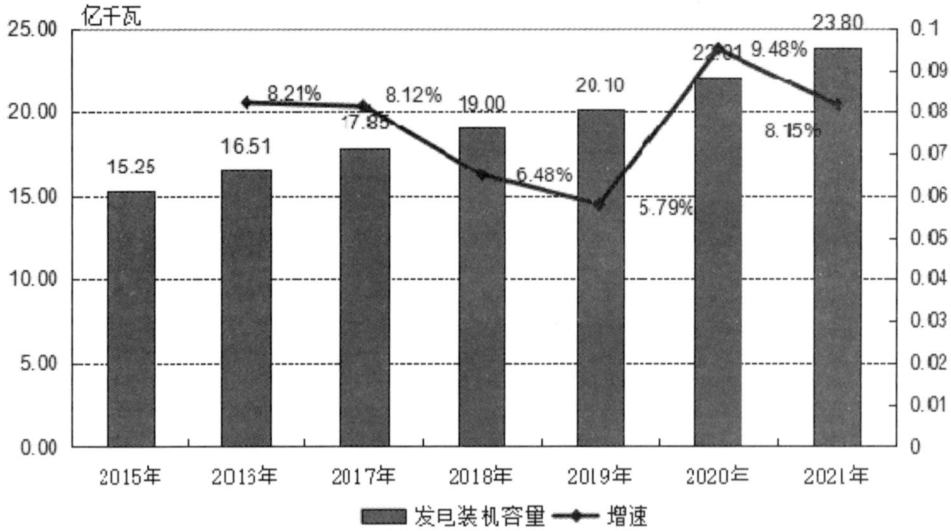

图 1.1　2015—2021 年全国发电装机容量及增速情况（不含中国香港、澳门和台湾地区）

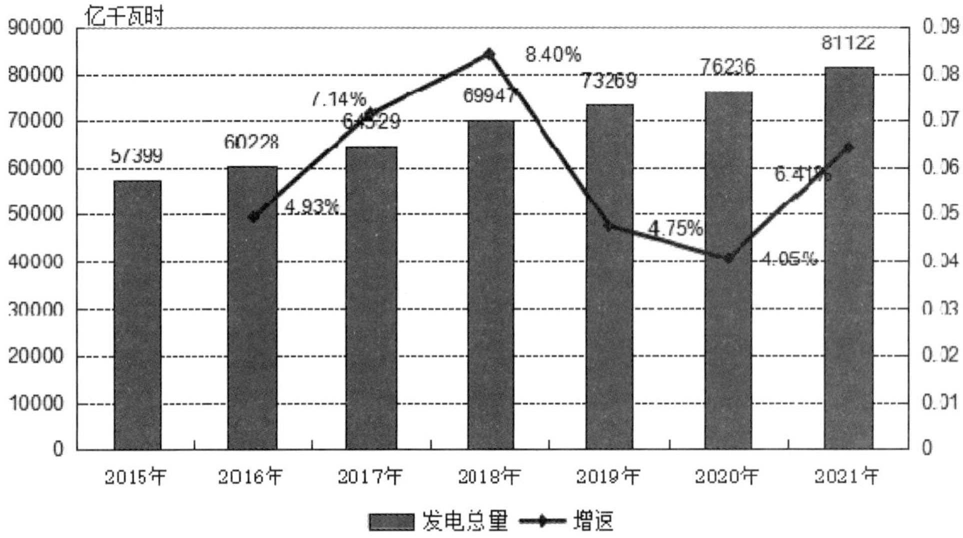

图 1.2　2015—2021 年全国发电量及增速情况

中国的发电技术制造水平近年来得到了很大提高，30 万 kW 和 60 万 kW 机组国内已经可以批量生产。超临界机组以其运行成本低且效益高的特点成为我国火力发电的主力机组；目前，66 万 ~ 100 万 kW 超临界发电机组总装机已超过 1 亿 kW，居世界首位。随着超超临界燃煤发电技术国产化进程加快，600 ℃超超临界发电技术不断深化，700 ℃超超临界发电技术路线图已经绘就，燃煤发电整体效率不断提升。

1991 年投产的秦山核电厂第一台 30 万 kW 核电机组是我国自己设计和建造的，它结束了中国内地无核电的历史。随后，秦山第二核电厂、秦山第三核电厂、大亚湾核电厂和岭澳核电厂相继投产，至 2021 年底，我国大陆并网核电机组达到 53 台，总装机容量 5 463.695 万 kW，仅次于美国与法国，继续位居世界第三位。

中国的电源开发方针是：大力开发水电，优化发展煤电，积极发展核电，适度发展天然气发电，加快新能源发电。

中国水能资源居世界首位，理论蕴藏量 6.76 亿 kW，年发电量 5.92 万亿 kW·h，其中可开发装机容量 3.78 亿 kW，年发电量 1.92 万亿 kW·h，居世界首位。但能源分布极不均匀，水能资源大部分集中在西南、中南和西北地区，仅四川和云南两省的可开发装机容量就达 1.6 亿 kW，约占全国的 43%；煤炭能源集中在华北和西北地区。而能源消耗却相对集中在经济发达的东部沿海地区，仅北京、上海、江苏、广东等 7 个省、直辖市的电力消费就占全国电力消费总量的 37%。因此“西电东送、南北互供、全国联网”是我国电网的发展战略。

2009 年全部完工的三峡水电站位于华中地区，是世界上规模最大的水电站。目前电站安装 32 台单机容量为 70 万 kW 的水电机组，总装机容量为 2 240 万 kW，年发电量近 1 118 亿 kW·h。电站将向华中、华东和华南电网送电，并促进全国联网的实现。

1.1.2 电力系统、电力网及动力系统

发电机把石化能、水能、核能、风能和太阳能等原始能源转化为电能，电能经变压器、变换器和电力线路输送并分配到用户，在那里经电动机、电炉和电灯等设备又将电能转化为机械能、热能和光能等。这些生产、变换、输送、分配、消费电能的发电机、变压器、变换器、电力线路及各种用电设备等联系在一起组成的统一整体称为电力系统，如图 1.3 所示。

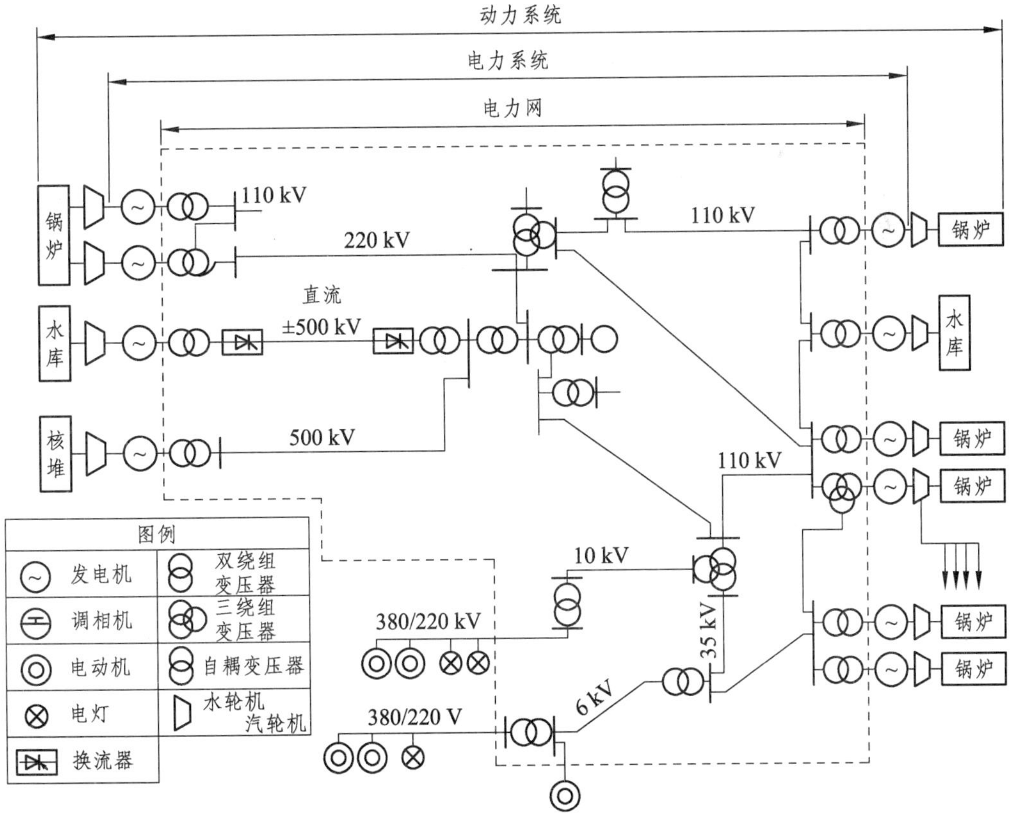

图 1.3　动力系统、电力系统和电力网示意图

与“电力系统”一词相关的还有“电力网”和“动力系统”。前者指电力系统中除发电机和用电设备外的部分；后者指电力系统和“动力部分”的总和。所谓“动力部分”，包括火力发电厂的锅炉、汽轮机、热力网和用热设备，水力发电厂的水库和水轮机，核电厂的反应堆等。所以电力网是电力系统的组成部分，而电力系统则是动力系统的组成部分。三者的关系也示于图 1.3 中。

1.2 电力系统运行的特点和要求

1.2.1 电力系统运行的特点

1. 现代电力系统的运行特点

电力系统是生产、输送、分配和使用电能的所有电力设备连接而成的系统，电能是电力系统的产品。与普通意义上的商品相比，电力系统具有如下特点：

（1）电能不能大量储存。电能的生产、输送、分配和使用必须是同步进行的。也就是说，发电设备在某个时刻生产的总电能，必须严格地和这个时刻负荷消耗和输送损耗的总电能相等。正是因为这个特点，一旦电力系统发出的电能和消耗的电能不匹配，轻则导致电力系统的运行指标，例如电压、频率发生变化，导致电力系统不能正常安全地运行，重则导致电力系统的崩溃和瓦解。

电力系统在正常运行时，只有一个运行频率，即电力系统中所有的发电机必须都保持同步运行，这就要求所有的发电机转子上的电磁转矩和机械转矩相平衡。一旦这个平衡被打破，发电机的转速或者重新进入一个新的平衡，或者不能进入平衡状态，将导致电力系统的剧烈振荡，失去同步。然而，电力系统的负荷是随机变化的，因此需要对电力系统的发电进行合理的安排和调度，并利用自动控制装置，实时跟踪负荷的变化，保持系统的功率平衡。同时，在电力系统受到大的扰动，例如发生短路故障的情况下，需要及时切除故障，并及时实施控制，保证电力系统功率的平衡。

（2）电力系统的暂态过程十分迅速。所谓暂态过程，就是从一个状态转换到另外一个状态的过渡过程。在电力系统中，一旦发生扰动，例如开关操作、雷电冲击、短路等，电力系统将从一个状态转换到另一个状态。这个暂态过程的时间非常短，电气暂态过程只有数毫秒的时间，从发生故障到系统失去稳定的机电暂态时间也不过只有几秒，因事故导致系统全面崩溃瓦解的过程也只有数分钟。这就要求电力系统的保护与控制装置具有足够快的反应速度。

（3）电力系统的运行参数必须在规定范围内。电力系统的运行是同步的，即整个电网只有一个额定频率，这就意味着电力系统中所有同步发电机的转速都必须运行在额定频率附近，一旦频率降低，电力系统就进入不正常状态，甚至有可能失去同步运行。对电力系统各个节点的电压也是有要求的，不仅仅有电能质量的要求，而且还有系统正常运行的要求，一旦某点的电压降低，就会导致整个电网的电压崩溃。

2. 现代电力系统的特征

电力系统经过一个多世纪的发展，特别是随着科学技术的不断进步，电力系统本身也发生了巨大的变化，主要表现在如下几个方面：

（1）现代电力系统已经进入大系统、特/超高压、远距离、交直流混联的大区域互联的新阶段。为了提高供电可靠性和经济性，电力系统的结构越来越复杂，从简单的树枝结构的辐射型网络发展到多电源供电的环形网络，从小区域网发展到大区域网的互联。输电电压等级也越来越高，最高电压等级从 330 kV 发展到现在的 750 kV，甚至 1 000 kV。输电形式也从单一的交流输电发展为交直流混联，超高压远距离直流输电已经成为区域电网之间的联络线。

（2）社会经济的发展促使现代电力系统经营和管理手段发生了重大变革，电力市场将取代传统的经营方式。传统的电力系统的经营和管理方式为计划经济和计划管理，发电、输电和配电由电力部门统一管理，发电和配电由电力调度机构统一调配。这种计划管理体系在特定的时期提高了电力系统的运行经济性，但随着市场经济体系的不断完善和发展，传统的计划调度模式已经不适应电力系统的发展。为了适应市场经济模式，整合电力系统的资源，电力市场成为目前世界各国研究的重要课题之一，由市场来调控电力系统的经济运行已势在必行。

（3）发电形式的多样化。随着科学技术的不断进步，电力系统中的发电形式也呈现出多样化的局面。传统的发电形式是水力发电和火力发电。随着核物理技术的发展，核能的民用技术不断完善，核能发电技术在世界各国得到了比较广泛的应用。进入 21 世纪以来，燃气轮机发电技术、风力发电技术、太阳能发电技术、生物质能发电技术等无污染的高效清洁能源发电成为世界各国研究的重要内容。

（4）高度集成的电力系统综合自动化系统。随着计算机技术、通信技术、信息技术的发展，电力系统自动化从传统的分散自动控制装置发展为分层分布式的高度集成的综合自动化系统，将监视、测量、控制、保护以及管理功能集成在综合自动化系统中。从基层的变电站、电厂的综合自动化，到各个级别的调度自动化系统，电力系统基本实现了变电站无人值守，实现了从调度中心直接监视和控制电力系统的“遥信”、“遥调”、“遥控”和“遥测”的“四遥”功能。

1.2.2 对电力系统运行的基本要求

根据电能不能大规模储存以及电力系统运行的特殊性，对电力系统的运行要求可以概括为正常、安全、经济和高质量四个方面的内容。

所谓正常，就是指电力系统的运行参数在允许的范围之内。这就要求电力系统中发电机发出的功率和负荷消耗的功率相平衡，一旦功率不平衡，电力系统的运行参数就会发生变化。如果运行参数发生改变后，仍然不能使功率平衡，电力系统就会失去稳定性，从而导致整个系统的瓦解和崩溃。电力系统的这一特征，要求电力系统必须处于正常运行状态。

在正常运行的基础上还要保证安全。所谓安全，就是电力系统的抗扰动能力，是指在合理的假想事故下，电力系统仍然处于正常状态。这就要求电力系统在运行时必须考虑一定的安全裕度，保证电力系统在受到故障等扰动时，仍然保持正常运行。根据电力系统的安全稳定运行导则，电力系统必须满足 $N-1$ 原则，即系统即使有一条线路故障开断后，系统仍然正常运行。

在保证电力系统正常安全运行的基础上，还要保证电力系统运行的经济性。为了保证经济性，应在发电厂之间进行经济调度，使得火电厂的燃料总耗量最低，还要进行合理的潮流分配，使得电力系统的网络损耗达到最小。随着电力市场的逐步推进，电力系统经济运行的任务将转换为由电力市场来进行资源的合理配置。

最后，必须保证电能质量。电能质量是对供电可靠性以及电压、频率、波形和幅值的要求，包括谐波含量、电压骤降、三相平衡度、电压闪变等方面。随着电子科学技术的发展，用户对电能质量的要求也越来越高，对电能质量的需求也越来越多样化。

1.3 电力系统的负荷与负荷曲线

1.3.1 电力系统的负荷

1. 负荷的概念

电力系统的负荷是系统中千万个用电设备消费功率的总和，也称电力系统综合用电负荷。它包括异步电动机、同步电动机、电热炉、整流设备、照明设备等若干类。不同的行业中，这些用电设备的比重也不同。表 1.1 所示是几种工业部门中各种用电设备比重的典型统计数据，有一定的代表性。

表 1.1 几种工业部门用电设备比重的统计

类 型	综合性中小工业	棉纺工业	化学工业（化肥厂、焦化厂）	化学工业（电化厂）	大型机械加工工业	钢铁工业
异步电动机	79.1%	99.8%	56.0%	13.0%	82.5%	20.0%
同步电动机	3.2%		44.0%		1.3%	10.0%
电热电炉	17.7%	0.2%			15.0%	70.0%
整流设备				87.0%	1.2%	
合 计	100.0%	100.0%	100.0%	100.0%	100.0%	100.0%

注：1. 比重按功率计。2. 照明设备的比重很小未统计在内。

综合用电负荷加上电力网中损耗的功率，就是系统中各发电厂应供应的功率，因而统称为电力系统的供电负荷。供电负荷再加上发电厂本身的消耗功率——厂用电，就是系统中所有发电机应发的总功率，称电力系统的发电负荷。

各用电设备的有功功率和无功功率随受电电压和系统频率的变化而变化，其变化规律不尽相同。综合用电负荷随电压和频率的变化规律，是各用电负荷变化规律的合成。图 1.4（a）和（b）分别是某电力系统综合用电负荷的电压特性曲线和频率特性曲线（标幺值）。

2. 负荷的分类

负荷因其用途或供电条件等的不同，有各种分类方法。我国主要是按产业和用途分类。按产业分类，可分为工矿业负荷、农业负荷、交通运输负荷、市政负荷、商业负荷、居民负荷等。按用途分类，可分为照明负荷、电力负荷。电力负荷根据能量转换的不同，又可分为动力负荷、电热负荷、电解负荷及整流负荷等。不同行业各类用电设备消耗的功率所占比重是不同的。

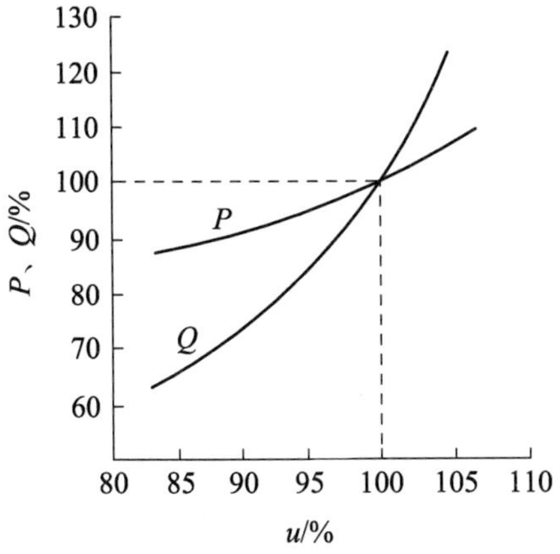

（a）电压特性曲线

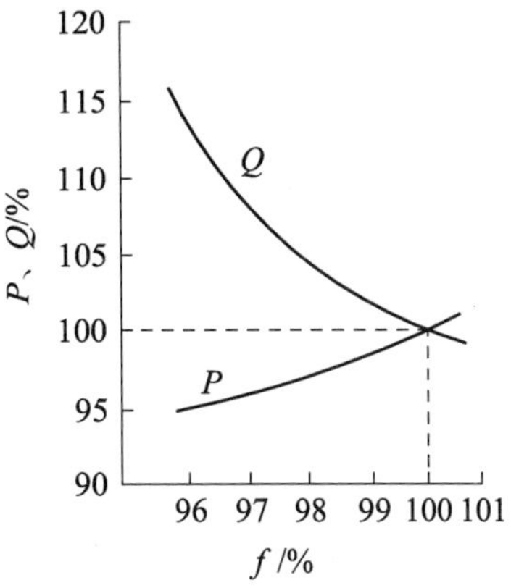

（b）频率特性曲线

图 1.4 某电力系统综合用电负荷的特性曲线

在规划、设计和运行中，按照负荷对供电可靠性的要求不同，分为一类负荷、二类负荷、三类负荷，说明如下。

（1）一类负荷，是指中断供电将造成人身伤亡或将在政治、经济上造成重大损失的负荷，如造成重大设备损坏、有害物溢出污染环境、生产秩序需要长时间才能恢复、重要交通枢纽无法工作以及国际活动场所秩序混乱等的负荷。

（2）二类负荷，是指中断供电将在政治、经济上造成较大损失的负荷，如造成主要设备损坏、产品大量报废或大量减产以及人员集中的公共场所秩序混乱等的负荷。

（3）三类负荷，是指不属于一、二类负荷的其他负荷。

通常一类负荷对供电可靠性的要求最严格。负荷分类标准一般由各国行业标准规定。

1.3.2 负荷曲线

负荷一般是随时间变化的，描述负荷随时间变化的规律常用负荷曲线来表示。实际负荷曲线应是一条光滑的连续曲线，但由于在实际工程中，常采用定点（如整点，或每隔 0.5 h 或 1 h）测量，或为分析问题的方便起见，负荷曲线一般采用折线法或阶梯法绘制。负荷曲线按负荷种类可分为有功功率负荷曲线和无功功率负荷曲线；按负荷对象可分为用电设备、车间、企事业单位、行业、县网、地区网、省网、区域网、电力系统等负荷曲线；按时间可分为日、周、月、季、年等负荷曲线。常用的负荷曲线有日负荷曲线和年负荷曲线。

1. 日负荷曲线

一天 24 h 内负荷随时间变化的曲线，称为日负荷曲线，一般多采用有功功率日负荷曲线，如图 1.5 所示。图中，曲线的最高处称为日最大有功负荷 P_{max}，简称最大负荷；最低处称为日最小有功负荷 P_{min}，简称最小负荷。P_{max} 和 P_{min} 表示了日有功负荷的上下限，最大负荷与最小负荷之差称为峰谷差。可根据负荷曲线计算用户在一天内所消耗的电能，即日用电量为

$$W = \int_0^{24} P\mathrm{d}t \tag{1.1}$$

式（1.1）所得结果为有功负荷曲线下所包围的面积，单位为 kW · h 或 MW · h，日平均负荷定义为

$$P_{av}=\frac{W}{24}=\frac{1}{24}\int_0^{24}P\mathrm{d}t \tag{1.2}$$

为了反映负荷曲线的起伏变化情况，引入负荷率 γ 和最小负荷率 β 的概念，定义为

$$\gamma=\frac{P_{av}}{P_{max}} \tag{1.3}$$

$$\beta=\frac{P_{min}}{P_{max}} \tag{1.4}$$

式（1.3）中的负荷率为日平均负荷 P_{av} 与日最大负荷 P_{max} 之比，γ 值小表示负荷曲线起伏大，发电机的利用率低。

在日负荷曲线中，将最小负荷以下的部分称为基荷，平均负荷以上的部分称为峰荷，中间部分称为腰荷，各部分如图 1.5 所示。

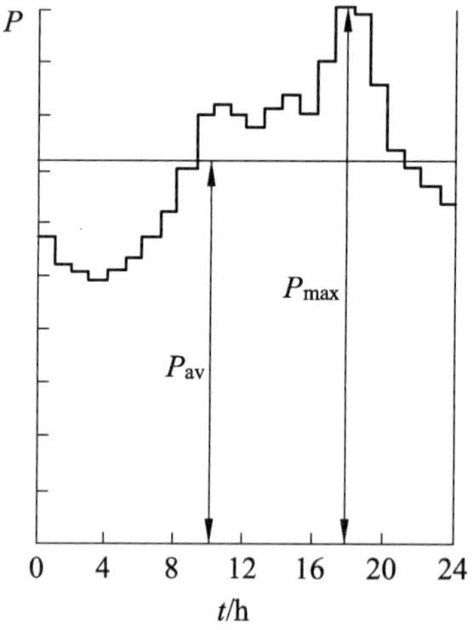

图 1.5　日有功负荷曲线

负荷曲线的形状与负荷类型、负荷组成、负荷特性、工作制度、生活规律、气候条件以及地域等因素有关。不同行业的负荷曲线相差很大，即使同一用户不同天的负荷曲线也可能有较大差别。如图 1.6 所示为 4 种不同行业的有功功率日负荷曲线。三班制连续生产的重工业负荷，如图 1.6（a）所示的钢铁工业负荷，负荷曲线较平坦，最小负荷达最大负荷的 85%。一班制生产的轻工业负荷，如图 1.6（b）所示的食品工业负荷，负荷变化的幅度较大，最小负荷仅为最大负荷的 13%。农业加工负荷如图 1.6（c）所示，农业加工负荷每天用电仅 12 h。市政生活负荷如图 1.6（d）所示，其特点是有明显的照明用电高峰。

电力系统中的不同用户不会同时出现最大的负荷需求，所以电力系统的最大负荷小于各用户最大负荷之和。在确定电力系统的综合用电负荷时，可通过采用小于 1 的“同时系数”乘以所有用户最大负荷之和的方法得到。

日负荷曲线对电力系统的运行有很重要的意义，它是制定日发电计划、调度计划、供电计划和确定系统运行方式等的重要依据。

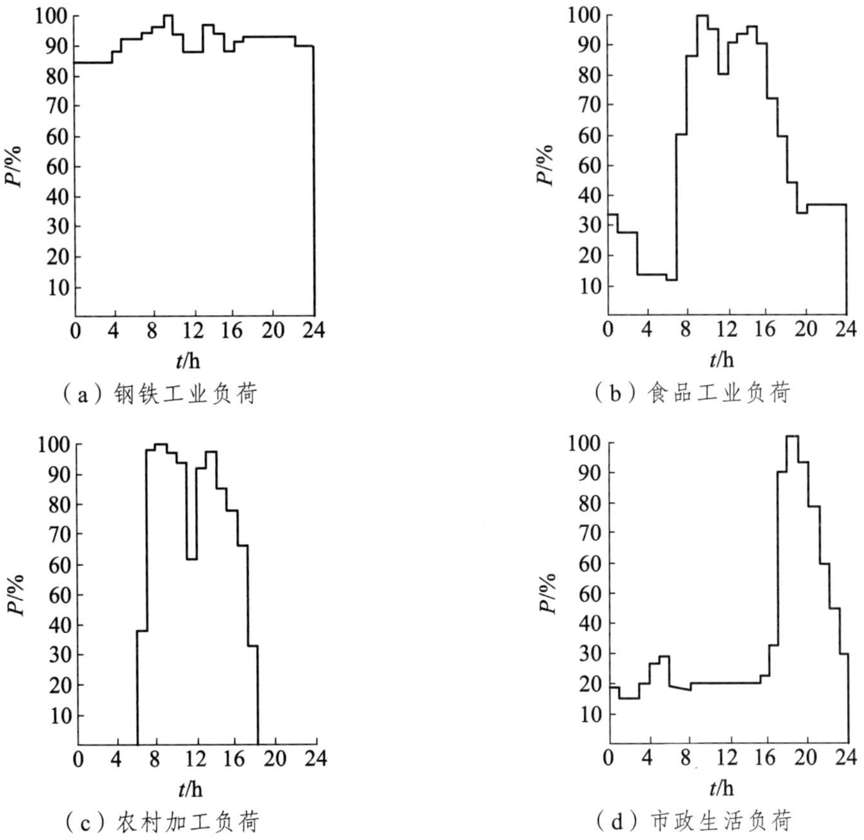

（a）钢铁工业负荷　（b）食品工业负荷　（c）农村加工负荷　（d）市政生活负荷

图 1.6　几种行业的有功功率日负荷曲线

2. 年最大负荷曲线

年最大负荷曲线反映了一年 12 个月中最大负荷的变化规律，如图 1.7 所示。这种负荷曲线主要用来指导电力系统生产运行调度、安排机组和设备检修、新建或扩建机组或发电厂等。从图 1.7 中可以看出，为了保证供电的可靠性，系统中装设的机组总容量应当大于系统的最大负荷，并保持足够的备用容量，即图中多出的部分。检修机组应安排在负荷最小的时段，而且随着负荷的增大，还应不断装设新的发电设备。

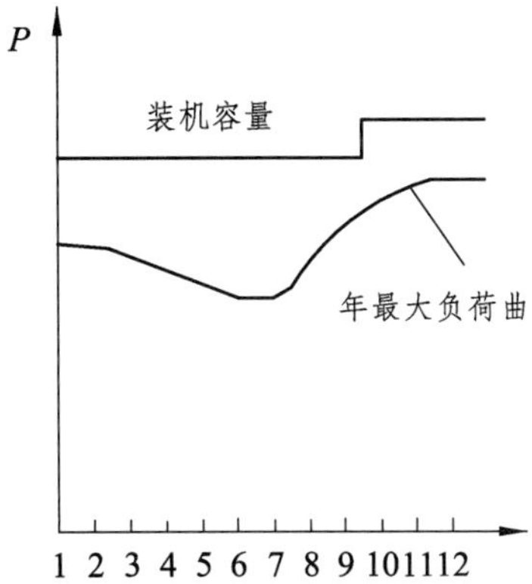

图 1.7　电力系统的有功功率年负荷曲线

3. 年持续负荷曲线

年持续负荷曲线是按一年中系统负荷的数值大小及其持续小时数顺序排列绘制而成的。例如全年中，有 t_1 小时负荷值为 $P_1(=P_{max})$，有 t_2 小时负荷值为 P_2，有 t_3 小时负荷值为 P_3，可绘制出对应的年持续负荷曲线，如图 1.8 所示。

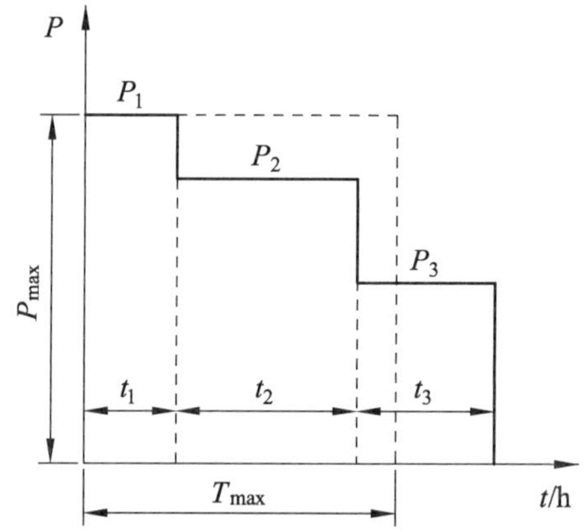

图 1.8　年持续负荷曲线

根据年持续负荷曲线可求出系统负荷的全年电能消耗量为

$$W=\int_0^{8760}P\mathrm{d}t \tag{1.5}$$

例如，图 1.8 所示的年持续负荷曲线的系统负荷，全年电能消耗量为

$$W=\sum_{i=1}^{n}P_it_i=\sum_{i=1}^{3}P_it_i \tag{1.6}$$

如果系统负荷按最大有功 P_{max} 运行，则在 T_{max} 时间内所消耗的电能，等于负荷全年的实际电能消耗量，即

$$P_{max}T_{max}=W=\int_0^{8760}P\mathrm{d}t \tag{1.7}$$

式中，T_{max} 称为最大负荷利用小时数，单位为 h，可确定如下

$$T_{max}=\frac{W}{P_{max}}=\frac{\int_0^{8760}P\mathrm{d}t}{P_{max}} \tag{1.8}$$

1.4　电力系统的接线方式和电压等级

1.4.1　电力系统的接线方式

电力系统的电气接线往往比较复杂，但它们可分解为若干个简单接线的组合。分解后的简单电力网，大致可分为无备用和有备用接线两类。无备用接线包括单回路放射式、干线式

和链式网络，如图 1.9 所示。有备用接线包括双回路放射式、干线式和链式以及环式和两端供电网络，如图 1.10 所示。

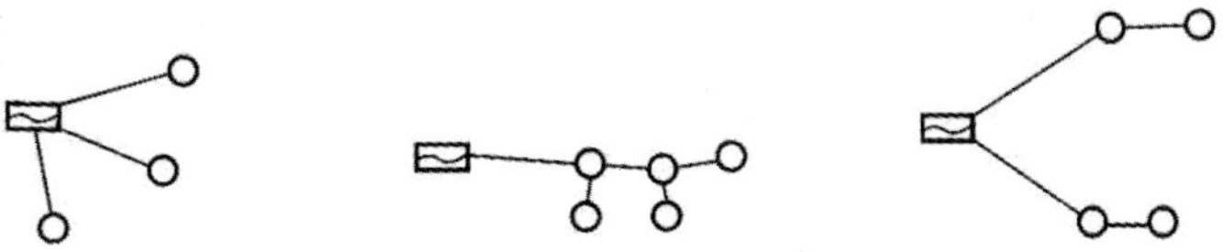

（a）单回路放射式　（b）干线式　（c）链式

图 1.9　无备用接线方式

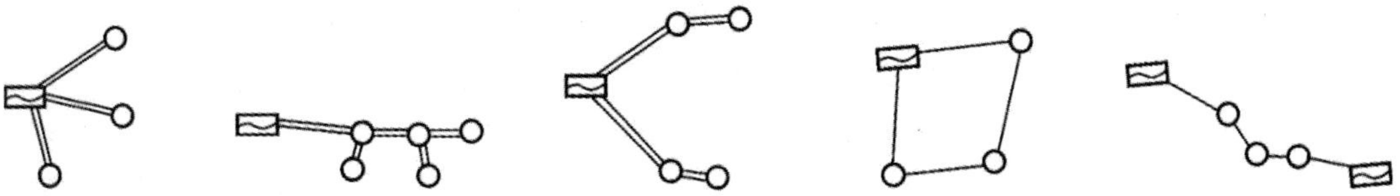

（a）放射式　（b）干线式　（c）链式　（d）环式　（e）两端供电网络

图 1.10　有备用接线方式

1. 无备用接线

无备用接线的主要优点在于简单、经济、运行方便，但任一回线的故障或检修，都会造成一个或几个用户的停电，因此供电可靠性差。这种接线不适用于一类负荷占很大比重的场合。但在一类负荷的比重不大并可为这些负荷单独设置备用电源时，仍可采用这种接线。

2. 有备用接线

在有备用接线中，每一个负荷均可从两条或多于两条的线路上获得电源。其中双回路的放射式、干线式、链式网络的供电可靠性和电压质量较单回路的网络要高，缺点是不够经济。这种接线使用的断路器等高压电器很多。对负荷的供电采用双回路，每回路分担的负荷不大，而在较高电压级网络中，往往为避免发生电晕，不得不选用大于这些负荷所需的导线截面面积，以致浪费有色金属。环式网有与上述接线方式相同的供电可靠性，但比它们采用的设备要少，更经济。环式网接线的缺点是节点较多，运行调度复杂；当环解开时，可能使某些点的电压质量较差。两端供电网络最常见，但采用的先决条件是要有两个或两个以上的独立电源，它的合理性取决于各负荷点的相对位置。

凡是每个负荷都只能从唯一的路径取得电能的网络，称为开式网络或辐射式网络，例如无备用接线中的放射式、干线式、链式网络和有备用接线中的放射式、干线式、链式网络。

环式网络和两端供电网络中，每一个负荷点至少通过两条线路从不同的方向取得电能，具有这种接线特点的网络称为闭式网络。

电力系统按职能的不同可分为输电系统和配电系统，它们对接线方式有着不同的要求。

输电系统的主要任务是将区域性发电厂的电能，通过电力系统中电压等级最高的一级或两级电力线路和枢纽变电所，可靠而经济地输送到负荷集中地区。对输电系统接线方式的要求主要是应有足够的可靠性，要满足电力系统运行稳定性的要求，要有助于实现系统的经济调度，要具有对运行方式变更和系统发展的适应性等。用于连接远离负荷中心地区的大型发电厂的输电干线和向缺乏电源的负荷密集地区供电的输电干线常采用双回路或多回路。位于负荷中心地区的大型发电厂和枢纽变电所一般是通过环形网络连接的。

配电系统的主要任务是将输电系统输入的电能分配给终端用户。配电系统采用哪一类接线方式主要取决于负荷的性质。无备用接线只适用于向三类负荷供电。对于一类和二类负荷占较大比重的用户，应由有备用网络供电。

1.4.2 电力系统的电压等级

1. 电压等级

电力系统中的电气设备都是按照额定电压和额定频率设计的，当这些电气设备在额定电压和额定频率下运行时，具有最好的技术性能和经济指标。为了电气设备制造的标准化、系列化，也为了电力系统的发展，各国都根据本国具体的技术经济条件，制定出自己的电压等级标准。

我国制定的标准电压等级分为 3 类。第一类为 100 V 以下适用于蓄电池和安全照明用具等电气设备的额定电压；第二类为 100 V 以上、1000 V 以下适用于一般工业和民用电气设备的额定电压；第三类为 1000 V 以上高压电气设备的额定电压，其数值见表 1.2。

表 1.2 3 kV 及以上交流电力系统的额定电压

电力系统电压等级/kV	线路及用电设备额定线电压/kV	交流发电机额定线电压/kV	变压器额定线电压/kV	
			一次绕组	二次绕组
3	3	3.15	3 及 3.15	3.15 及 3.3
6	6	6.3	6 及 6.3	6.3 及 6.6
10	10	10.5	10 及 10.5	10.5 及 11.0
		15.75	15.75	
		23	23	
35	35		35	38.5
110	110		110	121
220	220		220	242
330	330		330	345 及 363
500	500		500	525 及 550
750	750		750	788 及 825
1000	1000		1000	1050 及 1100

注：1. 变压器一次绕组栏内 3.15 kV、6.3 kV、10.5 kV、15.75 kV 及 23 kV 电压适用于与发电机端直接连接的升压变压器。

2. 变压器二次绕组栏内 3.3 kV、6.6 kV 及 11 kV 电压适用于短路电压值在 7.5%及以上的降压变压器。

由表 1.2 可以看出，在同一电压等级下，线路、用电设备、发电机、变压器的额定电压并不完全一致，这是为了使各种电气设备都能在较为有利的电压水平下运行，说明如下。

（1）电力线路的额定电压和用电设备的额定电压相等，并等于对应的电力系统电压等级，有时把它们称为电网的额定电压。这是因为线路传输功率时，沿线的电压分布往往是始端高于末端。线路的额定电压实际上是线路的平均电压，即线路始端电压和末端电压的算术平均值。而沿线各用电设备的额定电压与线路额定电压相等，使所有用电设备能在接近它们的额定电压下运行。

（2）发电机的额定电压为线路额定电压的 105%。由于用电设备的允许电压偏差为±5%，而沿线的电压降落一般为 10%，这就要求线路始端电压大于或等于额定电压的 105%，以使末端电压不低于额定电压的 95%。发电机往往接在线路始端，其允许电压偏差也为±5%。因此，发电机的额定电压应为线路额定电压的 105%。

（3）变压器一次侧接电源，相当于用电设备；二次侧向负荷供电，相当于发电机。因此，变压器一次侧额定电压等于线路额定电压（用电设备额定电压），而直接和发电机相连的变压器一次侧额定电压应等于发电机额定电压。变压器二次侧的作用相当于电源设备，其额定电压应为线路额定电压的 105%。考虑到变压器的额定电压是按空载条件定义的，而在带负荷运行时，其内部存在电压损耗，约为 5%。为在带负荷运行时，使线路始端电压能为线路额定电压的 105%，变压器二次侧额定电压定为较线路额定电压高 10%。如果变压器内阻抗较小，内部电压损耗也比较小，或二次侧直接与用电设备相连，变压器二次侧额定电压规定比线路额定电压高 5%。

2. 电力系统电压等级的应用范围

电力系统的电能输送是靠电力线路来完成的。由三相功率 $S=\sqrt{3}UI$ 可知，在传输功率一定的条件下，输电电压 U 越高，电流越小，功率损耗也越小，相应导线载流部分的截面面积越小，投资也越小；但电压越高，对绝缘的要求越高，杆塔、变压器、断路器等设备的投资也越大。综合技术经济比较，对应一定的输送功率和输送距离有一最合理的线路电压，通常也称为经济电压。一般输送功率越大，输送距离越远，线路电压应越高。表 1.3 给出了各级电压线路输送能力（送电功率和送电距离）的大致范围，可供参考。

表 1.3　各级电压线路输送能力

额定电压/kV	传输功率/MW	送电距离/km
10	0.2~2.0	6~20
20	1.0~5.0	15~30
35	2.0~10	20~50
110	10~50	50~150
220	100~500	100~300
330	200~800	200~600
500	1000~1500	150~850
750	2000~2500	500 以上
1000	2500 以上	1000 以上

一般来说，750 kV、500 kV、330 kV、220 kV 多用于大电力系统的主干网和相邻电网间的联络线；220 kV 和 110 kV 用于大电力系统的二级输电网；35 kV 既可用于大城市和农村的配电网，也可用于大工业企业的内部电网；10 kV 是最常用的较低一级的高压配电电压，只有负荷中高压电动机的比重很大时，才考虑 6 kV 的配电方案。上述划分不是绝对的，也不是一成不变的。随着系统的发展以及更高一级电压的出现，原电压等级可能退居次一级电网电压。

3. 电压等级的选择

由于历史的原因，我国电力系统的电压等级在西北地区现采用 750/330/110/35/10 kV；东北地区采用 500/220/66/10 kV；其他地区则采用 500/220/110/35/10 kV。根据我国的电网设计、运行经验，借鉴国际上所推荐的电压等级选择办法，我国 110 kV 以下电压级差应超过 3 倍，如 110 kV、35 kV、10 kV；110 kV 以上的电压级差则以 2 倍以上为宜，如 110 kV、220 kV、500 kV。

在规划设计中，电压等级的选择是关系到电力系统网架结构、建设费用、运行灵活性、设备制造经济合理性以及系统将来发展的一个综合性问题。

1.5 电力系统中性点的运行方式

电力系统中性点是指电力系统星形连接的发电机和变压器的中性点。电力系统中性点的运行方式涉及很多因素，如绝缘水平、供电可靠性、接地保护方式、电压等级、内部过电压、通信干扰、系统接线方式等。因此，确定中性点的运行方式，应从上述诸多方面综合考虑。

电力系统中性点的运行方式可分为两大类：一类属于有效接地系统，包括中性点直接接地与经小阻抗接地；另一类属于非有效接地系统，包括中性点不接地、经消弧线圈接地和经高阻抗接地。当电力系统发生单相接地时，中性点不接地、经消弧线圈接地或经高阻抗接地的系统短路电流小，故称这三种为小电流接地系统；而中性点直接接地或经小阻抗接地的系统短路电流很大，故称之为大电流接地系统。

下面就电力系统中性点处于不同运行方式下发生单相接地故障时系统所对应的状态进行分析和比较，从而得出中性点的各种运行方式的应用范围。

1.5.1 中性点运行方式的分析

1. 中性点直接接地方式

如图 1.11 所示为中性点直接接地方式。图中 C_a、C_b、C_c 为各相对地分布电容。正常运行时，三相电源电动势对称，中性点为地电位。当发生单相接地时，构成短路电流回路，此时，电力系统具有以下特点：

（1）短路回路中的短路电流很大。

（2）中性点电位保持不变，仍为地电位。

（3）非故障相对地电压仍然为相电压。

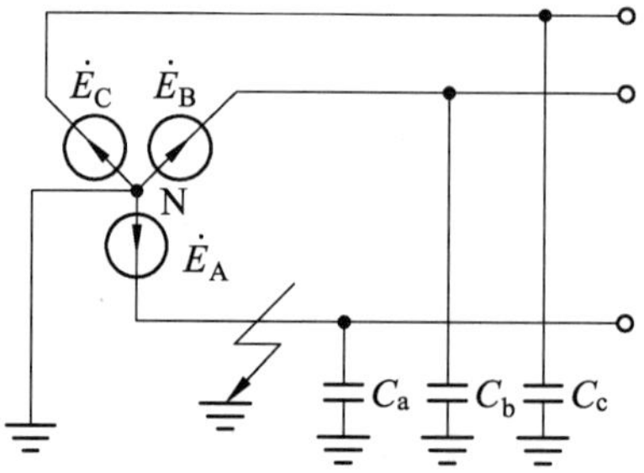

图 1.11 中性点直接接地方式

2. 中性点不接地方式

如图 1.12 所示为中性点不接地方式。正常运行时，三相电源电动势对称，经求解可得中性点的电压$\dot{U}_{N}$为

$$\dot{U}_{N}=-\dot{E}_{A}\frac{C_{a}+a^{2}C_{b}+aC}{C_{a}+C_{b}+C_{c}}=-\rho\dot{E}_{A} \qquad (1.9)$$

其中：$a=e^{j120^{\circ}}$，$\rho=\dfrac{C_{a}+a^{2}C_{b}+aC}{C_{a}+C_{b}+C_{c}}$，称为电网的不对称度，近似表示中性点对地电压与相电压的比值。考虑到三相参数C_{a}、C_{b}、C_{c}不对称性小，通常ρ在 3.5%左右，在近似分析计算中，往往认为电网完全对称，即$C_{a}=C_{b}=C_{c}$。

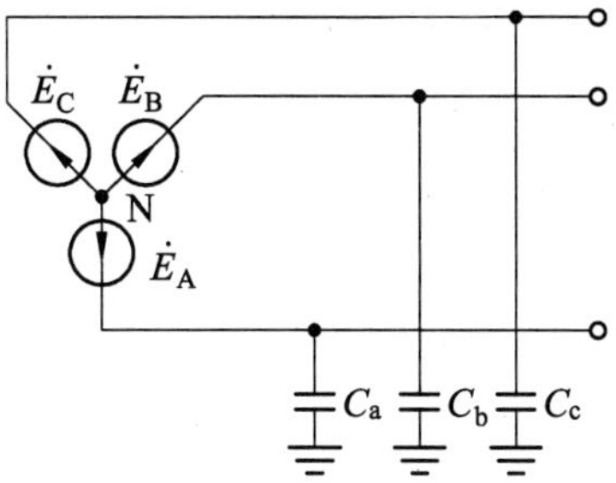

图 1.12　中性点不接地运行方式

当发生单相接地时（例如 A 相接地），例如图 1.13（a）所示，因 A 相为地电位，则中性点对地电压为

$$\dot{U}_{N}=-\dot{E}_{A} \qquad (1.10)$$

即中性点电压上升为相电压，中性点电位发生偏移。其他两相的对地电压为

$$\dot{U}_{BE}=\dot{E}_{B}-\dot{E}_{A}=\sqrt{3}\dot{E}_{A}e^{-j150^{\circ}} \qquad (1.11)$$

$$\dot{U}_{CE}=\dot{E}_{C}-\dot{E}_{A}=\sqrt{3}\dot{E}_{A}e^{j150^{\circ}} \qquad (1.12)$$

非故障相对地电压升高为线电压，其相量图如图 1.13（b）所示。由相量图可以看出，3 个线电压，即$\dot{U}_{AB}$、$\dot{U}_{BC}$、$\dot{U}_{CA}$仍然满足三相对称关系，不影响对后面系统的正常供电。流过接地点f的接地电流$\dot{I}_{f}$为

$$\dot{I}_{f}=(\dot{I}_{fB}+\dot{I}_{fC})=j\omega C\dot{U}_{BE}+j\omega C\dot{U}_{CE} \qquad (1.13)$$

将式（1.11）和式（1.12）代入式（1.13），得

$$\dot{I}_{f}=-j3\omega C\dot{E}_{A} \qquad (1.14)$$

可见，接地电流为电容性电流，等于正常时一相电容电流的 3 倍。

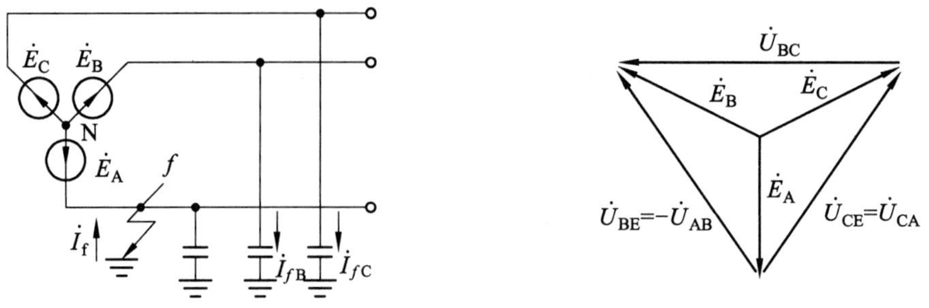

（a）电流分布图　　（b）相量图

图 1.13　中性点不接地运行系统中一相接地时的状况

3. 中性点经消弧线圈接地的运行方式

如图 1.14（a）所示为中性点经消弧线圈接地（又称谐振接地）的系统。消弧线圈是一种带气隙铁心的可调电感线圈，属于感性元件。正常运行时，因中性点电压 $\dot{U}_N=0$，所以消弧线圈中没有电流通过，运行情况与中性点不接地相同。当发生单相接地时，中性点电压升高为相电压，消弧线圈将有电流通过，其电流 $\dot{I}_L$ 为

$$\dot{I}_L=\frac{\dot{U}_N}{j\omega L}=\frac{-\dot{E}_A}{j\omega L}=j\frac{1}{\omega L}\dot{E}_A \tag{1.15}$$

该电流和其他非故障相的电容电流共同流经接地点，此时接地电流为

$$\dot{I}_f=\dot{I}_L+\dot{I}_C=\dot{I}_L+(\dot{I}_{fB}+\dot{I}_{fC})=j\left(\frac{1}{\omega L}-3\omega C\right)\dot{E}_A \tag{1.16}$$

由于消弧线圈中的电流 $\dot{I}_L$ 与 $\dot{I}_C$ 相位相反，从而使得接地点的接地电流减小。和中性点不接地运行方式的分析一样，在发生单相接地时，非故障相的对地电压升高到线电压，线电压间仍为三相对称关系，如图 1.14（b）所示。

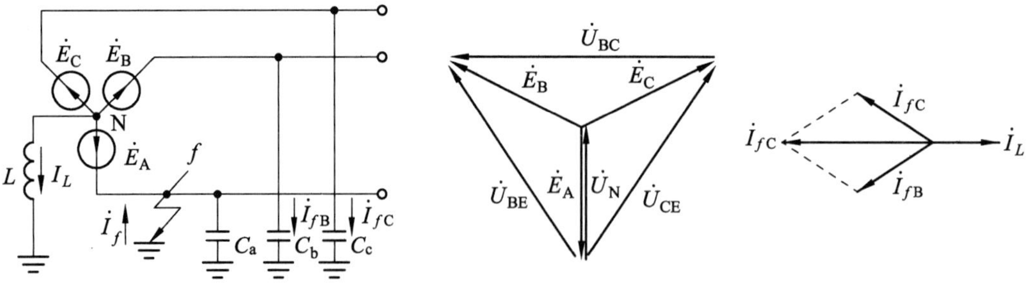

（a）电流分布　　（b）电压、电流相量图

图 1.14　中性点经消弧线圈接地系统中一相接地时的状况

1.5.2 中性点运行方式的比较

根据以上对中性点各种运行方式的分析，下面主要从供电可靠性和对绝缘的要求方面比较它们各自的优缺点。

1. 供电可靠性

当电力系统发生单相接地时，对于中性点直接接地系统，接地相会产生很大的短路电流。为了防止损坏设备，需要由继电保护装置迅速将故障线路切除，以保证系统中非故障部分的正常运行，这样会造成对用户（或部分用户）供电的中断，所以其供电可靠性低。

对于中性点不接地系统或经消弧线圈接地的系统，由式（1.14）和式（1.16）可知，接地相的电流不大，不会对设备造成损伤，同时，线电压仍为三相对称，系统仍可继续运行。此种情况下，继电保护装置仅发信号，而不动作于断路器跳闸，提高了供电可靠性。可在运行中找出并消除故障，自动恢复正常运行。

2. 对绝缘的要求

对于中性点直接接地系统，由于中性点电压保持为地电位，当发生单相接地故障时，相对地电压仍保持为相电压，绝缘仅按相电压考虑，对绝缘水平的要求较低。

对于中性点不接地系统或经消弧线圈接地的系统，当发生单相接地故障时，中性点电压升高到相电压，非故障相对地电压升高为线电压，故对绝缘水平的要求较高。

3. 不接地方式与经消弧线圈接地方式的比较

电力系统瞬时性单相接地故障多表现为经电弧接地。对于中性点不接地系统，如果流过短路点电弧通道的固有接地电流 $\dot{I}_f$（电容性）不大，电弧可以自行熄灭，系统又重新恢复正常。但当该电流超过某一限值时，可能产生间歇性电弧或稳定燃烧电弧。间歇性电弧在系统中会引起电弧过电压，过电压的数值随电弧重燃次数的增加而增加，实测表明，非故障相可达到 3.2 倍相电压，危及电网绝缘。

经消弧线圈接地能解决上述问题。在发生单相接地时，利用消弧线圈产生的电感电流补偿电容性电流，使通过电弧通道的电流减小，电弧自行熄灭，消除了电弧接地过电压。

1.5.3 中性点运行方式的应用

在电压等级较高的系统中，绝缘费用在设备总价格中占相当大的比重，降低绝缘水平带来的经济效益很显著，一般采用中性点直接接地方式，而采取其他措施来保证供电可靠性。反之，在电压等级较低的系统中，一般采用中性点不接地方式或经消弧线圈接地方式以提高供电可靠性。

根据我国电力行业颁发的 GB SDJ 7—1979《电力设备过电压保护设计技术规程》的规定，110 kV 及以上电网，一般采用中性点直接接地方式。35 kV 及以下电网，则采用中性点非有效接地方式，单相接地故障的容性电流不超过下列数值：3 ~ 6 kV 网络 30 A；10 kV 网络 20 A；35 kV 网络 10 A。

中性点采用不接地方式，若容性电流超过上述容许值，且要求带故障持续运行时，中性点应经消弧线圈接地。

中性点经消弧线圈接地时，按补偿方式可分为过补偿、欠补偿和全补偿三种方式。为了便于分析，下面给出脱谐度 v 和补偿度 k 的概念：

$$v=\frac{I_C-I_L}{I_C} \tag{1.17}$$

$$k=1-v=I_L/I_C \tag{1.18}$$

（1）全补偿。$v=0$，$k=1$，即 $I_L=I_C$，接地点的接地电流等于 0。此时消弧线圈的感抗正好与非故障相的分布电容的容抗构成串联谐振的关系，将会引起危险的过电压，所以在实际运行中通常不采用全补偿。

（2）欠补偿。$v>0$，$k<1$，即 $I_L<I_C$，流过接地点的电流为容性。当部分线路因检修等原因退出运行时，该种运行方式有可能出现全补偿，所以运行中一般也不采用。

（3）过补偿。$v<0$，$k>1$，即 $I_L>I_C$，流过接地点的电流为感性。因为不会发生因线路退出而接近全补偿的状态，所以运行中都采用过补偿。为了防止由于线路扩建等原因出现全补偿的可能性，脱谐度要求在 10%左右。

从原理上讲，脱谐度大些可以减少中性点位移电压，但脱谐度过大，将导致残余接地电流太大，使得接地处的电弧仍不能熄灭。所以要根据运行经验合理选择脱谐度，使得既可熄灭接地处的电弧，又能防止危险的中性点位移过电压。目前一般脱谐度选在 10%左右，而不能选择过小。

习　题

一、填空题

1. 电力网采用无备用接线方式，其主要缺点是__________，所以只适用于向_________级负荷供电。

2. 无备用接线的主要优点在于______________，主要缺点是_____________。

3. 有备用接线中，双回路的放射式、干线式、链式网络的优点在于_______和_______高，缺点是_______。

4. 电力系统的中性点是指星形连接的________________或_______________的中性点。

5. 中性点不接地系统中，相对地的绝缘水平是根据__________________来设计的；而中性点直接接地系统中，相对地的绝缘水平按____________来确定。

6. 对电力系统运行的基本要求是保证__________、保证______________和保证电力系统运行的经济性。

7. 最大负荷利用时间 $T_{\max}$ 是指________________与一年内的__________________之比得到的时间。

二、选择题

1. 一台 220 kV 的双绕组升压变压器，一次侧接额定电压为 15.75 kV 的发电机，二次侧接 220 kV 的线路，则这台变压器一、二次侧的额定电压为（　　）。

A. 15.75/220 kV　　B. 15.75/231 kV　　C. 15.75/242 kV

2. 一台 110 kV 的双绕组降压变压器，一次侧接额定电压为 110 kV 的线路，二次侧接 35 kV 的线路，则这台变压器一、二次侧的额定电压为（　　）。

A. 110/3 kV　　B. 110/38.5 kV　　C. 121/35 kV

3.（　　）是电力系统运行的首要要求。

A. 保证系统运行的经济性

B. 保证良好的电能质量

C. 保证发电和供电的安全可靠性

4. 在中性点经消弧线圈接地系统中，广泛采用的补偿方式为（　　）。

A. 全补偿　　B. 欠补偿　　C. 过补偿

5. 在中性点直接接地系统中发生单相接地时，其中性点的电位（　　）。

A. 接近于零　　B. 接近于相电压　　C. 接近于线电压

6. 在中性点直接接地系统中发生单相接地时，中性点的电位被固定为零，非故障相对地电压（　　）。

A. 也为零　　B. 不升高　　C. 升高 $\sqrt{3}$ 倍

第 2 章　电力系统元件的参数和等值电路

电力系统运行状态的分析研究，主要有物理模拟和数学模拟两种方法。物理模拟是通过现场实测或等值模拟实验进行研究；数学模拟是通过建立描述电力系统各种运行状态的数学模型，采用计算机数字仿真进行研究。而电力系统的元件参数及其数学模型是进行电力系统分析的基础。

电力系统元件是构成电力系统的各组成部件，一般电力系统的分析和计算只需计及主要元件或对所分析问题有较大作用的元件。本章主要讨论同步发电机、输电线路、电力变压器及负荷等元件。

元件参数是表征元件电气特性的参量。元件结构功能不同，其特征参数也不同。常用的电气特性参数有电阻、电抗、电导、电纳、发电机时间常数、变压器变压比、负荷的功率因数等。本章将讨论一些主要元件的参数及其计算方法，并介绍基于元件参数建立的元件等值电路与电力系统的等值电路。

2.1　电力线路的参数和等值电路

2.1.1　电力线路简介

1. 架空线路的导线

导线的材料主要有铝、铜、钢等，目前大量使用的是铝或铝合金导线，钢导线主要用作避雷线。

架空导线的结构形式主要有以下 5 种。

（1）单股线。由单根实心金属线构成，如图 2.1（a）所示。架空线路中禁止使用单股线。

（2）多股绞线。由单一金属线多股绞合而成，如图 2.1（b）、（c）所示。多股绞线的排列规律是：除中心一股芯线外，由内向外数，第一层 6 股，第二层 12 股，第三层 18 股，其余类推。

（a）单股线　（b）多股绞线　（c）大截面多股绞线　（d）钢芯铝绞线

图 2.1　裸导线的构造

（3）钢芯铝绞线。多股铝绞线的机械性能差，所以往往将铝和钢组合起来制成钢芯铝绞线，其芯线为单股或多股钢线，主要承受机械荷载，而外层由多股铝线绞成，作为主要载流部分，如图 2.1（d）所示。

在旧标准里，为反映钢芯铝绞线的机械强度，根据铝线部分和钢线部分的截面面积的比值不同，将钢芯铝绞线分为普通型钢芯铝绞线（LGJ）、轻型钢芯铝绞线（LGJQ）和加强型钢芯铝绞线（LGJJ）。在新标准中，通称为钢芯铝绞线，标号统一为 LGJ。

架空线路导线的型号是用导线的材料、结构和额定截面面积表示的，如 T—铜线；G—钢线；L—铝线；J—绞线；HL—铝合金线；LGJ—钢芯铝绞线。各种型号的导线，其标号后的数字表示主要载流部分的额定截面面积的数值（mm^2），如 LGJ-240 表示主要载流部分（铝线部分）的额定截面面积为 240 mm^2。采用新标准时，在这个数字后再增加一个钢线部分额定截面面积的数值（mm^2），如 LGJ-400/50 表示铝线部分额定截面面积为 400 mm^2、钢线部分额定截面面积为 50 mm^2。

（4）扩径导线。扩径导线是人为地扩大导线直径，但又不增大载流部分截面面积的导线。例如，扩径导线 LGJK-300 的铝线部分截面面积为 300.8 mm^2，与 LGJ-300/40 导线相当，其直径为 27.44 mm，又相当于 LGJ-400/50。这种导线的结构如图 2.2 所示。它和普通钢芯铝线的不同之处在于支撑层并不为铝线所填满，仅有 6 股起架空支撑作用。

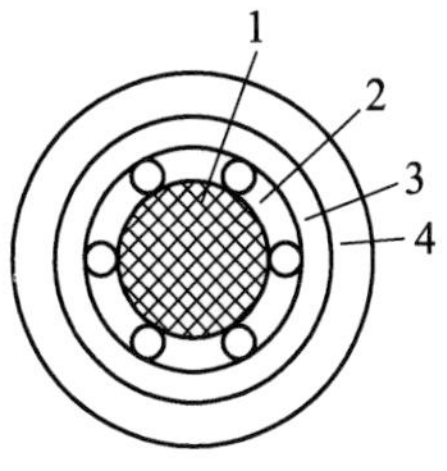

1—钢芯；2—支撑层；3—内层；4—外层。

图 2.2　扩径导线

（5）分裂导线。分裂导线又称复导线，就是将每相导线分裂为若干根，根与根之间保持一定距离，并用金具支撑。每相导线分裂根数一般为 2 ~ 8 根，每根导线一般为钢芯铝绞线。如图 2.3 所示为分裂导线的横断截面图，各根导线的轴心对称地布置在半径为 R 的圆上，轴心间的连线形成正多边形，根与根的间距为 400 ~ 450 mm。这种分裂使每相导线的等值半径增大，改善了导线周围的电、磁场分布，有效地减少了线路电抗和导线电晕。分裂导线多用于 220 kV 及以上输电线路，如我国 220 kV 线路有采用二分裂的，而 500 kV 线路采用四分裂，1000 kV 线路采用 8 分裂。

图 2.3　分裂导线

架空线路的三相导线在空中的位置不对称时将引起三相参数的不平衡。为减少三相参数的不平衡，三相导线应进行换位。换位按整换位循环，就是在一定长度内使三相导线的每 1/3 长度分别处于 3 个不同的位置，如图 2.4 所示。按规定，在中性点直接接地的电力系统中，长度超过 100 km 的架空线路都应换位。但随着电压等级的升高，换位遇到的困难较大，以致对某些超高压线路，如 500 kV 电力线路，不得不采用不换位的架设方案。当然，由此引起的电力系统运行参数的不平衡及对通信系统的干扰等问题应综合考虑。

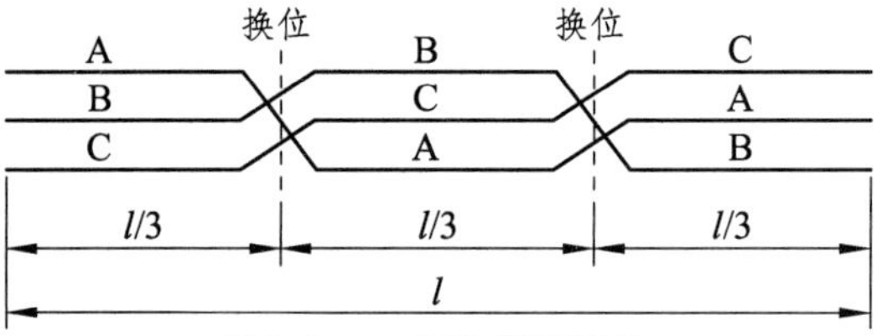

图 2.4　一次整循环换位

2. 电缆的导体

电力电缆的导体通常采用多股铜绞线或铝绞线，以便于弯曲存放和施工。根据电缆中导体数目的不同，可分为单芯、二芯和四芯电缆。单芯电缆的导体是圆形的，而三芯和四芯电缆导体的截面通常是扇形的。电缆三相导体间的距离远小于同样电压等级的架空线路。

2.1.2　电力线路参数计算

电力线路有 4 个参数：电阻、电抗、电导、电纳。其中，电阻反映线路通过电流时产生有功功率损耗的效应；电抗（电感）反映载流导线周围产生的磁场效应；电导反映带电（有电压）导线绝缘介质泄漏损耗和导线周围电晕损耗的效应；电纳（电容）反映带电导线周围的电场效应。本章仅讨论以铝和铜为导体的电力线路参数。首先，讨论线路每相单位长度（每千米）参数的计算方法。

1. 电阻

铝线、钢芯铝绞线和铜线每相单位长度的电阻可按下式计算

$$r_1=\frac{\rho}{S}\ (\Omega/\text{km}) \tag{2.1}$$

式中：ρ 为导线材料 20 ℃时的电阻率（$\Omega\cdot\text{mm}^2/\text{km}$）；$S$ 为导线的额定截面面积（mm^2）。

电力系统计算中，ρ 采用下列数值：铝为 31.5 $\Omega\cdot\text{mm}^2/\text{km}$，铜为 18.8 $\Omega\cdot\text{mm}^2/\text{km}$。这些数值略大于材料本身的直流电阻率，这是考虑了集肤效应，绞线每股线的长度略大于导线长度（长 2% ~ 3%），计算用的导线额定截面面积一般也略大于主要载流部分的实际截面面积。

各类导线和电缆的单位长度电阻可从产品手册中查到，但大多只提供温度为 20 ℃时的直流电阻。需要说明的是，由于交流电流集肤效应，交流电流下导线的有效电阻与直流电流下的直流电阻不同，但在 50 Hz 时，有效电阻和直流电阻差别并不大。因此，一般电力系统的计算中均可用直流电阻代替有效电阻。

式（2.1）所求得的电阻和从手册查得的电阻均对应 20 ℃时的电阻 r_{20}，当导线的实际温度 t(℃)与 20 ℃相差很大或对计算精确度要求很高时，对应温度 t(℃)时的电阻 r_t 可按下式计算

$$r_t=r_{20}[1+a(t-20)]\ (\Omega/\text{km}) \tag{2.2}$$

式中：a 为电阻温度系数，对于铝 a =0.003 6(℃)$^{-1}$，铜 a = 0.003 82 (℃)$^{-1}$。

2. 电抗

三相导线每相都具有自感和互感，当三相导线对称排列或虽不对称但经整循环换位后，三相的自感相等，三相的互感也相等。当线路中通过三相对称的交流电流时，这些电感将形成对应的电抗，通过解耦后，其每相单位长度的等值电抗相等，其计算方法如下。

（1）单导线线路每相单位长度的电抗为

$$x_1 = 2\pi f\left(4.6\lg\frac{D_\mathrm{m}}{r} + 0.5\mu_\mathrm{r}\right)\times 10^{-4} \tag{2.3}$$

式中：x_1 为导线单位长度的电抗，单位为 Ω/km；r 为导线半径，单位为 mm 或 cm；μ_r 为导线材料的相对磁导系数，对于铝和铜，$\mu_\mathrm{r}=1$；f 为交流电的频率，单位为 Hz；D_m 为三相导线的几何均距，单位为 mm 或 cm，应与 r 的单位相同。

若将 f=50 Hz，$\mu_\mathrm{r}=1$ 代入式（2.3）可得

$$x_1 = 0.144\,5\lg\frac{D_\mathrm{m}}{r} + 0.015\,7 \tag{2.4}$$

由式（2.4）可以看出，导线电抗与几何均距和导线半径之间为对数关系，导线在杆塔上的布置和导线截面面积的大小对线路电抗没有显著的影响，架空线路的电抗一般都在 0.4 Ω/km 左右，在近似计算中，可取此数值。

（2）分裂导线每相单位长度的电抗。分裂导线等效地增大了每相导线的半径，可用半径为 r_eq 的单导线来等值。可以证明，分裂数为 n，每根导线的半径为 r，则等值半径 r_eq 为

$$r_\mathrm{eq} = \sqrt[n]{r\left(d_{12}d_{13}\cdots d_{1n}\right)} = \sqrt[n]{rd_\mathrm{m}^{(n-1)}} \tag{2.5}$$

式中：d_{12}，d_{13}，…，d_{1n} 为某根导体与其余 $n-1$ 根导体的距离；d_m 为各根导体之间的几何均距。

用 r_eq 代替式（2.4）中的 r 并用 n 除第二项，即可得分裂导线的每相单位长度的电抗为

$$x_1 = 0.144\,5\lg\frac{D_\mathrm{m}}{r_\mathrm{eq}} + \frac{0.015\,7}{n} \tag{2.6}$$

分裂导线的 r_eq 明显大于单导线的半径，所以电抗小于单导线线路。分裂数越多，x_1 越小，不过 $n>3$ 以后，x_1 的减少量便越来越不明显。如图 2.5 所示为 500 kV 线路采用分裂导线时，对应不同分裂根数的单位长度电抗的变化情况。

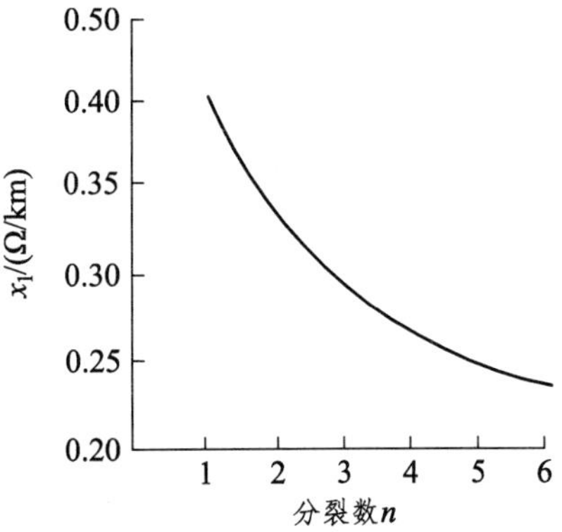

图 2.5　分裂导线的电抗与分裂数的关系

（3）同杆线路的电抗。在实际应用中，当同一杆塔上布置两回输电线时，其每一回输电线的电抗仍可按前述各式计算。这是因为当每回线路都满足 $i_\mathrm{a}+i_\mathrm{b}+i_\mathrm{c}=0$ 时，各回线路之间的互感磁链相对很小，可略去不计。

3. 电导

架空线路的电导是反映线路上泄漏损耗和电晕损耗的参数。绝缘子泄漏损耗一般很小，可以忽略。电晕损耗是在强电场作用下导线周围空气因发生电离所产生的有功功率损耗。电晕产生的条件与导线上施加的电压大小、导线的结构及周围的空气情况有关。当线路上施加的电压超过某一数值时，线路上将发生电晕，该电压称为电晕起始电压。

三相电压对称时，如果已知或实测得三相线路每千米的电晕有功功率损耗 ΔP_g（kW/km），每相单位长度的电导 g_1（S/km）可用下式计算：

$$g_1 = \frac{\Delta P_g}{U^2} \times 10^{-3} \tag{2.7}$$

式中：U 为线路的线电压，单位为 kV。

电力线路的电晕放电不仅产生有功功率损耗，而且还会引起对无线电通信的干扰等问题。所以，在设计电力线路时，导线截面面积或分裂导线的选择应满足在晴天不发生电晕的要求。虽然在非晴天下仍可能会产生电晕，但其数值相对很小，故一般计算时可取 $g_1 = 0$。

4. 电纳

三相导线的相与相之间及相与地之间具有分布电容，当线路上具有三相对称的交流电压时，这些电容将形成相应的电纳。三相对称排列或者虽不对称排列但经整循环换位后，三相导线单位长度的电容及电纳分别相等，其计算方法介绍如下。

（1）单导线每相单位长度的电纳。每相单位长度的电容 C_1（F/km）可按下式计算

$$C_1 = \frac{0.0241}{\lg \dfrac{D_m}{r}} \times 10^{-6} \tag{2.8}$$

其中：D_m 和 r 的意义同式（2.3）。当频率 f=50 Hz 时，可得每相单位长度的电纳 b_1(S/km)为

$$b_1 = \frac{7.58}{\lg \dfrac{D_m}{r}} \times 10^{-6} \tag{2.9}$$

架空线路的电纳一般在 2.85×10^{-6} S/km 左右，近似计算时，可取此数值。

（2）分裂导线每相单位长度的电纳。分裂导线架空线路可使用等值半径 r_{eq} 来计算电容和电纳参数，所以只要将式（2.8）和式（2.9）中的 r 换为 r_{eq} 就可求得相应的电容和电纳为

$$C_1 = \frac{0.0241}{\lg \dfrac{D_m}{r_{eq}}} \times 10^{-6} \tag{2.10}$$

$$b_1 = \frac{7.58}{\lg \dfrac{D_m}{r_{eq}}} \times 10^{-6} \tag{2.11}$$

分裂导线的 r_{eq} 大于单导线的半径 r，所以它的电容较大。

（3）同杆线路的电纳。同一杆塔上有多回三相线路时，因各回线路的各相之间都有部分电容耦合，所以分析起来相当复杂。但是，在各回线路都满足 $u_a+u_b+u_c=0$ 的条件时，各回线路的电容和电纳仍可按上述公式计算，误差不大。

以上所介绍的是架空线路每相单位长度的参数计算。电力电缆线路，由于三相导体截面是圆形或扇形，导体间距很近，且导体周围不是空气，而是铝包、铅包及钢包，因此很难用解析法计算电缆线路参数。电缆的结构和尺寸都已系列化，这些参数可事先测得并由制造厂提供。在电力系统计算中，可直接从手册上查得数据。

电缆线路与相同截面积的架空线路相比，其电阻略大，而电抗要小得多，电纳大得多。

2.1.3 电力线路的等值电路

由于正常运行的电力系统三相对称，三相参数相同，三相电压和电流的有效值相等，故可只作出电力线路的单相等值电路。

电力线路的等值电路以其电阻、电抗、电导、电纳来表示。上面我们已经讨论了每相单位长度参数，就其本质讲，电力线路参数是沿线均匀分布的。由于我们往往只分析计算线路两端的电压、电流、功率，所以，在线路不太长的情况下，可以不考虑线路的分布特性，而采用集中参数来表示；对于长线路将考虑分布特性，但仍采用集中参数的等值电路，只不过此时的集中参数是计及了线路分布特性后的数值。

按线路长度，可将线路分为一般线路和长线路，其中一般线路中又可分为短线路和中等长度线路。对于一般线路，由于线路长度较短，可以不考虑其分布特性，而采用集中参数表示，对应的线路电阻 R（Ω）、电抗 X（Ω）、电导 G（S）、电纳 B（S）可按下式计算

$$R=r_1 l;X=x_1 l;G=g_1 l;B=b_1 l \tag{2.12}$$

式中：l 为线路长度，单位为 km。在电力系统计算中，一般取 $g_1=0$，故 $G=0$。

1. 短线路的等值电路

短线路是指线路长度不超过 100 km 的架空线路和不长的电缆线路。由于线路电纳较小，在电压不高时(35 kV 及以下),这种线路电纳 B 的影响一般不大，所以可略去。这样，短线路就只有一个串联阻抗 $Z=R+\mathrm{j}X$，其等值电路为一字型等值电路，其等值电路如图 2.6 所示。

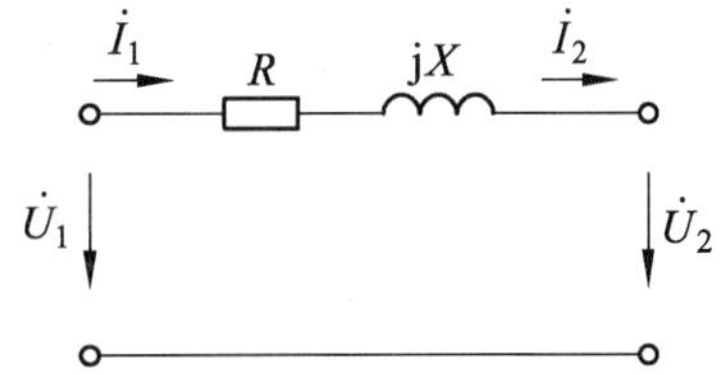

图 2.6 短线路的等值电路

2. 中等长度线路的等值电路

中等长度线路是指长度在 100 ~ 300 km 之间的架空线和不超过 100 km 的电缆线路。这种线路的电纳 B 一般不能略去。这种线路有两种等值电路形式，即 Π 形等值电路和 T 形等值电路，如图 2.7 所示。图 2.7（a）所示为 Π 形等值电路，它是将线路的总导纳 $Y=G+\mathrm{j}B$ 各一半分别并联在线路的始末端。图 2.7（b）所示为 T 形等值电路，它是将线路的总阻抗 $Z=R+\mathrm{j}X$ 分为两半，分别串在总导纳的两侧。

Π形等值电路和T形等值电路都只是线路的一种近似等值电路,因此两者之间不能用Y/Δ变换公式进行等值变换。在电力系统计算中，习惯采用Π形等值电路表示线路。

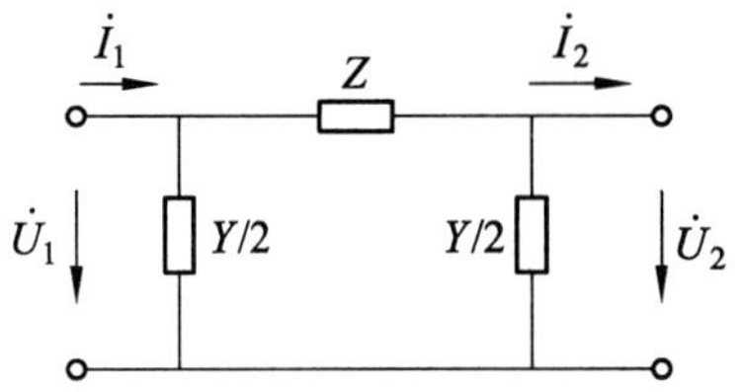

(a) Π形等值电路

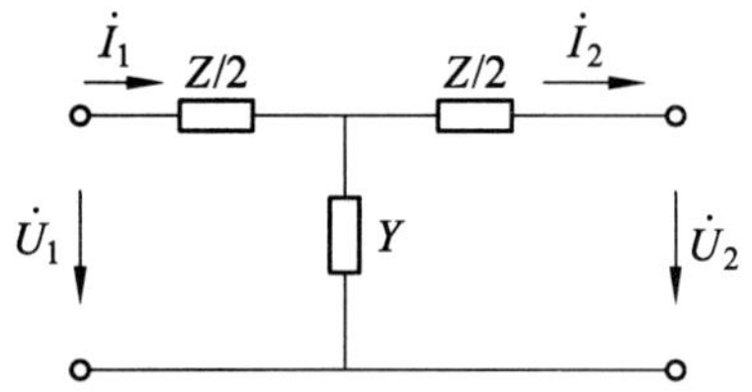

(b) T形等值电路

图 2.7　中等长度线路的等值电路

3. 长线路的等值电路

长线路是指长度超过 300 km 的架空线路和超过 100 km 的电缆线路。对这种线路，必须要考虑它们的分布特性。

根据电路课程对均匀传输线内容的讨论，可知长线路始、末端电压、电流的关系表示为

$$\begin{bmatrix}\dot{U}_1\\ \dot{I}_1\end{bmatrix}=\begin{pmatrix}\cosh\gamma l & Z_c\sinh\gamma l\\ \dfrac{\sinh\gamma l}{Z_c} & \cosh\gamma l\end{pmatrix}\begin{bmatrix}\dot{U}_2\\ \dot{I}_2\end{bmatrix}\tag{2.13}$$

式中：$\dot{U}_1$、$\dot{U}_2$为线路始、末端电压；$\dot{I}_1$、$\dot{I}_2$为线路始、末端电流；l为线路的长度；Z_c为线路特性阻抗，也称波阻抗，$Z_c=\sqrt{z_1/y_1}$；γ为线路传播系数，$\gamma=\sqrt{z_1y_1}$。

由于只分析计算线路始、末端的电压、电流、功率，线路仍可采用Π形等值电路，如图 2.8 所示。图中，分别采用了Z'、Y'表示它们的集中参数阻抗、导纳。根据图 2.8，同样可列写出关于始、末端电压和电流的关系方程，再结合式（2.13），可以推导出

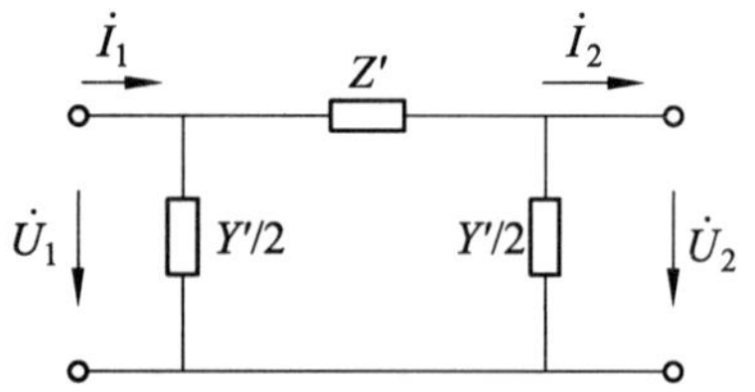

图 2.8　长线路的等值电路

下面的Z'、Y'计算式

$$\left.\begin{aligned}Z'&=Z_c\sinh\gamma l\\ Y'&=\frac{1}{Z_c}\frac{2(\cosh\gamma l-1)}{\sinh\gamma l}\end{aligned}\right\}\tag{2.14}$$

式（2.14）可改写为

$$\left.\begin{aligned}Z'&=\sqrt{Z/Y}\sinh\sqrt{ZY}=Z\frac{\sinh\sqrt{ZY}}{\sqrt{ZY}}\\ Y'&=\sqrt{Y/Z}\frac{2(\cosh\sqrt{ZY}-1)}{\sinh\sqrt{ZY}}=Y\frac{2(\cosh\sqrt{ZY}-1)}{\sqrt{ZY}\sinh\sqrt{ZY}}\end{aligned}\right\}\tag{2.15}$$

将式中双曲线函数展开为级数

$$\sinh\sqrt{ZY}=\sqrt{ZY}+\frac{(\sqrt{ZY})^3}{3!}+\frac{(\sqrt{ZY})^5}{5!}+\frac{(\sqrt{ZY})^7}{7!}+\cdots$$

$$\cosh\sqrt{ZY}=1+\frac{(\sqrt{ZY})^2}{2!}+\frac{(\sqrt{ZY})^4}{4!}+\frac{(\sqrt{ZY})^6}{6!}+\cdots$$

对不很长的电力线路，上面两个级数收敛很快，从而可只取前面两项代入式（2.15）。经整理后，可得

$$\left.\begin{aligned}Z'&\approx Z\left(1+\frac{ZY}{6}\right)\\ Y'&\approx Y\left(1-\frac{ZY}{12}\right)\end{aligned}\right\}\tag{2.16}$$

将 $Z=R+\mathrm{j}X=r_1l+\mathrm{j}x_1l$， $Y=G+\mathrm{j}B=g_1l+\mathrm{j}b_1l$ 和 $G=0$ 代入式（2.16）可得

$$Z'\approx k_rR+\mathrm{j}k_xX\tag{2.17}$$

$$Y'\approx \mathrm{j}k_bB\tag{2.18}$$

式（2.17）和式（2.18）中的各修正系数为

$$\left.\begin{aligned}k_r&=1-x_1b_1\frac{l^2}{3}\\ k_x&=1-\left(x_1b_1-\frac{r_1^2b_1}{x_1}\right)\frac{l^2}{6}\\ k_b&=1+x_1b_1\frac{l^2}{12}\end{aligned}\right\}\tag{2.19}$$

【例 2.1】某 500 kV 电力线路使用 4×LGJQ-300 分裂导线，分裂间距为 450 mm；三相导线水平排列，相间距离为 12 m。求此线路单位长度的电气参数。

解：（1）单位长度的电阻为

$$r_1=\frac{\rho}{S}=\frac{31.5}{4\times300}=0.026\,3\ (\Omega/\mathrm{km})$$

（2）单位长度的电抗。查表得导线 LGJQ-300 的半径 $r=11.97\,\mathrm{mm}$，则相间几何均距为

$$D_{\mathrm{m}}=\sqrt[3]{D_{\mathrm{ab}}D_{\mathrm{bc}}D_{\mathrm{ca}}}=\sqrt[3]{12\,000\times12\,000\times24\,000}=15\,119.1\ (\mathrm{mm})$$

分裂导线的等值半径为

$$r_{\mathrm{eq}}=\sqrt[4]{rd_{12}d_{13}d_{14}}=\sqrt[4]{11.97\times450\times450\times\sqrt{2}\times450}=198.18\ (\mathrm{mm})$$

则

$$x_1=0.144\,5\lg\frac{D_{\mathrm{m}}}{r_{\mathrm{eq}}}+\frac{0.015\,7}{n}=\left(0.144\,5\lg\frac{15\,119.1}{198.18}+\frac{0.015\,7}{4}\right)=0.276\ (\Omega/\mathrm{km})$$

（3）单位长度的电纳为

$$b_1=\frac{7.58}{\lg\frac{D_{\rm m}}{r_{\rm eq}}}\times10^{-6}=\frac{7.58}{\lg\frac{15\,119.1}{198.18}}\times10^{-6}=4.03\times10^{-6}\quad(\text{S/km})$$

【例 2.2】某 500 kV 电力线路使用 4×LGJ-400/50 分裂导线，单位长度的参数为：$r_1=0.0187\ \Omega/\text{km}$，$x_1=0.275\ \Omega/\text{km}$，$b_1=4.05\times10^{-6}\ \text{S/km}$。线路长度为 600 km，试计算该线路的参数。

解：（1）不计分布性的参数为

$$R=r_1l=0.018\,7\times600=11.22\quad(\Omega)$$

$$X=x_1l=0.275\times600=165\quad(\Omega)$$

$$B=b_1l=4.05\times10^{-6}\times600=2.43\times10^{-3}\quad(\text{S})$$

（2）计及分布性的近似计算为

$$k_r=1-x_1b_1\frac{l^2}{3}=1-0.275\times4.05\times10^{-6}\times\frac{600^2}{3}=0.866$$

$$k_x=1-b_1\left(x_1-\frac{r_1^2}{x_1}\right)\frac{l^2}{6}=1-4.05\times10^{-6}\times\left(0.275-\frac{0.018\,7^2}{0.275}\right)\times\frac{600^2}{6}=0.933$$

$$k_b=1+x_1b_1\frac{l^2}{12}=1+0.275\times4.05\times10^{-6}\times\frac{600^2}{12}=1.033$$

$$Z=k_rr_1l+\mathrm{j}k_xx_1l=(9.72+\mathrm{j}153.95)\quad(\Omega)$$

$$Y=\mathrm{j}k_bb_1l=\mathrm{j}2.51\times10^{-3}\quad(\text{S})$$

（3）精确计算为

$$z_1=r_1+\mathrm{j}\,x_1=0.018\,7+\mathrm{j}\,0.275=0.275\,6\angle86.11^\circ\quad(\Omega/\text{km})$$

$$y_1=\mathrm{j}b_1=4.05\times10^{-6}\angle90^\circ\quad(\text{S/km})$$

$$\begin{aligned}\gamma l&=\sqrt{z_1y_1}\,l=\sqrt{0.275\,6\mathrm{e}^{\mathrm{j}86.11^\circ}\times4.05\times10^{-6}\mathrm{e}^{\mathrm{j}90^\circ}}\times600=0.633\,9\angle88.06^\circ\\&=0.021\,46+\mathrm{j}0.633\,5\end{aligned}$$

$$Z_{\rm c}=\sqrt{\frac{z_1}{y_1}}=\sqrt{\frac{0.275\,6\mathrm{e}^{\mathrm{j}86.11^\circ}}{4.05\times10^{-6}\mathrm{e}^{\mathrm{j}90^\circ}}}=260.86\angle-1.945^\circ\quad(\Omega)$$

$$\sinh\gamma l=\frac{\mathrm{e}^{\gamma l}-\mathrm{e}^{-\gamma l}}{2}=0.017\,3+\mathrm{j}0.592\,2=0.592\,4\angle88.33^\circ$$

$$\cosh \gamma l = \frac{e^{\gamma l} + e^{-\gamma l}}{2} = 0.806\,1 + j0.012\,7$$

$$Z' = Z_c \sinh \gamma l = 154.53\angle 86.38° = (9.76 + j154.2)\ (\Omega)$$

$$Y' = \frac{1}{Z_c}\frac{2(\cosh \gamma l - 1)}{\sinh \gamma l} = 2.516\times 10^{-3}\angle 89.93° \approx 2.516\times 10^{-3}\ (S)$$

与精确计算相比，不计分布性的计算结果中，电阻误差达 15%，电抗误差 7%，电纳误差−3.4%；计及分布性的近似计算结果中，电阻误差−0.4%，电抗误差−0.06%，电纳误差−0.24%。所以，例 2.2 小于 1 000 km 的电力线路用计及分布性的近似计算已能够满足精确度要求。

2.1.4 自然功率

对于无损耗线路，当负荷阻抗为特征阻抗时，该负荷所消耗的功率，称为该线路的自然功率，属于有功功率。如果负荷端电压为线路额定电压，则相应的自然功率为

$$P_n = \frac{U_N^2}{Z_c} \tag{2.20}$$

根据电路课程的讨论，在这种条件下，线路始端、末端乃至线路上任何一点的电压大小都相等，而且同一点电压和电流都是同相的，即通过各点的无功功率都为零。这是由于线路的每一单位长度中电感消耗的无功功率与接地电容提供的无功功率完全平衡。

线路输电功率不等于自然功率时，线路各点的电压有效值将不再相同。设线路两端有电源保持各端的电压不变，则当输电功率大于自然功率时，线路中间的电压将降低，线路两端都要输入无功功率；当输电功率小于自然功率时，线路中间电压将升高，两端电源都要从线路吸收无功功率。对于单侧电源线路，当输电功率大于自然功率时，线路末端电压将低于始端电压；当输电功率小于自然功率时，线路末端电压将高于始端电压。这两种现象随线路长度的增大而愈加严重，所以长输电线路必须采取措施解决这个问题。

自然功率常用来衡量长距离输电线路的输电能力，220 kV 及以上电压等级的架空线路的输电能力大致接近自然功率。远距离输电线路由于运行稳定性的限制，输电能力往往达不到自然功率，必须采取措施加以提高。表 2.1 列出了超高压架空线路的波阻抗和自然功率的典型值。

表 2.1 架空线路波阻抗和自然功率

额定电压/kV	导线分裂数	Z_c/Ω	P_n/MW（三相）
220	1	380	127
220	2	300	160
330	2	300	360
500	3	280	893
500	4	260	962

2.2 变压器的参数和等值电路

2.2.1 概 述

电力变压器是电力系统中的重要电气设备，它利用电磁感应原理在电力系统中实现升压和降压作用。变压器的有关知识已在电机学课程给予了详尽介绍，在电力系统分析计算中，主要涉及电力变压器的电磁特性。下面仅从电磁特性角度，对常用电力变压器作简单回顾。

1. 变压器磁路系统

变压器的铁心构成变压器的磁路系统，变压器按相数可分为单相变压器组和三相变压器。单相变压器组是由三个单相变压器连接而成的，其三相的磁路彼此独立，互不影响。三相变压器的磁路系统是由一个完整的铁心构成。按绕组在铁心中的布置可分为铁心式变压器和铁壳式变压器，前者绕组包围心柱，后者芯柱包围绕组。三相铁心式变压器又分为三相三柱式和三相五柱式，前者三相磁路彼此相关，后者三相磁路可经旁轭闭合，故可看作三相磁路彼此独立。铁壳式变压器三相磁路可经没有绕组的分支心柱闭合，故也可看作三相磁路彼此独立。

2. 变压器的连接方式

我国的三相电力变压器，绕组的标准连接只采用星形和三角形两种接法。根据变压器一次侧、二次侧绕组的相位关系，把变压器的连接分成不同的连接组别。为了制造和并联运行的方便，根据我国国家标准的规定，双绕组电力变压器只生产 Yyn12，Yd11，YNd11，YNy12，Yy12 共 5 种连接组别，其中前三种最常用。Yyn12 连接的二次侧绕组可引出中线，成为三相四线制，用作配电变压器时可兼供动力和照明负载。Yd11 用于二次侧电压超过 400 V 的线路中，这时有一边接成三角形，对运行有利。YNd11 主要用于高压输电系统中，使电力系统的高压侧有可能接地。三相三绕组变压器的标准连接组有 YNyn12d11，YNd11d11 及 YNyn12yn12。

电力变压器中有一侧接成三角形，能有效地削弱电压中的三次谐波分量，所以被广泛采用。

3. 变压器的绕组形式

变压器按绕组结构可分为普通变压器与自耦变压器。普通变压器分为双绕组变压器和三绕组变压器。双绕组变压器有高压、低压两个绕组；三绕组变压器有高压、中压和低压三个绕组。普通变压器绕组之间只有磁耦合。自耦变压器绕组之间既有磁的联系，又有直接电的联系。在输电系统中，自耦变压器主要用来连接电压相近的电力系统，如 220 kV/110 kV 两个电网就可用自耦变压器连接，第三绕组可接发电厂厂用备用电源或变电所无功补偿装置等；在配电系统中，为补偿线路的电压降，自耦变压器常被用作升压器。三绕组自耦变压器低压绕组的容量一般只有额定容量的 30% ~ 50%（与高、中压侧变比有关）。

变压器按绕组布置可分为升压变压器与降压变压器，双绕组的升压变压器和降压变压器结构上并无区别，只是额定电压不同。三绕组变压器则除了额定电压不同外，绕组的布置也不同，如图 2.9 所示。由于绝缘结构的要求，高压绕组布置在最外面。升压变压器的功率是从低压侧送往高、中压侧，所以要求低压绕组与高压和中压绕组都有紧密的耦合，以减小电压降落，低压绕组布置在高、中压绕组之间；而降压变压器的功率流向是自高压至中、低压侧，一般中压侧负荷较大，所以中压绕组布置在中间，使高、中压绕组有较强的磁耦合。

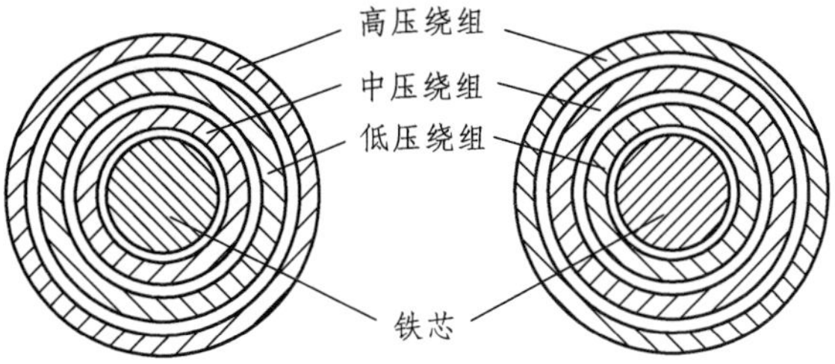

（a）升压变压器结构　　（b）降压变压器结构

图 2.9　三绕组变压器绕组的布置

4. 变压器的调压方式

为了对系统电压进行调整，变压器设置有若干分接头。按其调压方式不同，三相变压器可分为普通分接头的变压器（普通变压器）和有载调压变压器两种。

普通电力变压器也称为无励磁调压变压器，其分接头设置在高压绕组侧；对于三绕组变压器，分别在高、中压绕组侧设置分接头。对于容量为 6300 kV·A 及以下的变压器，高压绕组只设有 $U_{\rm N}\pm5\%$分接头，$U_{\rm N}$ 对应主接头额定电压，分接头+5%和−5%对应的电压分别为 $(1+0.05)U_{\rm N}$，$(1-0.05)U_{\rm N}$。大容量变压器的高压绕组一般设有 $U_{\rm N}\pm2\times2.5\%$分接头；中压侧绕组设有 $U_{\rm 2N}\pm5\%$分接头，$U_{\rm 2N}$ 为中压绕组主接头额定电压。普通变压器的分接头只允许在不加电压的情况下手动切换，所以需要根据调压要求，事先选择和调整好分接头，使运行时变压器的输出电压保持在所要求的范围。

有载调压变压器的分接头能够在带负荷运行时进行切换，所以可根据运行时电压的变化，按要求随时调整变压器的分接头位置，适用于电压变化范围大的场合。有载调压变压器的高压绕组的调节范围一般有 $U_{\rm N}\pm3\times2.5\%$（6 个分接头）和 $U_{\rm N}\pm4\times2\%$（8 个分接头）两种，其调节范围比普通变压器要大，对于某些特殊情况，其调节范围还可做得更大。

在电力系统分析计算中，变压器是以其参数和等值电路来表示的。下面就变压器参数的计算方法和对应的等值电路进行介绍。

2.2.2　双绕组变压器的参数和等值电路

根据电机学知识可知，变压器 T 形等值电路如图 2.10（a）所示。图中，r_1、x_1 为一次侧绕组的电阻和漏抗；r_2'、x_2' 为二次侧绕组电阻和漏抗归算到一次侧的归算值；$r_{\rm m}$、$x_{\rm m}$ 为励磁电阻和励磁电抗。考虑到额定电流时一次侧绕组的压降只有额定电压的 2.5%～5%，且励磁电流（空载电流）小于一次侧额定电流的 3%，所以可以把励磁支路移至电源端，就得到变压器的 Γ 形等值电路，如图 2.10（b）所示。图中，$R_{\rm T}=r_1+r_2'$ 为变压器电阻，$X_{\rm T}=x_1+x_2'$ 为变压器电抗，则 $Z_{\rm T}=R_{\rm T}+{\rm j}X_{\rm T}$ 为变压器的串联阻抗；$Z_{\rm m}=r_{\rm m}+{\rm j}x_{\rm m}$ 为变压器的并联阻抗。电力系统计算多采用 Γ 形等值电路，不过，习惯于将并联励磁阻抗支路表示为并联导纳形式，如图 2.10（c）所示。图 2.10（c）中，$G_{\rm T}$ 为变压器电导，$B_{\rm T}$ 为变压器电纳，则 $Y_{\rm T}=G_{\rm T}-{\rm j}B_{\rm T}$ 为变压器的并联导纳，式中的负号表示该并联支路是感性的。

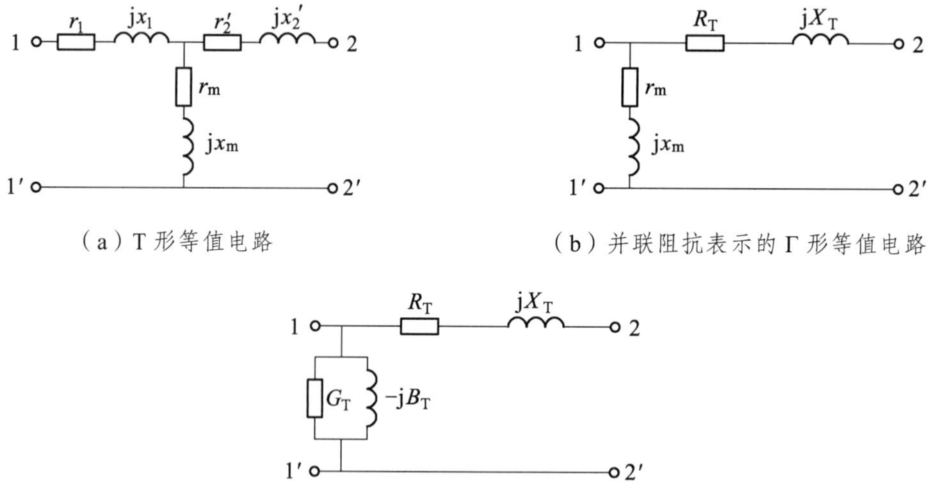

（a）T 形等值电路

（b）并联阻抗表示的 Γ 形等值电路

（c）并联导纳表示的 Γ 形等值电路

图 2.10　双绕组变压器等值电路

变压器的四个参数 R_T 、X_T 、G_T 、B_T ，可用其空载试验和短路试验的四个试验数据来确定，即短路损耗 P_s 、短路电压百分值 U_s%、空载损耗 P_0 、空载电流百分值 I_0%。这 4 个数据可以在变压器铭牌上或产品说明书等资料上得到，当然也可以通过试验得到。

1. 电阻

变压器做短路试验时，将一侧绕组短接，在另一侧绕组施加电压，使短路绕组的电流达到额定值。由于外加电压较小（为额定电压的 5%～10%），相应铁耗很小，可以认为短路损耗等于变压器通过额定电流时高低压绕组中的总损耗（亦称为铜损耗 P_{Cu} ），即

$$P_N \approx P_{Cu} = 3I_N^2 R_T = 3\left(\frac{S_N}{\sqrt{3}U_N}\right)^2 R_T = \frac{S_N^2}{U_N^2} R_T$$

在电力系统计算中，变压器三相额定容量的单位常取 MV · A，额定电压的单位取 kV，故可得

$$R_T = \frac{P_s U_N^2}{1\,000 S_N^2} \tag{2.21}$$

其中，R_T 的单位为 Ω；P_s 的单位为 kW；U_N 为变压器额定电压（线电压），可 U_{1N} 或 U_{2N} ，具体需根据 R_T 的归算决定，如需将 R_T 归算为一次侧，则选 U_{1N} 。

2. 电抗

电力变压器，尤其是大容量电力变压器，绕组的电抗比电阻大许多，其电抗和阻抗在数值上接近相等，可近似认为，变压器的短路电压和变压器电抗上的电压相等，即

$$U_s\% = \frac{\sqrt{3}I_N X_T}{U_N}\times 100$$

从而

$$X_T = \frac{U_s\% U_N^2}{100S_N}\ (\Omega) \tag{2.22}$$

3. 电导

变压器做空载试验时，将一侧开路（一般是高压侧），在另一侧（一般是低压侧）施加额定电压。由于空载电流很小，对应空载铜耗亦很小，可以认为空载损耗等于变压器铁耗，即 $P_0 \approx P_{Fe}$，则可得

$$G_T = \frac{P_0}{1000U_N^2}\ (S) \tag{2.23}$$

式中：空载损耗 P_0 的单位为 kW。

4. 电纳

变压器空载电流包含有功分量和无功分量。无功分量对应流经电纳的电流 I_b，它与空载电流在数值上接近相等，即

$$I_0 \approx I_b = \frac{U_N}{\sqrt{3}}B_T$$

而 $I_0\% = \frac{I_0}{I_N}\times 100 = \frac{U_N B_T}{\sqrt{3}I_N}\times 100 = \frac{U_N^2 B_T}{S_N}\times 100$，由此可得

$$B_T = \frac{I_0\% S_N}{100U_N^2}\ (S) \tag{2.24}$$

【**例 2.3**】某 220 kV 绕组无励磁调压电力变压器的技术参数见表 2.2，试求变压器参数值，并作 Γ 形等值电路。

表 2.2　变压器技术参数

型号	额定容量/（kV·A）	额定电压/kV		空载电流/%	空载损耗/kW	负载损耗/kW	阻抗电压/%
		高压	低压				
SFP-360000	360 000	242±2×2.5%	18	0.28	190	860	14

解：（1）电阻为

$$R_T = \frac{P_s U_{1N}^2}{1000S_N^2} = \frac{860\times 242^2}{1000\times 360^2} = 0.389\ (\Omega)$$

（2）电抗为

$$X_T = \frac{U_s\% U_{1N}^2}{100S_N} = \frac{14\times 242^2}{100\times 360} = 22.775\ (\Omega)$$

（3）电导为

$$G_T = \frac{P_0}{1000U_{1N}^2} = \frac{190}{1000 \times 242^2} = 3.244 \times 10^{-6}\text{（S）}$$

（4）电纳为

$$B_T = \frac{I_0\%S_N}{100U_{1N}^2} = \frac{0.28 \times 360}{100 \times 242^2} = 17.212 \times 10^{-6}\text{（S）}$$

（5）等值电路如图 2.11 所示。

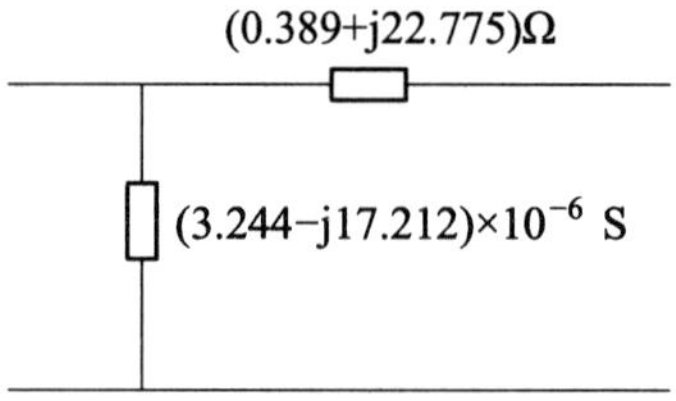

图 2.11　例 2.3 的等值电路

在电力系统计算中，根据计算条件和计算要求，有时可对变压器的等值电路进一步简化，如图 2.12 所示。图 2.12（a）中，并联导纳支路采用空载损耗 $\tilde{S}_0 = P_0 + jQ_0$ 表示，P_0 为空载有功功率损耗，Q_0 为空载无功功率损耗，$\tilde{S}_0$ 为空载复功率损耗。这种表示，主要是考虑到变压器并联导纳上的功率损耗主要取决于变压器运行电压，与所带负荷大小关系不大，而在正常运行时，变压器的运行电压偏离额定电压很小，故该功率损耗基本不变，即等于变压器的空载损耗。在工程实际中，常将并联导纳的功率损耗称为固定损耗或不变损耗。

图 2.12（b）是变压器的更进一步的简化，只包括串联阻抗，即一字形等值电路。

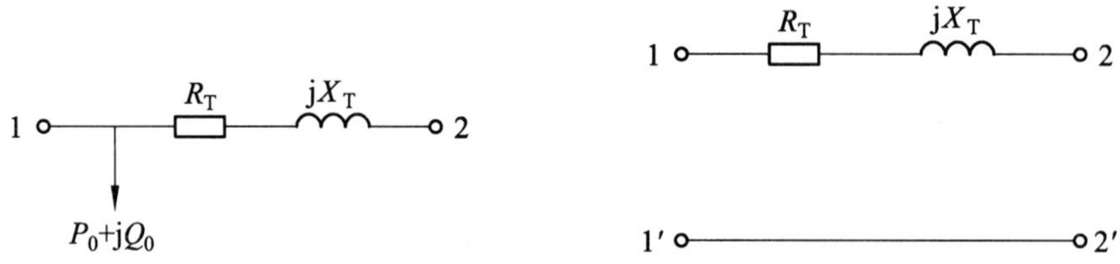

（a）采用空载损耗表示的等值电路　　（b）一字形等值电路

图 2.12　变压器简化等值电路的两种形式

2.2.3　三绕组变压器

三绕组变压器有高压、中压和低压 3 个绕组。其磁通可分为主磁通和漏磁通两部分，主磁通是链过三个绕组的磁通；漏磁通又分为自漏磁和互漏磁，自漏磁是指只链过一个绕组的磁通，互漏磁是链过两个绕组的漏磁通。因此，三绕组对应的等值电路两两绕组间存在互感，如图 2.13（a）所示。图中所有参数都是归算值，R_{T1}、R_{T2}、R_{T3} 为高、中、低压绕组的电阻；

$X_{11\sigma}$、$X_{22\sigma}$、$X_{33\sigma}$为高、中、低压绕组的自漏抗；$X_{12\sigma}$、$X_{23\sigma}$、$X_{31\sigma}$为互漏抗；R_m、X_m为励磁电阻、励磁电抗。通过对图 2.13（a）进行去耦处理，可得图 2.13（b）所示的无互感的等值电路，图中的X_{T1}、X_{T2}、X_{T3}为三绕组变压器高、中、低压侧的等值电抗，已无对应的物理意义。

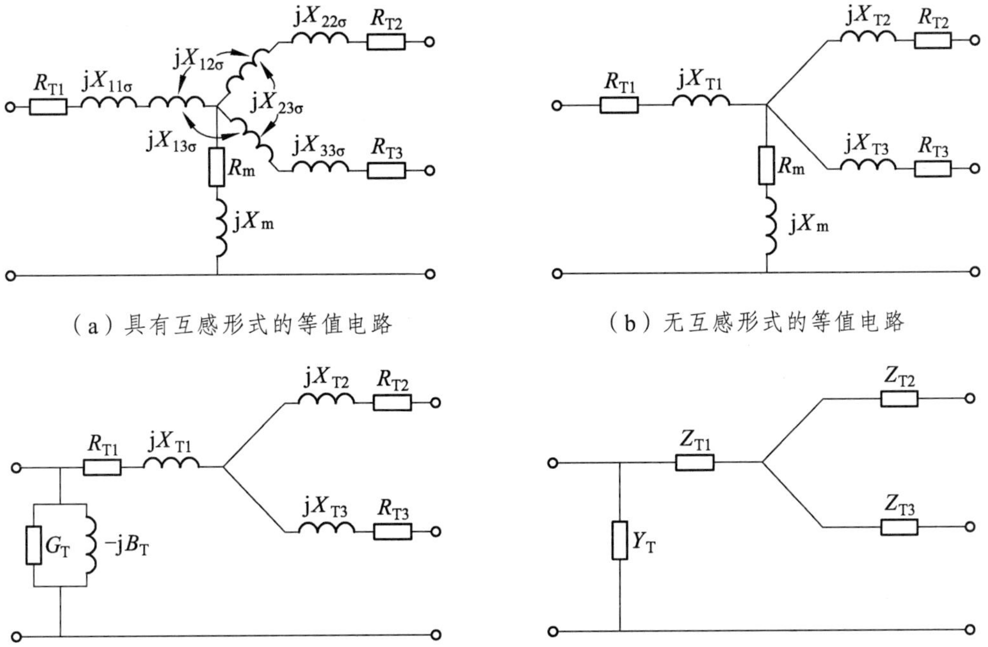

（a）具有互感形式的等值电路　　（b）无互感形式的等值电路

（c）惯用的等值电路形式　　（d）惯用的等值电路形式二

图 2.13　三绕组变压器等值电路

在电力系统计算中，三绕组变压器习惯采用图 2.13（c）或图 2.13（d）所示的等值电路表示。图中，$Z_{T1}=R_{T1}+jX_{T1}$、$Z_{T2}=R_{T2}+jX_{T2}$、$Z_{T3}=R_{T3}+jX_{T3}$为三绕组变压器高、中、低侧的等值阻抗；G_T、B_T和$Y_T=G_T-jB_T$分别为三绕组变压器的并联电导、电纳和导纳。

三绕组变压器的参数R_{T1}、R_{T2}、R_{T3}、X_{T1}、X_{T2}、X_{T3}、G_T、B_T也是通过变压器的短路试验和空载试验数据来加以确定的。其短路试验是三个绕组两两做短路试验，而另一绕组侧开路，提供三个短路损耗数据P_{s1-2}、P_{s2-3}、P_{s3-1}，用于确定三个电阻值R_{T1}、R_{T2}、R_{T3}；提供三个短路电压百分值$U_{s1-2}\%$、$U_{s2-3}\%$、$U_{s3-1}\%$，用于确定三个电抗值X_{T1}、X_{T2}、X_{T3}。空载试验是两个绕组侧开路，在一侧加额定电压，提供了空载损耗P_0和空载电流百分值$I_0\%$，分别用于计算电导G_T和电纳B_T。

三绕组变压器按三个绕组容量比的不同可分为三种。第一种为 100/100/100，即三个绕组的额定容量都等于变压器的额定容量。第二种为 100/100/50，高、中压绕组的额定容量等于变压器的额定容量，而低压绕组的额定容量只为变压器额定容量的 50%，其导线截面面积减小一半，额定电流也为变压器额定电流的一半。第三种为 100/50/100，即高、低绕组的额定容量为变压器额定容量，而中压绕组的额定容量只为变压器额定容量 50%，同样，其导线截面面积减小一半，额定电流也为变压器额定电流的一半。

1. 电阻

（1）100/100/100 类型的变压器。根据短路试验提供的短路损耗 P_{s1-2}、P_{s2-3}、P_{s3-1}，直接按下式求取各绕组的短路损耗：

$$\left.\begin{aligned} P_{s1} &= \frac{1}{2}(P_{s1-2}+P_{s3-1}-P_{s2-3}) \\ P_{s2} &= \frac{1}{2}(P_{s1-2}+P_{s2-3}-P_{s3-1}) \\ P_{s3} &= \frac{1}{2}(P_{s2-3}+P_{s3-1}-P_{s1-2}) \end{aligned}\right\} \tag{2.25}$$

参照双绕组变压器相关公式（2.21），可得三侧绕组的电阻为

$$\left.\begin{aligned} R_{T1} &= \frac{P_{s1}U_N^2}{1000S_N^2} \\ R_{T2} &= \frac{P_{s2}U_N^2}{1000S_N^2} \\ R_{T3} &= \frac{P_{s3}U_N^2}{1000S_N^2} \end{aligned}\right\} \tag{2.26}$$

（2）100/100/50 和 100/50/100 类型的变压器。对于这两种类型的变压器，提供的短路损耗是一对绕组中容量小的一方达到它本身额定电流（即 $I_N/2$）下的数据。例如，100/100/50 类型变压器提供的数据 P_{s1-2}、P'_{s2-3}、P'_{s3-1}，其中 P'_{s2-3}、P'_{s3-1} 为在低压侧绕组达到其额定电流条件下的数据，此时高、中压绕组电流只为它们额定电流的一半。因此，在使用这些数据时要先归算成额定电流时的值。因为短路损耗与电流的平方成正比，所以归算到额定容量（电流）下的值为

$$P_{s2-3} = \left(\frac{I_N}{0.5I_N}\right)^2 P'_{s2-3} = 4P'_{s2-3} \tag{2.27}$$

$$P_{s3-1} = \left(\frac{I_N}{0.5I_N}\right)^2 P'_{s3-1} = 4P'_{s3-1} \tag{2.28}$$

按式（2.25）和式（2.26）可计算出各绕组的电阻。对于 100/50/100 类型变压器，可采用相同的办法处理。

由于国家标准中对三绕组变压器的短路损耗没有作要求，所以我国制造厂提供的短路损耗有的已经归算，有的未归算。使用这些数据时，一定要注意它的说明。

（3）按最大短路损耗计算。按新颁布的标准，制造厂对三绕组变压器只给出一个短路损耗（标准上称为负荷损耗）。所给出的短路损耗是对应两个 100%容量的绕组流过额定电流，另一个 100%或 50%容量的绕组空载时的损耗，称为最大短路损耗 P_{smax}，单位为 kW。根据“按同一电流密度选择各绕组导线截面面积”的变压器设计原则可知，当各绕组归算到同一侧时，容量相同的绕组的电阻相等，则 100%容量绕组的电阻为

$$R_{T(100)}=\frac{P_{s\max}U_N^2}{2000S_N} \tag{2.29}$$

50%容量绕组的电阻为

$$R_{T(50)}=2R_{T(100)} \tag{2.30}$$

2. 电抗

按照标准要求，制造厂提供的短路电压总是归算到各绕组通过变压器额定电流时的数值，因此无论哪种类型的变压器，均可按下式计算各绕组的短路电压百分值。

$$\left.\begin{aligned}U_{s1}\%&=\frac{1}{2}(U_{s1-2}\%+U_{s3-1}\%-U_{s2-3}\%)\\U_{s2}\%&=\frac{1}{2}(U_{s1-2}\%+U_{s2-3}\%-U_{s3-1}\%)\\U_{s3}\%&=\frac{1}{2}(U_{s2-3}\%+U_{s3-1}\%-U_{s1-2}\%)\end{aligned}\right\} \tag{2.31}$$

参照双绕组变压器相关公式（2.22），可得三绕组变压器三侧的等值电抗为

$$\left.\begin{aligned}X_{T1}&=\frac{U_{s1}\%U_N^2}{100S_N}\\X_{T2}&=\frac{U_{s2}\%U_N^2}{100S_N}\\X_{T3}&=\frac{U_{s3}\%U_N^2}{100S_N}\end{aligned}\right\} \tag{2.32}$$

假定 1 表示高压侧绕组，2 表示中压侧绕组，3 表示低压侧绕组。对于升压结构变压器，由于高压绕组和中压绕组相隔最远，两者的漏抗最大，从而短路电压$U_{s1-2}\%$最大，而$U_{s2-3}\%$较小。根据式（2.31）和式（2.32）可知，$U_{s3}\%$最小，X_{T3}最小。对于降压结构变压器，高压绕组和低压绕组相隔最远，从而$U_{s3-1}\%$最大，而$U_{s1-2}\%$和$U_{s2-3}\%$较小，则$U_{s2}\%$最小，X_{T2}最小。由此可见，无论是升压结构还是降压结构，位于中间的绕组等值电抗最小，接近于 0，甚至为负值。

3. 电导与电纳

三绕组变压器电导和电纳的计算与双绕组变压器相同。

【例 2.4】某 110 kV 三绕组有载调压电力变压器的技术参数见表 2.3，求变压器的参数值（归算至高压侧），并画出等值电路。

表 2.3　例 2.4 三绕组变压器技术参数

型号	额定容量/（kV·A）	额定电压			空载电流/%	空载损耗/kW	短路损耗/kW			阻抗电压/%		
		高压	中压	低压			高-中	高-低	中-低	高-中	高-低	中-低
SFSZL-31500/110	31 500	110±8×1.25%	38.5±5%	11	0.7	34.5	175	175	165	10.5	17	6.5

注：高、中、低压绕组的额定容量均为 100%。

解：（1）阻抗为

$$P_{s1}=\frac{1}{2}(P_{s1-2}+P_{s3-1}-P_{s2-3})=\frac{1}{2}(175+175-165)=92.5\text{（kW）}$$

$$P_{s2}=\frac{1}{2}(P_{s1-2}+P_{s2-3}-P_{s3-1})=\frac{1}{2}(175+165-175)=82.5\text{（kW）}$$

$$P_{s3}=\frac{1}{2}(P_{s2-3}+P_{s3-1}-P_{s1-2})=\frac{1}{2}(165+175-175)=82.5\text{（kW）}$$

$$R_{T1}=\frac{P_{s1}U_{N1}^2}{1000S_N^2}=\frac{92.5\times110^2}{1000\times31.5^2}=1.128\text{（}\Omega\text{）}$$

$$R_{T2}=\frac{P_{s2}U_{N1}^2}{1000S_N^2}=\frac{82.5\times110^2}{1000\times31.5^2}=1.006\text{（}\Omega\text{）}$$

$$R_{T3}=R_{T2}=1.006\text{（}\Omega\text{）}$$

$$U_{s1}\%=\frac{1}{2}(U_{s1-2}\%+U_{s3-1}\%-U_{s2-3}\%)=\frac{1}{2}(10.5+17-6.5)=10.5$$

$$U_{s2}\%=\frac{1}{2}(U_{s1-2}\%+U_{s2-3}\%-U_{s3-1}\%)=\frac{1}{2}(10.5+6.5-17)=0$$

$$U_{s3}\%=\frac{1}{2}(U_{s2-3}\%+U_{s3-1}\%-U_{s1-2}\%)=\frac{1}{2}(17+6.5-10.5)=6.5$$

$$X_{T1}=\frac{U_{s1}\%U_{N1}^2}{100S_N}=\frac{10.5\times110^2}{100\times31.5}=40.333\text{（}\Omega\text{）}$$

$$X_{T2}=\frac{U_{s2}\%U_{N1}^2}{100S_N}=0\text{（}\Omega\text{）}$$

$$X_{T3}=\frac{U_{s3}\%U_{N1}^2}{100S_N}=\frac{6.5\times110^2}{100\times31.5}=24.968\text{（}\Omega\text{）}$$

（2）导纳为

$$G_T=\frac{P_0}{1000U_{N1}^2}=\frac{34.5}{1000\times110^2}=2.851\times10^{-6}\text{（S）}$$

$$B_T=\frac{I_0\%S_N}{100U_{N1}^2}=\frac{0.7\times31.5}{100\times110^2}=18.223\times10^{-6}\text{（S）}$$

（3）等值电路如图 2.14 所示。

在电力系统分析计算中，根据计算条件和计算要求，也有采用如图 2.15 所示的另外两种简化等值电路的。

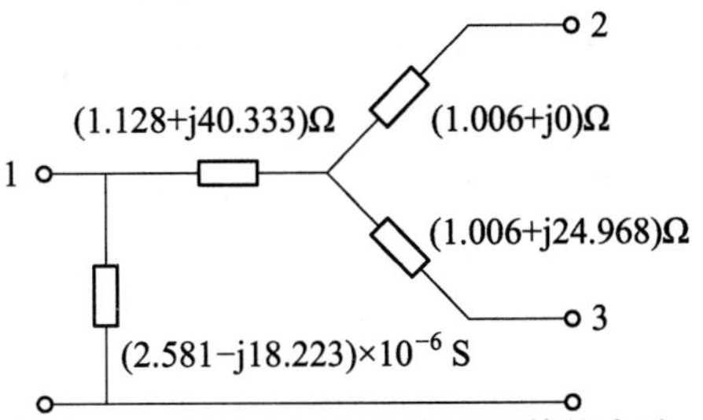

图 2.14　例 2.4 三绕组变压器等值电路

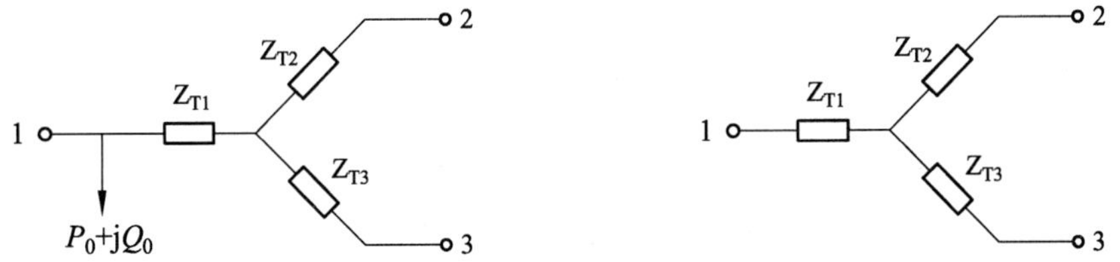

（a）空载损耗表示励磁支路的等值电路　　（b）三绕组变压器的星形等值电路

图 2.15　三绕组变压器的简化等值电路

2.2.4　自耦变压器

自耦变压器虽然既有磁耦合又有直接电的联系，但就其等值电路及参数计算与普通变压器相同。需要说明的是，三绕组自耦变压器的第三绕组容量 S_{3N} 总是比变压器的额定容量 S_N 小。过去，制造厂提供的短路试验数据中，不仅短路损耗没有归算，有时短路电压百分值也是未经归算的，此时需按式（2.33）和式（2.34）对短路损耗和短路电压百分值进行归算

$$\left.\begin{aligned} P_{s2-3} &= \left(\frac{S_N}{S_{3N}}\right)^2 P'_{s2-3} \\ P_{s3-1} &= \left(\frac{S_N}{S_{3N}}\right)^2 P'_{s3-1} \end{aligned}\right\} \tag{2.33}$$

$$\left.\begin{aligned} U_{s2-3}\% &= \left(\frac{S_N}{S_{3N}}\right) U'_{s2-3}\% \\ U_{s3-1}\% &= \left(\frac{S_N}{S_{3N}}\right) U'_{s3-1}\% \end{aligned}\right\} \tag{2.34}$$

再按式（2.25）、式（2.26）和式（2.31）、式（2.32）计算变压器的电阻和电抗。按新标准，制造厂提供最大短路损耗和经归算的短路电压百分值。

【**例 2.5**】某 220 kV 三绕组无励磁调压自耦电力变压器的技术参数见表 2.4。求变压器的参数值（归算至高压侧），并画出等值电路。

表 2.4　例 2.5 的技术参数

型号	额定容量/（kV·A）	额定电压/kV			空载电流/%	空载损耗/kW	短路损耗/kW			阻抗电压/%		
		高压	中压	低压			高-中	高-低	中-低	高-中	高-低	中-低
OSFPS7-180000/220	180 000/180 000/90 000	220±2×2.5%	121	39	0.07	53	430			7.8	31.2	21.4

注：阻抗电压为 100%额定容量时的数值。

解：（1）阻抗为

$$R_{T1}=R_{T2}=R_{T(100)}=\frac{P_{s\max}U_{N1}^2}{2000S_N^2}=\frac{430\times220^2}{2000\times180^2}=0.321\ (\Omega)$$

$$R_{T3}=2R_{T(100)}=0.642\ (\Omega)$$

$$U_{s1}\%=\frac{1}{2}(U_{s1-2}\%+U_{s1-3}\%-U_{s2-3}\%)=\frac{1}{2}(7.8+31.2-21.4)=8.8$$

$$U_{s2}\%=\frac{1}{2}(U_{s1-2}\%+U_{s2-3}\%-U_{s1-3}\%)=\frac{1}{2}(7.8+21.4-31.2)=-1$$

$$U_{s3}\%=\frac{1}{2}(U_{s1-3}\%+U_{s2-3}\%-U_{s1-2}\%)=\frac{1}{2}(31.2+21.4-7.8)=22.4$$

$$X_{T1}=\frac{U_{s1}\%U_{N1}^2}{100S_N}=\frac{8.8\times220^2}{100\times180}=23.662\ (\Omega)$$

$$X_{T2}=\frac{U_{s2}\%U_{N1}^2}{100S_N}=\frac{-1\times220^2}{100\times180}=-2.689\ (\Omega)$$

$$X_{T3}=\frac{U_{s3}\%U_{N1}^2}{100S_N}=\frac{22.4\times220^2}{100\times180}=60.231\ (\Omega)$$

（2）导纳为

$$G_T=\frac{P_0}{1000U_{N1}^2}=\frac{53}{1000\times220^2}=1.095\times10^{-6}\ (S)$$

$$B_T=\frac{I_0\%S_N}{100U_{N1}^2}=\frac{0.07\times180}{100\times220^2}=2.603\times10^{-6}\ (S)$$

（3）等值电路如图 2.16 所示。

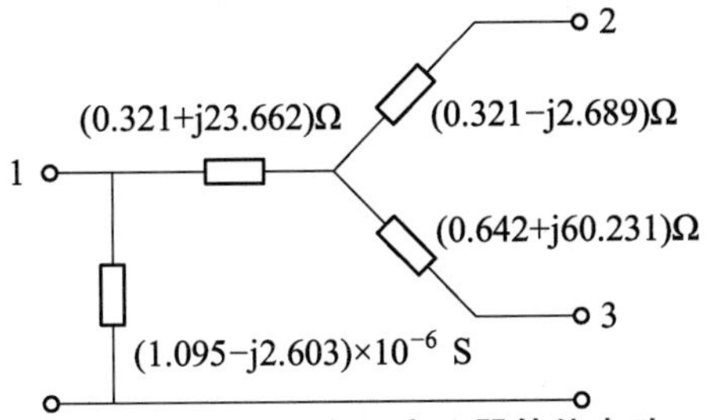

图 2.16　例 2.5 自耦变压器等值电路

2.2.5　变压器的 Π 形等值电路

如图 2.17（a）所示为变比为 k 的双绕组变压器。如图 2.17（b）所示为它的单相等值电路，左端是变压器等值到 1 侧的 Γ 形等值电路，而右端是一理想变压器（即无损耗、无漏磁、无需励磁电流的变压器）。显然，图 2.17（b）和图 2.17（a）是完全等值的。

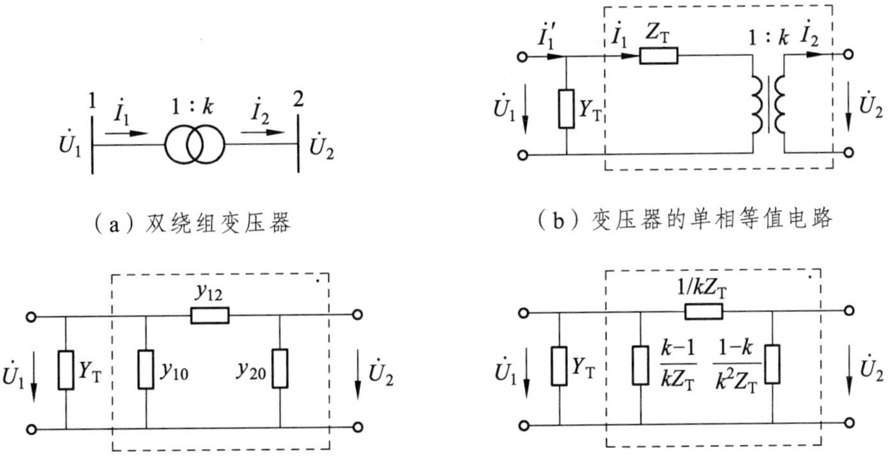

（a）双绕组变压器　（b）变压器的单相等值电路

（c）Π 形等值电路　（d）具体等值电路

图 2.17　双绕组变压器的等值电路

对于图 2.17（b）中虚线框内的电路，根据理想变压器的特性，可写出

$$\left.\begin{aligned} \dot{I}_2 &= \frac{\dot{I}_1}{k} \\ \frac{\dot{U}_2}{k} &= \dot{U}_1 - \dot{I}_1 Z_T \end{aligned}\right\} \tag{2.35}$$

经整理可得

$$\left.\begin{aligned} \dot{I}_1 &= \frac{\dot{U}_1}{Z_T} - \frac{\dot{U}_2}{Z_T k} \\ \dot{I}_2 &= \frac{\dot{U}_1}{Z_T k} - \frac{\dot{U}_2}{Z_T k^2} \end{aligned}\right\} \tag{2.36}$$

由二端口网络方程式（2.36）可知，该变压器可用如图 2.17（c）所示的 Π 形等值电路表示，其中三个参数分别为

$$\left.\begin{aligned} y_{12} &= \frac{1}{kZ_{\mathrm{T}}} \\ y_{10} &= \frac{k-1}{kZ_{\mathrm{T}}} \\ y_{20} &= \frac{1-k}{k^2 Z_{\mathrm{T}}} \end{aligned}\right\} \tag{2.37}$$

具体等值电路如图 2.17（d）所示。

变压器的 Π 形等值电路也称等值变压器模型。由上面的推导过程可知，变压器用其 Π 形等值电路表示时，两侧的电压、电流、功率都是实际值，不存在归算问题。这一特点使其在电力系统分析计算中处理变压器变比变化和多电压等级环网等问题非常有效。在用计算机进行电力系统计算时，常采用这种等值电路。

需要指出的是，双绕组变压器的串联阻抗和并联导纳一般都归算到低压侧，因为变压器低压绕组没有装分接头，该侧的额定电压不变，则其阻抗和导纳不会随变比改变而变化。

对于三绕组变压器，可采用上述原理画出等值电路。如图 2.18（a）所示为实际三绕组变压器，可采用理想变压器表示为如图 2.18（b）所示的等值电路，图中变压器的阻抗和导纳参数是归算到三次侧的，k_1、k_2 分别为绕组 1 及绕组 2 与绕组 3 的抽头电压之比。对于由理想变压器和串联阻抗组成的二端口，可采用双绕组的 Π 形等值电路来表示，从而得到三绕组的等值电路，如图 2.18（c）所示。

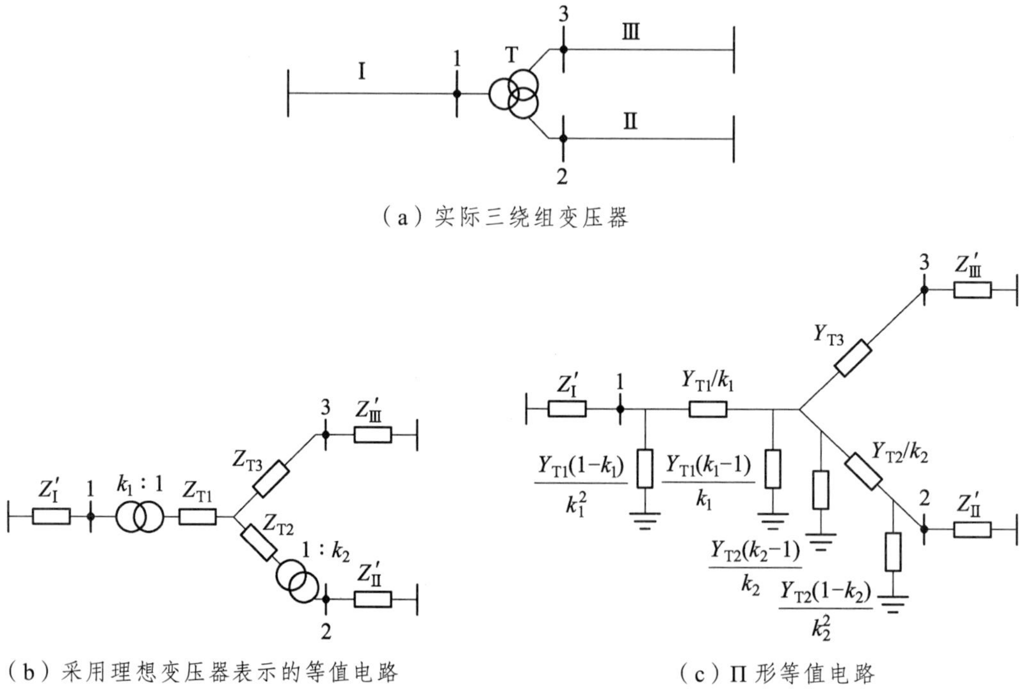

图 2.18　三绕组的等值电路

2.3 发电机、负荷的参数和等值电路

2.3.1 发电机概述

发电机既是电力系统的有功功率电源，又是主要的无功功率电源。三相交流同步发电机的电枢绕组布置在定子上，励磁绕组布置在转子上，转子由原动机（汽轮机、水轮机）驱动旋转。转子转速 n(r/min)与电网频率 f(Hz)之间有着严格的关系，即

$$n=\frac{60f}{p} \tag{2.38}$$

式中：p 为极对数；n 为同步转速。

同步发电机按转子磁极的形状，可分为隐极式和凸极式两类。隐极式气隙均匀，转子做成圆柱形，机械强度高，适合于高速旋转，是汽轮发电机的基本结构形式，转速可达 3000 r/min（2 级）或 1500 r/min（4 级）。凸极式的气隙不均匀，极弧下气隙较小，极间部分较大，旋转时的空气阻力较大，适合于中低速旋转场合，是水轮发电机的基本结构形式。另外，凸极式转子上除励磁绕组外，还常装有阻尼绕组，以减小负序电流对同步发电机产生的转子过热和振荡。

同步发电机是把原动机输入的机械能转换成电能，即将输入机械功率转换成电功率（有功功率）。发电机输出有功功率的调整是通过调整原动机的机械功率来实现的，具体来讲，对于汽轮发电机是调整汽轮机气门开度，对于水轮发电机是调整水轮机导叶开度。发电机组都配套和安装有自动调速系统，可根据运行工况按要求进行自动转速调节。

励磁绕组的直流电压是由励磁电源供给的，励磁电源有直流励磁机励磁系统、交流励磁机励磁系统和自励式静止励磁系统。各种励磁系统都配置有自动励磁调节器，可根据运行工况按要求进行自动励磁调节。通过改变发电机的励磁电流，可以调节发电机的端电压和输出的无功功率。

同步发电机在运行中，输出的有功功率和无功功率要受定子绕组温升、励磁绕组温升、原动机功率等的约束。这些约束条件决定了它们的上、下限值，发电机运行中受到的主要约束有以下几点。

（1）有功功率的约束。原动机、发电机的出力和机械强度都是按额定有功功率 P_N 设计的，虽有一些裕度，但在运行中不宜超过 P_N，这就规定了其运行的上限 P_{max}。由于原动机和锅炉等方面存在技术最小负荷，使得发电机的输出有功功率有一下限值 P_{min}。例如，锅炉的技术最小负荷取决于锅炉燃烧的稳定性，其值为额定负荷的 25% ~ 70%，因锅炉的类型和燃料种类而异；汽轮机的技术最小负荷为额定负荷的 10% ~ 15%；热电厂技术最小负荷取决于其热负荷；水轮机也有一技术最小负荷，其值因水电厂的具体条件而异。

（2）定子绕组电流的约束。定子绕组导体的截面面积、发电机的冷却系统都是按照额定电流设计的，运行中定子电流不可大于额定电流，也就限制了发电机的视在功率。

（3）励磁绕组电流的约束。如果励磁绕组电流超过额定励磁电流，励磁绕组温升会超过允许温升，所以运行中励磁电流不可大于它的额定值。

（4）定子端部发热约束。发电机进相（即超前 $\cos\varphi$）运行吸收无功功率时，定子端部的漏磁将大于滞后 $\cos\varphi$ 运行的漏磁，会在定子端部铁芯及金属板等处感生过大的涡流，导致温度升高。当温度超过允许值时，就要限制吸收的无功功率。

（5）发电机同步稳定性的约束。发电机在进相运行时容易发生不稳定情况，所以要限制此种情况下输出的有功功率和吸收的无功功率。

2.3.2 发电机的稳态数学模型

1. 隐极式发电机

隐极式发电机定子直轴同步电抗 x_d 等于交轴同步电抗 x_q，即 $x_d = x_q$。由电机学课程知道，当正常稳态运行时，隐极式同步发电机的等值电路如图 2.19（a）所示。图中，r 为定子绕组电阻，$\dot{U}$ 为端电压相量，$\dot{I}$ 为定子电流相量，$\dot{E}_q$ 为空载电动势相量，由等值电路可直接写出它们之间的关系式

$$\dot{E}_q = \dot{U} + (r + \mathrm{j}x_d)\dot{I} \tag{2.39}$$

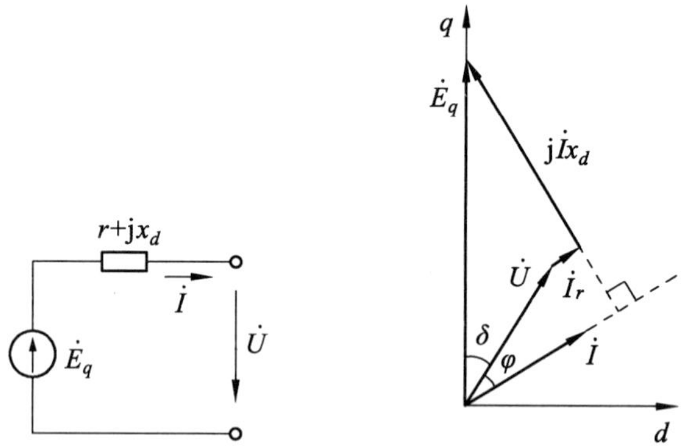

（a）等值电路　　（b）相量图

图 2.19　隐极式发电机等值电路和相量图

根据式（2.39）可画出对应的相量图，如图 2.19（b）所示。$\dot{E}_q$ 方向为交轴（q 轴）方向，而滞后 90°的就是直轴（d 轴）方向；$\dot{E}_q$ 与 $\dot{U}$ 的相位差 δ 称为功率角，$\dot{U}$ 与 $\dot{I}$ 的相位差 φ 即功率因数角。

取 d、q 轴正方向分别与实、虚轴正方向一致，则同步发电机的输出功率（一相）为

$$P + \mathrm{j}Q = \dot{U}\dot{I} = (U_d + \mathrm{j}U_q)(I_d - \mathrm{j}I_q) \tag{2.40}$$

从而

$$P = U_d I_d + U_q I_q \tag{2.41}$$

$$Q = U_q I_d + U_d I_q \tag{2.42}$$

由于定子绕组电阻很小，常忽略不计，即取 $r = 0$。此时，由相量图可推导出隐极式发电机的功率方程

$$P = \frac{E_q U}{x_d}\sin\delta \tag{2.43}$$

$$Q = \frac{E_q U}{x_d}\cos\delta - \frac{U^2}{x_d} \tag{2.44}$$

式（2.43）和式（2.44）中，若电动势、电压取线电动势、线电压的有效值，单位为 kV，则功率为三相功率，单位为 MW、Mvar。式中的同步电抗 x_d 单位总为 Ω。

2. 凸极式发电机

对于凸极式发电机，$x_d \neq x_q$。由电机学课程可知

$$\dot{U} = \mathrm{j}E_q - \mathrm{j}(x_d - x_q)I_d - (r + \mathrm{j}x_q)\dot{I} \tag{2.45}$$

为了便于计算，定义一个与 E_q 同方向的虚构电动势

$$\dot{E}_Q = \mathrm{j}E_q - \mathrm{j}(x_d - x_q)I_d \tag{2.46}$$

式（2.45）可表示为

$$\dot{U} = \dot{E}_Q - (r + jx_q)\dot{I} \tag{2.47}$$

根据式（2.46）和式（2.47）可做出凸极式发电机的等值电路和相量图，如图 2.20 所示。

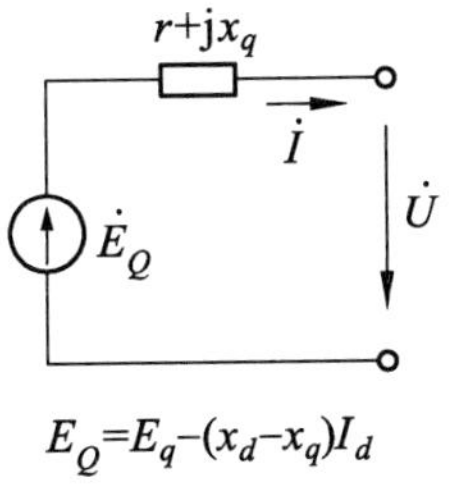

（a）等值电路

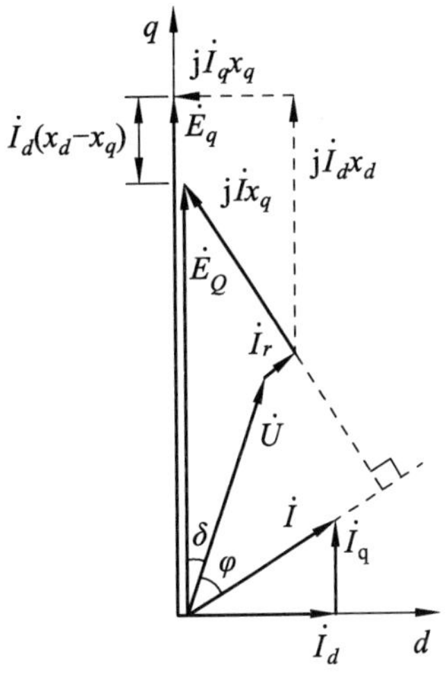

（b）相量图

图 2.20　凸极式发电机等值电路和相量图

不计定子绕组电阻（$r = 0$）时，由式（2.41）、式（2.42）和相量图，可推导得凸极式发电机的功率方程为

$$P=\frac{E_qU}{x_d}\sin\delta+\frac{U^2}{2}\cdot\frac{x_d-x_q}{x_dx_q}\sin 2\delta \tag{2.48}$$

$$Q=\frac{E_qU}{x_d}\cos\delta+\frac{U^2}{2}\cdot\frac{x_d-x_q}{x_dx_q}\cos 2\delta-\frac{U^2}{2}\cdot\frac{x_d+x_q}{x_dx_q} \tag{2.49}$$

需要强调指出，在稳态分析计算时，发电机一般可以用其发出的有功功率 P 和无功功率 Q 的大小，或发出的有功功率 P 和其端电压 U 来表示。

2.3.3 发电机电抗参数的计算

制造厂提供的发电机电抗参数是以其额定阻抗 Z_{N} 为基准的电抗百分值 $X_{\mathrm{G}}(\%)$，即

$$X_{\mathrm{G}}(\%)=\frac{X_{\mathrm{G}}}{Z_{\mathrm{N}}}\times 100=\frac{\sqrt{3}I_{\mathrm{N}}X_G}{U_{\mathrm{N}}}\times 100=\frac{S_{\mathrm{N}}X_G}{U_{\mathrm{N}}^2}\times 100$$

从而

$$X_{\mathrm{G}}=\frac{X_{\mathrm{G}}(\%)}{100}\times\frac{U_{\mathrm{N}}^2}{S_{\mathrm{N}}}=\frac{X_{\mathrm{G}}(\%)}{100}\times\frac{U_{\mathrm{N}}^2\cos\varphi_{\mathrm{N}}}{P_{\mathrm{N}}} \tag{2.50}$$

式中：X_{G} 为发电机电抗，单位 Ω；$X_{\mathrm{G}}(\%)$为发电机电抗百分值；U_{N} 为发电机的额定电压，单位 kV；S_{N} 为发电机的额定视在功率，单位 MV · A；P_{N} 为发电机的额定有功功率，单位 MW；I_{N} 为发电机的额定电流，单位 kA；$\cos\varphi_{\mathrm{N}}$ 为发电机的额定功率因数。

2.3.4 负荷特性和数学模型

在电力系统分析计算中，常采用负荷功率 $P+\mathrm{j}Q$ 来表示某一地域范围的总用电功率，它可能代表的是一个车间、企业，或是一个住宅区、一个城市甚至是一个地区的负荷，根据所研究的问题而定。负荷一词有多种含义，如“节点负荷”“发电厂负荷”“系统负荷”等，本书讨论节点负荷，即连接于母线的负荷。该负荷可能包括了种类繁多的负荷成分，属于综合性负荷。根据第 1 章对负荷的讨论，我们知道有许多因素对负荷功率有影响，除前面所述因素外，负荷功率还与电力系统的运行参数（电压、频率）有关，所以，要建立一个准确而实用的负荷模型是相当困难的。

1. 负荷特性

负荷特性是指负荷功率随负荷电压或系统频率变化而变化的规律，有电压特性和频率特性之分。负荷特性还可分为动态特性和静态特性，动态特性反映电压和频率急剧变化时负荷功率与电压或频率的关系，主要用于电力系统受到大扰动时的暂态过程分析；静态特性反映电压或频率变化后进入稳态时负荷功率与电压或频率的关系，主要用于电力系统正常稳态工况的计算，也可用于电压和频率变化缓慢的暂态过程计算。负荷特性还可分为有功功率特性和无功功率特性。本书重点讨论负荷的静态特性。

综合负荷的负荷静态特性依其负荷的组成情况而不同，可根据各个基本负荷成分的静态特性方程或实测曲线用统计方法综合起来得到，但其准确性较低，一般是通过实测确定。

2. 数学模型

负荷的数学模型即负荷特性的数学描述。在电力系统分析计算中，有许多负荷模型，下面介绍几种目前使用较多的负荷静态模型。

1）恒功率负荷模型

恒功率负荷模型即负荷用恒定功率表示，该功率与负荷电压及系统频率无关。在等值电路中，其表示形式如图 2.21（a）所示。当负荷为感性时，其无功 Q 为正；当负荷为容性，其无功 Q 为负。虽然这种负荷模型较粗略，但在电压和频率变化不大时还是可取的，这种模型在潮流计算等稳态分析中应用较多。

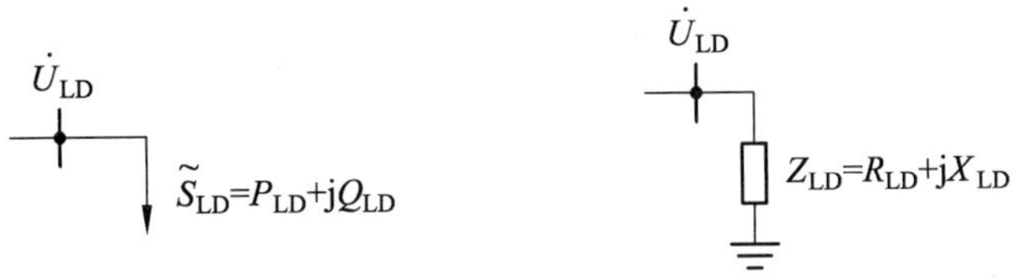

（a）恒定功率表示　　（b）恒定阻抗表示

图 2.21　负荷的等值电路

2）恒定阻抗负荷模型

恒定阻抗负荷模型即综合负荷用恒定阻抗表示，在等值电路中的表示形式如图 2.21（b）所示。已知负荷功率 $P_{LD}+jQ_{LD}$ 和负荷电压 U_{LD}，其等值阻抗 Z_{LD} 可按下式计算

$$Z_{LD}=R_{LD}+jX_{LD}=\frac{U_{LD}^2}{S_{LD}^2}(P_{LD}+j\,Q_{LD}) \tag{2.51}$$

这种负荷模型在短路电流计算中应用较多。

3）用电压静态特性表示的综合负荷模型

由于在电力系统正常运行期间对频率管理比较严格，其偏差很小，所以在电力系统稳态分析计算中，一般不考虑频率变化，即使某些暂态过程中频率变化也很小，可不计，这时负荷可以只用电压静态特性表示。实际上，负荷的电压静态特性可用二次多项式表示，即

$$P=P_N\left[a_p\left(\frac{U}{U_N}\right)^2+b_p\left(\frac{U}{U_N}\right)+c_p\right] \tag{2.52}$$

$$Q=Q_N\left[a_q\left(\frac{U}{U_N}\right)^2+b_q\left(\frac{U}{U_N}\right)+c_q\right] \tag{2.53}$$

式中：U_N 为额定电压；P_N、Q_N 为在额定电压下的有功功率、无功功率负荷。

由式（2.52）和式（2.53）可见，有功和无功功率都含有 3 个分量：第一个与电压的平方成正比，相当于恒定阻抗消耗的功率；第二个与电压成正比，是恒定电流分量；第三个是恒定功率分量。

式（2.52）和式（2.53）中的 a_{p}，b_{p}，c_{p}，a_{q}，b_{q}，c_{q} 为待定系数，是三个分量的比例系数，且有 $a_{\mathrm{p}}+b_{\mathrm{p}}+c_{\mathrm{p}}=1$，$a_{\mathrm{q}}+b_{\mathrm{q}}+c_{\mathrm{q}}=1$。它们的数值可根据实际的电压特性用最小二乘法拟合求得。

2.4 电力系统的标幺值与等值网络

电力系统通常是由电力变压器的磁耦合将多个电压级系统连成一个整体，形成多电压级的电力系统。要想得到多电压级电力系统的等值电路，必须先将不同电压级的元件参数和运行参数归算到同一电压级，再按各元件的连接关系将它们各自的等值电路连接即可。下面分别按有名值和标幺值的情况给予讨论。

1. 电抗器的电抗

电抗器制造商一般以电抗百分数 $X_R(\%)$ 的形式给出电抗器的电抗，电抗百分数 $X_R(\%)$ 是以电抗器的额定电压和额定电流为基准值的，电抗百分数 $X_R(\%)$ 的定义为

$$X_R(\%)=\frac{\sqrt{3}I_{\mathrm{N}}X_R}{U_{\mathrm{N}}}\times 100 \tag{2.54}$$

则电抗有名值为

$$X_R=\frac{X_R(\%)U_{\mathrm{N}}}{100\sqrt{3}I_{\mathrm{N}}}\ (\Omega) \tag{2.55}$$

式中：X_R 为电抗器的电抗（Ω）；U_{N} 为电抗器的额定电压（kV）；I_{N} 为电抗器的额定电流（kA）；$X_R(\%)$ 为电抗器的电抗百分数。

2. 电抗器的等值电路

因为电抗器的电阻远比电抗小，所以电阻可忽略不计，所以电抗器的等值电路就为纯电抗电路，在此省略。

2.4.1 标幺值

采用标幺值进行电力系统计算时，系统中所有元件参数和运行参数都是没有量纲的相对值，即标幺值。它是一种以标幺值参数进行运算的制式。由于标幺值具有计算结果清晰、便于迅速判断计算结果的正确性、可简化计算等优点，它在电力系统分析计算中得到广泛应用。

一个量的标幺值等于它的有名值与同量纲的基准值之比。显然，基准值不同，对应的标幺值也不同。计算某一量的标幺值时，必须首先选定其基准值，再计算标幺值。

当选定电压、电流、功率和阻抗的基准值分别为 U_{B}、I_{B}、S_{B}、Z_{B} 时，相应的标幺值为

$$\left.\begin{aligned} U_* &= \frac{U}{U_B} \\ I_* &= \frac{I}{I_B} \\ P_* &= \frac{P}{S_B} \\ Q_* &= \frac{Q}{Q_B} \\ S_* &= \frac{S}{S_B} \\ Z_* &= \frac{Z}{Z_B} \end{aligned}\right\} \tag{2.56}$$

2.4.2 有名值计算的电力系统等值网络

采用有名值进行电力系统计算时，系统中所有元件参数和运行参数都要有量纲（单位）。它是一种采用有量纲参数进行运算的制式。

首先，需要在电力系统中选择某一个电压级作为归算的基本级，再将不同电压级的元件参数和运行参数归算到基本级。基本级的选择原则上是任意的，但通常选最高电压级或问题所要研究的电压级。元件参数归算时按式（2.57）计算

$$\left.\begin{aligned} R &= R'(k_1k_2\cdots k_n)^2 \\ X &= X'(k_1k_2\cdots k_n)^2 \\ G &= G'\left(\frac{1}{k_1k_2\cdots k_n}\right)^2 \\ B &= B'\left(\frac{1}{k_1k_2\cdots k_n}\right)^2 \end{aligned}\right\} \tag{2.57}$$

运行参数归算时按式（2.58）计算

$$\left.\begin{aligned} U &= U'(k_1k_2\cdots k_n) \\ I &= I'\left(\frac{1}{k_1k_2\cdots k_n}\right) \end{aligned}\right\} \tag{2.58}$$

式中：R'、X'、G'、B'、U'、I'分别为归算前的值；R、X、G、B、U、I分别为归算后的值；k_1、k_2、$\cdots$、k_n为待归算级到基本级间各变压器的变比。

式（2.57）和式（2.58）中各变压器的变比为其基本级侧的额定电压与归算级侧的额定电压之比。以如图 2.22 所示网络为例，取 220 kV 为基本级，将 35 kV 级参数进行归算，从归算级到基本级共有两台变压器，它们的变比分别为 110/38.5 和 220/121。所有参数归算后，可画出其等值电路，如图 2.22（b）所示。另外，归算中的变压器要用实际变比，当变压器分接头改变时，变比也要变，应重新进行归算。

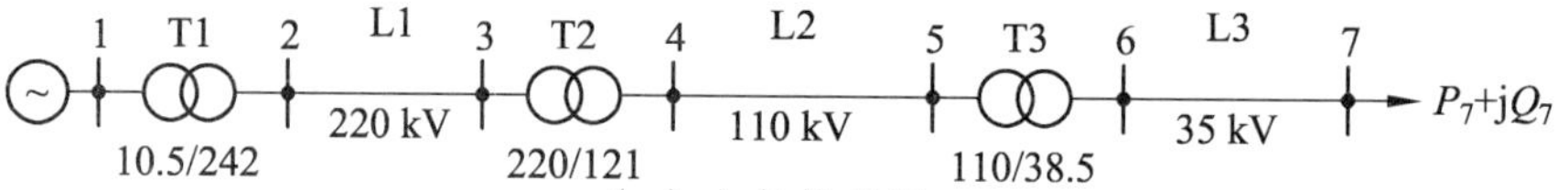

（a）电气接线图

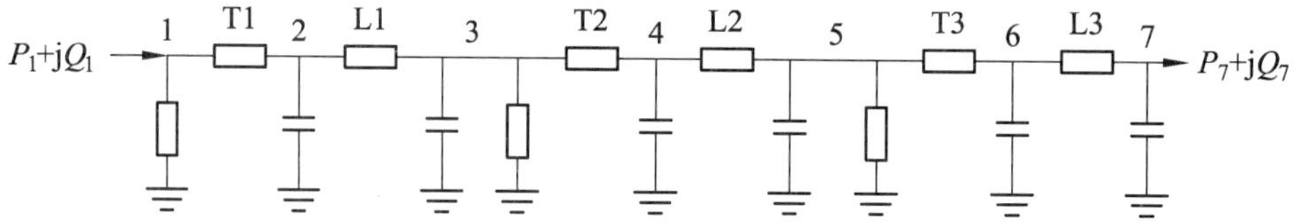

（b）等值电路

图 2.22　多电压级电力网电气接线和等值电路

由于 $\dot{U}\dot{I}'=\dot{U}\dot{I}$，所以功率（有功功率、无功功率、复功率）的归算值不变，即功率不存在归算问题。还需要强调的是，等值电路中的电压、电流都是归算至基本级的量，而非实际值（除了基本级的量），若要计算实际电压、电流，需从基本级再归算到其所在的电压级。

【**例 2.6**】某电力系统电气接线如图 2.23 所示。系统中元件的技术参数见表 2.5，试采用有名值计算归算至 500 kV 侧的网络等值电路。

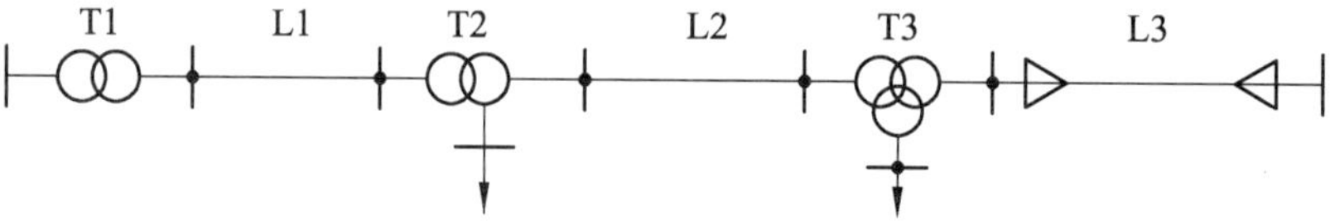

图 2.23　例 2.6 电网电气接线图

表 2.5　例 2.6 的技术参数

变压器技术参数								
符号	型号	容量/（MV·A）	电压/kV	U_s%	P_s/kW	I_0%	P_0/kW	备注
T1	SFP2-360000/500	360	525/18	16	1060	0.07	225	
T2	ODFPSZ-250000/500	250/250/125	$\frac{500}{\sqrt{3}}$/$\frac{230}{\sqrt{3}}$/35	11.8（1-2） 38.2（1-3） 24.8（2-3）	540（1-2）	0.07	144	阻抗电压为 100%容量下的值
T3	SFPS7-150000/220	150/150/75	220/121/11	13.1（1-2） 22（1-3） 6.57（2-3）	570（1-2） 217（1-3） 157（2-3）	0.38	150	阻抗电压为 100%容量下的值

线路技术参数						
符号	型号	长度/km	电压/kV	电阻（Ω/km）	电抗/（Ω/km）	电容/（μF/km）
L1	4×LGJ-400	85	500	0.018	0.277	0.013
L2	2×LGJ-300	9	220	0.054	0.302	0.012
L3	ZLQ2-10/3×70	2.5	10	0.45	0.08	

解：以 500 kV 电压级作为基本级，进行多电压级参数的归算。

变压器 T1：

$$R_{T}=\frac{P_{s}U_{N}^{2}}{1000S_{N}^{2}}=\frac{1060\times525^{2}}{1000\times360^{2}}=2.254\text{（}\Omega\text{）}$$

$$X_{T}=\frac{U_{k}\%U_{N}^{2}}{100S_{N}}=\frac{16\times525^{2}}{100\times360}=122.5\text{（}\Omega\text{）}$$

$$G_{T1}=\frac{P_{0}}{1000U_{N}^{2}}=\frac{225}{1000\times525^{2}}=0.816\times10^{-6}\text{（S）}$$

$$B_{T1}=\frac{I_{0}\%S_{N}}{100U_{N}}=\frac{0.07\times360}{100\times525^{2}}=0.914\times10^{-6}\text{（S）}$$

变压器 T2（为单相式自耦变压器组）：

$$R_{T1}=R_{T2}=\frac{P_{max}U_{N}^{2}}{2000S_{N}^{2}}=\frac{540\times500^{2}}{2000\times(3\times250)^{2}}=0.120\text{（}\Omega\text{）}$$

$$R_{T3}=2R_{T1}=0.240\text{（}\Omega\text{）}$$

$$U_{s1}\%=\frac{1}{2}(U_{s1-2}\%+U_{s1-3}\%-U_{s2-3}\%)=\frac{1}{2}(11.8+38.2-24.8)=12.6$$

$$U_{s2}\%=\frac{1}{2}(U_{s1-2}\%+U_{s2-3}\%-U_{s1-3}\%)=\frac{1}{2}(11.8+24.8-38.2)=-0.8$$

$$U_{s3}\%=\frac{1}{2}(U_{s1-3}\%+U_{s2-3}\%-U_{s1-2}\%)=\frac{1}{2}(38.2+24.8-11.8)=25.6$$

$$X_{T1}=\frac{U_{s1}\%U_{N}^{2}}{100S_{N}}=\frac{12.6\times500^{2}}{100\times3\times250}=42\text{（}\Omega\text{）}$$

$$X_{T2}=\frac{U_{s2}\%U_{N}^{2}}{100S_{N}}=\frac{-0.8\times500^{2}}{100\times3\times250}=-2.667\text{（}\Omega\text{）}$$

$$X_{T3}=\frac{U_{s3}\%U_{N}^{2}}{100S_{N}}=\frac{25.6\times500^{2}}{100\times3\times250}=85.333\text{（}\Omega\text{）}$$

$$G_{T}=\frac{P_{0}}{1000U_{N}^{2}}=\frac{144}{1000\times500^{2}}=0.576\times10^{-6}\text{（S）}$$

$$B_{T}=\frac{I_{0}\%S_{N}}{100U_{N}}=\frac{0.07\times3\times250}{100\times500^{2}}=2.1\times10^{-6}\text{（S）}$$

变压器 T3：

$$P_{s1-3}=4P'_{s1-3}=4\times 217=868\ (\text{kW})$$

$$P_{s2-3}=4P'_{s2-3}=4\times 157=628\ (\text{kW})$$

$$P_{s1}=\frac{1}{2}(P_{s1-2}+P_{s1-3}-P_{s2-3})=\frac{1}{2}(570+868-628)=405\ (\text{kW})$$

$$P_{s2}=\frac{1}{2}(P_{s1-2}+P_{s2-3}-P_{s1-3})=\frac{1}{2}(570+628-868)=165\ (\text{kW})$$

$$P_{s3}=\frac{1}{2}(P_{s1-3}+P_{s2-3}-P_{s1-2})=\frac{1}{2}(868+628-570)=463\ (\text{kW})$$

$$R_{T1}=\frac{P_{s1}U_N^2}{1000S_N^2}k_{T2(1-2)}^2=\frac{405\times 220^2}{1000\times 150^2}\times\left(\frac{500}{230}\right)^2=4.117\ (\Omega)$$

$$R_{T2}=\frac{P_{s2}U_N^2}{1000S_N^2}k_{T2(1-2)}^2=\frac{165\times 220^2}{1000\times 150^2}\times\left(\frac{500}{230}\right)^2=1.677\ (\Omega)$$

$$R_{T3}=\frac{P_{s3}U_N^2}{1000S_N^2}k_{T2(1-2)}^2=\frac{463\times 220^2}{1000\times 150^2}\times\left(\frac{500}{230}\right)^2=4.707\ (\Omega)$$

$$U_{s1}\%=\frac{1}{2}(U_{s1-2}\%+U_{s1-3}\%-U_{s2-3}\%)=\frac{1}{2}(13.1+22-6.57)=14.265$$

$$U_{s2}\%=\frac{1}{2}(U_{s1-2}\%+U_{s2-3}\%-U_{s1-3}\%)=\frac{1}{2}(13.1+6.57-22)=-1.165$$

$$U_{s3}\%=\frac{1}{2}(U_{s1-3}\%+U_{s2-3}\%-U_{s1-2}\%)=\frac{1}{2}(22+6.57-13.1)=7.735$$

$$X_{T1}=\frac{P_{s1}U_N^2}{100S_N}k_{T2(1-2)}^2=\frac{14.265\times 220^2}{100\times 150}\times\left(\frac{500}{230}\right)^2=217.526\ (\Omega)$$

$$X_{T2}=\frac{P_{s2}U_N^2}{100S_N}k_{T2(1-2)}^2=\frac{-1.165\times 220^2}{100\times 150}\times\left(\frac{500}{230}\right)^2=-17.765\ (\Omega)$$

$$X_{T3}=\frac{P_{s3}U_N^2}{100S_N}k_{T2(1-2)}^2=\frac{7.735\times 220^2}{100\times 150}\times\left(\frac{500}{230}\right)^2=117.950\ (\Omega)$$

$$G_T=\frac{P_0}{1000U_N^2}\frac{1}{k_{T2(1-2)}^2}=\frac{144}{1000\times 220^2}\left(\frac{230}{500}\right)^2=0.630\times 10^{-6}\ (\text{S})$$

$$G_T=\frac{P_0}{100U_N^2}\frac{1}{k_{T2(1-2)}^2}=\frac{144}{1000\times 220^2}\left(\frac{230}{500}\right)^2=0.630\times 10^{-6}\ (\text{S})$$

线路 L1：

$$R_{L1}=r_1l_1=0.018\times85=1.53\text{（}\Omega\text{）}$$

$$X_{L1}=x_1l_1=0.277\times85=23.55\text{（}\Omega\text{）}$$

$$B_{L1}=2\pi fC_1l_1=2\pi\times50\times0.013\times10^{-6}\times85=3.469\times10^{-4}\text{（S）}$$

线路 L2：

$$R_{L2}=r_1l_2k_{T2(1-2)}^2=0.054\times9\times\left(\frac{500}{230}\right)^2=2.297\text{（}\Omega\text{）}$$

$$X_{L2}=x_1l_2k_{T2(1-2)}^2=0.302\times9\times\left(\frac{500}{230}\right)^2=12.845\text{（}\Omega\text{）}$$

$$B_{L2}=2\pi fC_1l_2\frac{1}{k_{T2(1-2)}^2}=2\pi\times50\times0.012\times10^{-6}\times9\times\left(\frac{230}{500}\right)^2=7.176\times10^{-6}\text{（S）}$$

线路 L3：

$$R_{L3}=r_1l_3k_{T2(1-2)}^2k_{T3(1-3)}^2=0.45\times2.5\times\left(\frac{500}{230}\right)^2\left(\frac{220}{11}\right)^2=2126.654\text{（}\Omega\text{）}$$

$$X_{L3}=x_1l_3k_{T2(1-2)}^2k_{T3(1-3)}^2=0.08\times2.5\times\left(\frac{500}{230}\right)^2\left(\frac{220}{11}\right)^2=378.072\text{（}\Omega\text{）}$$

绘制的等值电路如图 2.24 所示。

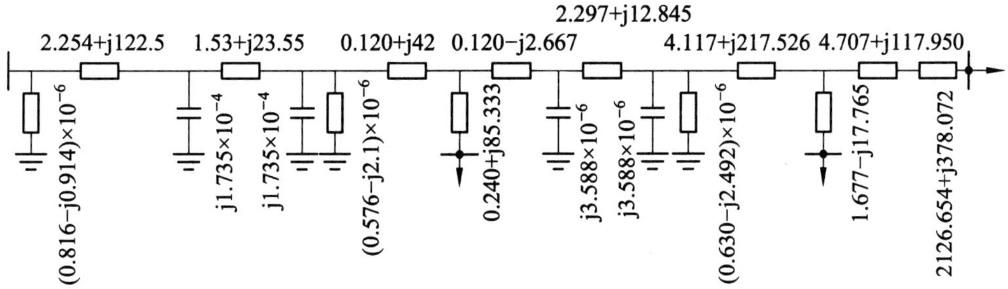

图 2.24　例 2.6 电网等值电路

2.4.3　标幺值计算的电力系统等值网络

1. 基准值的选取

就每一个量而言，基准值大小的选取可以任意。但对于一个系统来讲，基准值的选取往往是有约束条件的。因为采用标幺值计算的目的是为了简化计算和便于对结果做出分析评价。为此，在三相电力系统中有两个限制条件：一是基准值的单位应与有名值的单位相同，二是阻抗、导纳、电压、电流、功率基准值之间应符合电路的基本关系。由三相电路的基本关系可得这些基准值间应满足下面的关系式

$$\left.\begin{aligned} S_B &= \sqrt{3}U_B I_B \\ U_B &= \sqrt{3}I_B Z_B \\ Y_B &= \frac{1}{Z_B} \end{aligned}\right\} \tag{2.59}$$

式中：Z_B、Y_B为每相阻抗、导纳的基准值；U_B、I_B为线电压、线电流的基准值；S_B为三相功率的基准值。

式(2.59)的三个方程中有五个基准值,其中有两个可以任意选择,其他三个必须由式(2.59)确定。通常是选定三相功率和线电压的基准值S_B、U_B，再按式（2.59）计算其余的基准值，经整理后为

$$\left.\begin{aligned} I_B &= \frac{S_B}{\sqrt{3}U_B} \\ Z_B &= \frac{U_B^2}{S_B} \\ Y_B &= \frac{S_B}{U_B^2} \end{aligned}\right\} \tag{2.60}$$

功率和电压的基准值S_B、U_B虽然可以任意选择，但在选择时其大小要适当，以便于标幺值与有名值之间的换算，并使各量的标幺值大小合适，便于运算。三相功率基准值S_B通常取100 MV·A，当电力系统容量很大时可取1000 MV·A，也可根据问题的需要选某一台发电机的容量或负荷功率。电压基准值宜选用电力网的额定电压，如基本级的额定电压。

三相交流系统在三相对称运行时，满足下面的关系

$$S_* = \frac{S}{S_B} = \frac{3S_P}{3S_{PB}} = S_{P*} \tag{2.61}$$

$$U_* = \frac{U}{U_B} = \frac{\sqrt{3}U_P}{\sqrt{3}U_{PB}} = U_{P*} \tag{2.62}$$

式中：S_P、U_P分别为一相功率和相电压。由式（2.61）和式（2.62）可知，三相功率和单相功率标幺值相等，线电压与相电压的标幺值相等。这是标幺值的一个特点，给电力系统的正常运行分析带来不少方便。

2. 不同基准值标幺值的换算

制造厂所提供的电机或部分电器的阻抗值一般是以各自的额定容量（或额定电流）和额定电压为基准值的标幺值（称为额定标幺阻抗），在标幺值的电力系统计算中，是采用电网统一基准值进行标幺值的计算。所以，需要将这些不同额定基准值的标幺值换算为电网统一基准值的标幺值。

进行换算时，先按下式把额定标幺阻抗还原为有名值

$$X = X_{(N)*}\frac{U_N^2}{S_N} \tag{2.63}$$

若统一选定的基准功率和基准电压分别为S_B、U_B，则以此为基准的标幺值应为

$$X_{(B)*} = X\frac{S_B}{U_B^2} = X_{(N)*}\frac{U_N^2}{S_N}\frac{S_B}{U_B^2} \tag{2.64}$$

式（2.64）适用于发电机和变压器标幺电抗的换算。对于系统中用来限制短路电流的电抗器，其额定值为额定电流和额定电压。因此，它的换算公式为

$$X_R = X_{R(N)*}\frac{U_N}{\sqrt{3}I_N} \tag{2.65}$$

$$X_{R(B)*} = X_R\frac{S_B}{U_B^2} = X_{R(N)*}\frac{U_N}{\sqrt{3}I_N}\frac{S_B}{U_B^2} \tag{2.66}$$

3. 标幺值的多电压级归算

多电压级电力系统的标幺值归算有两种方法。

1）方法1——基本级基准法

具体步骤如下：

（1）指定一个基本级，将所有非基本级的有名参数都归算到基本级。

（2）选定基本级下的基准值。

（3）将（1）中求得的各有名值除以（2）中对应的基准值，便得到其标幺值，即

$$\left.\begin{aligned}
Z_* &= \frac{Z}{Z_B} = Z\frac{S_B}{U_B^2} \\
Y_* &= \frac{Y}{Y_B} = Y\frac{U_B^2}{S_B} \\
U_* &= \frac{U}{U_B} \\
I_* &= \frac{I}{I_B} = I\frac{\sqrt{3}U_B}{S_B} \\
S_* &= \frac{S}{S_B}
\end{aligned}\right\} \tag{2.67}$$

式中：Z、Y、U、I分别为归算到基本级的阻抗、导纳、电压、电流；Z_B、Y_B、U_B、I_B分别为与基本级相对应的阻抗、导纳、电压、电流的基准值；Z_*、Y_*、U_*、I_*分别为阻抗、导纳、电压、电流的标幺值。

2）方法2——各电压级基准法

具体步骤如下：

（1）选定基本级的基准值。

（2）将（1）中选定的基准值归算到各电压级，得到各电压级的基准值。

（3）每电压级的各参数除以本电压级的对应基准值，便求得标幺值，即

$$\left.\begin{aligned} Z_* &= \frac{Z'}{Z'_B} = Z'\frac{S_B}{U'^2_B} \\ Y_* &= \frac{Y'}{Y'_B} = Y'\frac{U'^2_B}{S_B} \\ U_* &= \frac{U'}{U'_B} \\ I_* &= \frac{I'}{I'_B} = I'\frac{\sqrt{3}U'_B}{S_B} \\ S_* &= \frac{S}{S_B} \end{aligned}\right\} \tag{2.68}$$

式中：Z'、Y'、U'、I'分别为未经归算的阻抗、导纳、电压、电流的有名值；Z'_B、Y'_B、U'_B、I'_B分别为由基本级归算到Z'、Y'、U'、I'所在电压级的阻抗、导纳、电压、电流的基准值；Z_*、Y_*、U_*、I_*分别为阻抗、导纳、电压、电流、功率的标幺值。

式（2.68）中的基准值可表示为

$$\left.\begin{aligned} Z'_B &= Z_B\left(\frac{1}{k_1k_2\cdots k_n}\right)^2 \\ Y'_B &= Y_B\left(k_1k_2\cdots k_n\right)^2 \\ U'_B &= U_B\left(\frac{1}{k_1k_2\cdots k_n}\right) \\ I'_B &= I_B\left(k_1k_2\cdots k_n\right) \end{aligned}\right\} \tag{2.69}$$

式中：Z_B、Y_B、U_B、I_B分别为基本级下的基准值。

各电压级的基准值求取，关键是各电压级电压基准值的求取问题，因为功率不需要归算，所以各电压级的功率基准值就等于基本级的功率基准值，由此可计算出其他基准值。

按以上两种方法作出的标幺值等值电路是完全一样的。

【例 2.7】某电力系统的主接线和元件数据与例 2.6 相同，试采用标幺值计算该电力系统中的元件参数，并绘制等值电路。

解：取功率基准$S_B = 1000$ MV·A，电压基准$U_B = 500$ kV。下面按方法 1 计算各元件的标幺值。

基本级阻抗及导纳基准值为

$$Z_B = \frac{U_B^2}{S_B} = \frac{500^2}{1000} = 250\ (\Omega)$$

$$Y_B = \frac{S_B}{U_B^2} = \frac{1000}{500^2} = 0.004\ (\text{S})$$

归算至基本级的元件的有名参数值已在例 2.6 中求出，则

变压器 T1：

$$R_{T*}=\frac{R_T}{Z_B}=\frac{2.254}{250}=0.009$$

$$X_{T*}=\frac{X_T}{Z_B}=\frac{122.5}{250}=0.49$$

$$G_{T*}=\frac{G_T}{Y_B}=\frac{0.816\times10^{-6}}{0.004}=2.04\times10^{-4}$$

$$B_{T*}=\frac{B_T}{Y_B}=\frac{0.914\times10^{-6}}{0.004}=2.285\times10^{-4}$$

变压器 T2：

$$R_{T1*}=R_{T2*}=\frac{R_{T1}}{Z_B}=\frac{0.120}{250}=4.8\times10^{-4}$$

$$R_{T3*}=2R_{T1*}=9.6\times10^{-4}$$

$$X_{T1*}=\frac{X_{T1}}{Z_B}=\frac{42}{250}=0.168$$

$$X_{T2*}=\frac{X_{T2}}{Z_B}=\frac{-2.667}{250}=-0.011$$

$$X_{T3*}=\frac{X_{T3}}{Z_B}=\frac{85.333}{250}=0.341$$

$$G_{T*}=\frac{G_T}{Y_B}=\frac{0.576\times10^{-6}}{0.004}=1.44\times10^{-4}$$

$$B_{T*}=\frac{B_T}{Y_B}=\frac{2.1\times10^{-6}}{0.004}=5.25\times10^{-4}$$

变压器 T3：

$$R_{T1*}=\frac{R_{T1}}{Z_B}=\frac{4.117}{250}=0.016$$

$$R_{T2*}=\frac{R_{T2}}{Z_B}=\frac{1.677}{250}=0.007$$

$$R_{T3*}=\frac{R_{T3}}{Z_B}=\frac{4.707}{250}=0.019$$

$$X_{T1*}=\frac{X_{T1}}{Z_B}=\frac{217.526}{250}=0.870$$

$$X_{T2*}=\frac{X_{T2}}{Z_B}=\frac{-17.765}{250}=-0.071$$

$$X_{T3*}=\frac{X_{T3}}{Z_B}=\frac{117.950}{250}=0.472$$

$$G_{T*}=\frac{G_T}{Y_B}=\frac{0.630\times10^{-6}}{0.004}=1.575\times10^{-4}$$

$$B_{T*}=\frac{B_T}{Y_B}=\frac{2.492\times10^{-6}}{0.004}=6.23\times10^{-4}$$

线路 L1：

$$R_{L1*}=\frac{R_{L1}}{Z_B}=\frac{1.53}{250}=0.006$$

$$X_{L1*}=\frac{X_{L1}}{Z_B}=\frac{23.55}{250}=0.094$$

$$B_{L1*}=\frac{B_{L1}}{Y_B}=\frac{3.469\times10^{-4}}{0.004}=0.087$$

线路 L2：

$$R_{L2*}=\frac{R_{L2}}{Z_B}=\frac{2.297}{250}=0.009$$

$$X_{L2*}=\frac{X_{L2}}{Z_B}=\frac{12.845}{250}=0.051$$

$$B_{L2*}=\frac{B_{L2}}{Y_B}=\frac{7.176\times10^{-6}}{0.004}=1.794\times10^{-3}$$

线路 L3：

$$R_{L3*}=\frac{R_{L3}}{Z_B}=\frac{2126.654}{250}=8.507$$

$$X_{L3*}=\frac{X_{L3}}{Z_B}=\frac{378.072}{250}=1.512$$

绘制的等值电路如图 2.25 所示。

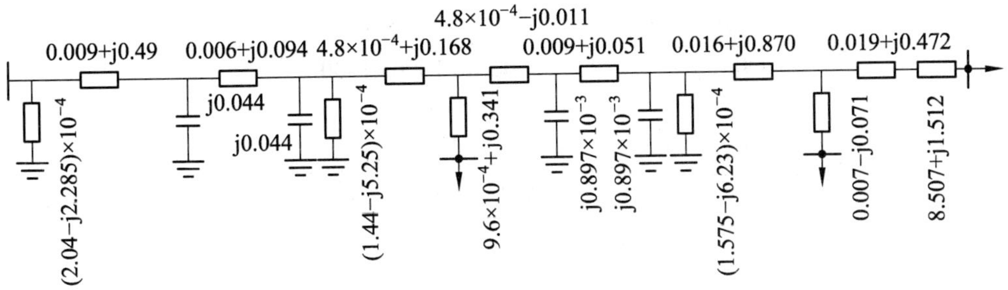

图 2.25　例 2.7 标幺值表示的等值电路

2.4.4　精确计算与近似计算

在上述有名值和标幺值的计算中，都采用了变压器变比进行参数归算。对于采用变压器实际变比进行参数归算的，称为精确计算。实际电力系统中，可能会出现某些电网结构使得实际变比不便于参数归算的问题，如电磁环网等。另外，在短路电流的实用计算中一般不要求很高的精确度，为了简便计算，常采用近似计算方法。

在近似计算中，引入了平均额定电压的概念。根据我国现行的电压等级，规定了各级平均额定电压为 3.15 kV、6.3 kV、10.5 kV、37 kV、115 kV、230 kV、345 kV、525kV、780 kV、1050 kV。可见，平均额定电压近似为对应线路额定电压的 105%。在近似计算中，规定除电抗器外，各元件的额定电压为平均额定电压，变压器的变比为两侧平均额定电压之比，各电压级都以其平均额定电压为电压基准值。在标幺值计算中，可直接利用元件参数（未归算）、功率基准值和本级平均额定电压进行标幺值计算，非常方便，尤其是对发电机、变压器等元件的电抗参数的计算。不同基准值下电抗标幺值的归算只要对功率基准值进行归算。如已知发电机的标幺电抗 $X_{G(N)*}$，按式（2.64）换算成系统统一基准的标幺值，可写成下式

$$X_{G(B)*}=X_{G(N)*}\frac{U_N^2}{S_N}\frac{S_B}{U_B^2}=X_{G(N)*}\frac{S_B}{S_N} \tag{2.70}$$

对于变压器，已知短路电压百分值 $U_s\%$，该值除以 100 便是以额定值为基准值的标幺值，所以可得

$$X_{T(B)*}=\frac{U_s\%}{100}\frac{U_N^2}{S_N}\frac{S_B}{U_B^2}=\frac{U_s\%}{100}\frac{S_B}{S_N} \tag{2.71}$$

【**例 2.8**】对于例 2.6 所给的电力系统，试按近似计算法计算标幺值下的等值电路。

解： 仍取功率基准 $S_B=1000$ MV·A，$U_B=U_{av}$，即 $U_{B(500)}=525$ kV，$U_{B(220)}=230$ kV，$U_{B(110)}=115$ kV，$U_{B(10)}=10.5$ kV。

变压器 T1：

$$R_{T*}=\frac{P_sU_{av(500)}^2}{1000S_N^2}\frac{S_B}{U_{av(500)}^2}=\frac{P_s}{1000}\frac{S_B}{S_N^2}=\frac{1060}{1000}\times\frac{1000}{360^2}=0.008$$

$$X_{T*}=\frac{U_s\%}{100}\frac{S_B}{S_N}=\frac{16}{100}\times\frac{1000}{360}=0.444$$

$$G_{T*}=\frac{P_0}{1000U_{av(500)}^2}\frac{U_{av(500)}^2}{S_B}=\frac{P_0}{1000S_B}=\frac{225}{1000\times1000}=2.25\times10^{-4}$$

$$B_{T*}=\frac{I_0\%S_N}{100U_{av(500)}^2}\frac{U_{av(500)}^2}{S_B}=\frac{I_0\%}{100}\frac{S_N}{S_B}=\frac{0.07}{100}\frac{360}{1000}=2.52\times10^{-4}$$

变压器 T2：

$$R_{T1*}=R_{T2*}=\frac{P_s}{2000}\frac{S_B}{S_N^2}=\frac{540}{2000}\times\frac{1000}{750^2}=4.8\times10^{-4}$$

$$R_{T3*}=2R_{T1*}=9.6\times10^{-4}$$

$$X_{T1*}=\frac{U_{s1}\%}{100}\frac{S_B}{S_N}=\frac{12.6}{100}\times\frac{1000}{750}=0.168$$

$$X_{T2*}=\frac{U_{s2}\%}{100}\frac{S_B}{S_N}=\frac{-0.8}{100}\times\frac{1000}{750}=-0.011$$

$$X_{T2*}=\frac{U_{s3}\%}{100}\frac{S_B}{S_N}=\frac{25.6}{100}\times\frac{1000}{750}=0.341$$

$$G_{T*}=\frac{P_0}{1000S_B}=\frac{144}{1000\times1000}=1.44\times10^{-4}$$

$$B_{T*}=\frac{I_0\%}{100}\frac{S_N}{S_B}=\frac{0.07}{100}\times\frac{750}{1000}=5.25\times10^{-4}$$

变压器 T3：

$$R_{T1*}=\frac{P_{s1}}{1000}\frac{S_B}{S_N^2}=\frac{405}{1000}\times\frac{1000}{150^2}=0.018$$

$$R_{T2*}=\frac{P_{s2}}{1000}\frac{S_B}{S_N^2}=\frac{165}{1000}\times\frac{1000}{150^2}=0.007$$

$$R_{T3*}=\frac{P_{s3}}{1000}\frac{S_B}{S_N^2}=\frac{463}{1000}\times\frac{1000}{150^2}=0.021$$

$$X_{T1*}=\frac{U_{s1}\%}{100}\frac{S_B}{S_N}=\frac{14.265}{100}\times\frac{1000}{150}=0.951$$

$$X_{T2*}=\frac{U_{s2}\%}{100}\frac{S_B}{S_N}=\frac{-1.165}{100}\times\frac{1000}{150}=-0.078$$

$$X_{T2*}=\frac{U_{s3}\%}{100}\frac{S_B}{S_N}=\frac{7.735}{100}\times\frac{1000}{150}=0.516$$

$$G_{T*}=\frac{P_0}{1000S_B}=\frac{150}{1000\times1000}=1.5\times10^{-4}$$

$$B_{T*}=\frac{I_0\%}{100}\frac{S_N}{S_B}=\frac{0.38}{100}\times\frac{150}{1000}=5.7\times10^{-4}$$

线路 L1：

$$R_{L1*}=r_1l_1\frac{S_B}{U^2_{av(500)}}=0.018\times85\times\frac{1000}{525^2}=0.006$$

$$X_{L1*}=x_1l_1\frac{S_B}{U^2_{av(500)}}=0.277\times85\times\frac{1000}{525^2}=0.085$$

$$B_{L1*}=b_1l_1\frac{U^2_{av(500)}}{S_B}=2\pi fC_1l_1\frac{U^2_{av(500)}}{S_B}=2\pi\times50\times0.013\times10^{-6}\times85\times\frac{525^2}{1000}=0.096$$

线路 L2：

$$R_{L2*}=r_1l_2\frac{S_B}{U^2_{av(220)}}=0.054\times9\times\frac{1000}{230^2}=0.009$$

$$X_{L2*}=x_1l_2\frac{S_B}{U^2_{av(220)}}=0.302\times9\times\frac{1000}{230^2}=0.051$$

$$B_{L2*}=b_1l_2\frac{U^2_{av(220)}}{S_B}=2\pi fC_1l_2\frac{U^2_{av(220)}}{S_B}=2\pi\times50\times0.012\times10^{-6}\times9\times\frac{230^2}{1000}=1.794\times10^{-3}$$

线路 L3：

$$R_{L3*}=r_1l_3\frac{S_B}{U^2_{av(10)}}=0.45\times2.5\times\frac{1000}{10.5^2}=10.2$$

$$X_{L3*}=x_1l_3\frac{S_B}{U^2_{av(10)}}=0.08\times2.5\times\frac{1000}{10.5^2}=1.814$$

等值电路略。

2.4.5 应用等值变压器模型的电力系统等值电路

在上述有名值和标幺值等值电路中，因变压器采用 Γ 形等值电路，非基本级的所有参数都要按变压器变比进行归算。而实际电力系统往往需要改变某些变压器的分接头以达到调压的目的。当变压器分接头改变时，有关电压级电网中的电压、电流和阻抗等参数需要重新计算，尤其对于大型电力网，这需要很大的计算工作量，非常不方便。另外，对于如图 2.26 所示的多电压级的环网，当选定 110 kV 电压级作为基本级时，那么其他电压级的参数归算就成了一个很大的问题。虽然后者可以采用前面介绍的近似计算法解决，但会明显地影响计算精度。为此，在电力系统计算尤其是用计算机进行电力系统计算时，广泛采用变压器的等值模型，即 Π 形等值电路。如图 2.27（a）所示为一个简单的多电压级电网，两侧参数为实际值，而实际变压器采用其阻抗 Z_T 串联一变比为 k 的理想变压器来代替，即可作出对应的多电压级电网等值电路，如图 2.27（b）所示。显然，变比的变化只影响变压器 Π 形等值电路中的参数，而不会影响电网的其他参数。需要强调的是，虽然变压器没有进一步用 Π 形等值电路来表示，但我们要清楚它对应的等值电路和参数，因为这关系到电力系统的计算。

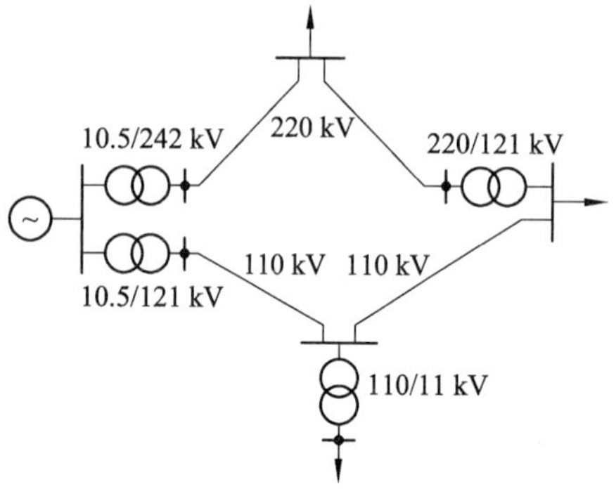

图 2.26　多电压级的环网

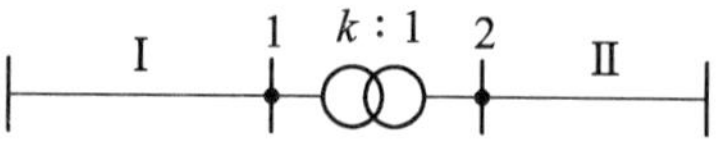

（a）原始多电压级电网

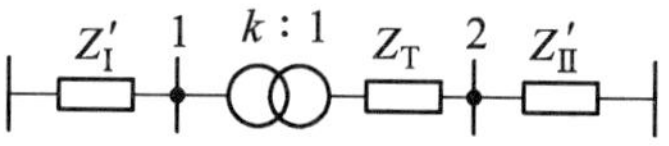

（b）等值电路

图 2.27　多电压级电网的等效电路

下面结合电力系统不同的计算情况，讨论理想变压器变比的确定问题。

（1）有名值、线路参数都未经归算，变压器参数则归算到低压侧（图 2.27 的Ⅱ侧）中。这种情况就如图 2.27 所示，理想变压器的变比 k 即为实际变比

$$k=\frac{U_{\mathrm{I}}}{U_{\mathrm{II}}} \tag{2.72}$$

式中：U_{I}、U_{II} 分别为与变压器高、低压绕组实际匝数相对应的电压。

（2）有名值、线路和变压器参数都已按选定的变比 $U_{\mathrm{IN}}/U_{\mathrm{IIN}}$ 归算。相应的理想变压器变比应取

$$k_*=\frac{U_{\mathrm{IIN}}U_{\mathrm{I}}}{U_{\mathrm{IN}}U_{\mathrm{II}}}=\frac{U_{\mathrm{I}}/U_{\mathrm{II}}}{U_{\mathrm{IN}}/U_{\mathrm{IIN}}}=\frac{k}{k_{\mathrm{N}}} \tag{2.73}$$

式中：k 为实际变比；k_{N} 为标准变比，多选额定电压之比；k_* 为非标准变比。

理想变压器变比的这样取值，其效果就如同将已经归算至Ⅰ侧的线路和变压器阻抗按所选变比 $U_{\mathrm{IN}}/U_{\mathrm{IIN}}$ 归算回Ⅱ侧，然后再按实际变比归算至Ⅰ侧。

（3）标幺值、线路和变压器参数都已按选定的基准电压 U_{IB}、U_{IIB} 折算为标幺值。相应的理想变压器变比应取

$$k_* = \frac{U_{\mathrm{II B}}U_{\mathrm{I}}}{U_{\mathrm{I B}}U_{\mathrm{II}}} = \frac{U_{\mathrm{I}}/U_{\mathrm{II}}}{U_{\mathrm{I B}}/U_{\mathrm{II B}}} = \frac{k}{k_{\mathrm{B}}} \tag{2.74}$$

式中：$k = U_{\mathrm{I}}/U_{\mathrm{II}}$ 为实际变比；$k_{\mathrm{B}} = U_{\mathrm{I B}}/U_{\mathrm{II B}}$ 为标准变比；$k_* = k/k_{\mathrm{B}}$ 为非标准变比。

理想变压器变比的这样取值，其效果就如同将已经折算为标幺值的Ⅱ侧线路和变压器阻抗折回有名值，然后按实际变比归算至Ⅰ侧，并在Ⅰ侧折算为标幺值。

习　题

2.1　某 220 kV 架空线路，长 65 km，采用 LGJQ-300 钢芯铝绞线，计算半径为 11.76 mm。三相导线水平布置，相间距离为 6 m，求线路的参数和等值电路。

2.2　某 500 kV 架空线路，长 120 km，采用 4XLGJQ-400 型 4 分裂钢芯铝绞线，每根导线的计算半径为 13.62 mm。分别求以下两种情况下线路的参数并作出等值电路。

（1）三相导线水平布置，相间距离为 12 m，分裂间距为 400 mm；

（2）三相导线三角形布置，相间距离为 14 m，分裂间距为 450 mm。

2.3　已知某 200 km 长的输电线，单位长度参数 r_1=0.10 Ω/km，L_1=2 mH/km，C_1=0.01μF/km，系统额定频率为 50 Hz。试分别用短线路、中等长度线路、长线路模型表示等值电路。

2.4　某变电所中有两台降压变压器，额定容量均为 10 MV·A，额定变比均为 110 kV/11 kV。已知变压器数据为：$P_{\mathrm{s}} = 60\,\mathrm{kW}$，$P_0 = 18\,\mathrm{kW}$，$U_{\mathrm{s}}\% = 10.5$，$I_0\% = 0.9$。试求两台变压器并联运行时的等值参数并作出 Γ 形等值电路。

2.5　某 SFSL1-20000/110 型三相三绕组变压器，其铭牌数据为：电压比 121 kV/38.5 kV/10.5 kV，容量比 100/100/100，$P_{\mathrm{s1-2}} = 145\,\mathrm{kW}$，$P_{\mathrm{s2-3}} = 117\,\mathrm{kW}$，$P_{\mathrm{s1-3}} = 158\,\mathrm{kW}$，$U_{\mathrm{s1-2}}\% = 10.5$，$U_{\mathrm{s2-3}}\% = 6.5$，$U_{\mathrm{s3-1}}\% = 18$，$P_0 = 43.3\,\mathrm{kW}$，$I_0\% = 3.46$。试计算归算到变压器高压侧的参数并作等值电路。

2.6　某三相三绕组自耦变压器的容量为 90/90/45 MV·A，电压比为 220 kV/121 kV/11 kV，$P_{\mathrm{s1-2}} = 325\,\mathrm{kW}$，$P'_{\mathrm{s2-3}} = 270\,\mathrm{kW}$，$P'_{\mathrm{s1-3}} = 345\,\mathrm{kW}$，$U_{\mathrm{s1-2}}\% = 10$，$U'_{\mathrm{s2-3}}\% = 12.1$，$U'_{\mathrm{s3-1}}\% = 18.6$，$P_0 = 104$ kW，$I_0\% = 0.65$。试计算归算到变压器高压侧的参数并作等值电路。

2.7　某输电网络如图 2.28 所示，各元件的技术参数如表 2.6 所示，试作出：

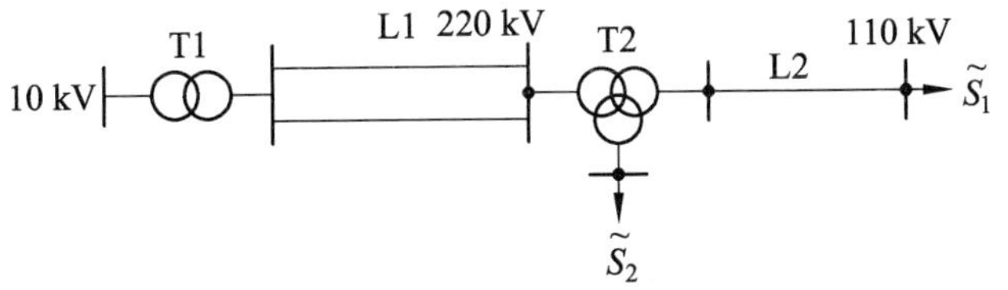

图 2.28　题 2.7 图

（1）有名值下的等值电路；

（2）标幺值下采用精确计算法的等值电路；

（3）标幺值下采用近似计算法的等值电路。

表 2.6　题 2.7 技术参数

变压器技术参数								
符号	型号	容量/（MV·A）	电压/kV	$U_s\%$	P_s/kW	$I_0\%$	P_0/kW	备注
T1	SFP7-240000/220	240	242±2×2.5%/15.75	14	620	0.5	185	
T2	SFPS1-180000/220	180/180/220	220±2×2.5%/121/11	14（1-2） 24（1-3） 8.1（2-3）	679（1-2） 220（1-3） 148（2-3）	0.8	200	阻抗电压为 100% 容量下的值

线路技术参数						
符号	型号	长度/km	电压/kV	电阻/（Ω/km）	电抗/（Ω/km）	电纳/（S/km）
L1（单回）	LGJ-400	60	220	0.08	0.417	2.91×10^{-6}
L2	LGJ-240	50	110	0.132	0.405	2.76×10^{-6}

2.8　如图 2.29 所示的电力网络中的各元件技术参数由表 2.7 给出，试按下列要求作该电力网络的等效电路：

（1）有名值下；

（2）标幺值下，按精确计算法计算。

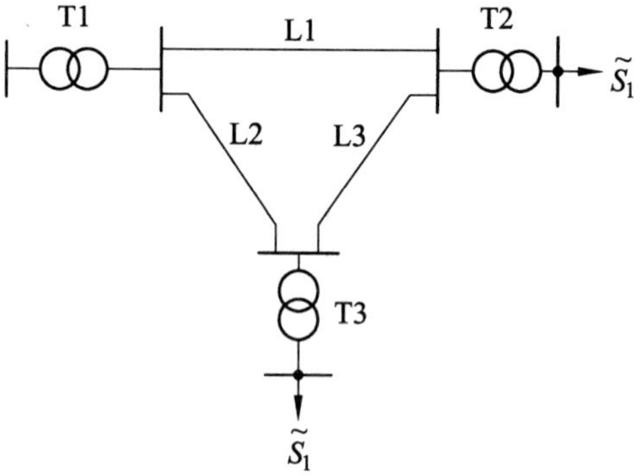

图 2.29　题 2.8 图

表 2.7　题 2.8 技术参数

变压器技术参数								
符号	型号	容量/（MV·A）	电压/kV	$U_s\%$	P_s/kW	$I_0\%$	P_0/kW	备注
T1	SFP7-120000/110	120	121±2×2.5%/10.5	10.5	410	0.6	99.4	
T2	SFSZ7-63000/110	63	110±8×1.25%/38.5±2×2.5%/11	10.5（1-2） 16（1-3） 6.5（2-3）	300	1.2	84.7	

线路技术参数						
符号	型号	长度/km	电压/kV	电阻/（Ω/km）	电抗/（Ω/km）	电纳/（S/km）
L1	LGJ-70/10	80	110	0.422	0.429	2.66×10^{-6}
L2		50				
L3		60				

2.9　在如图 2.30 所示的电力系统中，只计及元件阻抗，各元件技术数据已知如下。发电机 G：100 MW，$\cos\varphi = 0.85$，10.5 kV，$x_d'' = 1.628$；变压器 T_1：120 MV·A，121 kV/10.5 kV，$U_s\% = 10.5$；变压器 T_2：90 MV·A，110 kV/6.6 kV，$U_s\% = 10.5$；线路 L1：$x_1 = 0.4\ \Omega/\text{km}$，$l = 100$ km；线路 L_2：$r_1 = 0.45\ \Omega/\text{km}$，$x_1 = 0.08\ \Omega/\text{km}$，$l = 25$ km；电抗器 R：6 kV，4 kA，$X_R\% = 5$。试采用近似计算法建立标幺值下的等值电路。

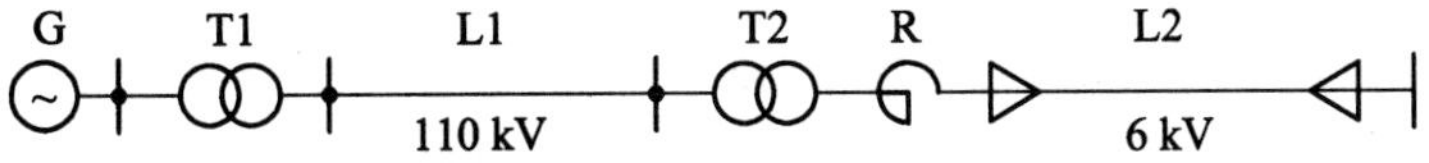

图 2.30　题 2.9 图

第 3 章 电力系统的潮流分布计算

所谓电力系统潮流，是指电力系统在给定的运行条件和接线方式下，系统中从电源经网络到负荷各处母线电压的大小和相位，通过网络各元件的功率大小和方向的分布情况。在电力系统，习惯上把功率和电压的分布称为潮流分布。潮流分布计算是分析和研究电力系统运行状态的基础。本章主要介绍简单电力系统正常运行状态下潮流分布的手算方法，借此帮助我们正确理解电力系统稳态运行方面的一些基本概念及计算原理。用这些计算原理可以解释电力系统运行中的问题和现象。

电力系统的潮流分布，主要取决于负荷的分布、电力网参数以及和供电电源的关系。潮流分布计算就是对已知结构和参数的电力网络，在给定的运行方式下进行功率分布和电压分布的计算。

3.1 电力线路运行状况的分析与计算

3.1.1 电力线路上的功率损耗和电压降落

电力线路最简单的模型是连接两节点间的一条阻抗支路，如图 3.1 所示。首先讨论这种模型中的电压损耗与功率损耗。图 3.1 中，$R+\mathrm{j}X$ 为线路阻抗，$P+\mathrm{j}Q$ 为节点 j 负荷的一相功率。

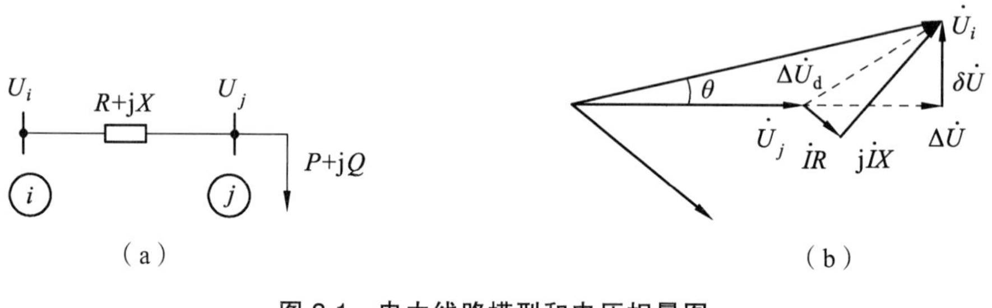

图 3.1 电力线路模型和电压相量图

当以节点 j 的相电压 U_j 为参考相量，即 $\dot{U}_j = U_j\angle 0°$，可求出线路始端的相电压：

$$\begin{aligned}\dot{U}_i &= \dot{U}_j + \dot{I}(R+\mathrm{j}X) = U_i + \frac{P-\mathrm{j}Q}{U_j}(R+\mathrm{j}X)\\ &= U_j + \frac{PR+QX}{U_j} + \mathrm{j}\frac{PX-QR}{U_j} = U_j + \Delta U + \mathrm{j}\delta U\end{aligned} \quad (3.1)$$

式中：

$$\Delta U = \frac{PR+QX}{U_j} \quad (3.2a)$$

$$\delta U=\frac{PX-QR}{U_j} \tag{3.2b}$$

线路的电压相量图见图 3.1（b）。线路电压降落（两端电压相量差）为

$$\Delta\dot{U}_d=\dot{U}_i-\dot{U}_j=\Delta U+\mathrm{j}\delta U$$

式中：ΔU 称为电压降落纵分量，δU 称为电压降落横分量。

从相量图中可以求得线路始端相电压有效值和相位角：

$$U_i=\sqrt{(U_j+\Delta U)^2+\delta U^2}=\sqrt{\left(U_j+\frac{PR+QX}{U_j}\right)^2+\left(\frac{PX-QR}{U_j}\right)^2} \tag{3.3}$$

$$\theta=\arctan\frac{\delta U}{U_j+\Delta U} \tag{3.4}$$

长度较短的电力线路两端电压相角差一般都不大，可近似地认为

$$U_i\approx U_j+\frac{PR+QX}{U_j} \tag{3.5}$$

亦即线路的电压损耗即首末两端电压有效值之差，可近似地用电压降落的纵分量 ΔU 表示。

在电力系统正常运行情况的分析计算中，通常使用线电压和三相功率表示。式（3.1）~式（3.4）中，将电压改为线电压，同时将功率改为三相功率，关系式仍是正确的；各量用标幺值表示时也同样适用。以后均采用线电压和三相功率表示，或用标幺制。

通过线路输送的负荷在线路电阻电抗上产生的功率损耗就是线路的功率损耗，即

$$\Delta\tilde{S}=\Delta P+\mathrm{j}\Delta Q=3I^2(R+\mathrm{j}X)=\frac{P^2+Q^2}{U_j^2}(R+\mathrm{j}X) \tag{3.6}$$

电力线路常用的模型为 Π 形等值电路，如图 3.2（a）所示。与图 3.1（a）相比，线路两端各多了一条数值为线路等值导纳 B 一半的对地支路。如果以 $P'+\mathrm{j}Q'$ 代表通过线路等值阻抗 $R+\mathrm{j}X$ 靠 j 侧的功率，则有

$$P'+\mathrm{j}Q'=P+\mathrm{j}Q-\mathrm{j}\frac{B}{2}U_j^2 \tag{3.7}$$

而线路始端电压为

$$U_i=U_j+\frac{P'R+Q'X}{U_j}+\mathrm{j}\frac{P'X-Q'R}{U_j} \tag{3.8}$$

$$\text{线路电压损耗}\approx\frac{P'R+Q'X}{U_j} \tag{3.9}$$

线路功率损耗为

$$\Delta\tilde{S} = \Delta P + \mathrm{j}\Delta Q = \frac{P'^2 + Q'^2}{U_j^2}(R + \mathrm{j}X) - \mathrm{j}\frac{U_i^2}{2}B - \mathrm{j}\frac{U_j^2}{2}B \tag{3.10}$$

线路送端的功率为

$$P_i + \mathrm{j}Q_i = P + \Delta P + \mathrm{j}(Q + \Delta Q) \tag{3.11}$$

从式（3.10）可以看出，线路的无功功率损耗由两部分组成：其一为线路等值电抗中消耗的无功功率，这部分功率与负荷平方成正比；其二为对地等值电纳消耗的无功功率（又称充电功率），由于这一部分无功功率是容性的，因而事实上是发出无功功率，它的大小与所加电压的平方成正比，而与线路流过的负荷无直接关系。线路消耗的无功功率与通过负荷电流的近似关系如图 3.2（b）所示。可以看出，当线路轻载运行时，线路只消耗很少的无功功率，甚至发出无功功率，因而，线路损耗的无功功率是一个与负荷有关的量。

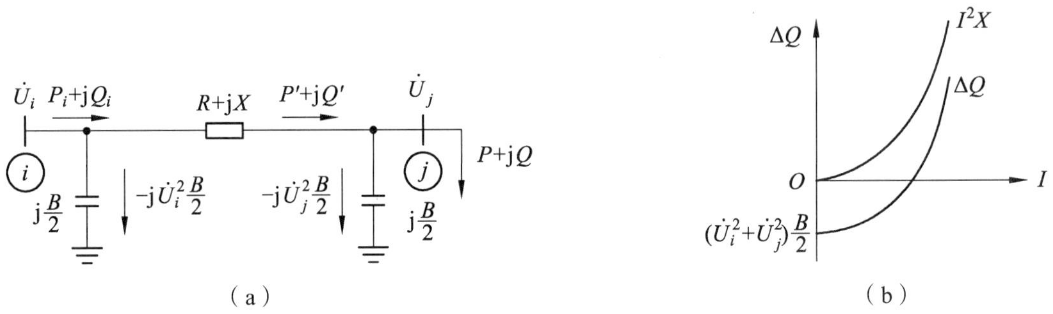

图 3.2　电力线路 Π 形模型和线路的无功功率损耗

高压线路在轻载运行时发出的无功功率，对无功功率缺乏的系统可能是有益的，但对于超高压输电线路却是不利的。超高压线路等值对地电容产生的无功功率比较大，而超高压线路输送的无功功率又比较小，或者说输送功率的功率因数比较高，这样就可能会导致在轻载时线路充电功率大于线路输送的无功功率。从式（3.8）可以看出，当 Q' 出现负值时，线路始端电压有可能会低于末端电压，或者说，线路末端电压高于始端电压。当线路始端电压保持在正常水平时，末端电压的升高会导致设备绝缘的损坏，这是不允许的。因而在 500 kV 系统中，线路末端常连接有并联电抗器以抵消空载或轻载时的充电功率，避免在线路上出现过电压。

3.1.2　电力线路的电能损耗

在分析电力系统运行经济性时，不但要求计算最大负荷时电力网的功率损耗，还要求计算一段时间内电力网的电能损耗。通常以年（即 365 d×24 h/d=8760 h）作为计算时间段，称为电力网年电能损耗。

电力系统各负荷的年有功和无功负荷曲线已知时，原则上可以准确计算年电能损耗。为了简化计算，可将实际负荷曲线用一个阶梯形曲线代替，亦即将全年 8760 h 分为若干段，每段时间内各负荷的有功和无功功率都用定值表示。这样，就可以分别对各时间段进行系统的潮流计算，求出全电网的有功功率损耗，并计算出各时间段的电能损耗，它们的总和即为年电能损耗。例如 8760 h 分为 n 段，其中第 i 段时间为 Δt_i（h），全网功率损耗为 ΔP_i（MW），

则全网年电能损耗 ΔA 为

$$\Delta A = \sum_{i=1}^{n} (\Delta P_i \times \Delta t_i) \ (\mathrm{MW \cdot h})$$

时间段数 n 越多，计算的结果越准确，但计算工作量也越大，所以要选择适当的 n 值，以减小工作量并保证一定的准确度。上述方法通常应用计算机进行计算。

在做电力系统规划设计等对电能损耗计算准确度要求不是很高的场合，常用经验公式或曲线计算年电能损耗。这里介绍较常用的两种方法。

首先说明表征年有功负荷曲线特点的两个指标：年最大负荷利用小时数 $T_{\max}$ 和年负荷率 K_{LY}。根据年负荷曲线可求得该负荷全年需要的电能

$$A = \int_0^{8760} P \mathrm{d}t \ (\mathrm{MW \cdot h})$$

设年有功负荷曲线的最大值为 $P_{\max}$（MW），则年最大负荷利用小时数定义为

$$T_{\max} = \frac{A}{P_{\max}} \ (\mathrm{h}) \tag{3.12}$$

$T_{\max}$ 越大表示负荷曲线越平坦，即功率的最大值与最小值相对差值越小；如果负荷曲线为一水平线，则 $T_{\max} = 8760$（h）达到最大值。电力系统设计手册等都给出各类负荷的典型 $T_{\max}$ 值，它是根据统计资料求得的，例如钢铁工业的 $T_{\max}$ 约为 6500（h），食品工业的 $T_{\max}$ 约为 4500（h）等。

年负荷率 K_{LY} 定义为

$$K_{\mathrm{LY}} = \frac{A}{8760 P_{\max}} = \frac{T_{\max}}{8760} \tag{3.13}$$

它与 $T_{\max}$ 一样，可用来衡量年负荷曲线的平坦程度。

下面介绍的年电能损耗两种简化计算方法，用于逐个计算线路的年电能损耗。全部线路电能损耗之和即为全电网的年电能损耗。

1. 年负荷损耗率法

对于电力线路。设线路通过最大负荷时的功率损耗为 $\Delta P_{\max}$，年电能损耗为 ΔA，则年负荷损耗率 K_{AY} 定义为

$$K_{\mathrm{AY}} = \frac{\Delta A}{8760 \Delta P_{\max}} \tag{3.14}$$

根据统计资料分析，K_{AY} 与年负荷率 K_{LY} 有关，近似关系为

$$K_{\mathrm{AY}} = K K_{\mathrm{LY}} + (1-K) K_{\mathrm{LY}}^{\ 2} \tag{3.15}$$

式中，K 为经验数值。一般取 $K = 0.1 \sim 0.4$，K_{LY} 较低时取较小数值。

因此，可以根据通过线路负荷的最大负荷利用小时数 $T_{\max}$，按式（3.13）和式（3.15）求

出 K_{AY} 和 K_{LY}，再计算最大负荷时线路的功率损耗，最后按式（3.14）计算线路的年电能损耗

$$\Delta A = 8760 K_{AY} \Delta P_{max} \tag{3.16}$$

2. 最大负荷损耗时间法

对于电力线路。设线路通过最大负荷时的功率损耗为 ΔP_{max}，年电能损耗为 ΔA，最大负荷损耗时间定义为

$$\tau_{max} = \frac{\Delta A}{\Delta P_{max}} (h) \tag{3.17}$$

根据分析，τ_{max} 与线路负荷的功率因数和 T_{max} 有关，表 3.1 列出 τ_{max} 与 T_{max} 及 $\cos\varphi$ 的关系，可供计算时使用。

使用这一方法时只需计算最大负荷时线路的功率损耗 ΔP_{max}，再按负荷的 T_{max} 和 $\cos\varphi$ 查表得到 τ_{max}，就可计算线路的年电能损耗。

表 3.1　τ_{max} 与 T_{max} 及 $\cos\varphi$ 的关系

T_{max}/h	τ_{max}/h				
	$\cos\varphi$= 0.8	$\cos\varphi$= 0.85	$\cos\varphi$= 0.9	$\cos\varphi$= 0.95	$\cos\varphi$= 1
2000	1500	1200	1000	800	700
2500	1700	1500	1250	1100	950
3000	2000	1800	1600	1400	1250
3500	2350	2150	2000	1800	1600
4000	2750	2600	2400	2200	2000
4500	3150	3000	2900	2700	2500
5000	3600	3500	3400	3200	3000
5500	4100	4000	3950	3750	3600
6000	4650	4600	4500	4350	4200
6500	5250	5200	5100	5000	4850
7000	5950	5900	5800	5700	5600
7500	6650	6600	6550	6500	6400
8000	7400		7350		7250

3.2　变压器运行状况的分析与计算

3.2.1　变压器的功率损耗和电压降落

与电力线路一样，变压器的电压和功率损耗也可按其等值电路计算，如图 3.3（a）所示。

变压器的电压损耗计算与线路的计算相同，如式（3.1）~式（3.4）所示，但在式中要用变压器的等值电阻 R_T 和电抗 X_T 来代替线路的阻抗。在计算变压器的功率损耗时，要注意变压器的对地支路是电感性的，因而它始终消耗无功功率。变压器总无功功率损耗与负荷的关系如图3.3（b）所示。

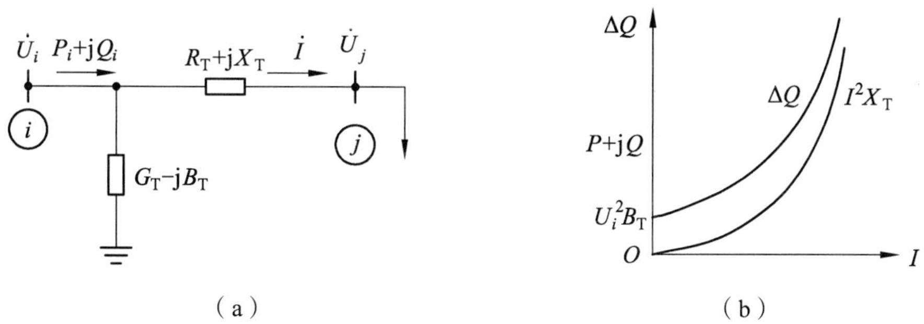

图 3.3　变压器等值电路和无功功率损耗

另外，接地支路还消耗有功功率，即变压器的铁心损耗。这两部分损耗在等值电路中可用接于供电端的并联电纳 $-B_T$ 和电导 G_T 支路来表示。变压器的功率损耗如下式所示：

$$\Delta P = \frac{P^2+Q^2}{U_j^2}R_T + U_i^2 G_T \tag{3.18}$$

$$\Delta Q = \frac{P^2+Q^2}{U_j^2}X_T + U_i^2 B_T \tag{3.19}$$

$$P_i + \mathrm{j}Q_i = P + \Delta P + \mathrm{j}(Q + \Delta Q) \tag{3.20}$$

由式（3.18）与式（3.19）可见，变压器的有功损耗与无功损耗都是由两部分组成：一部分为与负荷无关的分量，另一部分是与通过的负荷平方成正比的损耗。

3.2.2　变压器的电能损耗

如3.1.2节介绍，利用年负荷损耗率法和最大负荷损耗时间法能够计算变压器的电能损耗。

年负荷损耗率法：变压器的功率损耗包括与负荷有关的电阻损耗和空载损耗 ΔP_0，所以它的年电能损耗为

$$\Delta A = 8760K_{AY}\Delta P_{max} + \Delta P_0 T \tag{3.21}$$

式中：T 为变压器每年中接入运行的小时数，缺乏具体数据时可取 $T = 8000\ \text{h}$。

最大负荷损耗时间法：变压器的年电能损耗为

$$\Delta A = \Delta P_{max}\tau_{max} + \Delta P_0 T \tag{3.22}$$

3.3 辐射形网的潮流分布计算

3.3.1 辐射形网潮流分布计算的一般步骤

电力系统中很多情况是采用辐射形电力网，如图 3.4 所示。

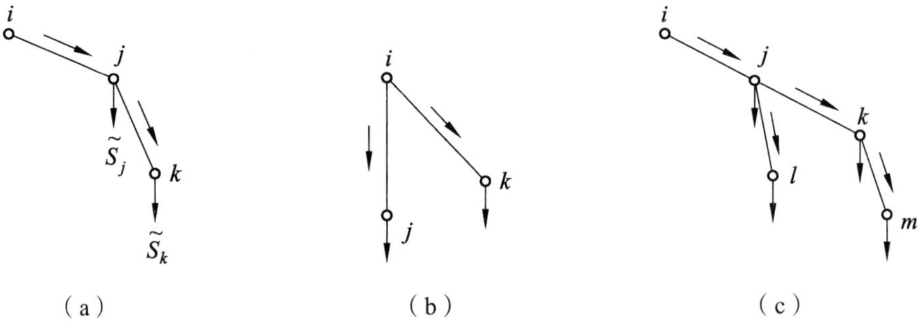

图 3.4　辐射形电力网

辐射形电力网的特点是各条线路有明确的始端与末端。辐射形电力网的分析计算，就是利用已知的负荷及节点电压，求取未知的节点电压、线路功率分布、功率损耗及始端输出功率。由于辐射形电力网结构简单，因此计算比较方便。

辐射形电力网的分析计算，根据已知条件的不同，一般可分为如下两种：

1. 已知末端功率与电压

这是最简单的情形，可利用前一节所述的方法，从末端逐级往上推算，直至求得各要求出的量。

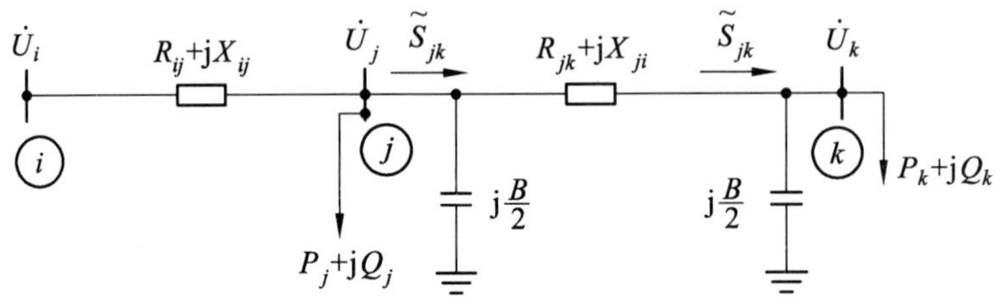

图 3.5　辐射形电力网的功率分布

例如，图 3.5 所示的电路中，末端电压 U_k 及功率 P_k 和 Q_k 为已知，可以得到线路 $j-k$ 阻抗末端的功率为

$$\tilde{S}' = P_k' + \mathrm{j}Q_k' = P_k + \mathrm{j}\left(Q_k - \frac{U_k^2}{2}B\right)$$

线路 $j-k$ 阻抗的功率损耗为

$$\Delta\tilde{S}_{jk} = \frac{P_k'^2 + Q_k'^2}{U_k^2}(R_{jk} + \mathrm{j}X_{jk})$$

节点 j 的电压为

$$U_j = \sqrt{\left(U_k + \frac{P_k' R_{jk} + Q_k' X_{jk}}{U_k}\right)^2 + \left(\frac{P_k' X_{jk} - Q_k' R_{jk}}{U_k}\right)^2}$$

线路 $j-k$ 的始端功率为

$$\tilde{S}_{jk} = \tilde{S}_{jk}' + \Delta\tilde{S}_{jk} - \mathrm{j}\frac{U_j^2}{2}B$$

这样，在线路 $i-j$ 末端节点 j 上的负荷为 $\tilde{S}_{jk} + \tilde{S}_j$。同理可以从节点 j 推算至节点 i。

如果已知条件为线路始端电压与始端功率，则可采用同样的方法，从线路始端推算出各点电压与支路功率，不同的只是功率损耗和电压损失的符号不同。

2. 已知末端功率、始端电压

这是最常见的情形。末端可理解成一负荷点，始端为电源点或电压中枢点。对于这种情形，可以采用迭代法来求解。

第一步：假设末端电压为线路额定电压，利用第一种方法求得始端功率及全网功率分布；

第二步：用求得的线路始端功率和已知的线路始端电压，计算线路末端电压和全网功率分布；

第三步：用第二步求得的线路末端电压计算线路始端功率和全网功率分布，如求得的各线路功率与前一次相同计算的结果相差小于允许值，就可认为本步求得的线路电压和全网功率分布为最终计算结果。否则，返回第二步重新进行计算。

3.3.2 对多端网络的处理

对多端网络的处理通过例题进行介绍。

【例 3.1】电网结构如图 3.6 所示，其额定电压为 10 kV。已知各节点的负荷功率及线路参数如下：

$$\tilde{S}_2 = 0.3 + \mathrm{j}\,0.2\ (\mathrm{MV \cdot A})$$

$$\tilde{S}_3 = 0.5 + \mathrm{j}\,0.3\ (\mathrm{MV \cdot A})$$

$$\tilde{S}_4 = 0.2 + \mathrm{j}\,0.15\ (\mathrm{MV \cdot A})$$

$$Z_{12} = 1.2 + \mathrm{j}\,2.4\ (\Omega)$$

$$Z_{23} = 1.0 + \mathrm{j}\,2.0\ (\Omega)$$

$$Z_{24} = 1.5 + \mathrm{j}\,3.0\ (\Omega)$$

试作功率分布和电压分布计算。

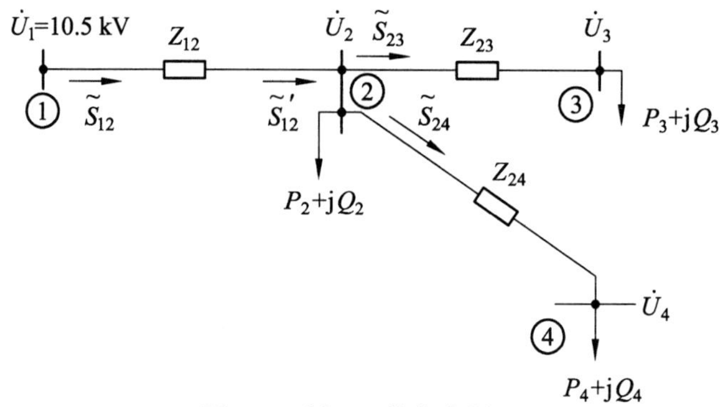

图 3.6　例 3.1 的电力网图

解：（1）先假设各节点电压均为额定电压，求线路始端功率。

$$\Delta\tilde{S}_{23}=\frac{P_3^2+Q_3^2}{U_N^2}(R_{23}+jX_{23})=\frac{0.5^2+0.3^2}{10^2}(1+j2)=0.003\,4+j\,0.006\,8\ (\text{MV·A})$$

$$\Delta\tilde{S}_{24}=\frac{P_4^2+Q_4^2}{U_N^2}(R_{24}+jX_{24})=\frac{0.2^2+0.15^2}{10^2}(1.5+j3)=0.000\,9+j\,0.001\,9\ (\text{MV·A})$$

$$\tilde{S}_{23}=\tilde{S}_3+\Delta\tilde{S}_{23}=0.503\,4+j\,0.306\,8\ (\text{MV·A})$$

$$\tilde{S}_{24}=\tilde{S}_4+\Delta\tilde{S}_{24}=0.200\,9+j\,0.151\,9\ (\text{MV·A})$$

$$\tilde{S}_{12}'=\tilde{S}_{23}+\tilde{S}_{24}+\tilde{S}_2=1.004\,3+j\,0.658\,7\ (\text{MV·A})$$

$$\Delta\tilde{S}_{12}=\frac{P_{12}'^2+Q_{12}'^2}{U_N^2}(R_{12}+j\,X_{12})=\frac{1.004\,3^2+0.658\,7^2}{10^2}(1.2+j\,2.4)$$
$$=0.017\,3+j\,0.034\,6\ (\text{MV·A})$$

$$\tilde{S}_{12}=\tilde{S}_{12}'+\Delta\tilde{S}_{12}'=1.021\,6+j\,0.693\,3\ (\text{MV·A})$$

（2）用已知的线路始端电压 $U_1=10.5\ \text{kV}$ 及上述求得的线路始端功率 $\tilde{S}_{12}$，求出线路各点电压：

$$\Delta U_{12}=(P_{12}R_{12}+Q_{12}X_{12})/U_1=0.275\,2\ (\text{kV})$$

$$U_2\approx U_1-\Delta U_{12}=10.224\,8\ (\text{kV})$$

$$\Delta U_{24}=(P_{24}R_{24}+Q_{24}X_{24})/U_2=0.074\,0\ (\text{kV})$$

$$U_4\approx U_2-\Delta U_{24}=10.150\,8\ (\text{kV})$$

$$\Delta U_{23}=(P_{23}R_{23}+Q_{23}X_{23})/U_2=0.110\,0\ (\text{kV})$$

$$U_3\approx U_2-\Delta U_{23}=10.040\,8\ (\text{kV})$$

（3）根据上述求得的线路各点电压，重新计算各线路的功率损耗和线路始端功率：

$$\Delta\tilde{S}_{23}=\frac{0.5^2+0.3^2}{10.04^2}(1+j\,2)=0.003\,4+j\,0.006\,8\ (\text{MV·A})$$

$$\Delta\tilde{S}_{24}=\frac{0.2^2+0.15^2}{10.15^2}(1.5+j\,3)=0.000\,9+j\,0.001\,8\ (\text{MV·A})$$

$$\tilde{S}_{23}=\tilde{S}_3+\Delta\tilde{S}_{23}=0.503\,4+\mathrm{j}\,0.306\,8\ (\mathrm{MV\cdot A})$$

$$\tilde{S}_{24}=\tilde{S}_4+\Delta\tilde{S}_{24}=0.200\,9+\mathrm{j}\,0.151\,8\ (\mathrm{MV\cdot A})$$

$$\tilde{S}_{12}'=\tilde{S}_{23}+\tilde{S}_{24}+\tilde{S}_2=1.004\,3+\mathrm{j}\,0.658\,6\ (\mathrm{MV\cdot A})$$

$$\Delta\tilde{S}_{12}=\frac{1.004\,3^2+0.658\,6^2}{10.23^2}(1.2+\mathrm{j}\,2.4)=0.016\,6+\mathrm{j}\,0.033\,1\ (\mathrm{MV\cdot A})$$

$$\tilde{S}_{12}=1.020\,9+\mathrm{j}\,0.691\,7\ (\mathrm{MV\cdot A})$$

与第一步所得的计算结果比较相差小于 0.3%，故第（2）和第（3）步的结果可作为最终计算结果。

3.4 环形网的潮流分布计算

3.4.1 环形网的初步功率分布

最简单的环式网络如图 3.7（a）所示，它只有一个单一的环。计算各变电所的运算负荷和各发电厂的运算功率后，可作出它的简化等值电路，如图 3.7（b）所示，其中 $\tilde{S}_1$ 为运算功率，$\tilde{S}_2$、$\tilde{S}_3$ 为运算负荷。将节点 1 一分为二，可得等效两端供电网络的等值电路，如图 3.7（c）所示。其两端电压大小相等、相位相同。

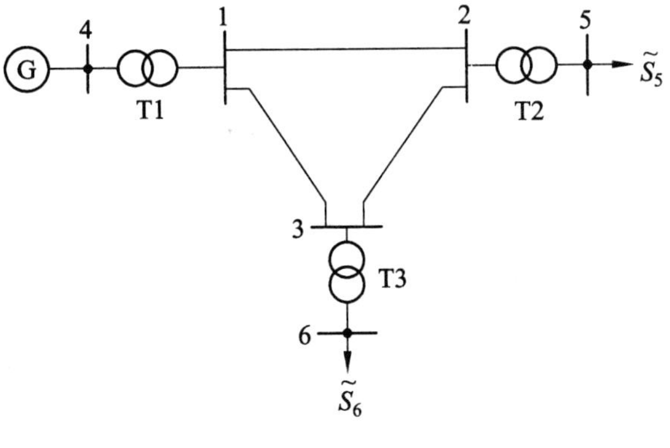

（a）网络接线图

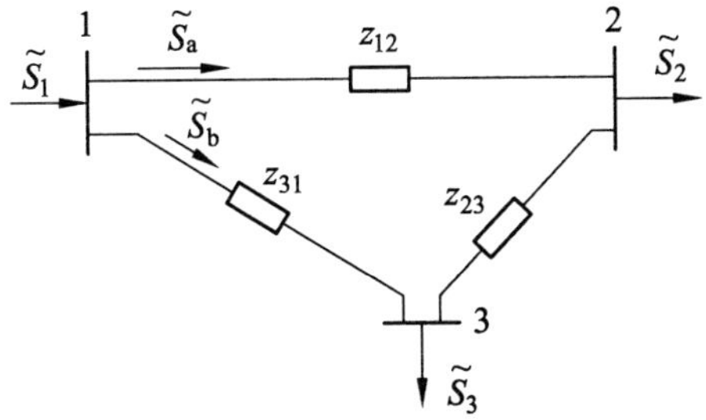

（b）简化等值电路图

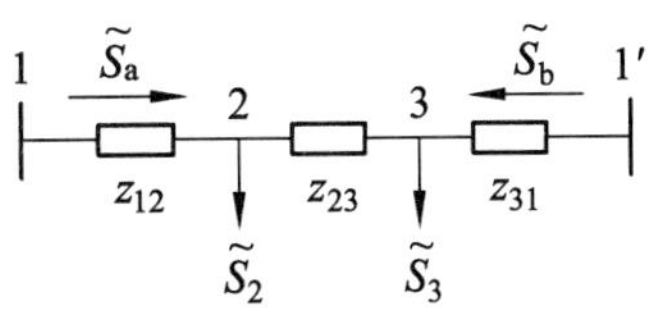

（c）等效两端供电网络的等值电路

图 3.7 最简单环式网络

运用支路电流列写回路方程，由图 3.7（b）可得

$$z_{12}\dot{I}_{a}+z_{23}(\dot{I}_{a}-\dot{I}_{2})+z_{31}(\dot{I}_{a}-\dot{I}_{2}-\dot{I}_{3})=0 \tag{3.23}$$

式中：$\dot{I}_{a}$ 为流经阻抗 z_{12} 的电流；$\dot{I}_{2}$、$\dot{I}_{3}$ 分别为节点 2、3 的运算负荷电流。

式（3.23）为精确计算式。但是在电力网中，由于沿线有电压降落，即使线路中通过同一电流，沿线各点的功率也不一样。在潮流计算中，已知和待求量一般是功率，而不是电流。在手算潮流中，为了便于求取网络中的功率分布，可采用近似的算法，即先忽略网络中的功率损耗，设全网电压为网络额定电压 U_{N}，将 $\dot{I}=\dfrac{\overset{*}{S}}{\sqrt{3}\overset{*}{U}_{N}}$ 代入式（3.23）中，可得

$$z_{12}\overset{*}{S}_{a}+z_{23}\left(\overset{*}{S}_{a}-\overset{*}{S}_{2}\right)+z_{31}\left(\overset{*}{S}_{a}-\overset{*}{S}_{2}-\overset{*}{S}_{3}\right)=0$$

解得流经阻抗 z_{12} 的功率为

$$\tilde{S}_{a}=\frac{\left(\overset{*}{z}_{23}+\overset{*}{z}_{31}\right)\tilde{S}_{2}+\overset{*}{z}_{31}\tilde{S}_{3}}{\overset{*}{z}_{12}+\overset{*}{z}_{23}+\overset{*}{z}_{31}}=\frac{\overset{*}{Z}_{2}\tilde{S}_{2}+\overset{*}{Z}_{3}\tilde{S}_{3}}{\overset{*}{Z}_{\Sigma}} \tag{3.24}$$

式中：$Z_{2}=z_{23}+z_{31}$、$Z_{3}=z_{31}$ 分别为节点 2、3 与节点 1′之间的阻抗；Z_{Σ} 为环网的总阻抗。

同理，可推导出流经阻抗 z_{31} 的功率

$$\tilde{S}_{b}=\frac{\left(\overset{*}{z}_{23}+\overset{*}{z}_{12}\right)\tilde{S}_{3}+\overset{*}{z}_{12}\tilde{S}_{2}}{\overset{*}{z}_{12}+\overset{*}{z}_{23}+\overset{*}{z}_{31}}=\frac{\overset{*}{Z'}_{2}\tilde{S}_{2}+\overset{*}{Z'}_{3}\tilde{S}_{3}}{\overset{*}{Z}_{\Sigma}} \tag{3.25}$$

式中：$Z_{3}'=z_{23}+z_{12}$、$Z_{2}'=z_{12}$ 分别为节点 2、3 与节点 1 之间的阻抗。

式（3.24）和式（3.25）可推广到具有 n 个节点的环式网络，即

$$\left.\begin{aligned}\tilde{S}_{a}&=\frac{\sum\limits_{m=2}^{n}\overset{*}{Z}_{m}\tilde{S}_{m}}{\overset{*}{Z}_{\Sigma}}\\ \tilde{S}_{b}&=\frac{\sum\limits_{m=2}^{n}\overset{*}{Z'}_{m}\tilde{S}_{m}}{\overset{*}{Z}_{\Sigma}}\end{aligned}\right\} \tag{3.26}$$

式（3.26）与力学中梁的反作用力的计算公式很相似，网络中的负荷相当于梁的集中载荷，电源供应的功率则相当于梁的支点的反作用力。

各段线路的电抗和电阻的比值都相等的环式网络称为均一电力网。此种情况下，式（3.26）可简化为

$$\left.\begin{aligned}\tilde{S}_{\mathrm{a}} &= \frac{\sum_{m=2}^{n} R_m\left(1-\mathrm{j}\frac{X_m}{R_m}\right)\tilde{S}_m}{R_{\Sigma}\left(1-\mathrm{j}\frac{X_m}{R_m}\right)} = \frac{\sum_{m=2}^{n} R_m\tilde{S}_m}{R_{\Sigma}} = \frac{\sum_{m=2}^{n} X_m\tilde{S}_m}{X_{\Sigma}} \\ \tilde{S}_{\mathrm{b}} &= \frac{\sum_{m=2}^{n} R'_m\tilde{S}_m}{R_{\Sigma}} = \frac{\sum_{m=2}^{n} X'_m\tilde{S}_m}{X_{\Sigma}}\end{aligned}\right\} \tag{3.27}$$

对于网络中各线段单位长度的参数完全相等的均一网络，式（3.26）可简化为

$$\left.\begin{aligned}\tilde{S}_{\mathrm{a}} &= \frac{\sum_{m=2}^{n} l_m\tilde{S}_m}{l_{\Sigma}} \\ \tilde{S}_{\mathrm{b}} &= \frac{\sum_{m=2}^{n} l'_m\tilde{S}_m}{l_{\Sigma}}\end{aligned}\right\} \tag{3.28}$$

式中：l_m、l'_m、l_Σ 分别为与 Z_m、Z'_m、Z_Σ 相对应的线路长度。

式（3.28）是在全网电压为网络额定电压且相位相同的假设条件下导出的，也就是略去了功率损耗的情况，因此这种不考虑功率损耗的功率分布称为基本功率分布。对于基本功率分布应有 $\tilde{S}_{\mathrm{a}}+\tilde{S}_{\mathrm{b}}=\sum_{m=2}^{n}\tilde{S}_m$，此式可用来校验计算结果是否正确。

求得 $\tilde{S}_{\mathrm{a}}$ 或 $\tilde{S}_{\mathrm{b}}$ 后，即可根据节点功率平衡关系求取环网各线段中流通的功率，并确定功率分点。所谓功率分点是指功率由两侧流入的节点，通常在功率分点上加▼示出。如果有功功率和无功功率分点在不同节点，则以▼和▽分别表示有功功率和无功功率分点。无功功率分点常是网络中最低电压点，确定无功功率分点的目的就是要确定网络中的最低电压点，并在该点将环网解开，使之成为两个辐射形电力网，再按辐射形电力网的潮流计算方法计算出环形网络的潮流分布。

3.4.2 环形网的分解及潮流分布

在求得环形网络的基本功率分布、确定功率分点后，还必须计算网络中各线段的功率损耗和电压降落，才能获得环形网络潮流分布的最终结果。

可在功率分点处将环形网络分解成两个辐射形网络。若有功功率与无功功率的分点不在一起，原则上应在电压最低点的分点处进行分解。考虑到在高压网络中电压损耗主要是由无功功率流动引起的，无功功率分点处往往是环形网络中的电压最低点，通常在无功功率分点处进行分解。

如图 3.8（a）所示，若功率分点在节点 4 处，则可在节点 4 处将网络分解成如图 3.8（b）所示。两个辐射形网络的末端负荷分别为 $\tilde{S}_{34}$、$\tilde{S}_{\mathrm{b}}$，且 $\tilde{S}_{34}+\tilde{S}_{\mathrm{b}}=\tilde{S}_4$。注意，功率分点的功率必须是由两侧实际流入，不能单纯根据功率参考流向确定，需根据功率参考流向和数值符号确定。

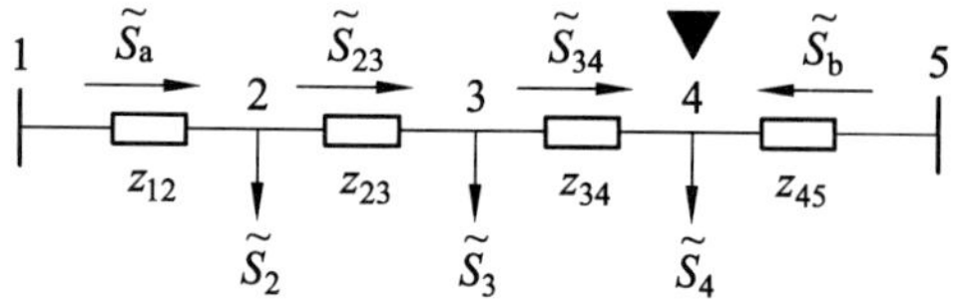

（a）原电路

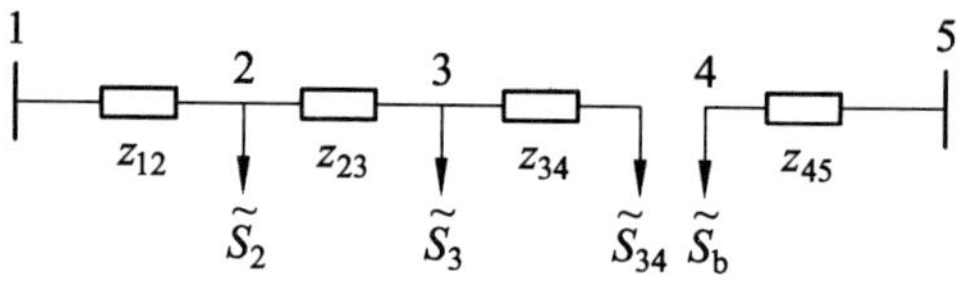

（b）分解后电路

图 3.8　环形网络的分解

环形网络被分解成两个辐射形网络后，其潮流分布计算即可按辐射形网络的潮流计算方法进行，包括以下两种情况。

（1）已知电源端电压。在这种情况下，分解后的两个网络均可按已知首端电压与末端负荷的辐射形网络进行计算，即设全网为额定电压，由功率分点分别从两侧向电源端推算功率损耗，将由此求得的功率分布作为最终的功率分布，再由电源端向功率分点逐段推算电压降落及电压分布。

（2）已知功率分点电压。在这种情况下，分解后的两个网络均可按已知末端电压与末端负荷的辐射形网络进行计算，即从该分点分别由两侧逐段向电源端推算电压降落和功率损耗。

【例 3.2】 电力系统的接线如图 3.9 所示，发电厂 B 的运算功率（包括高压母线上的负荷）为 117−j22 MV·A，变电所 C 的运算负荷（包括输入其他系统的部分）为 440+j136 MV·A，线路 1、2、3 的阻抗分别为 $Z_1=3.17+\text{j}20.7\ \Omega$，$Z_2=5.13+\text{j}27.2\ \Omega$，$Z_3=7.33+\text{j}48\ \Omega$。设发电厂 A 的高压母线电压为 240 kV，试计算网络中的潮流分布。

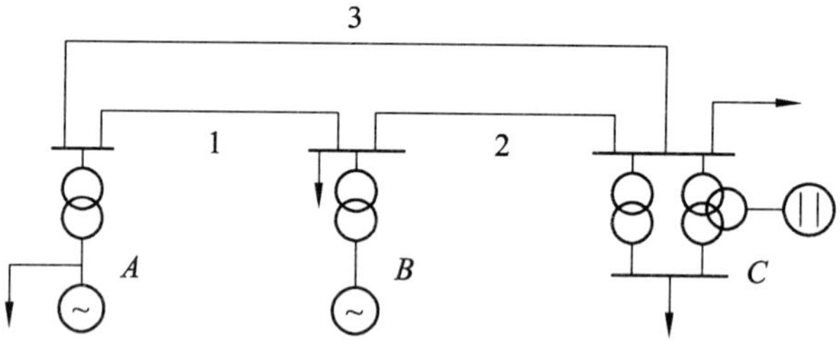

图 3.9　例 3.2 系统接线

解： 将系统从发电厂 A 高压母线处解开，得等值电路，如图 3.10 所示。

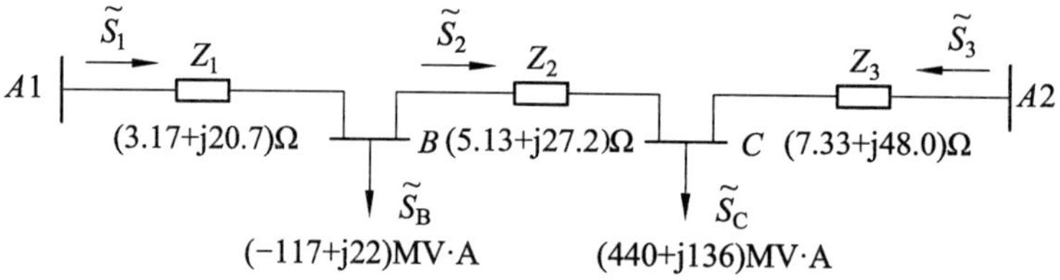

图 3.10　例 3.2 网络等值电路

（1）计算基本功率分布。

$$\tilde{S}_1=\frac{\left(\overset{*}{Z}_2+\overset{*}{Z}_3\right)\tilde{S}_B+\overset{*}{Z}_3\tilde{S}_C}{\overset{*}{Z}_1+\overset{*}{Z}_2+\overset{*}{Z}_3}$$

$$=\frac{(5.13-\text{j}27.2+7.33-\text{j}48.0)(-117+\text{j}22)+(7.33-\text{j}48.0)(440+\text{j}136)}{3.17-\text{j}20.7+5.13-\text{j}27.2+7.33-\text{j}48.0}$$

$$=128.74+\text{j}82.77\ (\text{MV}\cdot\text{A})$$

$$\tilde{S}_2 = \frac{\left(\overset{*}{Z}_2 + \overset{*}{Z}_1\right)\tilde{S}_C + \overset{*}{Z}_1\tilde{S}_B}{\overset{*}{Z}_1 + \overset{*}{Z}_2 + \overset{*}{Z}_3}$$

$$= \frac{(5.13 - \mathrm{j}27.2 + 3.17 - \mathrm{j}20.7)(440 + \mathrm{j}136) + (3.17 - \mathrm{j}20.7)(-117 + \mathrm{j}22)}{3.17 - \mathrm{j}20.7 + 5.13 - \mathrm{j}27.2 + 7.33 - \mathrm{j}48.0}$$

$$= 194.26 + \mathrm{j}75.23\text{（MV·A）}$$

校核：

$$\tilde{S}_1 + \tilde{S}_3 = (128.74 + \mathrm{j}82.77) + (194.26 + \mathrm{j}75.23) = 323.0 + \mathrm{j}158.0\text{（MV·A）}$$

$$\tilde{S}_B + \tilde{S}_C = (-117 + \mathrm{j}22) + (440 + \mathrm{j}136) = 323.0 + \mathrm{j}158.0\text{（MV·A）}$$

可见计算无误。

线段 2 上的基本功率为

$$\tilde{S}_2 = \tilde{S}_1 - \tilde{S}_B = (128.74 + \mathrm{j}82.77) - (-117 + \mathrm{j}22) = 245.74 + \mathrm{j}60.77\text{（MV·A）}$$

网络中的基本功率分布如图 3.11 所示，有功功率和无功功率分点均在 C 点。

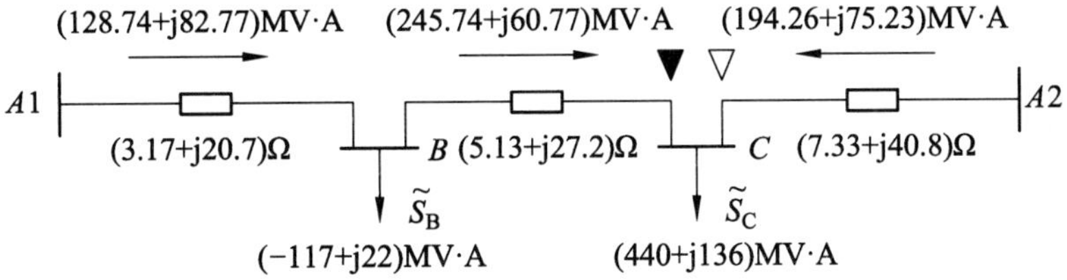

图 3.11　例 3.2 网络的基本功率分布

（2）分解网络，计算功率分布。在功率分点 C 处，将网络分解成两个辐射形网络，如图 3.12 所示。其中

$$\tilde{S}_{C1} = 245.74 + \mathrm{j}60.77\ (\mathrm{MV \cdot A})；\ \tilde{S}_{C2} = 194.26 + \mathrm{j}75.23\ (\mathrm{MV \cdot A})$$

设全网为额定电压 $U_\mathrm{N} = 220\ \mathrm{kV}$，则线路 2 的功率损耗为

$$\Delta\tilde{S}_2 = \frac{245.74^2 + 60.77^2}{220^2} \times (5.13 + \mathrm{j}27.2) = 6.79 + \mathrm{j}36.01\text{（MV·A）}$$

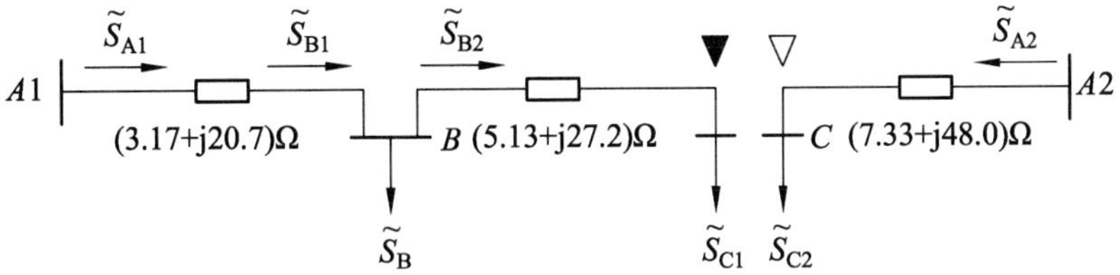

图 3.12　分解后的辐射形网络

由 B 输入线路 2 的功率为

$$\tilde{S}_{B2} = \tilde{S}_{C1} + \Delta\tilde{S}_2 = (245.74 + \mathrm{j}60.77) + (6.79 + \mathrm{j}36.01) = 252.53 + \mathrm{j}96.78\text{（MV·A）}$$

从线路 1 送入 B 处的功率为

$$\tilde{S}_{B1}=\tilde{S}_B+\tilde{S}_{B2}=(-117+\mathrm{j}22)+(252.53+\mathrm{j}96.78)=135.53+\mathrm{j}118.78\text{（MV·A）}$$

线路 1 的功率损耗为

$$\Delta\tilde{S}_1=\frac{135.53^2+118.78^2}{220^2}\times(3.17+\mathrm{j}20.7)=2.13+\mathrm{j}13.89\text{（MV·A）}$$

由 $A1$ 输入线路 1 的功率为

$$\begin{aligned}\tilde{S}_{A1}&=\tilde{S}_{B1}+\Delta\tilde{S}_1\\&=(135.53+\mathrm{j}118.78)+(2.13+\mathrm{j}13.89)\\&=137.66+\mathrm{j}132.67\text{（MV·A）}\end{aligned}$$

线路 3 的功率损耗为

$$\Delta\tilde{S}_3=\frac{194.26^2+75.23^2}{220^2}\times(7.33+\mathrm{j}48.0)=6.57+\mathrm{j}36.58\text{（MV·A）}$$

由 $A2$ 输入线路 3 的功率为

$$\begin{aligned}\tilde{S}_{A2}&=\tilde{S}_{C2}+\Delta\tilde{S}_3\\&=(194.26+\mathrm{j}75.23)+(6.57+\mathrm{j}36.58)\\&=200.86+\mathrm{j}111.81\text{（MV·A）}\end{aligned}$$

（3）计算电压降落和各母线电压。由 $U_{A1}=240\ \text{kV}$ 及 $\tilde{S}_{A1}$ 计算线路 1 的电压降落分量为

$$\Delta U_1=\frac{137.66\times3.17+132.67\times20.7}{240}=13.26\text{（kV）}$$

$$\delta U_1=\frac{137.66\times20.7-132.67\times3.17}{240}=10.12\text{（kV）}$$

B 点电压为

$$U_B=\sqrt{(240-13.26)^2+10.12^2}=226.97\approx227\text{（kV）}$$

由 $U_{A2}=240\ \text{kV}$ 及 $\tilde{S}_{A2}$ 计算线路 3 的电压降落分量为

$$\Delta U_3=\frac{200.83\times7.33+111.81\times48.0}{240}=25.14\text{（kV）}$$

$$\delta U_3=\frac{200.83\times48.0-111.81\times7.33}{240}=30.72\text{（kV）}$$

C 点的电压为

$$U_C = \sqrt{(240-25.14)^2 + 30.72^2} = 217.05 \approx 217\text{（kV）}$$

C 点的电压也可通过求线路 2 的电压降落后加以确定（略）。

（4）将计算结果标于图上，如图 3.13 所示。

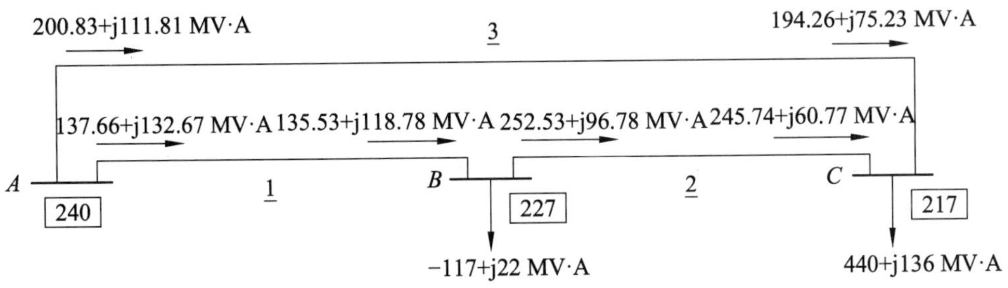

图 3.13　潮流分布图

3.5　复杂电力系统潮流分布的计算机算法

随着电力系统的不断扩大以及电力网结构的日益复杂，已经不能再用简单的方法来分析复杂的电力系统。电力系统潮流计算就是对复杂电力系统正常和故障条件下稳态运行状态的计算。潮流计算的目标是求取电力系统在给定运行方式下的节点电压和功率分布，用以检查系统各元件是否过负荷、各节点电压是否满足要求、功率的分布和分配是否合理以及功率损耗等。对现有电力系统的运行和扩建、对新的电力系统进行规划设计以及对电力系统进行静态和暂态稳定分析，都是以潮流计算为基础的。因此，潮流计算是电力系统计算分析中的一种最基本的计算。

3.5.1　节点导纳矩阵的形成与修改

将节点电压法应用于电力系统潮流计算，其变量为节点电压与节点注入电流。通常，以大地作为电压幅值的参考，而以系统中某一指定母线的电压角度作为电压相角的参考，并以支路导纳作为电力网的参数进行计算。

将节点 i 和 j 的电压表示为 $\dot{U}_i$ 和 $\dot{U}_j$，将它们之间的支路导纳表示为 y_{ij}（支路阻抗的倒数值 $1/z_{ij}$）[见图 3.14（a）]，则在此支路中从节点 i 流向 j 的电流为：

$$\dot{I}_{ij} = y_{ij}(\dot{U}_i - \dot{U}_j) \tag{3.29}$$

根据克希荷夫电流定律，注入节点 i 的电流 $\dot{I}_i$（设流入节点的电流为正）等于流出节点 i 的电流之和，如图 3.14（b）所示，因此

$$\dot{I}_i = \sum_{\substack{j=0\\ j\neq i}}^{n} \dot{I}_{ij} = \sum_{\substack{j=0\\ j\neq i}}^{n} y_{ij}(\dot{U}_i - \dot{U}_j) \tag{3.30}$$

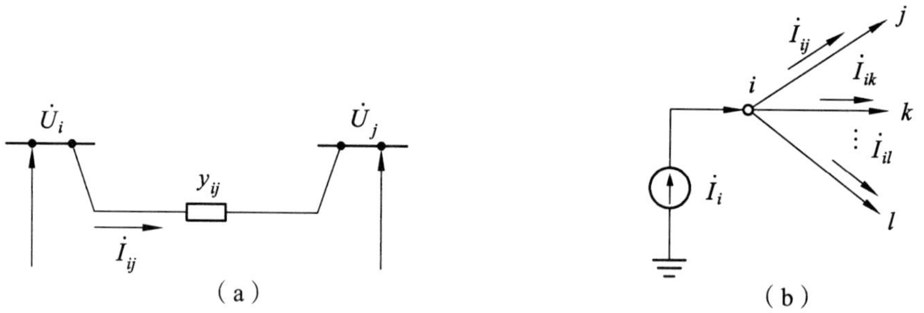

图 3.14　节点电压和支路电流的关系

式中：n 为电力网的节点数，不包含地节点在内。下标 0 表示地节点，且有 $U_0=0$，所以

$$\dot{I}_i=\dot{U}_i\sum_{\substack{j=0\\j\neq i}}^{n}y_{ij}-\sum_{\substack{j=1\\j\neq i}}^{n}y_{ij}\dot{U}_j \tag{3.31}$$

而

$$\sum_{\substack{j=0\\j\neq i}}^{n}y_{ij}=Y_{ii},\quad -y_{ij}=Y_{ij}$$

则式（3.31）可以改写为

$$\dot{I}_i=\sum_{j=1}^{n}Y_{ij}\dot{U}_j\qquad i=1,2,\cdots,n \tag{3.32}$$

上式可以写成矩阵形式：

$$\boldsymbol{I}=\boldsymbol{YU} \tag{3.33}$$

式（3.33）为电力网的节点电压方程，$\boldsymbol{Y}$ 称为节点导纳矩阵。

节点导纳矩阵的各元素可以由其定义直接求得。在式（3.33）中，由定义 $Y_{ij}=-y_{ij}$ 可知，导纳矩阵的第 i 行第 j 列的非对角元素为节点 i、j 间支路导纳的负值，称为节点 i 和节点 j 间的互导纳或转移导纳。如节点 i 和 j 间无直接联系，则两节点间支路阻抗为无穷大，支路导纳为零，相应的互导纳也为零。

从式(3.32)也可以看出，当在节点 i 上加一单位值电压，而其他节点均接地时(见图 3.15)，节点 $j\,(j=1,2,\cdots,n,j\neq i)$ 的注入电流

$$\dot{I}_j=Y_{ij}=-y_{ij} \tag{3.34}$$

因为 $\dot{I}_j$ 为自节点 j 流入的电流，所以为支路导纳 y_{ij} 的负值。

导纳矩阵的第 i 个对角元素 Y_{ii}，为所有与节点 i 相连支路（包括接地支路）导纳之和，称为节点 i 的自导纳。从图 3.15 可以看出，自导纳的值等于在节点 i 上加一单位电压时流入节点 i 的电流值。

n 个节点的电力网络的节点导纳矩阵具有以下特点：

（1）$n\times n$ 阶方阵；

（2）对称；

（3）复数矩阵；

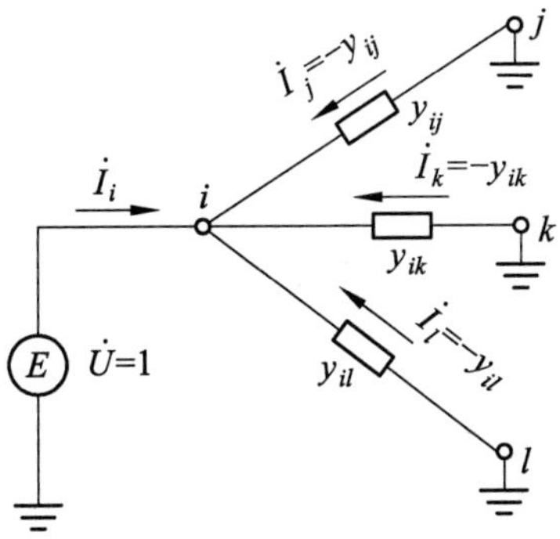

图 3.15　在节点上加一单位电压

（4）每一非对角元素 Y_{ij} 是节点 i 和 j 间支路导纳的负值，当 i 和 j 间没有直接相连的支路时，即为零。根据一般电力系统的特点，每节点平均与 3～5 个相邻节点有直接联系，所以导纳矩阵是一个高度稀疏的矩阵；

（5）对角线元素 Y_{ii}，为所有连接于节点 i 的支路（包括节点 i 的接地支路）的导纳之和。

在电力系统的分析计算中，往往要做不同运行方式下的潮流计算，每种方式只是对局部区域或个别元件作一些变化，例如投入或切除一条线路或一台变压器。由于改变一条支路的状态或参数只影响该支路两端节点的自导纳和它们之间的互导纳，因而对每一种运行方式不必重新形成导纳矩阵，只需对原有导纳矩阵作相应修改。修改方法如下。

1. 原网络节点增加一接地支路

如图 3.16（a）所示，设在节点 i 增加一对地支路，由于没有增加节点数，节点导纳矩阵阶数不变，只有自导纳 Y_{ii} 发生变化，变化量为节点 i 新增的接地支路的导纳 y_i：

$$Y'_{ii}=Y_{ii}+\Delta Y_{ii}=Y_{ii}+y_i \tag{3.35}$$

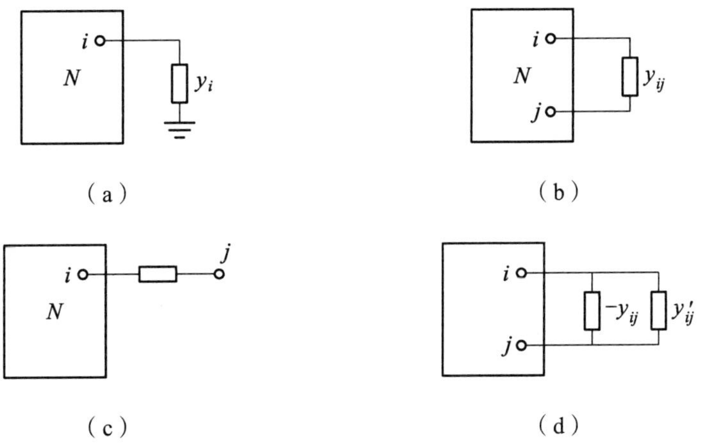

图 3.16　电力网的变化

2. 原网络节点点 i、j 间增加一条支路

如图 3.16（b）所示，此时节点导纳矩阵的阶数不变，只是由于节点 i 和 j 间增加了一个

支路导纳 y_{ij} 而使节点 i 和节点 j 间的互导纳、节点 i 和 j 的自导纳发生变化，变化量为

$$\Delta Y_{ii} = y_{ij}, \Delta Y_{jj} = y_{ij}, \Delta Y_{ij} = \Delta Y_{ji} = -y_{ij} \tag{3.36}$$

3. 从原网络引出一条新支路，同时增加一个新节点

设原网络有 n 个节点，现从节点 $i(i \leqslant n)$ 引出一条支路及新增一节点 j，如图 3.16（c）所示。由于网络节点多了一个，所以节点导纳矩阵也增加一阶。新增支路与原网络节点 i 相连，因而原节点导纳矩阵元素 Y_{ii} 将发生变化，而其余元素则不变；新增节点 j 只通过支路导纳 y_{ij} 与原网络中节点 i 相连，而与其他节点不直接相连，因此新的节点导纳矩阵中第 j 列和第 j 行中非对角元素除 Y_{ij} 和 Y_{ji} 外其余都为零，如下所示：

$$\begin{bmatrix} Y_{11} & Y_{12} & \cdots & Y_{1i} & \cdots & Y_{1n} & 0 \\ Y_{21} & Y_{22} & \cdots & Y_{2i} & \cdots & Y_{2n} & 0 \\ \cdots \\ Y_{i1} & Y_{i2} & \cdots & Y'_{ii} & \cdots & Y_{in} & 0 \\ Y_{n1} & Y_{n2} & \cdots & Y_{ni} & \cdots & Y_{nn} & 0 \\ \cdots \\ 0 & 0 & \cdots & Y_{ji} & \cdots & 0 & Y_{jj} \end{bmatrix}$$

其中，原节点导纳矩阵的对角元素 Y_{ii} 应修正为 $Y'_{ii} = Y_{ii} + y_{ij}$；新增导纳矩阵元素 $Y_{jj} = y_{ij}$，$Y_{ij} = Y_{ji} = -y_{ij}$。

增加一台变压器时，可以先将变压器用含有非标准变比的 Π 形等值电路替代，然后按以上三种基本方法处理。例如节点 i、j 间增加一台变压器，如图 3.17（a）所示，节点导纳矩阵有关元素的变化量可由 Π 形等值电路［见图 3.17（b）］求得：

$$\Delta Y_{ii} = \frac{y_{\mathrm{T}}}{k} + y_{\mathrm{T}}\left(1 - \frac{1}{k}\right) = y_{\mathrm{T}} \tag{3.37}$$

$$\Delta Y_{jj} = \frac{y_{\mathrm{T}}}{k} + y_{\mathrm{T}}\left(\frac{1}{k^2} - \frac{1}{k}\right) = \frac{y_{\mathrm{T}}}{k^2} \tag{3.38}$$

$$\Delta Y_{ij} = \Delta Y_{ji} = -y_{\mathrm{T}} / k \tag{3.39}$$

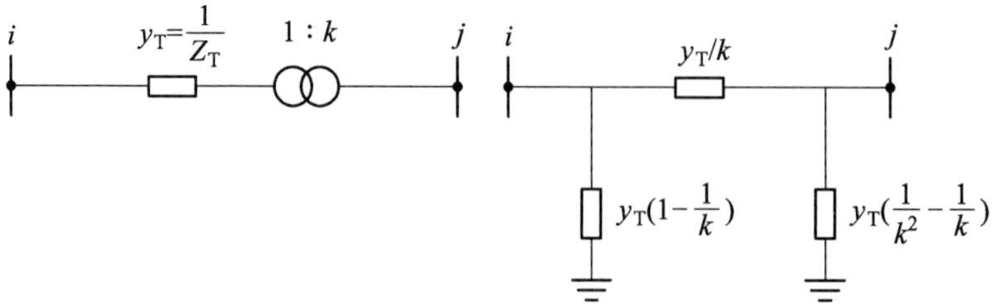

（a）　　　　　　（b）

图 3.17　增加变压器

修改原网络中的支路参数，可以理解成先将被修改支路切除，然后再投入以修改后的参数为导纳值的支路。因而，修改原网络中的支路参数可通过给原网络支路并联二条支路来实现。如图 3.16（d）所示，一条支路的参数为原来该支路导纳的负值 $-y_{ij}$（相当于切除该支路），另一条支路的参数为修改后支路的导纳 y'_{ij}。

由式（3.33）可以得到：

$$\boldsymbol{U}=\boldsymbol{Y}^{-1}\boldsymbol{I}=\boldsymbol{Z}\boldsymbol{I} \tag{3.40}$$

式中，$\boldsymbol{Y}^{-1}$ 为节点导纳矩阵的逆矩阵，称作节点阻抗矩阵，也是一个 n 阶的对称复数方阵。节点阻抗矩阵中各元素的物理意义是：在电力网中任一节点 i 注入一单位电流，而其余节点均为开路（即注入电流为零）时的节点电压值。如图 3.18 所示，有

$$\dot{U}_i=Z_{ii} \tag{3.41}$$

$$\dot{U}_j=Z_{ji},\quad j=1,2,\cdots,n,j\neq i \tag{3.42}$$

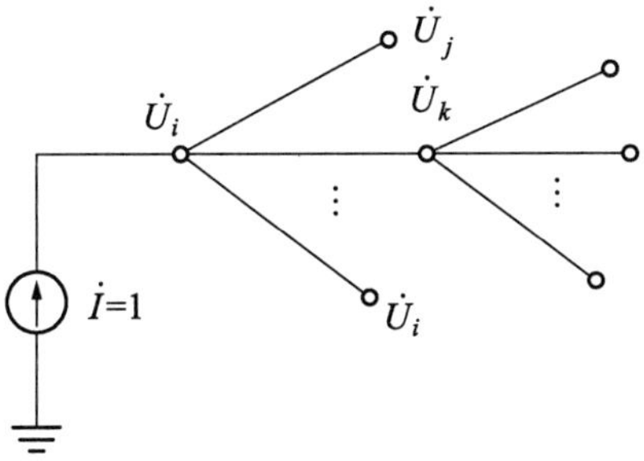

图 3.18　节点上加一单位电流

节点阻抗矩阵的对角元素 Z_{ii} 叫自阻抗，非对角元素 Z_{ji} 叫互阻抗。在一般情况下，注入单位电流的节点 i 的电压要大于其他节点的电压，所以 $Z_{ii}>Z_{ji}$。在有 n 个节点相连成网的系统中，当节点 i 注入单位电流时，其他任一节点上均会出现电压，所以 $Z_{ji}\neq 0$，因而阻抗矩阵中的元素一般不可能为零，它是一个满矩阵。

3.5.2　节点分类与电力网功率方程

在实际的电力系统中，已知的运行条件往往不是节点的注入电流，而是负荷和发电机的功率，而且这些功率一般不随节点电压的变化而变化。例如，发电机节点的注入功率由驱动发电机的原动机输入功率所决定，不受发电机端电压影响；如果不考虑负荷的电压特性，负荷吸收的功率也与端电压无关。在节点功率不变的情况下，节点的注入电流是随节点电压变化而变化的。因此，在已知节点导纳矩阵的情况下，必须用已知的节点功率来代替未知的节点注入电流，才能求出节点电压。每一节点的注入功率方程式为

$$\tilde{S}_i=P_i+\mathrm{j}Q_i=\dot{U}_i\overset{*}{I}=\dot{U}_i\sum_{j=1}^{n}\overset{*}{Y}_{ij}\overset{*}{U}_j\qquad i=1,2,\cdots,n \tag{3.43}$$

上式是复数方程，计算时要求展开成实数形式。节点电压用极坐标 $\dot{U}=U\mathrm{e}^{\mathrm{j}\delta}$ 表示，可得到每一节点有功率和无功功率的实数方程：

$$P_i=P_i(U,\delta),\qquad Q_i=Q_i(U,\delta) \tag{3.44}$$

也可将节点电压用直角坐标 $\dot{U}=e+\mathrm{j}f$ 表示，则可得：

$$P_i=P_i(e,f),\qquad Q_i=Q_i(e,f) \tag{3.45}$$

对于有 n 个节点的电力网，可以列出 $2n$ 个功率方程式。从式（3.43）可以看出，每一节点具有四个变量：注入有功功率 P_i，注入无功功率 Q_i，节点电压幅值 U_i 和相角 δ_i（或电压的实部 e_i 和虚部 f_i）。n 个节点的电力网有 $4n$ 个变量，但只有 $2n$ 个关系方程式。所以，为了使潮流计算有确定解，必须给定其中 $2n$ 个变量。根据给定节点变量的不同，可以有以下三种类型的节点：

（1）PV 节点。这种节点的注入有功功率 P_i 为给定值，电压 U_i 也保持在给定数值。这种类型的节点相当于发电机母线节点，其注入的有功功率（相当于发电机发出的有功功率）由汽轮机调速器设定，而电压大小则由装在发电机上的励磁调节器控制；或者相应于一个装有调相机或静止补偿器的变电所母线，其电压由无功功率的控制器设定。

（2）PQ 节点。这种节点的注入有功率和无功功率是给定的，相应于实际电力系统中的一个负荷节点，或有功功率和无功功率给定的发电机母线。这种节点在电力系统中占绝大多数。

（3）平衡节点。这种节点用来平衡全电网的功率。由于电网的功率损耗在潮流计算前是未知的，因而无法确定电网中各台发电机所发功率的总和，所以必须选一容量足够大的发电机担任平衡全电网功率的职责，该发电机节点称作平衡节点。平衡节点的电压大小与相位是给定的，通常以它的相角为参考值，即取其电压相角为零。一个独立的电力网中只设一个平衡节点。

PV 节点、PQ 节点和平衡节点的划分并不是绝对不变的。PV 节点之所以能控制其节点电压为某一设定值，主要原因在于它具有可调节的无功功率出力。一旦它的无功功率出力达到其可调节的无功功率出力的上限或下限，就不能再使电压保持在设定值。此时，无功功率只能保持在其上限或下限值，PV 节点将转化成 PQ 节点。

【例 3.3】试求图 3.19 所示电力网的节点导纳矩阵，图中给出了各支路阻抗和对地导纳的标幺值。节点 2 和节点 4 间、节点 3 和节点 5 间为变压器支路，其漏抗和变比如图所示。

解：根据上述节点导纳矩阵的定义，可求得节点导纳矩阵各元素：

$$\begin{aligned}Y_{11}&=y_{10}+y_{12}+y_{13}\\&=\mathrm{j}0.25+\frac{1}{0.04+\mathrm{j}0.25}+\frac{1}{0.1+\mathrm{j}0.35}\\&=\mathrm{j}0.25+0.624\,025-\mathrm{j}3.900\,156+0.754\,717-\mathrm{j}2.641\,509\\&=1.378\,742-\mathrm{j}6.291\,665\end{aligned}$$

与节点 1 有关的互导纳

$$Y_{12}=Y_{21}=-y_{12}=-0.624\,025+\mathrm{j}3.900\,156$$

$$Y_{31}=Y_{13}=-y_{13}=-0.754\,717+\mathrm{j}2.641\,509$$

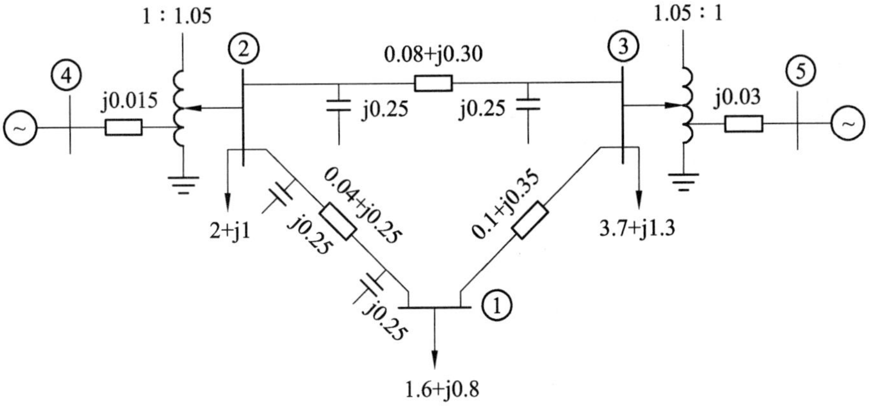

图 3.19 例 3.3 的电力系统接线图

支路 2-4 为变压器支路，可以求出节点 2 的自导纳

$$
\begin{aligned}
Y_{22} &= y_{20} + y_{12} + y_{23} + y_{42} / k_{42}^2 \\
&= \mathrm{j}0.25 + \mathrm{j}0.25 + 0.624025 - \mathrm{j}3.900\,156 + 0.829\,876 - \\
&\quad \mathrm{j}3.112\,033 - \mathrm{j}66.666\,666 / 1.05^2 \\
&= 1.453\,901 - \mathrm{j}66.980\,821
\end{aligned}
$$

与节点 2 有关的互导纳为

$$Y_{23} = Y_{32} = -0.829\,876 + \mathrm{j}3.112\,033$$

$$Y_{24} = Y_{42} = -y_{42} / k_{42} = -\mathrm{j}63.492\,064$$

用类似的方法可以求出导纳矩阵的其他元素，最后可得到节点导纳矩阵为

$$
\boldsymbol{Y} = \begin{bmatrix}
\begin{array}{c}1.378\,742\\-\mathrm{j}6.291\,665\end{array} & \begin{array}{c}0.624\,025\\+\mathrm{j}3.900\,156\end{array} & \begin{array}{c}-0.754\,717\\+\mathrm{j}2.641\,509\end{array} & & \\
\begin{array}{c}-0.624\,025\\+\mathrm{j}3.900\,156\end{array} & \begin{array}{c}1.453\,901\\-\mathrm{j}66.980\,821\end{array} & \begin{array}{c}-0.829\,876\\-\mathrm{j}3.112\,033\end{array} & \begin{array}{c}0.000\,000\\+\mathrm{j}63.492\,063\end{array} & \\
\begin{array}{c}-0.754\,717\\+\mathrm{j}2.641\,509\end{array} & \begin{array}{c}-0.829\,876\\+\mathrm{j}3.112\,033\end{array} & \begin{array}{c}1.584\,593\\-\mathrm{j}35.737\,858\end{array} & & \begin{array}{c}0.000\,000\\+\mathrm{j}31.746\,032\end{array} \\
 & \begin{array}{c}0.000\,000\\+\mathrm{j}63.492\,063\end{array} & & \begin{array}{c}0.000\,000\\-\mathrm{j}66.666\,667\end{array} & \\
 & & \begin{array}{c}0.000\,000\\+\mathrm{j}31.746\,032\end{array} & & \begin{array}{c}0.000\,000\\-\mathrm{j}33.333\,333\end{array}
\end{bmatrix}
$$

3.5.3 牛顿-拉夫逊法与 PQ 分解法

1. 牛顿-拉夫逊法

牛顿-拉夫逊法（Newton-Raphson）是求解非线性代数方程有效的迭代计算方法。在牛顿-拉夫逊法的每一次迭代过程中，非线性问题通过线性化逐步近似。下面先以单变量问题来进行说明。

设有非线性函数

$$f(x)=0 \tag{3.46}$$

设解的初值为 x_0，它与真解的误差为 Δx_0，则式（3.46）可写成

$$f(x_0-\Delta x_0)=0 \tag{3.47}$$

将上式用泰勒级数展开

$$f(x_0-\Delta x_0)=f(x_0)-f'(x_0)\Delta x_0+\frac{f''(x_0)}{2!}(\Delta x_0)^2-\cdots \tag{3.48}$$

如果 x_0 接近真解，则 Δx_0 足够小，可以略去所有 Δx_0 的高次项，因此

$$f(x_0-\Delta x_0)\approx f(x_0)-f'(x_0)\Delta x_0\approx 0 \tag{3.49}$$

可得

$$\Delta x_0=\frac{f(x_0)}{f'(x_0)} \tag{3.50}$$

将初值 x_0 代入上式求得修正量 Δx_0，即可得到解

$$x_1=x_0-\Delta x_0 \tag{3.51}$$

由图 3.20 可见，x_1 更接近于真解。

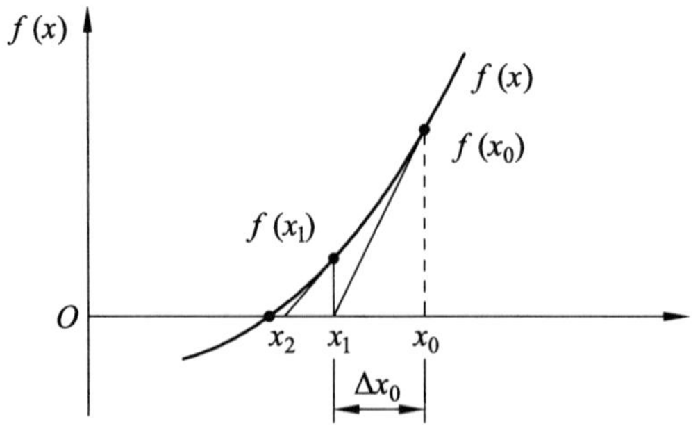

图 3.20　牛顿–拉夫逊法的迭代过程

将 x_1 作为新的初值代入式（3.50），再求出新的修正量。如果两次迭代解的差值小于某一给定的允许误差值 ε，或者说 $\Delta x_k\leqslant\varepsilon$（$k$ 为迭代次数），则可认为 x_{k+1} 是式（3.46）的解。式

（3.50）也可以写成一般的迭代式

$$f(x_k)=J\Delta x_k \tag{3.52}$$

式中，$J=f'(x_k)$。

将单变量问题推广到具有 n 个未知变量 X 的 n 阶非线性联立代数方程组 $F(X)$，这时，式（3.52）可写成

$$F(X_k)=J_k\Delta X_k \tag{3.53}$$

式中，J 为函数向量 $F(X)$ 对变量 X 的一阶偏导数的雅可比矩阵，是 n 阶方阵，其元素 J_{ij} 由下式定义：

$$J_{ij}=\frac{\partial f_i}{\partial x_j}$$

由式（3.53）可求出每次迭代的修正量

$$\Delta X_k=J_k^{-1}F(X_k) \tag{3.54}$$

2. 牛顿－拉夫逊法计算潮流

式（3.43）是用复数表示的功率方程式，可写成：

$$P_i+\mathrm{j}Q_i-\dot{U}_i\sum_{j=1}^{n}\overset{*}{Y}_{ij}\overset{*}{U}_j=0 \qquad i=1,2,\cdots,n \tag{3.55}$$

根据节点电压的两种不同表示方法，可以得到两种不同的牛顿－拉夫逊法潮流计算方法。

1）节点电压以极坐标形式表示时的牛顿－拉夫逊法潮流计算

当节点电压以极坐标形式表示时，则 $\dot{U}_i=U_i\angle\delta_i$，式（3.55）可以分成实部和虚部两个方程：

$$f_{Pi}=P_i-\sum_{j=1}^{n}U_iU_j(G_{ij}\cos\delta_{ij}+B_{ij}\sin\delta_{ij})=0 \tag{3.56}$$

$$f_{Qi}=Q_i-\sum_{j=1}^{n}U_iU_j(G_{ij}\sin\delta_{ij}-B_{ij}\cos\delta_{ij})=0 \tag{3.57}$$

此处 $\delta_{ij}=\delta_i-\delta_j$，$G_{ij}$ 和 B_{ij} 为节点导纳矩阵元素 Y_{ij} 的实部和虚部。

对于 PQ 节点，式（3.56）及式（3.57）对应于非线性方程组 $F(X)$ 中的各方程式，其中 P_i 和 Q_i 分别表示节点 i 的有功功率和无功功率。

在第 k 次迭代时，令

$$\Delta P_i^{(k)}=f_{P_i}^{(k)}=P_i-\sum_{j=1}^{n}U_i^{(k)}U_j^{(k)}(G_{ij}\cos\delta_{ij}^{(k)}+B_{ij}\sin\delta_{ij}^{(k)}) \tag{3.58}$$

$$\Delta Q_i^{(k)}=f_{Q_i}^{(k)}=Q_i-\sum_{j=1}^{n}U_i^{(k)}U_j^{(k)}(G_{ij}\sin\delta_{ij}^{(k)}-B_{ij}\cos\delta_{ij}^{(k)}) \tag{3.59}$$

由式(3.53),可写出用牛顿－拉夫逊法进行潮流计算时的修正方程[从下式开始至式(3.67)均略去上标 k]。

对于 PQ 节点，有

$$\Delta P_i = \sum_{j=1}^{n} \frac{\partial \Delta P_i}{\partial \delta_j} \Delta \delta_j + \sum_{j=1}^{n} \frac{\partial \Delta P_i}{\partial U_j} \Delta U_j \tag{3.60}$$

$$\Delta Q_i = \sum_{j=1}^{n} \frac{\partial \Delta Q_i}{\partial \delta_j} \Delta \delta_j + \sum_{j=1}^{n} \frac{\partial \Delta Q_i}{\partial U_j} \Delta U_j \tag{3.61}$$

每个 PQ 节点有两个变量 $\Delta\delta_i$ 和 ΔU_i 待求，同时可列出两个方程。所以，对全部节点可以写出修正方程如下：

$$\begin{bmatrix} \Delta P_1 \\ \Delta Q_1 \\ \Delta P_2 \\ \Delta Q_2 \\ \vdots \\ \Delta P_p \\ \Delta Q_p \\ \vdots \\ \Delta P_n \\ \Delta Q_n \end{bmatrix} = \begin{bmatrix} H_{11} & N_{11} & H_{12} & N_{12} & \cdots & H_{1p} & N_{1p} & \cdots & H_{1n} & N_{1n} \\ J_{11} & L_{11} & J_{12} & L_{12} & \cdots & J_{1p} & L_{1p} & \cdots & J_{1n} & L_{1n} \\ H_{21} & N_{21} & H_{22} & N_{22} & \cdots & H_{2p} & N_{2p} & \cdots & H_{2n} & N_{2n} \\ J_{21} & L_{21} & J_{22} & L_{22} & \cdots & J_{2p} & L_{2p} & \cdots & J_{2n} & L_{2n} \\ \vdots & & & & & & & & & \\ H_{p1} & N_{p1} & H_{p2} & N_{p2} & \cdots & H_{pp} & N_{pp} & \cdots & H_{pn} & N_{pn} \\ J_{p1} & L_{p1} & J_{p2} & L_{p2} & \cdots & J_{pp} & L_{pp} & \cdots & J_{pn} & L_{pn} \\ \vdots & & & & & & & & & \\ H_{n1} & N_{n1} & H_{n2} & N_{n2} & \cdots & H_{np} & N_{np} & \cdots & H_{nn} & N_{nn} \\ J_{n1} & L_{n1} & J_{n2} & L_{n2} & \cdots & J_{np} & L_{np} & \cdots & J_{nn} & L_{nn} \end{bmatrix} \begin{bmatrix} \Delta\delta_1 \\ \Delta U_1/U_1 \\ \Delta\delta_2 \\ \Delta U_2/U_2 \\ \vdots \\ \Delta\delta_p \\ \Delta U_p/U_p \\ \vdots \\ \Delta\delta_n \\ \Delta U_n/U_n \end{bmatrix} \tag{3.62}$$

上式中雅可比矩阵的各元素分别为

$$\left.\begin{aligned} H_{ij} &= \frac{\partial \Delta P_i}{\partial \delta_j} & N_{ij} &= \frac{\partial \Delta P_i}{\partial U_j} U_j \\ J_{ij} &= \frac{\partial \Delta Q_i}{\partial \delta_j} & L_{ij} &= \frac{\partial \Delta Q_i}{\partial U_j} U_j \end{aligned}\right\} \tag{3.63}$$

对于 PV 节点，节点电压给定，ΔU 为零，只有一个变量 $\Delta\delta$ 待求，只需列出式（3.60）参加联立求解。所以，只要在式（3.62）中除去相应的行与列，例如节点 p 为 PV 节点，则可除去相应 ΔQ_p 的第 $2p$ 行与第 $2p$ 列。

对于平衡节点，其电压大小、相角均为已知，所以不需参加联立求解。

如果系统有 n 个节点，其中有 PV 节点 m 个，PQ 节点 $n-m-1$ 个，则式（3.62）的雅可比矩阵为 $2(n-1)-m$ 阶。

在式（3.62）中用 U_i 除 ΔU_i，数值上不影响计算的收敛性与精度，但能使雅可比矩阵各元素形式上更相似，简化雅可比矩阵的计算。

由式（3.56）和式（3.57）可求出雅可比矩阵的元素如下：

非对角元素：

$$\left.\begin{aligned}H_{ij} &= -U_iU_j(G_{ij}\sin\delta_{ij} - B_{ij}\cos\delta_{ij})\\ N_{ij} &= -U_iU_j(G_{ij}\cos\delta_{ij} + B_{ij}\sin\delta_{ij})\\ J_{ij} &= U_iU_j(G_{ij}\cos\delta_{ij} + B_{ij}\sin\delta_{ij}) = -N_{ij}\\ L_{ij} &= -U_iU_j(G_{ij}\sin\delta_{ij} - B_{ij}\cos\delta_{ij}) = H_{ij}\end{aligned}\right\} \tag{3.64}$$

对角线元素：

$$\left.\begin{aligned}H_{ii} &= Q_i + B_{ii}U_i^2\\ N_{ii} &= -P_i - G_{ii}U_i^2\\ J_{ii} &= -P_i + G_{ii}U_i^2\\ L_{ii} &= -Q_i + B_{ii}U_i^2\end{aligned}\right\} \tag{3.65}$$

上式中的 P_i、Q_i 分别由式（3.56）、式（3.57）定义。

式（3.62）还可写成：

$$\begin{bmatrix}\Delta P_1\\ \Delta P_2\\ \vdots\\ \Delta P_n\\ \vdots\\ \Delta Q_1\\ \Delta Q_2\\ \vdots\\ \Delta Q_n\end{bmatrix} = \begin{bmatrix}H_{11} & H_{12} & \cdots & H_{1n} & N_{11} & N_{12} & \cdots & N_{1n}\\ H_{21} & H_{22} & \cdots & H_{2n} & N_{21} & N_{22} & \cdots & N_{2n}\\ \vdots & & & & & & & \\ H_{n1} & H_{n2} & \cdots & H_{nn} & N_{n1} & N_{n2} & \cdots & N_{nn}\\ \vdots & & & & & & & \\ J_{11} & J_{12} & \cdots & J_{1n} & L_{11} & L_{12} & \cdots & L_{1n}\\ J_{21} & J_{22} & \cdots & J_{2n} & L_{21} & L_{22} & \cdots & L_{2n}\\ \vdots & & & & & & & \\ J_{n1} & J_{n2} & \cdots & J_{nn} & L_{n1} & L_{n2} & \cdots & L_{nn}\end{bmatrix}\begin{bmatrix}\Delta\delta_1\\ \Delta\delta_2\\ \vdots\\ \Delta\delta_n\\ \vdots\\ \Delta U_1/U_1\\ \Delta U_2/U_2\\ \vdots\\ \Delta U_n/U_n\end{bmatrix} \tag{3.66}$$

或

$$\begin{bmatrix}\Delta\boldsymbol{P}\\ \Delta\boldsymbol{Q}\end{bmatrix} = \begin{bmatrix}\boldsymbol{H} & \boldsymbol{N}\\ \boldsymbol{J} & \boldsymbol{L}\end{bmatrix}\begin{bmatrix}\Delta\boldsymbol{\delta}\\ \boldsymbol{U}^{-1}\Delta\boldsymbol{U}\end{bmatrix} \tag{3.67}$$

式中，$\boldsymbol{U} = diag\{U_i\}$，即各节点电压的对角矩阵。

由上式可求得第 $k+1$ 次迭代的修正量 $\Delta\boldsymbol{\delta}^{(k+1)}$ 和 $\Delta\boldsymbol{U}^{(k+1)}$，从而可得到新的解

$$\begin{bmatrix}\boldsymbol{\delta}^{(k+1)}\\ \boldsymbol{U}^{(k+1)}\end{bmatrix} = \begin{bmatrix}\boldsymbol{\delta}^{(k)}\\ \boldsymbol{U}^{(k)}\end{bmatrix} - \begin{bmatrix}\Delta\boldsymbol{\delta}^{(k+1)}\\ \Delta\boldsymbol{U}^{(k+1)}\end{bmatrix} \tag{3.68}$$

这样反复迭代计算，直至所有节点 $|\Delta\boldsymbol{U}| < \varepsilon$ 和 $|\Delta\boldsymbol{\delta}| < \varepsilon$ 为止。

2）节点电压以直角坐标形式表示时的牛顿-拉夫逊法潮流计算

节点电压以直角坐标形式表示，即 $\dot{U}_i = e_i + \mathrm{j}f_i$，$e_i$ 为节点电压实部，f_i 为节点电压虚部，功率方程可写成：

$$P_i = e_i\sum_{j=1}^{n}(G_{ij}e_j - B_{ij}f_j) + f_i\sum_{j=1}^{n}(G_{ij}f_j + B_{ij}e_j) \tag{3.69}$$

$$Q_i = f_i\sum_{j=1}^{n}(G_{ij}e_j - B_{ij}f_j) + e_i\sum_{j=1}^{n}(G_{ij}f_j + B_{ij}e_j) \tag{3.70}$$

对于 PV 节点，电压有效值为设定值，而实部和虚部的比例是可变的，它们之间的关系为

$$e_i^2 + f_i^2 = U_i^2 \tag{3.71}$$

式（3.69）、式（3.71）构成关于 PV 节点的两个约束条件。

对于第 k 次迭代，可写出

$$\Delta P_i^{(k)} = P_i - e_i^{(k)}\sum_{j=1}^{n}(G_{ij}e_j^{(k)} - B_{ij}f_j^{(k)}) - f_i^{(k)}\sum_{j=1}^{n}(G_{ij}f_j^{(k)} + B_{ij}e_j^{(k)}) \tag{3.72}$$

$$\Delta Q_i^{(k)} = Q_i - f_i^{(k)}\sum_{j=1}^{n}(G_{ij}e_j^{(k)} - B_{ij}f_j^{(k)}) + e_i^{(k)}\sum_{j=1}^{n}(G_{ij}f_j^{(k)} + B_{ij}e_j^{(k)}) \tag{3.73}$$

$$(\Delta U_i^{(k)})^2 = U_i^2 - (e_i^{(k)})^2 - (f_i^{(k)})^2 \tag{374}$$

与式（3.58）和式（3.59）相似，可列出修正方程[从下式至式（3.81），均略去下标 k]。

对于除平衡节点以外的所有节点

$$\Delta P_i = \sum_{j=1}^{n}\frac{\partial \Delta P_i}{\partial f_j}\Delta f_j + \sum_{j=1}^{n}\frac{\partial \Delta P_i}{\partial e_j}\Delta e_j = \sum_{j=1}^{n}H_{ij}\Delta f_j + \sum_{j=1}^{n}N_{ij}\Delta e_j \tag{3.75}$$

对于 PQ 节点

$$\Delta Q_i = \sum_{j=1}^{n}\frac{\partial \Delta Q_i}{\partial f_j}\Delta f_j + \sum_{j=1}^{n}\frac{\partial \Delta Q_i}{\partial e_j}\Delta e_j = \sum_{j=1}^{n}J_{ij}\Delta f_j + \sum_{j=1}^{n}L_{ij}\Delta e_j \tag{3.76}$$

对于 PV 节点

$$\Delta U_i^2 = \frac{\partial \Delta U_i^2}{\partial f_i}\Delta f_i + \frac{\partial \Delta U_i^2}{\partial e_i}\Delta e_i = R_{ii}\Delta f_i + S_{ii}\Delta e_i \tag{3.77}$$

如系统具有 n 个节点，其中 m 个为 PV 节点，则式（3.75）、式（3.76）、式（3.77）可写成如下的矩阵形式：

$$\begin{bmatrix}\Delta P \\ \Delta Q \\ \Delta U^2\end{bmatrix} = \begin{bmatrix}H & N \\ J & L \\ R & S\end{bmatrix}\begin{bmatrix}\Delta f \\ \Delta e\end{bmatrix} \tag{3.78}$$

式中，ΔP、Δe 和 Δf 为 $(n-1)\times 1$ 向量，ΔQ 为 $(n-m-1)\times 1$ 向量，ΔU^2 为 $m\times 1$ 向量，H、N 为 $(n-1)\times(n-1)$ 矩阵，J、L 为 $(n-m-1)\times(n-1)$ 矩阵，R、S 为 $m\times(n-1)$ 矩阵。其雅可比矩阵元素为：

$$\left.\begin{aligned}
&H_{ij} = L_{ij} = -G_{ij}f_i + B_{ij}e_i \quad (i \neq j)\\
&N_{ij} = -J_{ij} = -G_{ij}e_i - B_{ij}f_i \quad (i \neq j)\\
&H_{ii} = -b_i + B_{ii}e_i - G_{ii}f_i\\
&N_{ii} = -a_i - B_{ii}f_i - G_{ii}e_i\\
&J_{ii} = -a_i + B_{ii}f_i + G_{ii}e_i\\
&L_{ii} = b_i + B_{ii}e_i - G_{ii}f_i\\
&R_{ij} = S_{ij} = 0 \quad (i \neq j)\\
&R_{ii} = -2f_i\\
&S_{ii} = -2e_i
\end{aligned}\right\} \tag{3.79}$$

式（3.79）中 a_i 和 b_i 分别是节点注入电流 $\dot{I}_i$ 的实部和虚部

$$a_i = \sum_{j=1}^{n}(G_{ij}e_j - B_{ij}f_j) \tag{3.80}$$

$$b_i = \sum_{j=1}^{n}(G_{ij}f_j + B_{ij}e_j) \tag{3.81}$$

由式（3.78）可求得第 $k+1$ 次迭代的修正量 $\Delta e^{(k+1)}$ 和 $\Delta f^{(k+1)}$，从而可得到新的解：

$$\begin{bmatrix} e^{(k+1)} \\ f^{(k+1)} \end{bmatrix} = \begin{bmatrix} e^{(k)} \\ f^{(k)} \end{bmatrix} - \begin{bmatrix} \Delta e^{(k+1)} \\ \Delta f^{(k+1)} \end{bmatrix} \tag{3.82}$$

这样反复计算，直到收敛到要求的精度。收敛指标一般取所有节点的 $|\Delta \boldsymbol{P}| \leqslant \varepsilon$ 和 $|\Delta \boldsymbol{Q}| \leqslant \varepsilon$ 或 $|\Delta \boldsymbol{U}^2| \leqslant \varepsilon$。

3）牛顿－拉夫逊法潮流计算的步骤

求取雅可比矩阵是牛顿-拉夫逊法的一项重要工作。电力系统潮流计算的雅可比矩阵具有以下性质：

（1）雅可比矩阵为一非奇异方阵。当节点电压以极坐标形式表示时，该矩阵为 $2(n-1)-m$ 阶方阵，节点电压以直角坐标形式表示时为 $2(n-1)$ 阶。

（2）矩阵元素与节点电压有关，故每次迭代时都要重新计算。

（3）与导纳矩阵具有相似的结构，当 $Y_{ij}=0$ 时，$H_{ij}, N_{ij}, J_{ij}, L_{ij}$ 均为 0，因此，雅可比矩阵也是高度稀疏的矩阵。

（4）具有结构对称性，但数值不对称。例如，$H_{ij} = -G_{ij}f_i + B_{ij}e_i$，$H_{ji} = -G_{ij}f_j + B_{ij}e_j$，由于各个节点电压不同，因而 $H_{ij} \neq H_{ji}$。

需要注意的是，当在计算过程中发生 PV 节点的无功功率越限时，PV 节点要转化成 PQ 节点。此时，对节点电压以极坐标形式表示的修正方程，需增加一个对应于该节点的无功功率不平衡量 $(\Delta \boldsymbol{Q})$ 的关系式，因而式（3.67）中的误差向量、电压向量和雅可比矩阵都有相应变动。当采用直角坐标表示时，要增加一个对应于该节点的无功功率不平衡量 $(\Delta \boldsymbol{Q})$ 的关系式，同时要减少一个对应于设定节点电压约束条件 $(\Delta \boldsymbol{U}^2)$ 的关系式。

用牛顿-拉夫逊法计算电力系统潮流的基本步骤如下：

（1）形成节点导纳矩阵；

（2）给各节点电压设初值 U_{i0}, δ_{i0} 或 e_{i0}, f_{i0}；

（3）将节点电压初值代入式（3.58）、式（3.59）或式（3.72）、式（3.73）、式（3.74），求出修正方程式的常数项向量；

（4）将节点电压初值代入式（3.64）、式（3.65）或式（3.79），求出雅可比矩阵元素；

（5）求解修正方程式（3.67）或式（3.78），求修正向量 $\Delta \boldsymbol{U}, \Delta \boldsymbol{\delta}$ 或 $\Delta \boldsymbol{e}, \Delta \boldsymbol{f}$；

（6）根据式（3.68）或式（3.82）求取节点电压的新值；

（7）检查是否收敛，如不收敛，则以各节点电压的新值作为初值，自第（3）步开始重新进行下一次迭代，否则转入下一步；

（8）计算支路功率分布，PV 节点无功功率和平衡节点注入功率。

图 3.21 为牛顿-拉夫逊法计算潮流的程序框图。图中 $K_{\max}$ 为事先给定的最大迭代次数，当实际迭代次数 $K > K_{\max}$ 时，即认为计算不收敛。

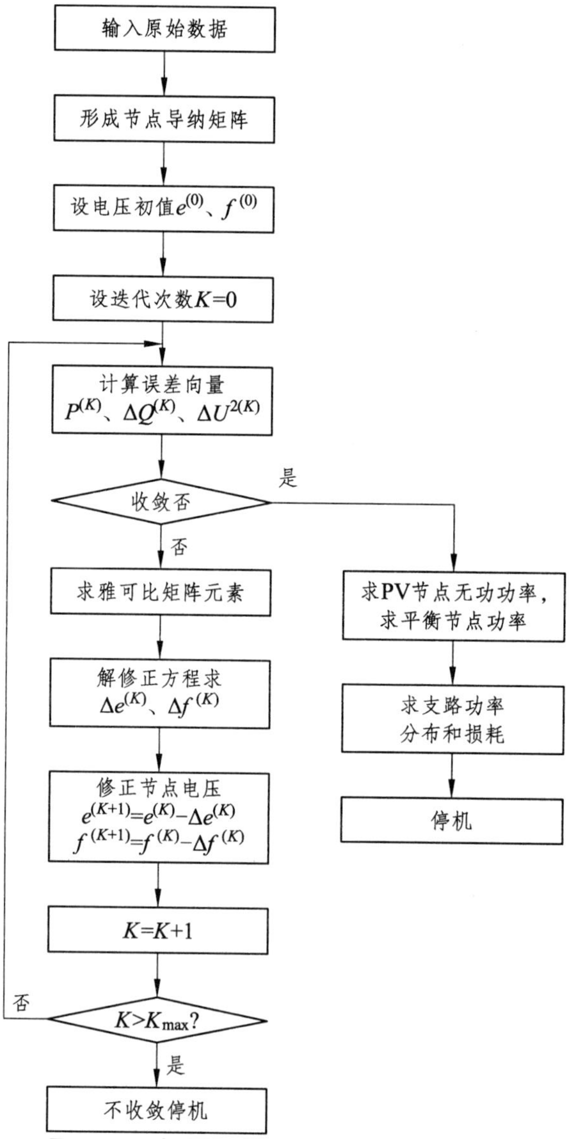

图 3.21　牛顿–拉夫逊法计算潮流程序框图

3. P-Q 分解法

P-Q 分解潮流计算法是牛顿-拉夫逊法潮流计算的一种简化办法，在电力系统中得到广泛的应用。从上一节已经知道，牛顿-拉夫逊法的雅可比矩阵在每一次迭代过程中都有变化，需要重新形成和求解，这占据了牛顿-拉夫逊法潮流计算的大部分时间，成为牛顿－拉夫逊法计算速度不能提高的主要原因。虽然在牛顿－拉夫逊法中应用了稀疏矩阵技巧以及节点优化编号等提高计算速度的技术，但却没有充分利用电力系统本身的特点来改进和提高计算速度。P-Q 分解法正是利用了电力系统的一些特有的运行特性，对牛顿-拉夫逊法做了简化。

将式（3.67）极坐标形式表示的牛顿-拉夫逊法修正方程展开为：

$$\Delta \boldsymbol{P} = \boldsymbol{H}\Delta\boldsymbol{\delta} + \boldsymbol{N}\boldsymbol{U}^{-1}\Delta\boldsymbol{U} \tag{3.83}$$

$$\Delta \boldsymbol{Q} = \boldsymbol{J}\Delta\boldsymbol{\delta} + \boldsymbol{L}\boldsymbol{U}^{-1}\Delta\boldsymbol{U} \tag{3.84}$$

对它们进行如下简化：

（1）考虑到电力系统中有功功率分布主要受节点电压相角的影响，无功功率分布主要受节点电压幅值的影响，所以近似地忽略电压幅值变化对有功功率和电压相位变化对无功功率分布的影响，即令 $\boldsymbol{N}=0$ 和 $\boldsymbol{J}=0$，式（3.83）和式（3.84）可改写为

$$\Delta \boldsymbol{P}=\boldsymbol{H}\Delta\boldsymbol{\delta} \tag{3.85}$$

$$\Delta \boldsymbol{Q}=\boldsymbol{L}\boldsymbol{U}^{-1}\Delta\boldsymbol{U} \tag{3.86}$$

这样可使有功功率修正方程与无功功率修正方程分别进行迭代。

（2）根据电力系统的正常运行条件还可作下列假设：

① $\cos\delta_{ij}\approx 1$；

② $G_{ij}\sin\delta_{ij}\ll B_{ij}$；

③ $Q_i\ll U_i^2 B_{ii}$。

第①条假设是因为电力系统正常运行时，线路两端的电压相位角一般相差不大（通常不超过 10°～20°）。第②条假设是因为电力系统中一般架空线路的电抗远大于电阻，所以 $G_{ij}\ll B_{ij}$，并且由于 δ_{ij} 很小，$\sin\delta_{ij}\ll 1$。第③条设，表示与各节点无功功率相应的导纳 Q/U_i^2 远远小于该节点自导纳的虚部 B_{ii}。

基于以上假设，可从式（3.64）和式（3.65）求得式（3.85）和式（3.86）中雅可比矩阵元素的表达式为

$$H_{ij}=L_{ij}=U_iU_jB_{ij} \tag{3.87}$$

$$H_{ii}=L_{ii}=U_i^2B_{ij} \tag{3.88}$$

则式（3.85）和式（3.86）可改写为

$$\Delta\boldsymbol{P}=\boldsymbol{UBU}\Delta\boldsymbol{\delta} \tag{3.89}$$

$$\Delta\boldsymbol{Q}=\boldsymbol{UBU}(\boldsymbol{U}^{-1}\Delta\boldsymbol{U})=\boldsymbol{UB}\Delta\boldsymbol{U} \tag{3.90}$$

式中，$\boldsymbol{U}$ 为节点电压有效值的对角矩阵，$\boldsymbol{B}$ 为电纳矩阵（由节点导纳矩阵各元素的虚部构成），即

$$\boldsymbol{U}=\begin{bmatrix} U_1 & & & & \\ & U_2 & & 0 & \\ & & U_3 & & \\ & 0 & & \ddots & \\ & & & & U_n \end{bmatrix} \tag{3.91}$$

$$\boldsymbol{B}=\begin{bmatrix} B_{11} & B_{12} & B_{13} & \cdots & B_{1n} \\ B_{21} & B_{22} & B_{23} & \cdots & B_{2n} \\ B_{31} & B_{32} & B_{33} & \cdots & B_{3n} \\ \vdots & \vdots & \vdots & & \vdots \\ B_{n1} & B_{n2} & B_{n3} & \cdots & B_{nn} \end{bmatrix} \tag{3.92}$$

将式（3.89）和式（3.90）都左乘 $\boldsymbol{U}^{-1}$，可以得到修正方程：

$$\boldsymbol{U}^{-1}\Delta\boldsymbol{P}=\boldsymbol{B}'\boldsymbol{U}\Delta\boldsymbol{\delta} \tag{3.93}$$

$$\boldsymbol{U}^{-1}\Delta\boldsymbol{Q}=\boldsymbol{B}''\Delta\boldsymbol{U} \tag{3.94}$$

或

$$\begin{bmatrix}\dfrac{\Delta P_1}{U_1}\\ \dfrac{\Delta P_2}{U_2}\\ \vdots\\ \dfrac{\Delta P_n}{U_n}\end{bmatrix}=\boldsymbol{B}'\begin{bmatrix}U_1\Delta\delta_1\\ U_2\Delta\delta_2\\ \vdots\\ U_n\Delta\delta_n\end{bmatrix} \tag{3.95}$$

$$\begin{bmatrix}\dfrac{\Delta Q_1}{U_1}\\ \dfrac{\Delta Q_2}{U_2}\\ \vdots\\ \dfrac{\Delta Q_n}{U_n}\end{bmatrix}=\boldsymbol{B}''\begin{bmatrix}\Delta U_1\\ \Delta U_2\\ \vdots\\ \Delta U_n\end{bmatrix} \tag{3.96}$$

式（3.95）和式（3.96）中，系数矩阵 $\boldsymbol{B}'$ 和 $\boldsymbol{B}''$ 有相同的形式，但实质并不完全相同。首先，$\boldsymbol{B}'$ 为 $n-1$ 阶矩阵，而由于存在 PV 节点，$\boldsymbol{B}''$ 为 $n-m-1$ 阶矩阵（m 为 PV 节点个数）；其次，为了加快收敛，通常在 $\boldsymbol{B}'$ 中除去与有功功率和电压相位关系较小的因素，如在 $\boldsymbol{B}'_{ii}$ 中不包含各输电线路和变压器支路等值 Π 形电路的对地电纳。$\boldsymbol{B}'$ 和 $\boldsymbol{B}''$ 均为对称的常数矩阵。

P-Q 分解法通常与因子表法联合使用。所谓因子表法，就是将系数矩阵 $\boldsymbol{B}'$ 和 $\boldsymbol{B}''$ 各分解成前代和回代用的因子表，在每次迭代中，不必重新形成因子表，只需形成常数项功率误差向量，通过对因子表的前代和回代求得电压角度、有效值的修正量。

用 P-Q 分解法进行潮流计算的框图如图 3.22 所示。

与牛顿-拉夫逊法相比，P-Q 分解法具有以下特点：

（1）以一个 $n-1$ 阶和一个 $n-m-1$ 阶线性方程组代替原有的 $2n-m-1$ 阶线性方程组，这样可以减少计算机的存储容量和加快线性方程组的求解速度。

（2）修正方程的系数矩阵 $\boldsymbol{B}'$ 和 $\boldsymbol{B}''$ 为对称常数矩阵，且在迭代过程中保持不变。如果采用因子表法求解，只需分解一次，在迭代过程中不必重新分解，减少了计算工作量。又因为矩阵是对称的，所以只需存储一个上（或下）三角矩阵，这节约了计算机的内存容量。

由于 P-Q 分解法只是对牛顿-拉夫逊法的雅可比矩阵做了简化，而对其功率平衡方程式及收敛判据（节点注入功率的偏差绝对值小于 ε）都未做改变，因而它与牛顿－拉夫逊法同解，同样可以达到很高精度。

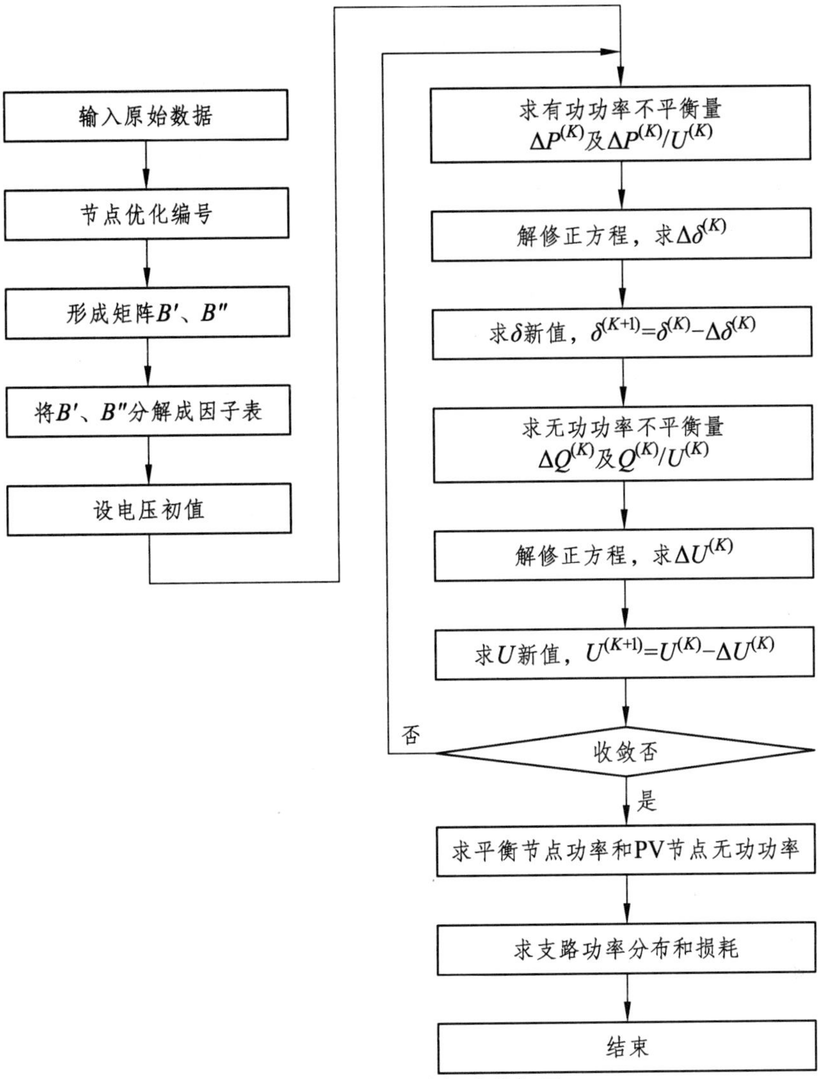

图 3.22　P-Q 分解法的框图

P-Q 分解法具有线性收敛特性，与牛顿-拉夫逊法相比，当收敛到同样的精度时，P-Q 分解法需要迭代计算的次数较多。P-Q 分解法每次迭代计算的方程阶数低，不需重新形成和分解系数矩阵，计算工作量较之牛顿-拉夫逊法的一次迭代计算大大减少，因而，P-Q 分解法较牛顿-拉夫逊法计算速度快。

需要说明的是，当电力系统中含有 35 kV 及以下电压等级的电力线路时，由于它们的 r/x 比值很大，不满足上述简化条件，可能出现迭代计算不收敛的情况。所以 P-Q 分解法一般只适用于 110 kV 以上电力网的潮流计算。

【例 3.4】图 3.23 所示的 5 节点电力网中，节点 1、2 和 3 为 PQ 节点，各节点的负荷分别为：$\tilde{S}_1 = 1.6 + \mathrm{j}0.8, \tilde{S}_2 = 2 + \mathrm{j}1, \tilde{S}_3 = 3.7 + \mathrm{j}1.3$；节点 4 为 PV 节点，给定 $P_4 = 5, U_4 = 1.05$；节点 5 为平衡节点，给定 $\dot{U}_5 = 1.05\angle 0^\circ$。各支路阻抗、对地导纳标于图中，与例 3.3 相同。试分别用牛顿-拉夫逊法和 P-Q 分解法计算潮流。

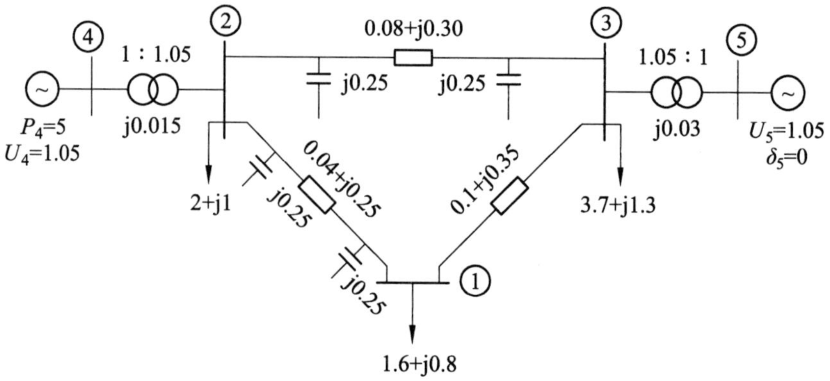

图 3.23　例 3.4 的电力系统接线图

设节点电压初值如表 3.2 所示。

表 3.2　各节点电压初值

节点	1	2	3	4	5
$\dot{U}_i^{(0)}=e_i^{(0)}+\mathrm{j}f_i^{(0)}$	1.0 + j0.0	1.0 + j0.0	1.0 + j0.0	1.05 + j0.0	1.05 + j0.0

解：

（1）牛顿-拉夫逊法。

用牛顿-拉夫逊法计算潮流，要求建立修正方程式，然后解出电压修正量。

根据式（3.72）~ 式（3.74），可写出本例修正方程式常数项（误差项）的计算式：

$$
\begin{aligned}
\Delta P_1 &= P_{1S}-e_1[(G_{11}e_1-B_{11}f_1)+(G_{12}e_2-B_{12}f_2)+(G_{13}e_3-B_{13}f_3)]- \\
&\quad f_1[(G_{11}f_1+B_{11}e_1)+(G_{12}f_2+B_{12}e_2)+(G_{13}f_3+B_{13}e_3)] \\
\Delta Q_1 &= Q_{1S}-f_1[(G_{11}e_1-B_{11}f_1)+(G_{12}e_2-B_{12}f_2)+(G_{13}e_3-B_{13}f_3)]+ \\
&\quad e_1[(G_{11}f_1+B_{11}e_1)+(G_{12}f_2+B_{12}e_2)+(G_{13}f_3+B_{13}e_3)] \\
&\quad\vdots \\
\Delta P_4 &= P_{4S}-e_4[(G_{42}e_2-B_{42}f_2)+(G_{44}e_4-B_{44}f_4)]- \\
&\quad f_4[(G_{42}f_2+B_{42}e_2)+(G_{44}f_4+B_{44}e_4)] \\
\Delta U_4^2 &= U_{4S}^2-(e_4^2+f_4^2)
\end{aligned}
$$

将各节点电压初值代入，可求得首次迭代的误差项向量为

$$
\Delta P^{(0)}=\begin{bmatrix}\Delta P_1^{(0)}\\ \Delta Q_1^{(0)}\\ \Delta P_2^{(0)}\\ \Delta Q_2^{(0)}\\ \Delta P_3^{(0)}\\ \Delta Q_3^{(0)}\\ \Delta P_4^{(0)}\\ \Delta Q_4^{(0)}\end{bmatrix}=\begin{bmatrix}-1.600\,00\\ -0.550\,00\\ -2.000\,00\\ 5.698\,03\\ -3.700\,00\\ 2.049\,01\\ 5.000\,00\\ 0.000\,00\end{bmatrix}
$$

本例的雅可比矩阵为

$$\begin{bmatrix} H_{11} & N_{11} & H_{12} & N_{12} & H_{13} & N_{13} & & \\ J_{11} & L_{11} & J_{12} & L_{12} & J_{13} & L_{13} & & \\ H_{21} & N_{21} & H_{22} & N_{22} & H_{23} & N_{23} & H_{24} & N_{24} \\ J_{21} & L_{21} & J_{22} & L_{22} & J_{23} & L_{23} & J_{24} & L_{24} \\ H_{31} & N_{31} & H_{32} & N_{32} & H_{33} & N_{33} & & \\ J_{31} & L_{31} & J_{32} & L_{32} & J_{33} & L_{33} & & \\ & & H_{42} & N_{42} & & & H_{44} & N_{44} \\ & & J_{42} & L_{42} & & & J_{44} & L_{44} \end{bmatrix}$$

其中各元素的算式为

$$H_{11}=\frac{\partial\Delta P_1}{\partial f_1}=-[(G_{11}f_1+B_{11}e_1)+(G_{12}f_2+B_{12}e_2)+(G_{13}f_3+B_{13}e_3)]+B_{11}e_1-G_{11}f_1$$

$$N_{11}=\frac{\partial\Delta P_1}{\partial e_1}=-[(G_{11}e_1-B_{11}f_1)+(G_{12}e_2-B_{12}f_2)+(G_{13}e_3-B_{13}f_3)]-B_{11}f_1-G_{11}e_1$$

$$J_{11}=\frac{\partial\Delta Q_1}{\partial f_1}=-[(G_{11}e_1-B_{11}f_1)+(G_{12}e_2-B_{12}f_2)+(G_{13}e_3-B_{13}f_3)]+B_{11}f_1+G_{11}e_1$$

$$L_{11}=\frac{\partial\Delta Q_1}{\partial e_1}=-[(G_{11}f_1+B_{11}e_1)+(G_{12}f_2+B_{12}e_2)+(G_{13}f_3+B_{13}e_3)]+B_{11}e_1-G_{11}f_1$$

$$H_{12}=\frac{\partial\Delta P_1}{\partial f_2}=B_{12}e_1-G_{12}f_1$$

$$N_{12}=\frac{\partial\Delta P_1}{\partial e_2}=-B_{12}f_1-G_{12}e_1$$

$$J_{12}=\frac{\partial\Delta Q_1}{\partial f_2}=-N_{12}$$

$$L_{12}=\frac{\partial\Delta Q_1}{\partial e_2}=H_{12}$$

$$\vdots$$

$$H_{44}=\frac{\partial\Delta P_4}{\partial f_4}=-[(G_{42}f_2+B_{42}e_2)+(G_{44}f_4+B_{44}e_4)]-B_{44}e_4-G_{44}f_4$$

$$N_{44}=\frac{\partial\Delta P_4}{\partial e_4}=-[(G_{42}e_2-B_{42}f_2)+(G_{44}e_4-B_{44}f_4)]-B_{44}f_4-G_{44}e_4$$

$$R_{44}=\frac{\partial\Delta U_4^2}{\partial f_4}=-2f_4$$

$$S_{44}=\frac{\partial\Delta U_4^2}{\partial e_4}=-2e_4$$

将各节点电压初值代入以上各式，求得首次迭代的雅可比矩阵如下：

$$
\boldsymbol{J}^{(0)}=\begin{bmatrix}
-6.541\,66 & -1.378\,74 & 3.900\,15 & 0.624\,02 & 2.641\,50 & 0.754\,71 & & \\
1.278\,47 & -6.041\,66 & -0.624\,02 & 3.900\,15 & -0.754\,71 & 2.641\,50 & & \\
3.900\,15 & 0.624\,02 & -73.6783 & -1.453\,92 & 3.112\,03 & 0.829\,876 & 3.492\,06 & 0.000\,00 \\
-0.624\,02 & 3.900\,15 & 1.453\,90 & -60.2828 & -0.829\,87 & 3.112\,03 & 0.000\,00 & 63.492\,06 \\
2.641\,50 & -0.754\,71 & 3.112\,03 & 0.829\,87 & -39.0869 & -1.584\,59 & & \\
-0.754\,71 & 2.641\,50 & -0.829\,87 & 3.112\,03 & 1.584\,59 & -32.3688 & & \\
 & & 66.666\,66 & 0.000\,00 & & & -63.4921 & 0.000\,00 \\
 & & 0.000\,00 & 0.000\,00 & & & 0.000\,00 & -2.100\,00
\end{bmatrix}
$$

上式中各行的最大元素都在对角元素位置上，这种情况不是偶然的。矩阵中各行的对角元素是 $H_{ii}=\dfrac{\partial\Delta P_i}{\partial f_i}$ 或 $L_{ii}=\dfrac{\partial\Delta Q_i}{\partial e_i}$，对于高压电力系统来说，某节点 i 的有功功率主要和节点电压横分量（虚部）有关，即 f_i 的影响最大，所以 H_{ii} 大于 H_{ij}、N_{ii} 及 N_{ij}。节点 i 的无功功率主要和电压的纵分量（实部）有关，即 e_i 的影响最大，所以 L_{ii} 大于 L_{ij}、J_{ii} 及 J_{ij}。

应用高斯消去法对修正方程 $\boldsymbol{J}^{(0)}\cdot\Delta\boldsymbol{U}^{(0)}=\Delta\boldsymbol{P}^{(0)}$ 进行求解，可得第一次迭代的节点电压修正 $\Delta\boldsymbol{U}^{(0)}$。

$$
\Delta\boldsymbol{U}^{(0)}=\begin{bmatrix}\Delta f_1^{(0)}\\ \Delta e_1^{(0)}\\ \Delta f_2^{(0)}\\ \Delta e_2^{(0)}\\ \Delta f_3^{(0)}\\ \Delta e_3^{(0)}\\ \Delta f_4^{(0)}\\ \Delta e_4^{(0)}\end{bmatrix}=\begin{bmatrix}0.033\,48\\ 0.033\,57\\ -0.360\,70\\ -0.105\,38\\ 0.069\,00\\ -0.058\,81\\ -0.457\,49\\ 0.000\,00\end{bmatrix}
$$

按 $\boldsymbol{U}^{(1)}=\boldsymbol{U}^{(0)}-\Delta\boldsymbol{U}^{(0)}$ 修正各节点电压，即得到第一次迭代后各节点的电压：

$$
\boldsymbol{U}^{(1)}=\begin{bmatrix}f_1^{(0)}\\ e_1^{(0)}\\ f_2^{(0)}\\ e_2^{(0)}\\ f_3^{(0)}\\ e_3^{(0)}\\ f_4^{(0)}\\ e_4^{(0)}\end{bmatrix}=\begin{bmatrix}-0.033\,48\\ 0.966\,43\\ 0.360\,70\\ 1.105\,38\\ -0.069\,00\\ 1.058\,81\\ 0.457\,49\\ 1.050\,00\end{bmatrix}
$$

按以上步骤反复进行迭代，当收敛指标取 $\varepsilon=10^{-6}$ 时，需要进行 5 次迭代。迭代过程中各节点电压及功率误差的变化情况如表 3.3 和 3.4 所示。

迭代结果各节点电压大小和相位角 $U_i\angle\delta_i=e_i+\mathrm{j}f_i$ 列于表 3.5。

表 3.3　迭代过程中各节点电压的变化情况

迭代次数	e_1	f_1	e_2	f_2	e_3	f_3	e_4	f_4
1	0.966 43	−0.033 48	1.105 38	0.360 70	1.058 81	−0.069 00	1.050 00	0.457 49
2	0.871 15	−0.069 89	1.030 41	0.329 97	1.035 14	−0.076 98	0.978 68	0.392 43
3	0.859 37	−0.071 78	1.026 04	0.330 46	1.033 54	−0.077 37	0.974 63	0.390 66
4	0.859 15	−0.071 82	1.026 01	0.330 47	1.033 52	−0.077 38	0.974 62	0.390 67
5	0.859 15	−0.071 82	1.026 01	0.330 47	1.033 52	−0.077 38	0.974 62	0.390 67

表 3.4　迭代过程中各节点功率误差的变化情况

迭代次数	ΔQ_1	ΔP_1	ΔQ_2	ΔP_2	ΔQ_3	ΔP_3	ΔP_4
1	−0.550 00	−1.600 00	5.698 03	−2.000 00	2.049 01	−3.700 00	5.000 00
2	−0.072 04	−0.034 73	0.918 01	2.775 26	−0.371 45	0.049 04	−3.061 01
3	−0.026 56	−0.006 76	0.065 41	0.166 60	−0.009 48	0.003 28	−0.170 49
4	−0.000 64	−0.000 20	−0.000 02	0.000 69	−0.000 02	0.000 00	−0.000 62
5	0.000 00	0.000 00	0.000 00	0.000 00	0.000 00	0.000 00	0.000 00

表 3.5　各节点电压与相位角

节点号	1	2	3	4	5
U_i	0.862 51	1.077 92	1.036 41	1.050 00	1.050 00
δ_i	−4.778 59°	17.853 41°	−4.281 95°	21.843 20°	0.000 00°

各支路功率计算略。

（2）P-Q 分解法。

用 P-Q 分解法计数潮流时，除了已求得的节点导纳矩阵外，还需要求出系数矩阵 $\boldsymbol{B}'$ 和 $\boldsymbol{B}''$。

形成 $\boldsymbol{B}'$ 时，可不计线路的充电电容和变压器 Π 形等值电路的对地导纳支路。本例 $\boldsymbol{B}'$ 为四阶，不包括平衡节点 5，各元素计算如下：

$$B'_{11}=\mathrm{Im}\left(\frac{1}{0.04+\mathrm{j}0.25}+\frac{1}{0.1+\mathrm{j}0.35}\right)=-6.541\,665$$

$$B'_{12}=B'_{21}=-\mathrm{Im}\left(\frac{1}{0.04+\mathrm{j}0.25}\right)=3.900\,156$$

$$\vdots$$

$$B'_{22}=\mathrm{Im}\left(\frac{1}{0.04+\mathrm{j}0.25}+\frac{1}{0.08+\mathrm{j}0.3}+\frac{1}{\mathrm{j}0.015\times k}\right)=-70.504\,253$$

$$B'_{23}=B'_{32}=-\mathrm{Im}\left(\frac{1}{0.08+\mathrm{j}0.3}\right)=3.112\,033$$

$$\vdots$$

$$B'_{44}=\mathrm{Im}\left(\frac{1}{1.05\times\mathrm{j}0.015}\right)=-63.492\,064$$

最后可得

$$
\boldsymbol{B}'=\begin{bmatrix} -6.541\,665 & 3.900\,156 & 2.641\,509 & 0.000\,000 \\ 3.900\,156 & -70.504\,253 & 3.112\,033 & 3.492\,064 \\ 2.641\,509 & 3.112\,033 & -37.499\,574 & 0.000\,000 \\ 0.000\,000 & 63.492\,064 & 0.000\,000 & -63.492\,064 \end{bmatrix}
$$

$\boldsymbol{B}'$是由节点导纳矩阵的虚部构成，本例为三阶方阵，不包括 PV 节点 4 和平衡点 5。

$$
\boldsymbol{B}''=\begin{bmatrix} -6.291\,665 & 3.900\,156 & 2.641\,509 \\ 3.900\,156 & -66.980\,820 & 3.112\,033 \\ 2.641\,509 & 3.112\,033 & -35.737\,860 \end{bmatrix}
$$

功率误差的计算式为

$$
\Delta P_1 = P_{1S} - U_1[U_1G_{11} + U_2(G_{12}\cos\delta_{12} + B_{12}\sin\delta_{12}) + U_3(G_{13}\cos\delta_{13} + B_{13}\sin\delta_{13})]
$$

$$
\Delta Q_1 = Q_{1S} - U_1[-U_1B_{11} + U_2(G_{12}\sin\delta_{12} - B_{12}\cos\delta_{12}) + U_3(G_{13}\sin\delta_{13} - B_{13}\cos\delta_{13})]
$$

$$
\vdots
$$

$$
\Delta P_4 = P_{4S} - U_4[U_4G_{44} + U_2(G_{24}\cos\delta_{42} + B_{24}\sin\delta_{42})]
$$

将电压初值：$U_1^{(0)} = U_2^{(0)} = U_3^{(0)} = 1.0$，$U_4^{(0)} = U_5^{(0)} = 1.05$，$\delta_1^{(0)} = \delta_2^{(0)} = \delta_3^{(0)} = \delta_4^{(0)} = \delta_5^{(0)} = 0$ 代入，可以求得各节点有功功率误差：

$$
\Delta\boldsymbol{P}^{(0)} = \begin{bmatrix} \Delta P_1^{(0)} \\ \Delta P_2^{(0)} \\ \Delta P_3^{(0)} \\ \Delta P_4^{(0)} \end{bmatrix} = \begin{bmatrix} -1.600\,00 \\ -2.000\,00 \\ -3.700\,00 \\ 5.000\,00 \end{bmatrix}
$$

除以相应的节点电压，得到 P-δ 修正方程的常数项：

$$
(\boldsymbol{U}^{-1}\Delta\boldsymbol{P})^{(0)} = \begin{bmatrix} -1.600\,00 \\ -2.000\,00 \\ -3.700\,00 \\ 4.761\,90 \end{bmatrix}
$$

解修正方程 $(\boldsymbol{U}^{-1}\Delta\boldsymbol{P})^{(0)} = \boldsymbol{B}'(\boldsymbol{U}^{(0)}\Delta\boldsymbol{\delta}^{(0)})$，得到 $\boldsymbol{U}^{(0)}\Delta\boldsymbol{\delta}^{(0)}$，再将各元素除以相应的 $U_i^{(0)}$ 可得

$$
\Delta\boldsymbol{\delta}^{(0)} = \begin{bmatrix} 0.094\,53 \\ -0.305\,83 \\ 0.079\,95 \\ -0.362\,70 \end{bmatrix}
$$

对 δ 进行修正，得到第一次迭代后的各节点电压相位角：

$$\boldsymbol{\delta}^{(1)}=\boldsymbol{\delta}^{(0)}-\Delta\boldsymbol{\delta}^{(0)}=\begin{bmatrix}-0.094\,53\\0.305\,83\\-0.079\,95\\0.362\,97\end{bmatrix}$$

接着进行 Q-U 迭代。根据 $\boldsymbol{U}^{(0)}$，$\boldsymbol{\delta}^{(1)}$ 求出各节点无功功率误差：

$$\Delta\boldsymbol{Q}^{(0)}=\begin{bmatrix}-1.112\,93\\5.608\,61\\1.412\,29\end{bmatrix}$$

由于 $U_1^{(0)}=U_2^{(0)}=U_3^{(0)}=1.0$，所以修正方程常数项 $(\boldsymbol{U}^{-1}\Delta\boldsymbol{U})^{(0)}=\Delta\boldsymbol{Q}^{(0)}$，解修正方程 $(\boldsymbol{U}^{-1}\Delta\boldsymbol{Q})^{(0)}=\boldsymbol{B}''\Delta\boldsymbol{U}^{(0)}$，得到电压修正量：

$$\Delta\boldsymbol{U}^{(0)}=\begin{bmatrix}0.111\,92\\-0.078\,99\\-0.038\,12\end{bmatrix}$$

修正后的节点电压为

$$\boldsymbol{U}^{(1)}=\boldsymbol{U}^{(0)}-\Delta\boldsymbol{U}^{(0)}=\begin{bmatrix}0.888\,08\\1.078\,99\\1.038\,12\end{bmatrix}$$

这样就完成了第一次迭代计算。

按照以上步骤继续迭代下去，当收敛指标取 $\varepsilon=10^{-5}$ 时，迭代 10 次收敛。迭代过程中各节点电压的变化情况列于表 3.6，最大功率误差和电压误差（修正量）的变化情况见表 3.7。

表 3.6　迭代过程中各节点电压的变化情况

迭代次数	δ_1	U_1	δ_2	U_2	δ_3	U_3	δ_4
1	−0.094 53	0.888 08	0.305 83	1.078 99	−0.079 95	1.038 12	0.362 70
2	−0.075 16	0.869 60	0.314 60	1.078 39	−0.073 34	1.036 92	0.384 73
3	−0.084 63	0.863 51	0.310 04	1.078 03	−0.074 78	1.036 64	0.379 51
4	−0.082 87	0.862 71	0.311 49	1.077 96	−0.074 65	1.036 47	0.381 16
5	−0.083 46	0.862 28	0.311 45	1.077 93	−0.074 73	1.036 43	0.381 08
6	−0.083 37	0.862 20	0.311 58	1.077 92	−0.074 73	1.036 42	0.381 22
7	−0.083 40	0.862 16	0.311 59	1.077 92	−0.074 73	1.036 41	0.381 22
8	−0.083 40	0.862 16	0.311 60	1 077 92	−0.074 73	1.036 4I	0 381 23
9	−0.083 40	0.862 15	0.311 60	1.077 92	−0.074 73	1.036 41	0.381 23
10	−0.083 40	0.862 15	0.311 60	1.077 92	−0.074 73	1.036 41	0.381 24

注：表中相位角为弧度。

表 3.7 最大功率误差和电压误差的变化情况

迭代次数	ΔP_{max}	ΔQ_{max}	$\Delta \delta_{max}$	ΔU_{max}
1	5.000 00	5.608 61	0.362 70	0.111 92
2	0.960 76	0.098 36	0.022 03	0.018 48
3	0.041 29	0.031 48	0.009 47	0.006 09
4	0.011 41	0.003 80	0.001 76	0.000 80
5	0.004 96	0.002 14	0.000 59	0.000 43
6	0.000 50	0.000 37	0.000 13	0.000 08
7	0.000 44	0.000 18	0.000 04	0.000 04
8	0.000 06	0.000 04	0.000 01	0.000 01
9	0.000 04	0.000 02	0.000 003	0.000 003
10	0.000 008	0.000 004	0.000 000	0.000 001

若收敛指标取为 $\varepsilon = 10^{-6}$，则需迭代 12 次。

习 题

3.1 某双回 220 kV 线路长 100 km，单回线参数 $r_1 = 0.13\ \Omega/\text{km}$，$x_1 = 0.421\ \Omega/\text{km}$，$b_1 = 2.7\times10^{-6}$ S/km，线路末端电压 $U_2 = 210$ kV，如图 3.24 所示。

（1）当线路末端负荷为 $\tilde{S}_2 = 40 + \text{j}30$ MV·A 时，求始端电压和始端功率，并画出电压相量图。

（2）当线路空载时，求始端电压和始端功率，并画出电压相量图。

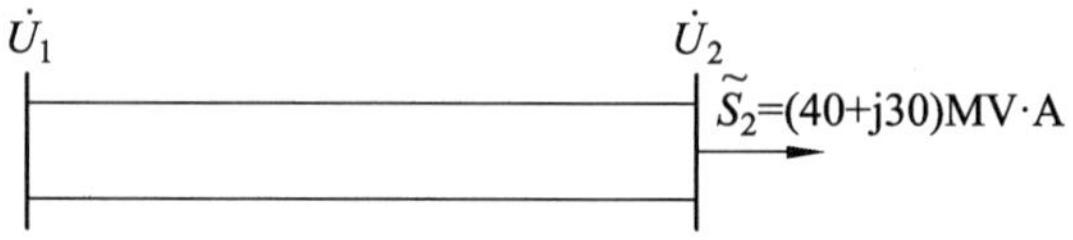

图 3.24 题 3.1 图

3.2 如图 3.25 所示的简单电力系统。图中标出了各线路的阻抗标幺值，线路对地导纳支路略去。

（1）试建立节点导纳矩阵。

（2）当切除线路 1-2 时，节点导纳矩阵如何修改？

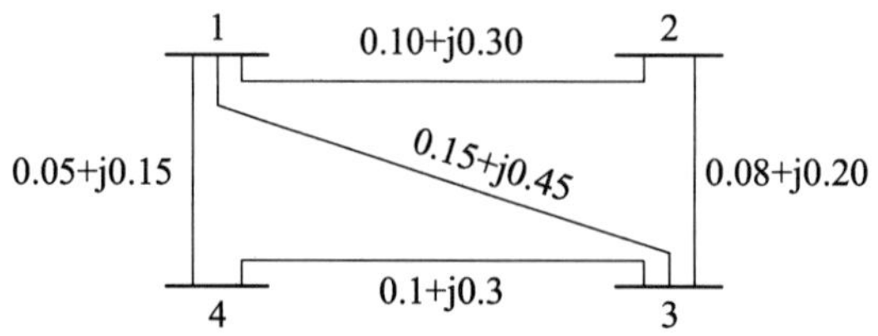

图 3.25 题 3.2 图

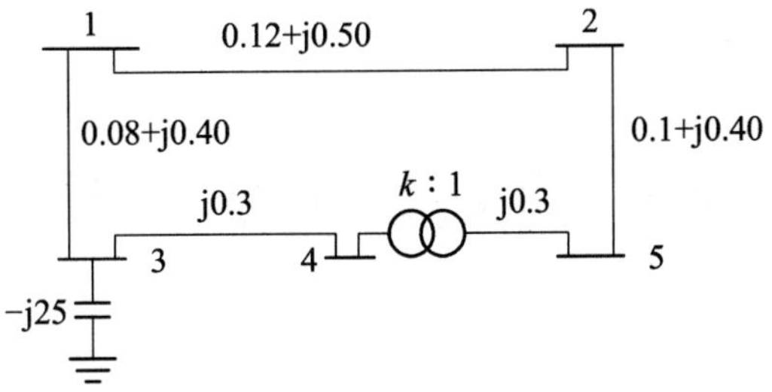

图 3.26　题 3.3 图

3.3　如图 3.26 所示电力系统，各支路阻抗标幺值标示在图中。试求：

（1）变压器非标准变比为 $k_* = 1.0$ 时，节点导纳矩阵。

（2）变压器非标准变比为 $k_* = 1.1$ 时，节点导纳矩阵。

3.4　如图 3.27 所示为一电力系统，图中参数均为标幺值，试用牛顿-拉夫逊法计算第一次迭代后的修正方程式。

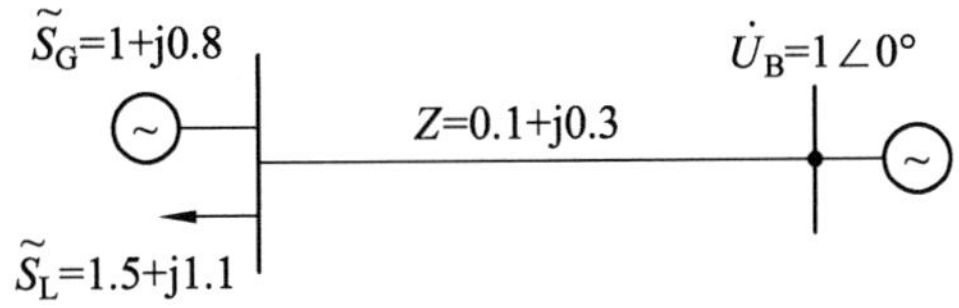

图 3.27　题 3.4 图

3.5 如图 3.28 所示的网络，已知各线路串联阻抗标幺值为 $0.02 + j0.08$，并联导纳支路标幺值为 j0.02。各节点负荷功率标幺值为 $\tilde{S}_{L1} = 2 + j1$，$\tilde{S}_{L2} = 0 + j0$，$\tilde{S}_{L3} = 1.5 + j0.6$。节点 1 为平衡点，给定电压 $\dot{U}_1 = 1.0 + j0$，$\tilde{S}_{G1}$ 待定；节点 2 为 PQ 节点，$\tilde{S}_{G2} = 0.5 + j1.0$。

（1）当节点 3 为 PQ 节点、$\tilde{S}_{G3} = 0 + j1$ 时，用牛顿-拉夫逊法求此电力系统一次迭代后的潮流分布。

（2）当节点 3 为 PV 节点、$P_{G3} = 0$、$U_3 = 1.0$ 时，用牛顿-拉夫逊法求此电力系统一次迭代后的潮流分布。

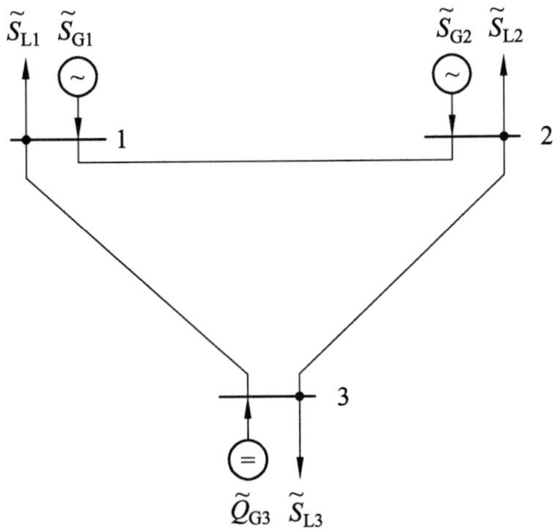

图 3.28　题 3.5 图

第4章 电力系统的有功功率平衡和频率调整

电力系统正常稳态运行方式是，指在一定的接线方式和设备参数下，各原动机输入的机械功率和发电机输出的电磁功率恒定且平衡，发电机的转速及相应的频率恒定；系统中各节点功率、电压恒定。然而系统总是不断存在各种扰动，例如负荷波动。在这种扰动作用下，系统状态将发生变化，即引起系统频率和各点电压变化。为了保证合格的频率质量，必须调整原动机输入的机械功率，使之与负荷的有功功率平衡；为了保证合格的电压质量，必须调整包括发电机在内的无功电源的无功功率，使之与负荷的无功功率平衡。在上述的调整和控制中，还要考虑各电气设备和系统的安全运行条件和经济运行条件，从而保证电力系统安全、优质、经济运行。

4.1 电力系统的有功功率平衡

4.1.1 频率调整的必要性

频率是衡量电力系统电能质量的一个重要指标。在稳态运行情况下，系统所有发电机保持同一转速同步运行，全系统频率为同一频率。

电力系统的频率与有功功率密切相关。当系统有功功率负荷发生变化，打破系统有功功率平衡时，将引起系统频率的变化。如不及时进行频率的调整与控制，可能出现频率大范围内的变化，对用户和电力系统本身都会带来极大的危害。

对用户来说，由于电动机的转速与系统频率近似成正比，因此频率的变化将引起电动机转速的变化，从而使得由这些电动机驱动的纺织、造纸等机械的产品质量受到影响甚至出现残、次品。而且，频率的降低将使一些工厂的产量减少。特别是现代工业、国防和科学技术都广泛使用电子设备，系统频率不稳定将影响它们的正常工作，当频率过低时甚至无法运行。

频率变化对发电机组和电力系统本身的影响更为重要。当频率下降时，汽轮机叶片的振动将增大，从而影响其使用寿命甚至产生裂纹。当频率低到 45 Hz 附近时，一些汽轮机的叶片可能因发生共振而断裂，造成重大事故。在火力发电厂中，送风机、引风机、给水泵、循环水泵和磨煤机等厂用设备会由于电动机的转速下降而使它们的机械出力减少，引起锅炉和汽轮机出力的降低，从而可能使频率继续下降而产生恶性循环。特别是当频率降低到 47 Hz 以下时，上述恶性循环发展得十分激烈，可能在几分钟内使系统频率下降到不能允许的程度，这种现象称为频率崩溃，将造成大面积停电，甚至使整个系统瓦解。在核电厂中，反应堆的冷却介质泵对于频率的要求比较严格，当频率降到一定程度时，冷却介质泵将自动跳开，使反应堆停止运行。此外，频率下降将引起系统无功功率增大，从而造成系统电压水平的下降。

为了保持系统频率以减少频率变化造成的影响和危害，在负荷变化的同时，必须自动调节发电机发出的有功功率，使系统的频率保持在（50 ± 0.2）Hz 范围内，而在采用频率自动调整装置的情况下，频率的误差应为 0.05~0.15 Hz。而且，为了防止频率崩溃的发生，在系统中必须设置自动低频减负荷装置（简称低频减载装置），当频率降低到一定程度时，按频率的高低自动分级切除部分负荷，使系统频率尽快恢复到 49.5 Hz 以上。

4.1.2 电力系统有功功率平衡和备用容量

如前所述，电力系统的频率与有功功率密切相关。实现电力系统在额定频率下的有功功率平衡，并留有必要的备用容量，是保证频率质量的前提。

1. 有功功率平衡和备用容量

电力系统中的有功功率电源是各类发电厂的发电机。在电力系统运行中，所有有功功率电源发出的功率必须与电力系统的发电负荷相平衡，即

$$\Sigma P_{G} = \Sigma P_{L} = \Sigma P_{LD} + \Sigma P_{S} + \Sigma P_{C} \tag{4.1}$$

式中：ΣP_{G} 为电力系统中，在任何时候所有发电厂发出的有功功率的总和，ΣP_{LD} 为所有用户的有功功率、ΣP_{S} 为所有发电厂厂用电有功负荷，ΣP_{C} 为网络的有功损耗。

电力系统中发电机组额定容量的总和，称为电力系统的装机容量。由于各发电设备并不都是按额定容量运行的，所以系统调度部门必须随时准确掌握可投入的各发电设备的可发功率，即系统电源容量。为保证电力系统运行的可靠性和具有良好的电能质量，系统电源容量应大于发电负荷，大于的部分称为备用容量。

备用容量按发电设备的运行状态可分为热备用和冷备用。热备用是运行中的备用，冷备用是未运转的备用。

备用容量按发电设备的用途分为负荷备用、事故备用、检修备用和国民经济备用。负荷备用是为调整系统中短时负荷波动并担负计划外的负荷增加而设置的备用，一般取总负荷的 2%~5%；事故备用是使电力用户在发电设备发生偶然性事故时不受严重影响、维持系统正常供电所需的备用，一般取系统最大负荷的 5%~10%，且应大于系统最大机组容量；检修备用是为使系统中的发电设备能定期检修而设置的备用；国民经济备用是计及负荷的超计划增长而设置的备用。

四种备用以热备用和冷备用的形式存在于系统中。其中负荷备用和一部分事故备用须为热备用，其余备用视需要确定为热备用或冷备用。

2. 有功功率负荷的变动及其调整

电力系统的有功功率负荷时刻都在不规律的变化，如图 4.1 所示。电力系统的总负荷根据变化规律可分为以下三种：第一种是变化幅度很小、变化周期很短的负荷，负荷变化有很大的偶然性；第二种是变化幅度较大、变化周期较长的负荷，如轨道交通牵引负荷、电炉、压延机械等；第三种是变化幅度很大、变化周期很长的负荷，如由生产、生活和气象变化等引起的负荷变动等。

由第一种负荷变化引起的频率偏移将由发电机组调速系统的调速器进行调整，称为频率的一次调整；第二种负荷变化引起的频率偏移将由发电机组调速系统的调频器进行调整，称

为频率的二次调整；第三种负荷变化引起的频率偏移将在有功功率平衡的基础上，由各发电设备按最优（经济）分配原则进行有功功率的分配，称为频率的三次调整。

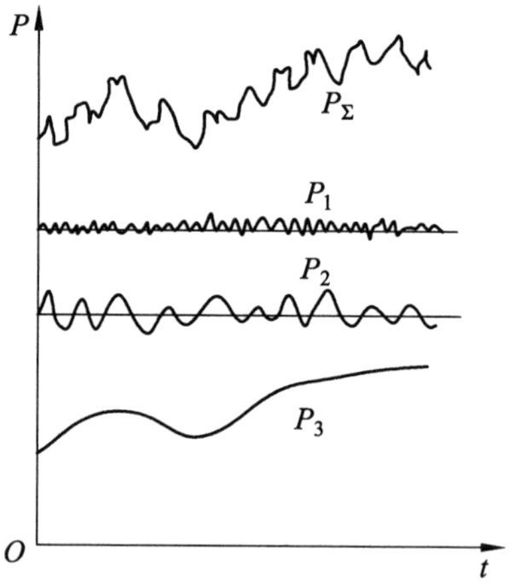

图 4.1　有功功率负荷变动

4.2　电力系统频率调整

4.2.1　电力系统的频率特性

电力系统处于稳态运行时，系统有功功率随频率变化的特性，称为电力系统的有功功率频率静态特性。它可以分为负荷的有功功率-频率静态特性和发电机组（电源）的有功功率-频率静态特性，简称功-频静特性。负荷和发电机组的功率-频率静态特性可用来分析频率的调整过程和调整结果。

1. 负荷的有功功率–频率静态特性

在电力系统的总有功负荷中，有与频率变化无关的负荷，如照明、整流设备等；有与频率的一次方成正比的负荷，如球磨机、往复式水泵等；有与频率的二次方成正比的负荷，如变压器的涡流损耗；有与频率的三次方成正比的负荷，如通风机、循环水泵等；有与频率的更高次方成正比的负荷，如给水泵等。

整个系统的有功功率负荷与频率的关系可写成

$$P_{LD}=a_0P_{LDN}+a_1P_{LDN}\left(\frac{f}{f_N}\right)+a_2P_{LDN}\left(\frac{f}{f_N}\right)^2+a_3P_{LDN}\left(\frac{f}{f_N}\right)^3+\cdots \qquad (4.2)$$

式中：P_{LD} 是电力系统频率为 f 时，整个系统的有功负荷；P_{LDN} 是电力系统频率为额定值 f_N 时，整个系统的有功负荷；a_i 为上述有功负荷占 P_{LDN} 的百分数。

式（4.2）表明，当电力系统频率降低时，电力系统的有功功率负荷也随之降低；当电力系统频率增大时，电力系统的有功功率负荷也随之增大。

一般情况下，式（4.2）中的多项式写到三次方项即可，因与频率更高次方成正比的有功负荷所占比重非常很小，故可以忽略。当频率变化不大时（45~50 Hz），负荷的有功功率-频率静态特性常用一条直线近似表示，如图 4.2 所示。

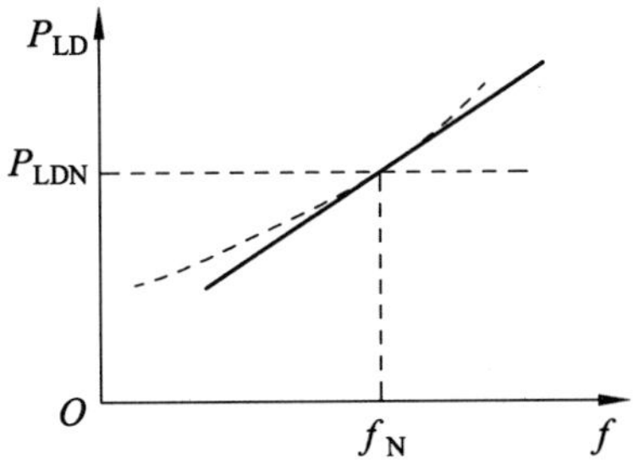

图 4.2　负荷有功功率–频率静态特性曲线

$$\left.\begin{aligned} K_{LD} &= \frac{\Delta P_{LD}}{\Delta f} \quad (\text{MW/Hz}) \\ K_{LD*} &= \frac{\Delta P_{LD}/\Delta f}{P_{LDN}/f_N} = \frac{\Delta P_{LD} f_N}{P_{LDN}\Delta f} = \frac{\Delta P_{LD*}}{\Delta f_*} = K_{LD} f_N / P_{LDN} \end{aligned}\right\} \tag{4.3}$$

式（4.3）中：K_{LD}称为负荷的频率调节效应系数，也称负荷的单位调节功率，以 MW/Hz 为单位，它的标幺值是 K_{LD*}。

K_{LD}（或 K_{LD*}）反映了负荷吸收的有功功率随频率变化的大小。频率下降时，负荷吸收的有功功率自动减小；频率上升时，负荷吸收的有功功率自动增加，即反映了系统负荷对频率的自动调整作用。显然，负荷的这种特性有利于系统的频率稳定。

K_{LD}（或 K_{LD*}）数值是电力系统调度部门必须掌握的一个数据。它完全取决于电力系统负荷的组成，是不可调整的，通常由实测得到，其标幺值一般为 1~3，它表示频率变化 1%时，负荷有功功率相应变化 1%~3%，近似计算可取 $K_{LD*}\approx1.5$。

【例 4.1】某一电力系统，若 $K_{LD*}=1.5$，系统频率为 50 Hz，总有功负荷功率分别为 2000 MW 和 2500 MW（包括网损）时，求 K_{LD}。

解：由式（4.3）可知

$$K_{LD} = K_{LD*}P_{LDN} / f_N = 1.5\times2000/50 = 60(\text{MW/Hz})$$

$$K_{LD} = K_{LD*}P_{LDN} / f_N = 1.5\times2500/50 = 75(\text{MW/Hz})$$

由此可知，K_{LD}的数值与系统的负荷大小有关。在总负荷值不同的情况下，各类负荷组成的比例可能有所不同，但差别不大。因此，对一个系统而言，可以认为 K_{LD}是不变的。

2. 发电机组的有功功率-频率静态特性

负荷是随时间不断变化的，而且具有一定的随机性，系统越小，随机性越明显。发电机组必须时时刻刻跟踪负荷所需要的功率来调整发电机组的出力，这项工作首先是由发电机组原动机的自动调速系统完成的。

1）发电机组自动调速系统

发电机组自动调速系统的种类很多，根据其测量元件的不同，可以分为两大类：机械液压式和电气液压式。二者的主要区别在于测量频率的方法，前者采用离心飞摆等机械装置将转速信号转化为位置信号；后者将测量到的发电机的转速转化为电信号，再通过电气-液压转换器转变为液压信号，从而控制发电机组原动机气门的大小。

这种调速器是一种相当原始的、很直观的机械调速系统，其调节机理与电液调速系统等新型的调速系统基本相同。图 4.3 为汽轮机的离心飞摆式调速器示意图。调速器的飞摆随着发电机主轴所带动的套筒转动，当单机运行的发电机负荷增加时，阻力矩增加使转速下降，飞摆由于离心力减小，在弹簧的作用下向转轴靠拢，套筒由 *A* 下移到 *A″*。此时油动机、错油门未动作，*B* 点不动，则杠杆系统中 *AB* 绕 *B* 点逆时针转动到 *A″B″*位置，在调频器不动的情况下，*D* 点也不动，因而杠杆 *DE* 随 *C* 点下降到 *C′*点时绕 *D* 点顺时针转动到 *DE′*。*E* 点在下移到 *E′*点时，错油门的活塞向下移动，油管 a、b 的小孔开启，压力油经油管 b 进入油动机活塞下部，活塞上部的油经油管 a、错油门上部小孔溢出。在油压作用下，油动机活塞上移，增大了汽轮机的调节气门或水轮机的导向叶片的开度，增加了汽轮机的进汽量或水轮机的进水量，使发电机组的转速上升、频率上升、发电机的输出功率增加。这时，*B* 点随油动机活塞上升至 *B′*点，杠杆 *AB* 绕 *A* 端逆时针转动，将 *C* 点与错油门活塞提升，而 *A* 点也同时由 *A″*回升到 *A′*，油管 a、b 的小孔重新堵住，调速系统使机组稳定在杠杆系统中 *A′CB* 决定的转速上。这时杠杆 *C* 点在原来的位置，*B′*位置比 *B* 高，*A′*位置比 *A* 低，即进汽量或进水量比原来多，机组的转速却比原来低，并没有使转速或频率恢复到原来的数值，说明这个过程是一个有差调节过程。这就是发电机组频率的一次调整过程，也称调速过程，是由调速器自动完成的。

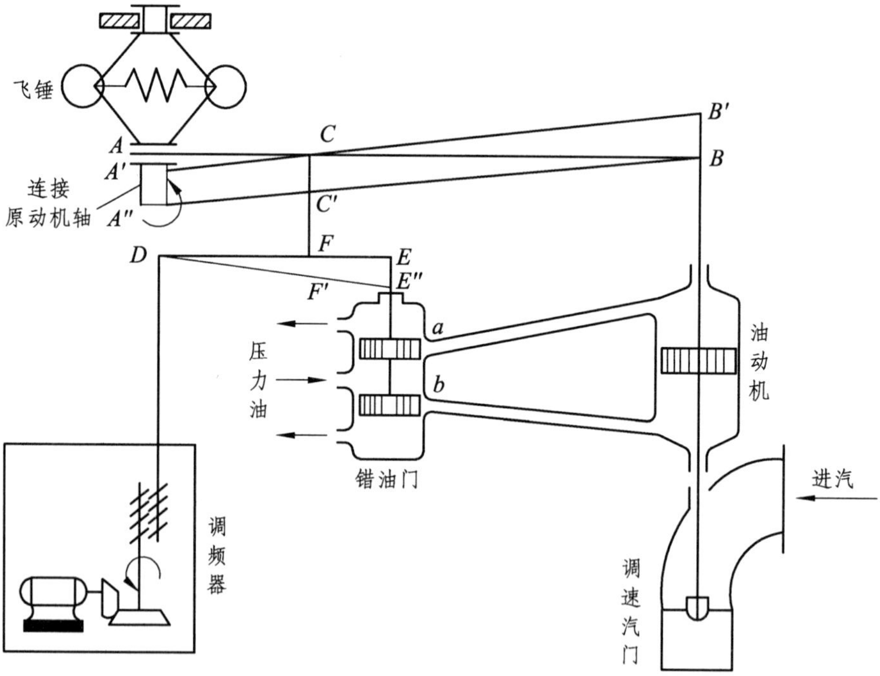

图 4.3　离心飞摆式机械液压调速系统

如果需要在发电机组的负荷增加后仍然维持原来的转速，则要求进行频率的一次调整，这是由调频器进行的。在外界信号控制下，调频器转动涡轮，蜗杆将 *D* 点升高，杠杆 *DE* 绕 *F*

点顺时针转动，错油门再次下移，开启小孔，进一步增加进汽量或进水量，机组转速上升，飞摆使 A'上升，这时杠杆 AB 带动 C、F、E 点上升，再次堵住错油门小孔，再次结束调节过程。如果 D 点位置选择得恰当，则 A 点就完全回到原来的位置，即转速和频率恢复原来的数值。这就是发电机组频率的二次调整过程，也称调频过程或同步过程，是由外界信号使调频器动作来实现的。

电气液压式调速系统分为模拟和数字两种，下面简单介绍功率-频率电气液压调速系统（简称功-频电液调速系统）的基本原理。如图 4.4 所示，功-频电液调速系统由转速测量、功率测量、综合放大器、PID 调节器、电液转换器和油动机等单元组成。由转速测量单元测量机组的转速，并把转速信号转换为电信号（或者数字信号）与设定的转速进行比较，得到频率误差信号；然后由功率测量单元测量功率，同样转化为电信号或数字信号，与设定值比较，得到功率误差信号；再将频率误差信号和功率误差信号进行综合，得到综合误差信号：

$$U_{err} = (P_{set} - P) + K_G(f_{set} - f) \tag{4.4}$$

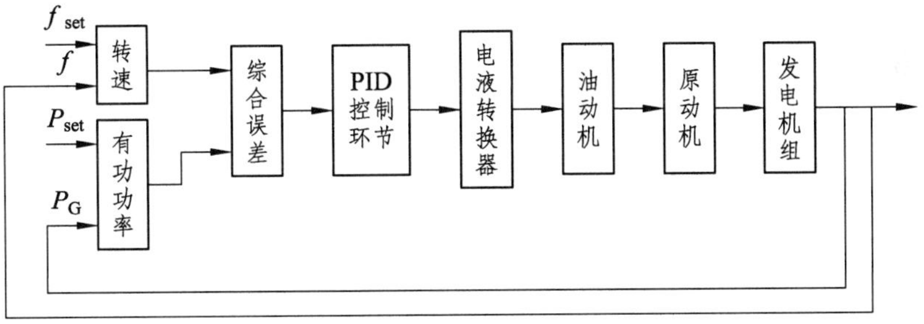

图 4.4　功–频电液调速系统原理图

综合误差信号经过 PID 调节环节，以实现功率偏差和转速偏差之间的稳定的无差控制，所得到的信号经过功率放大后驱动电液转换器，将电信号转换为油压信号，最终使执行机构油动机动作，调整汽轮机的气门。

反馈频率和功率的综合误差，是考虑到发电机组的功率-频率特性必须具有调差特性。如果仅反馈频率误差，经过 PID 控制后，发电机的功频特性将是无差特性，即输出频率恒定。显然，无差特性的同步发电机是无法并网与其他发电机组并列运行的。

2）发电机组的有功功率-频率静态特性

当电力系统负荷发生变化打破发电机组输入的机械功率和输出的电磁功率之间的平衡时，发电机组转速发生变化，发电机调速系统中的调速器动作，改变原动机的进汽（水）量，使发电机的输入、输出功率达到新的平衡，实现转速或频率的调整。所以根据发电机调速系统的调节原理，即负荷增大，发电机出力增加，频率降低；负荷减少，发电机出力减少，频率增加。发电机组的有功功率-频率静态特性可近似表示为一条折线，如图 4.5 所示。

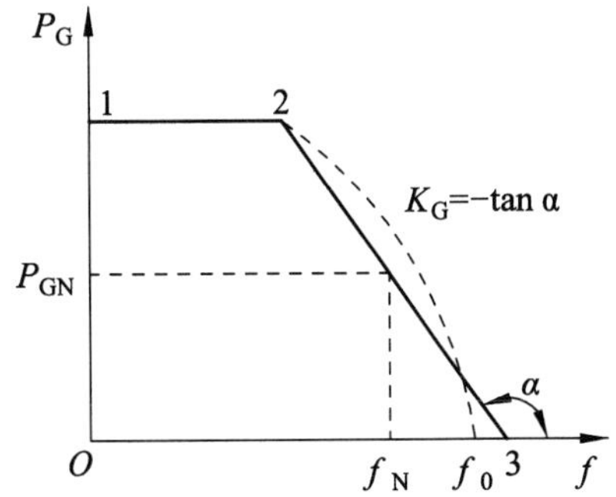

图 4.5　发电机组有功功率–频率静态特性曲线

图 4.5 中，线段 1-2 表示发电机出力已达最大值，调速器不再起作用。图中的斜线部分表示发电机频率的调节过程，其斜率为

$$K_{G}=-\frac{\Delta P_{G}}{\Delta f}=-\tan\alpha\text{（MW/Hz）} \tag{4.5}$$

式中：K_G 称为发电机组的单位调节功率，单位 MW/Hz。

K_G 的标幺值为

$$K_{G*}=-\frac{\Delta P_{G}/\Delta f}{P_{GN}/f_{N}}=-\frac{\Delta P_{G*}}{\Delta f_{*}}=-\frac{\Delta P_{G}f_{N}}{P_{GN}\Delta f}=K_{G}f_{N}/P_{GN} \tag{4.6}$$

发电机的单位调节功率表征电源的频率调节特性，即随着频率的升高或降低，发电机组有功出力减少或增加的多少。

除发电机的单位调节功率外，表征系统电源频率调节特性的参数还有静态调差系数，它定义为以百分数表示的机组空载运行时的频率与额定条件下运行时的频率的差值，即

$$\sigma\%=\frac{f_{0}-f_{N}}{f_{N}}\times100\% \tag{4.7}$$

σ 可定量表明一台发电机组负荷改变时相应的转速偏移。例如，当 σ %=5%时（P_{G*}从 0 到 1），若有功负荷改变 1%，频率变化 0.05%；若有功负荷改变 20%，频率变化 1%（0.5 Hz）。

调差系数表明发电机由空载运行到额定运行时频率偏移的大小，它与发电机的单位调节功率满足倒数关系。

$$\sigma=\frac{1}{K_{G}}=-\frac{\Delta f}{\Delta P_{G}}=-\frac{f_{N}-f_{0}}{P_{GN}-0}=\frac{f_{0}-f_{N}}{P_{GN}} \tag{4.8}$$

$$\sigma\%=\frac{1}{K_{G*}}\times100 \tag{4.9}$$

K_G 是并联机组进行负荷分配的重要依据，它与负荷的频率调节效应系数不同的是，一般来说发电机的单位调节功率是可以整定的。调差系数的大小对频率偏移的影响很大，调差系数越小（即单位调节功率越大），频率偏移也就越小。但受发电机组结构限制，调差系数的调整范围是有限的，通常取如下数值：

汽轮发电机组：$\sigma\%=3\%\sim5\%$ 或 K_{G*}=33.3~20；

水轮发电机组 $\sigma\%=2\%\sim4\%$ 或 K_{G*}=50~25。

在负荷和发电机的单位调节功率的推导公式中，始终取功率的增大和频率的上升为正，所以式（4.5）中的负号表示随着频率的上升（下降），发电机有功出力是降低（增大）的，也即发电机的单位调节功率是正值。

3）电力系统的有功功率-频率静态特性

当电力系统负荷发生变化引起频率变化时，频率的调整是由负荷和发电机组两者的调节效应共同承担的，其调整过程正是频率的一次调整。图 4.6 示出了电力系统的有功功率-频率静态特性（以一个负荷和一台发电机为例）。

图中原始运行点为 A 点，即当系统负荷为 P_1 时，负荷的功-频静特性为 $P_{LD}(f)$，与发电机的功-频静特性 $P_G(f)$ 相交于 A 点，此时系统频率为 f_1。当系统负荷增加 ΔP_{LD0} 时，负荷的功-频静特性由 $P_{LD}(f)$ 跃变为 $P'_{LD}(f)$。这时，一方面发电机组的输入输出功率平衡被打破，转速变化引起频率下降，调速器动作，发电机出力增加 ΔP_G；另一方面，由于转速变化引起频率下降，又使负荷所需的有功功率按自身的调节效应减少 ΔP_{LD}。$P'_{LD}(f)$ 与 $P_G(f)$ 重新相交于 B 点，即在发电机和负荷调节效应的共同作用下，运行点由 A 移至 B,运行频率由 f_1 下降至 f_2，即有

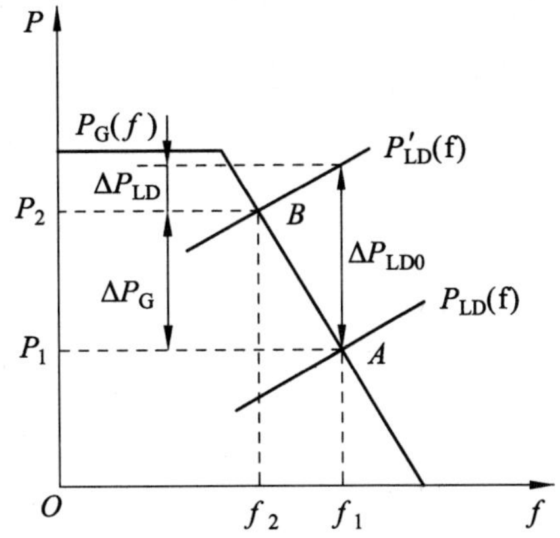

图 4.6　电力系统有功功率-频率静态特性曲线

$$\Delta P_{LD0} = \Delta P_G - \Delta P_{LD} = -(K_G + K_{LD})\Delta f = -K\Delta f \tag{4.10}$$

$$K = K_G + K_{LD} = -\frac{\Delta P_{LD0}}{\Delta f}\ (\text{MW/Hz}) \tag{4.11}$$

式中：K 称为电力系统的单位调节功率。

K 的标幺值为

$$K_{G*}\frac{P_{GN}}{f_N} + K_{LD*}\frac{P_{LDN}}{f_N} = -\frac{\Delta P_{LD0}}{\Delta f} \tag{4.12}$$

$$K_{G*}\frac{P_{GN}}{P_{LDN}} + K_{LD*} = -\frac{\Delta P_{LD0}/P_{LDN}}{\Delta f/f_N} = -\frac{\Delta P_{LD0*}}{\Delta f_*} \tag{4.13}$$

$$K_* = K_r K_{G*} + K_{LD*} = -\frac{\Delta P_{LD0*}}{\Delta f_*} \tag{4.14}$$

式中：$K_r = \dfrac{P_{GN}}{P_{LDN}}$ 称为备用系数，表示发电机组额定容量与系统在额定频率时的总有功负荷之比，正常情况下，系统总有一定的备用容量，故 $K_r > 1$。

电力系统的单位调节功率表征系统的频率调节特性，即系统负荷增加或减少时，在发电机和负荷调节效应的共同作用下系统频率下降或上升的多少。

系统的单位调节功率 K 的调整，只能通过调整发电机的单位调节功率 K_G 实现。K_G 越大，K 越大，由负荷增减引起的频率变化越小，系统频率也就越稳定。但当发电机满载（即 K_G=0）时，$K_* = K_{LD*}$，即负荷增加时其增量只能靠负荷本身的调节效应承担，而 K_{LD*}的数值很小，所以负荷增加引起的频率下降非常严重。这就要求发电机出力不仅应满足额定频率下系统对有功功率的要求，而且应设有一定的备用容量。

4.2.2 电力系统的频率调整

1. 频率的一次调整

频率的一次调整正如图 4.6 所示电力系统有功功率-频率静态特性反映的调节过程，即负荷的增量 ΔP_{LD0} 是由调速器作用使发电机有功出力增加和负荷功率随频率的下降而自动减少两个方面共同调节来平衡的。一次调整的调节特性方程式即式（4.10）。当有 n 台装有调速器的机组并联运行时，等效发电机组的单位调节功率为

$$K_{G\Sigma}=\sum_{i=1}^{n}K_{Gi} \tag{4.15}$$

一次调整的调节特性方程变为

$$\Delta P_{LD0}=\Delta P_G-\Delta P_{LD}=-(K_{G\Sigma}+K_{LD})\Delta f=-K\Delta f \tag{4.16}$$

需要注意的是，式（4.15）中的 n 台机组均未满载，一旦某台机组 i 已满载运行，应取 $K_{Gi}=0$。由此也可见，参加并联的未满载机组越多，系统的单位调节功率 K 越大。

由调节特性方程可知，对一定的负荷变化量 ΔP_{LD0}，系统的单位调节功率 K 越大，频率变化 Δf 越小，系统频率就越稳定。但受调速机构稳定性的影响，发电机的单位调节功率不可整定得过大（或调差系数整定得过小）。假设调差系数整定为零，这时，虽然负荷的变动不会引起频率的变动，似乎可确保频率恒定，但这样将会导致负荷变化量在各发电机组间的分配无法固定，从而引发各发电机组的调速系统不能稳定工作的问题。

具有一次调整的各机组间负荷的分配，按其单位调节功率或调差系数自然分配，即各机组承担的功率增量为

$$\Delta P_{Gi}=-K_{Gi}\Delta f=-\frac{1}{\sigma}\times\frac{P_{GN}}{f_N}\Delta f \tag{4.17}$$

调差系数越小的机组承担的有功出力变化（相对于本身的额定容量）就越多，增加的数量与机组本身的额定功率有关。

从上面的分析可知，频率的一次调整是有差调整，即调整后的频率不可能回到原来的值，因此频率的一次调整只能适应负荷变化幅度小、周期短的不规则变化情况。

【例 4.2】某电力系统中，一半机组的容量已经完全利用；占总容量 1/4 的火电厂尚有 10%备用容量，其单位调节功率为 16.6；占总容量 1/4 的火电厂尚有 20%备用容量，其单位调节功率为 25；系统有功负荷的频率调节效应系数 $K_{LD*}=1.5$。试求：（1）系统的单位调节功率；（2）负荷功率增加 5%时的稳态频率 f；（3）如频率容许降低 0.2 Hz，系统能够承担的负荷增量。

解：（1）计算系统的单位调节功率。

令系统中发电机的总额定容量等于 1，利用公式 $K_{G*}=\dfrac{\sum_{i=1}^{n}K_{Gi*}P_{GiN}}{P_{GN}}$，可算出全部发电机组的等值单位调节功率：

$$K_{G*}=0.5\times0+0.25\times16.6+0.25\times25=10.4$$

系统负荷功率：$P_{LD}=0.5+0.25\times(1-0.1)+0.25\times(1-0.2)=0.925$

系统备用系数：$K_r=1/0.925=1.081$

于是：$K_*=K_rK_{G*}+K_{D*}=1.081\times10.4+1.5=12.742$

（2）系统负荷增加 5%时的频率偏移为

$$\Delta f_*=-\frac{\Delta P_*}{K_*}=-\frac{0.05}{12.742}=-3.924\times10^{-3}$$

一次调整后的稳态频率为

$$f=50-0.003\,924\times50\ \text{Hz}=49.804\ \text{Hz}$$

（3）频率降低 0.2 Hz，即 $\Delta f_*=-0.004$，系统能够承担的负荷增量为

$$\Delta P_*=-K_*\Delta f_*=-12.742\times(-0.004)=5.097\times10^{-2}$$

$$\Delta P=5.097\%$$

2. 频率的二次调整

对于负荷变化幅度较大、周期较长的情况，仅靠一次调整不一定能保证频率偏移在允许的范围内。此时需由发电机调速系统的调频器动作进行频率的二次调整。

频率的二次调整是当负荷变化引起频率变化时，通过调频器的动作，使发电机组的功-频静特性平行移动，从而改变发电机的有功出力，以保持系统频率不变或在允许范围内。负荷增加使频率降低，调频器动作（自动或手动）增大原动机的进汽（水）量，发电机有功出力增加，使频率增加；反之，如果负荷降低使频率升高，调频器动作减少进汽（水）量，使频率降低。频率的二次调整过程如图 4.7 所示。

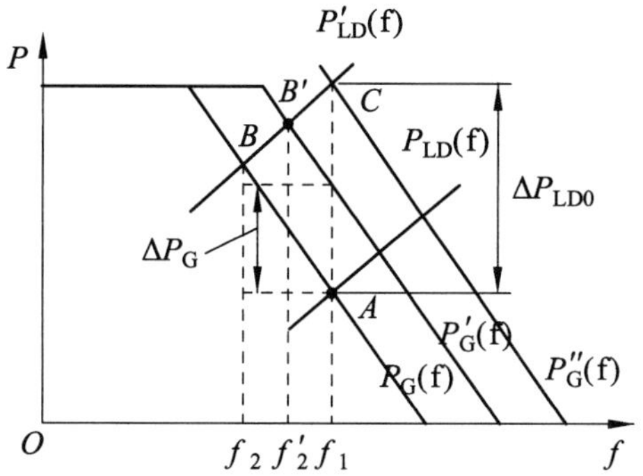

图 4.7 频率的二次调整

系统的原始运行点为 A 点，系统频率为 f_1。系统负荷增加 ΔP_{LD0} 后，仅有一次调整时运行点到 B 点，系统频率为 f_2。在发电机调速系统的调频器作用下，发电机的有功-频率静特性平移至 $P'_G(f)$，运行点随之移至 B'点，系统频率为 f'_2。其频率调节特性方程为

$$\Delta P_{LD0}-\Delta P_G=-(K_G+K_{LD})\Delta f$$

由上式可见，负荷的增量 ΔP_{LD0} 由三部分承担：一部分是二次调整的发电机组增发的功率

ΔP_G；一部分是一次调整的发电机组增发的功率 $-K_G\Delta f$；一部分是负荷的调节效应所减少的负荷功率 $K_{LD}\Delta f$。而且由于二次调整发电机组增发了功率，在相同负荷变化下，系统的频率偏移变小了。如果二次调整使发电机组增发的功率全部承担了负荷增量[如图 4.7 中 $P''_G(f)$]，即 $\Delta P_{LD0}=\Delta P_G$，则 $\Delta f=0$，即实现了系统频率的无差调节。

由此可见，二次调整既可实现频率的有差调节，又可实现频率的无差调节。但二次调整并不能改变系统的单位调节功率的数值。在多台均装配调速器的机组并联运行的系统中，当负荷变化时，只要机组没有满载，则均参加频率的一次调整；而频率的二次调整一般只由一台（一个）或少数几台（n 个）发电机组（发电厂）承担。

3. 互联系统的频率调整

随着电力系统规模的不断扩大，跨省的电力系统间的互联，形成大型互联电力系统。对由若干地区系统组成的联合电力系统，如果某一分系统因负荷变化进行频率调整时，将会伴随着与其他系统交换功率的变化，此时不仅需要控制系统频率使其偏差更小，而且需要控制系统联络线上的交换功率，使其按照事先约定的协议执行。适应这一要求的控制称为频率和联络线控制，也称负荷频率控制。

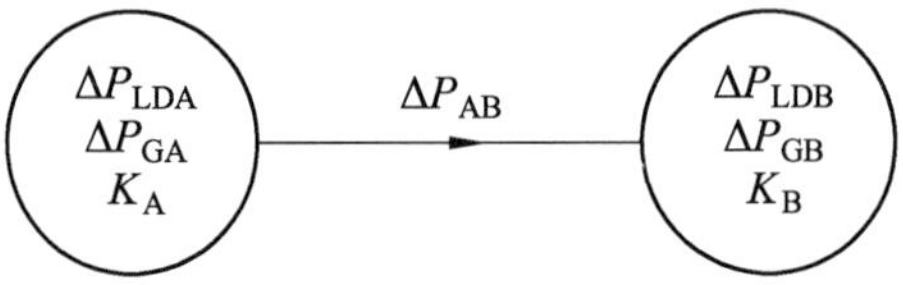

图 4.8 联合电力系统调整

图 4.8 示出了由 A、B 两系统组成的互联系统。图中 ΔP_{LDA}、ΔP_{LDB} 分为 A、B 两系统的负荷增量，ΔP_{GA}、ΔP_{GB} 为 A、B 两系统二次调整增发的功率，K_A、K_B 为 A、B 两系统的单位调节功率，ΔP_{AB} 为 A、B 两系统联络线上交换的功率。在图中的参考方向下（由 A 流向 B 时为正值），对 A 系统而言，ΔP_{AB} 相当于负荷，对 B 系统而言，ΔP_{AB} 相当于电源。根据二次调整特性方程，有

$$\Delta P_{LDA}+\Delta P_{AB}-\Delta P_{GA}=-K_A\Delta f_A \tag{4.18}$$

$$\Delta P_{LDB}-\Delta P_{AB}-\Delta P_{GB}=-K_B\Delta f_B \tag{4.19}$$

两系统负荷变化引起的频率偏移应相同，即 $\Delta f_A=\Delta f_B=\Delta f$。联立求解以上两个方程，可得

$$\begin{aligned}\Delta f&=-\frac{(\Delta P_{LDA}+\Delta P_{LDB})-(\Delta P_{GA}+\Delta P_{GB})}{K_A+K_B}=-\frac{\Delta P_{LD}+\Delta P_G}{K}\\&=-\frac{(\Delta P_{LDA}-\Delta P_{GA})-(\Delta P_{LDB}-\Delta P_{GB})}{K_A+K_B}=-\frac{\Delta P_A-\Delta P_B}{K}\end{aligned} \tag{4.20}$$

$$\Delta P_{AB}=\frac{K_A(\Delta P_{LDB}-\Delta P_{GB})-K_B(\Delta P_{LDA}-\Delta P_{GA})}{K_A+K_B}=\frac{K_A\Delta P_B-K_B\Delta P_A}{K_A+K_B} \tag{4.21}$$

式中：ΔP_A、ΔP_B 分别称为 A、B 两系统的功率缺额。

对两个互联系统的频率调整作以下几点讨论：

（1）从式（4.21）可知，若 B 系统的功率缺额完全由 A 系统增发的功率所抵偿，即 $\Delta P_A=-\Delta P_B$ 或互联系统增发功率的总和与负荷增量的总和相平衡，即 $\Delta P_{LDA}+\Delta P_{LDB}=\Delta P_{GA}+\Delta P_{GB}$，则可实现无差调节，即 $\Delta f=0$，否则将出现频率偏移。

（2）当 A、B 两系统都进行二次调整，且两系统满足条件 $\dfrac{\Delta P_A}{K_A}=\dfrac{\Delta P_B}{K_B}$，联络线上的交换功率 $\Delta P_{AB}=0$，其值达最小。

（3）当 A、B 两系统中任一系统（如系统 B）不参加二次调整，即 $\Delta P_{GB}=0$，且两系统的负荷增量全部由 A 系统的二次调整承担，即 $\Delta P_{LDA}+\Delta P_{LDB}-\Delta P_{GA}=0$，此时联络线的交换功率达到最大值，即 $\Delta P_{AB}=\Delta P_{LDB}$。

【例 4.3】两系统由联络线连接为互联系统。正常运行时，联络线上没有交换功率流通。两系统的容量分别为 1500 MW 和 1000 MW，各自的单位调节功率（分别以两系统容量为基准的标幺值）示于图 4.8。设 A 系统负荷增加 100 MW，试计算下列情况的频率变化增量和联络线上流过的交换功率。

（1）A、B 两系统机组都参加一次调频。

（2）A、B 两系统机组都不参加一次调频。

（3）B 系统机组不参加一次调频。

（4）A 系统机组不参加一次调频。

解：将以标幺值表示的单位调节功率折算为有名值

$$K_{GA}=K_{GA*}P_{GAN}/f_N=25\times1500/50=750\text{（MW/Hz）}$$

$$K_{GB}=K_{GB*}P_{GBN}/f_N=20\times1000/50=400\text{（MW/Hz）}$$

$$K_{LDA}=K_{LDA*}P_{GAN}/f_N=1.5\times1500/50=45\text{（MW/Hz）}$$

$$K_{LDB}=K_{LDB*}P_{GBN}/f_N=1.3\times1000/50=26\text{（MW/Hz）}$$

（1）两系统机组都参加一次调频，即

$$\Delta P_{GA}=\Delta P_{GB}=\Delta P_{LDB}=0,\quad \Delta P_{LDA}=100\text{ MW}$$

$$K_A=K_{GA}+K_{LDA}=795\text{ MW/Hz},\quad K_B=K_{GB}+K_{LDB}=426\text{ MW/Hz}$$

$$\Delta P_A=\Delta P_{LDA}-\Delta P_{GA}=100\text{ MW},\quad \Delta P_B=\Delta P_{DB}-\Delta P_{GB}=0$$

此时：

$$\Delta f=-\frac{\Delta P_A+\Delta P_B}{K_A+K_B}=-\frac{100}{795+426}=-0.0819\text{（Hz）}$$

$$\Delta P_{AB}=\frac{K_A\Delta P_B-K_B\Delta P_A}{K_A+K_B}=\frac{-426\times100}{795+426}=-34.889\text{（MW）}$$

这种情况正常，频率下降得不多，通过联络线由 B 向 A 输送的功率也不大。

（2）两系统机组都不参加一次调频，即

$$\Delta P_{GA}=\Delta P_{GB}=\Delta P_{LDB}=0,\Delta P_{LDA}=100\ \text{MW}$$

$$K_A=K_{GA}+K_{LDA}=45\ \text{MW/Hz},K_B=K_{GB}+K_{LDB}=26\ \text{MW/Hz}$$

$$\Delta P_A=100\ \text{MW}，\Delta P_B=0$$

此时：
$$\Delta f=-\frac{\Delta P_A+\Delta P_B}{K_A+K_B}=-\frac{100}{45+26}=-1.408\,5\text{（Hz）}$$

$$\Delta P_{AB}=\frac{K_A\Delta P_B-K_B\Delta P_A}{K_A+K_B}=-\frac{26\times100}{45+26}=-36.620\text{（MW）}$$

这种情况最严重，发生在 A、B 两系统的机组都已满载，调速器已无法调整，只能依靠负荷本身的调节效应。这时，系统频率质量不能保证。

（3）B 系统机组不参加一次调频，即

$$\Delta P_{GA}=\Delta P_{GB}=\Delta P_{LDB}=0,\ \Delta P_{LDA}=100\ \text{MW}$$

$$K_{GA}=750\ \text{MW/Hz},K_{GB}=0$$

$$K_A=K_{GA}+K_{LDA}=795\ \text{MW/Hz}，K_B=K_{GB}+K_{LDB}=26\ \text{MW/Hz}$$

$$\Delta P_A=100\ \text{MW}，\Delta P_B=0$$

此时：
$$\Delta f=-\frac{\Delta P_A+\Delta P_B}{K_A+K_B}=-\frac{100}{795+26}=-0.121\,8\text{（Hz）}$$

$$\Delta P_{AB}=\frac{K_A\Delta P_B-K_B\Delta P_A}{K_A+K_B}=-\frac{26\times100}{795+26}=-3.167\text{（MW）}$$

这种情况说明，由于 B 系统机组不参加调频，A 系统的功率缺额主要由该系统本身机组的调速器进行一次调频加以补充。B 系统所能供应的，实际上只是由于互联系统频率下降时负荷略有减少而使该系统略有富余的 3.16 MW。其实，A 系统增加的 100 MW 负荷，是被三方面分担了。其中，A 系统发电机组一次调频增发 $0.121\,8\times750=91.350$（MW）；A 系统负荷因频率下降减少 $0.121\,8\times45=5.481$（MW）；B 系统负荷因频率下降减少 $0.121\,8\times26=3.167$（MW）。

（4）A 系统机组不参加一次调频，即

$$\Delta P_{GA}=\Delta P_{GB}=\Delta P_{LDB}=0，\Delta P_{LDA}=100\ \text{MW}$$

$$K_{GA}=0，K_{GB}=400\ \text{MW/Hz},$$

$$K_A = K_{LDA} = 45\ \text{MW/Hz},\quad K_B = K_{GB} + K_{LDB} = 426\ \text{MW/Hz}$$

$$\Delta P_A = 100\ \text{MW},\quad \Delta P_B = 0$$

此时：

$$\Delta f = -\frac{\Delta P_A + \Delta P_B}{K_A + K_B} = -\frac{100}{45+426} = -0.2123\ (\text{Hz})$$

$$\Delta P_{AB} = \frac{K_A \Delta P_B - K_B \Delta P_A}{K_A + K_B} = -\frac{426 \times 100}{45+426} = -90.446\ (\text{MW})$$

这种情况说明，由于 A 系统机组不参加调频，该系统的功率缺额主要由 B 系统供应，以致联络线上流过大量交换功率，甚至超过其极限。

比较以上几种情况，自然会提出，在一个庞大的电力系统中可采用分区调整，即局部的功率盈亏就地调整平衡的方案。因为这样做既可以保证频率质量，又不至过分加重联络线的负担。

4. 主调频厂的选择

全系统有调整频率能力的发电机组都参与频率的一次调整，但只有少数发电厂（机组）承担频率的二次调整。按照是否承担二次调整，可将电厂分为主调频厂、辅助调频厂、非调频厂三类。其中，主调频厂（一般是 1~2 个电厂）负责全系统的频率的二次调整；辅助调频厂只在系统频率超过某一规定的偏移范围时才参与频率调整，这样的电厂一般也只有少数几个；非调频厂在系统正常运行情况下，则按预先给定的负荷曲线发电。

在选择主调频（机组）时，主要应考虑：

（1）应拥有足够的调整容量及调整范围；

（2）调频机组具有与负荷变化速度相适应的调整速度；

（3）调整出力时应符合安全及经济的原则。此外，还应考虑由于调频引起的联络线上功率的波动，以及网络中某些中枢点的电压波动是否超出允许范围。

水轮机组具有较宽的出力调整范围，一般可达额定容量的 50%，负荷的增长速度也较快，一般在 1 min 以内即可从空载过渡到满载状态，而且操作方便、安全。

火力发电厂的锅炉和汽轮机都受到允许的最小技术负荷的限制，其中锅炉为 25%（中温中压）至 70%（高温高压）的额定容量，汽轮机为 10%~15%的额定容量。因此，火力发电厂的出力调整范围不大；而且发电机组的负荷增减速度也受汽轮机各部分热膨胀的限制，不能过快，在 50%~100%额定负荷范围内，每分钟仅能上升 2%~5%。所以，从出力调整范围和调整速度来看，水电厂最适宜承担调频任务。但是在安排各类电厂的负荷时，还应考虑整个电力系统运行的经济性。在枯水季节，宜选水电厂作为主调频厂，火电厂中效率较低的机组则承担辅助调频的任务；在丰水季节，水电厂宜带稳定的负荷，而由效率不高的中温中压凝汽式火电厂承担调频任务。

4.3 电力系统有功功率的最优分配

电力系统中有功功率合理分配的目标，是在满足一定负荷持续供电的前提下，使电能在生产的过程中消耗的能源最少。而系统中各类发电机组的经济特性并不相同，所以就存在着有功功率在各个电厂间的经济分配问题。

4.3.1 发电机的耗量特性

发电机的耗量特性是反映发电设备单位时间内消耗的能源与发出有功功率的关系，如图 4.9 所示。图中纵坐标表示单位时间内消耗的燃料 F（标准煤，单位为 t/h），或表示单位时间内消耗的水量 W（单位为 m^3/s）；横坐标表示发电功率 P（单位为 kW 或 MW）。

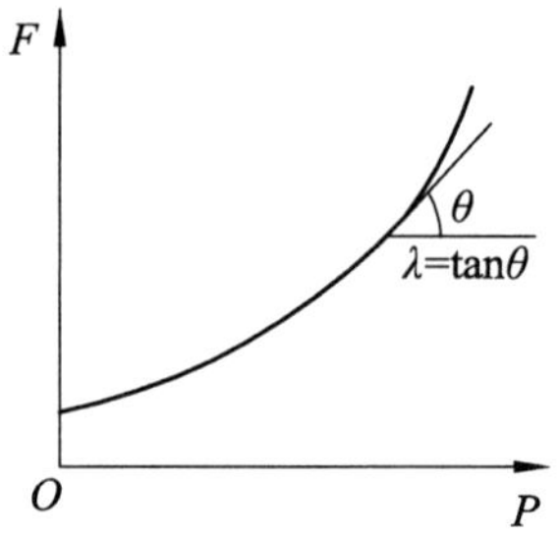

图 4.9 耗量特性曲线

耗量特性曲线上某一点纵坐标与横坐标的比值称为比耗量 μ， $\mu = \tan\alpha$，其倒数则为效率 η。

耗量特性曲线上某一点切线的斜率称为耗量微增率 λ，$\lambda = \tan\theta$，即纵坐标与横坐标的增量比。

4.3.2 目标函数和约束条件

火力发电厂的能量消耗主要与发电机组输出的有功功率 P 有关，而与输出的无功功率 Q 及电压 U 关系较小，有功负荷最优分配的目的是在满足对一定量负荷持续供电的前提下，使发电设备在生产电能的过程中单位时间内所消耗的能源最少。

在满足等式约束条件 $f(x, u, d)=0$ 和不等约束条件 $g(x, u, d)\leqslant 0$ 的前提下，使目标函数 $C=C(x, u, d)$ 为最优。三式中 x 为状态变量，u 为控制变量，d 扰动变量。

1. 目标函数

系统单位时间内消耗的燃料（火电机组）为

$$F_{\Sigma} = F_1(P_{G1}) + F_2(P_{G2}) + \cdots + F_n(P_{Gn}) = \sum_{i=1}^{n} F_i(P_{Gi}) \qquad (4.22)$$

该目标函数是各发电设备发出有功功率的函数，描述的是单位时间内能源的消耗量。

2. 约束条件

等式约束条件也是有功功率保持平衡的条件，对于有 n 台发电机和 m 个负荷的系统，有功功率平衡关系为

$$\sum_{i=1}^{n} P_{Gi} = \sum_{j=1}^{m} P_{LDj} + P_L \tag{4.23}$$

忽略网损的情况下，式（4.23）可化简为

$$\sum_{i=1}^{n} P_{Gi} = \sum_{j=1}^{m} P_{LDj} \tag{4.24}$$

式（4.23）中 $\sum_{i=1}^{n} P_{Gi}$ 表示 n 台发电机发出有功功率之和；$\sum_{j=1}^{m} P_{LDj}$ 表示 m 个负荷消耗的有功功率之和。

不等式约束：$\left.\begin{aligned} P_{G i\min} \leqslant P_{Gi} \leqslant P_{G i\max} \\ Q_{G i\min} \leqslant Q_{Gi} \leqslant Q_{G i\max} \end{aligned}\right\}$ （4.25）

4.3.3 等耗量微增率准则

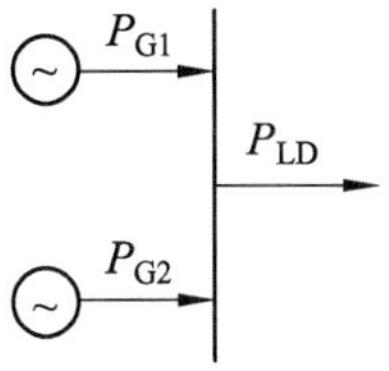

图 4.10 两台火电机组共同工作

等耗量微增率准则是让所有机组按微增率相等的原则来分配负荷，这样就能使系统总的燃料消耗费用最小，最经济。

下面以并联运行的两台火电机组间的负荷分配为例，说明等微增率准则的基本概念。如图 4.10 所示，已知两台机组的耗量特性和总的负荷功率；忽略有功网损；假定各台机组的燃料消耗量和输出功率不受限制，要求确定负荷功率在两台机组间的分配，使总的燃料消耗量最小。这就是说要满足等式约束条件。

等式约束条件为：$P_{G1} + P_{G2} - P_{LD} = 0$

目标函数为：$F = F_1(P_{G1}) + F_2(P_{G2})$

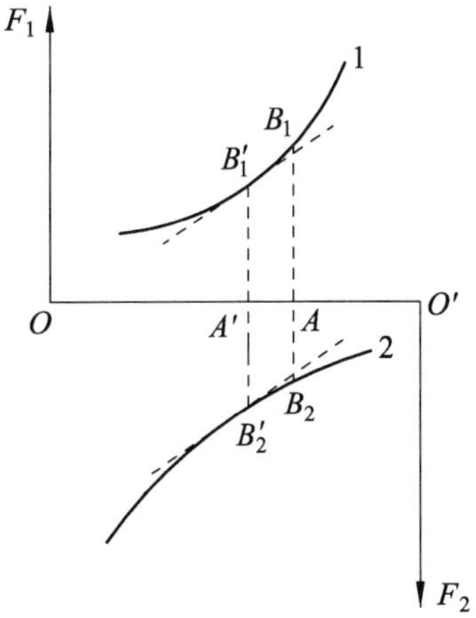

图 4.11 机组 A、B 的微增率曲线

用作图法求解，两台机组的微增率曲线如图 4.11 所示。设图中线段 OO' 的长度等于负荷功率 P_{LD}。在线段上下方分别以 O 和 O' 为原点作出机组 1 和 2 的燃料消耗特性曲线 1 和 2，前者的横坐标 P_{G1} 自左向右，后者的横坐标 P_{G2} 自右向左计算。在横坐标上任取一点 A，都有 $OA+O'A=OO'$，$P_{LD}= P_{G1}+ P_{G2}$。因此，这表示了一种可能的分配方案。如果 A 点的垂线相交两机组耗量特性曲线 1、2 于 B_1 点和 B_2 点，则 $B_1B_2= B_1A+AB_2 = F_1(P_{G1}) + F_2(P_{G2}) = F$，代表总的燃料消耗量。由此可见，只要在 OO' 上找到一点做垂线，让两条耗量特性曲线的交点距离最短，则该点所对应负荷分配方案就是最优的。图中 A' 点就是这样的点。通过 A' 点做垂线与两条特性曲线的交点为 B'_1 和 B'_2。在耗量特性曲线有凸性的情况下，曲线 1 在 B'_1 的切线与曲线 2 在 B'_2 的切线相互平行时，燃料消耗最小。曲线的切线即斜率，就是该点的耗量微增率。

切线平行时，斜率相等，也就是耗量微增率相等，这就是等微增率准则。

$$\frac{\mathrm{d}F_1}{\mathrm{d}P_{\mathrm{G1}}}=\frac{\mathrm{d}F_2}{\mathrm{d}P_{\mathrm{G2}}} \tag{4.26}$$

物理意义：假如两台机组微增率不等，则 $\mathrm{d}F_1/\mathrm{d}P_{\mathrm{G1}}>\mathrm{d}F_2/\mathrm{d}P_{\mathrm{G2}}$，并且总输出功率不变，调整负荷分配，机组 1 减少 ΔP，机组 2 增加 ΔP，节约的燃料消耗为

$$\Delta F=\frac{\mathrm{d}F_1}{\mathrm{d}P_{G1}}\Delta P-\frac{\mathrm{d}F_2}{\mathrm{d}P_{\mathrm{G2}}}\Delta P=\left(\frac{\mathrm{d}F_1}{\mathrm{d}P_{\mathrm{G1}}}-\frac{\mathrm{d}F_2}{\mathrm{d}P_{\mathrm{G2}}}\right)\Delta P>0 \tag{4.27}$$

4.3.4 多个发电厂间的负荷经济分配

假定有 n 个火电厂，其燃料消耗特性曲线分别为 $F_1(P_{\mathrm{G1}})$，$F_2(P_{\mathrm{G2}})$，…，$F_n(P_{\mathrm{G}n})$，系统的总负荷为 P_{LD}，暂不考虑网络中功率损耗，假定各个发电厂的输出功率不受限制，则系统负荷在各发电厂间的经济分配问题可以表示为

$$\sum_{i=1}^{n}P_{\mathrm{G}i}-P_{\mathrm{LD}}=0 \tag{4.28}$$

在满足上式的条件下，使目标函数 $F=\sum\limits_{i=1}^{n}F(P_{\mathrm{G}i})$ 为最小。这是多元函数求条件极值的问题，可以用拉格朗日乘数法求解。构造拉格朗日函数如下

$$L=F-\lambda\left(\sum_{i=1}^{n}P_{\mathrm{G}i}-P_{\mathrm{LD}}\right) \tag{4.29}$$

上式中 λ 为拉格朗日乘数。拉格朗日函数 L 的无条件极值的必备条件为

$$\frac{\partial L}{\partial P_{\mathrm{G}i}}=\frac{\partial F}{\partial P_{\mathrm{G}i}}-\lambda=0\quad(i=1,2,\cdots,n) \tag{4.30}$$

或者表示为

$$\frac{\partial F}{\partial P_{\mathrm{G}i}}=\lambda\quad(i=1,2,\cdots,n) \tag{4.31}$$

由于每个发电厂的燃料消耗量只是该厂输出功率的函数，上式又可以写成

$$\frac{\partial F_i}{\partial P_{\mathrm{G}i}}=\lambda\quad(i=1,2,\cdots,n) \tag{4.32}$$

式（4.32）即为多个火电厂间经济分配的等微增率准则，按这个条件确定的负荷分配是最经济的。

上述讨论均没有考虑不等式约束条件，考虑到任何一个发电厂有功功率和无功功率都不应超出它的上、下限，因此应加上下述约束条件：

$$\left.\begin{aligned} P_{Gi\min} &\leqslant P_{Gi} \leqslant P_{Gi\max} \\ Q_{Gi\min} &\leqslant Q_{Gi} \leqslant Q_{Gi\max} \end{aligned}\right\}$$

各个节点电压必须在允许的变化范围之内，即 $U_{i\min} \leqslant U_i \leqslant U_{i\max}$。

在计算发电厂间有功功率负荷经济分配时，可以先不考虑不等式的约束条件，待计算出结果后，再用约束条件进行校验。对于有功功率越限的发电厂，可以按约束条件留在有功负荷分配已基本确定以后的潮流计算中再进行处理。

【例 4.4】某火电厂三台机组并联运行，各机组的燃料消耗特性及功率约束条件如下：

$$F_1 = 4 + 0.3P_{G1} + 0.000\,7P_{G1}^2 \text{(t/h)}, 100 \text{ MW} \leqslant P_{G1} \leqslant 200 \text{ MW};$$

$$F_2 = 3 + 0.32P_{G2} + 0.000\,4P_{G2}^2 \text{(t/h)}, 120 \text{ MW} \leqslant P_{G2} \leqslant 250 \text{ MW};$$

$$F_3 = 3.5 + 0.3P_{G3} + 0.000\,45P_{G3}^2 \text{(t/h)}, 120 \text{ MW} \leqslant P_{G3} \leqslant 250 \text{ MW}$$

试确定当总负荷分别为 400 MW、700 MW 和 600 MW 时，发电厂间功率的经济分配（不计网损的影响），且计算总负荷为 600 MW 时经济分配比平均分担节约多少煤。

解：（1）按所给耗量特性可得各厂的微增耗量特性为

$$\lambda_1 = \frac{\mathrm{d}F_1}{\mathrm{d}P_{G1}} = 0.3 + 0.001\,4P_{G1};$$

$$\lambda_2 = \frac{\mathrm{d}F_2}{\mathrm{d}P_{G2}} = 0.32 + 0.000\,8P_{G2};$$

$$\lambda_3 = \frac{\mathrm{d}F_3}{\mathrm{d}P_{G3}} = 0.3 + 0.000\,9P_{G3};$$

令 $\lambda_1 = \lambda_2 = \lambda_3$，可解出

$$P_{G1} = 14.29 + 0.572P_{G2} = 0.643P_{G3}, \quad P_{G3} = 22.22 + 0.889P_{G2}$$

（2）总负荷为 400 MW，即 $P_{G1} + P_{G2} + P_{G3} = 400 \text{ MW}$。

将 P_{G1} 和 P_{G3} 都用 P_{G2} 表示，可得

$$2.461P_{G2} = 363.49$$

于是

$$P_{G2} = 147.7 \text{ MW}$$

$$P_{G1} = 14.29 + 0.572P_{G2} = 14.29 + 0.572 \times 147.7 = 98.77 \text{ (MW)}$$

由于 P_{G1} 已低于下限，故应取 $P_{G1} = 100 \text{ MW}$。剩余的负荷功率 300 MW，应在电厂 2 和 3 之间重新分配。

将 P_{G3} 用 P_{G2} 表示，便得 $P_{G2}+22.22+0.889P_{G2}=300$ MW

由此可解出：$P_{G2}=147.05$ MW 和 $P_{G3}=300-147.05=152.95$ (MW)，都在限值以内。

（3）总负荷为 700 MW，即 $P_{G1}+P_{G2}+P_{G3}=700$ MW 。

将 P_{G1} 和 P_{G3} 都用 P_{G2} 表示，便得

$$14.29+0.572P_{G2}+P_{G2}+22.22+0.889P_{G2}=700\text{（MW）}$$

由此可算出 $P_{G2}=270$ MW，已越出上限值，故应取 $P_{G2}=250$ MW。剩余的负荷功率 450 MW 再由电厂 1 和 3 进行经济分配。

$$P_{G1}+P_{G3}=450\text{（MW）}$$

将 P_{G1} 用 P_{G3} 表示，便得 $0.643P_{G3}+P_{G3}=450$（MW）

由此可解出：$P_{G3}=274$ MW 和 $P_{G1}=450-274=176$ (MW)，都在限值以内。

（4）总负荷为 600 MW，即 $P_{G1}+P_{G2}+P_{G3}=600$（MW）。

将 P_{G1} 和 P_{G3} 都用 P_{G2} 表示，便得

$$14.29+0.572P_{G2}+P_{G2}+22.22+0.889P_{G2}=600\text{（MW）}$$

$$P_{G2}=\frac{600-14.29-22.22}{0.572+1+0.889}=228.97\text{（MW）}$$

进一步可得，$P_{G1}=14.29+0.572P_{G2}=145.26$（MW），$P_{G3}=22.22+0.889P_{G2}=225.77$（MW），均在限值以内。按此经济分配时，三台机组消耗得燃料为

$$F_1=4+0.3P_{G1}+0.000\,7P_{G1}^2=4+0.3\times145.26+0.000\,7\times145.26^2=62.35\text{（t/h）}$$

$$F_2=3+0.32\times228.97+0.000\,4\times228.97^2=97.24\text{（t/h）}$$

$$F_3=3.5+0.3\times225.77+0.000\,45\times225.77^2=94.17\text{（t/h）}$$

$$F_\Sigma=F_1+F_2+F_3=62.35+97.24+94.17=253.76\text{（t/h）}$$

三台机组平均分担 600 MW 时，消耗的燃料

$$F_1'=4+0.3P_{G1}+0.000\,7P_{G1}^2=4+0.3\times200+0.000\,7\times200^2=92\text{（t/h）}$$

$$F_2'=3+0.32\times200+0.000\,4\times200^2=83\text{（t/h）}$$

$$F_3'=3.5+0.3\times200+0.000\,45\times200^2=81.5\text{（t/h）}$$

$$F_\Sigma'=F_1'+F_2'+F_3'=92+83+81.5=256.5\text{（t/h）}$$

经济分配比平均分担每小时节约煤

$$\Delta F = F_{\Sigma}' - F_{\Sigma} = 256.5 - 253.76 = 2.74\text{（t/h）}$$

经济分配比平均分担每天节约煤 $2.74 \times 24 = 65.76$（t）。

习　题

4.1　电力系统有功功率平衡对频率有什么影响？系统为什么要设置有功功率备用容量？

4.2　何谓负荷的频率调节效应系数？解释其物理意义。

4.3　何谓一次调频？如何完成？

4.4　何谓二次调频？如何完成？

4.5　何谓发电机的调差系数？如何求取？其值是多少？

4.6　何谓发电机组的单位调节功率？其物理意义是什么？

4.7　何谓电力系统的单位调节功率？

4.8　为什么一次调频不能做到无差调节？如何做到无差调节？

4.9　互联系统的频率调整有几种方式？常用哪种方式？

4.10　何谓等耗量微增率准则？

4.11　何谓有功电源的最优组合？其目的是什么？根据什么原则进行？

4.12　频率调整的三种方法是什么？各自如何完成调频过程？

4.13　什么是有功电源的最优组合？是根据什么原则进行的？

4.14　某系统各机组的调差系数均为 5%，最大机组的容量为系统负荷的 10%，该机组有 15%的热备用容量，当负荷变动 5%时，系统频率下降 0.1 Hz，设 $K_{LD}=0$。试求当最大机组因故障停运时系统的频率下降多少。

4.15　A 系统中，当负荷增加 250 MW 时，频率下降 0.1 Hz；B 系统中，当负荷增加 400 MW 时，频率下降 0.1 Hz。系统 A 运行在 49.85 Hz，系统 B 运行在 50 Hz，如用联络线将两系统连接，求联络线中的功率。

4.16　电力系统中有 A、B 两等效机组并列运行，向负荷 P_{LD} 供电，A 机组额定容量为 500 MW，调差系数为 4%；B 机组额定容量为 400 MW，调差系数为 5%；系统负荷的调节效应系数为 $K_{LD*}=1.5$。当负荷 $P_{LD}=600$ MW 时，频率为 50 Hz，A 机组出力 500 MW，B 机组出力 100 MW。试求：（1）当系统增加 50 MW 负荷后的系统频率和机组出力；（2）当系统切除 500 MW 负荷后的系统频率和机组出力。

4.17　系统有两台 100 MW 的发电机组，其调差系数分别为 2%和 4%，系统负荷容量为 140 MW，负荷的频率调节效应系数 $K_{LD*}=1.5$。系统运行频率为 50 Hz 时，两机组出力为 $P_{G1}=600$ MW，$P_{G2}=80$ MW。当系统负荷增加 500 MW 时，试求：

（1）系统频率下降多少；

（2）各机组输出有功功率多少。

4.18　A、B 系统经联络线相连，已知 $K_{GA}=260$ MW/Hz，$K_{LDA}=20$ MW/Hz，$K_{GB}=450$ MW/Hz，$K_{LDB}=35$ MW/Hz，$\Delta P_{AB}=300$ MW。系统 B 负荷增加 150 MW，两系统的所有发电机均参与一

次调频。试求：（1）系统频率；（2）联络线上的功率变化量；（3）A、B 两系统发电机和负荷的功率变化量。

4.19 两台容量均为 500 MW 的发电机并列运行，向 300 MW 负荷供电。发电机的最小有功功率均为 60 MW，两台机组的耗量特性分别为：$F_1 = 0.001P_{G1}^2 + 2\ (\text{t/h})$；$F_2 = 0.002P_{G2}^2 + 4\ (\text{t/h})$。试求：（1）机组的经济分配方案；（2）若平均分担负荷，多消耗的燃料（单位时间内）为多少。

第 5 章　电力系统的无功功率和电压调整

5.1　电力系统无功功率的平衡

5.1.1　无功功率负荷和无功功率损耗

1. 负荷的无功功率

大多数用电设备都要消耗无功功率。白炽灯和一些电热设备不消耗无功功率，同步电机可以消耗也可以发出无功功率，而用电设备中的异步电动机消耗的无功功率最大。未经补偿的综合负荷的自然功率因数一般为 0.6~0.9，低值对应于异步电动机比例较高的负荷，高值对应于采用了静止电容器补偿或有大容量同步电动机的场合。这样，负荷所消耗的无功功率约为其有功功率的 0.5~1.3 倍。

与有功功率负荷类似，无功功率负荷也时时刻刻都在变化，但无功功率负荷的变动通常只区分为两类，即变化周期长、波及面积大的波动和变化周期短、波及面积小的随机波动。前者主要由生产、生活和气象条件的变化所决定，在一天之中有高峰和低谷。无功功率负荷的峰值并不一定与有功功率的峰值同时出现，它一般出现在工业负荷最大的时刻，可能在白天；而有功功率峰值一般出现在工业负荷与民用（如照明）负荷最大的时刻，往往在傍晚。后者通常由冲击性或间歇性的负荷所引起（见图 5.1），如电弧炉、轧钢机等。

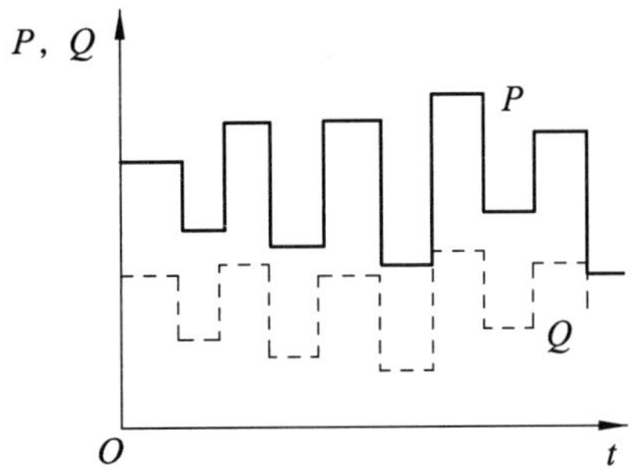

图 5.1　冲击负荷变化特性

上述两类波动方式的无功功率负荷将引起不同的电压波动。前者是电网电压调整和控制的对象，后者则需要采取一些抑制措施，如在负荷附近装设静止补偿器、以专用线路或母线单独供电、在波动点和电源间装设串联补偿电容器等，系统性的电压控制是在已经解决冲击性和间歇性负荷引起的电压波动的基础上进行的。

2. 电力线路上的无功功率损耗

电力线路上的无功功率损耗包括串联的线路电抗和并联的线路电纳中的无功功率损耗、串联电抗始终消耗无功功率，与通过的线路电流的平方成正比；并联电纳消耗容性无功功率，或者说发出感性无功功率（或称充电功率），其大小与其上的电压平方成正比，与通过的电流无直接关系。电力线路消耗的无功功率与输送电流的关系如图 5.2 所示，从图中可见，当电力线路轻载运行时，线路充电功率大于串联电抗上消耗的无功功率，整条线路呈容性；当重负载运行时，线路呈感性。因而，电力线路究竟是消耗感性无功功率还是容性无功功率与通过线路的视在功率大小有关。35 kV 及以下电压等级的架空线路充电功率很小，可以略去不计，所以总是消耗感性无功功率。

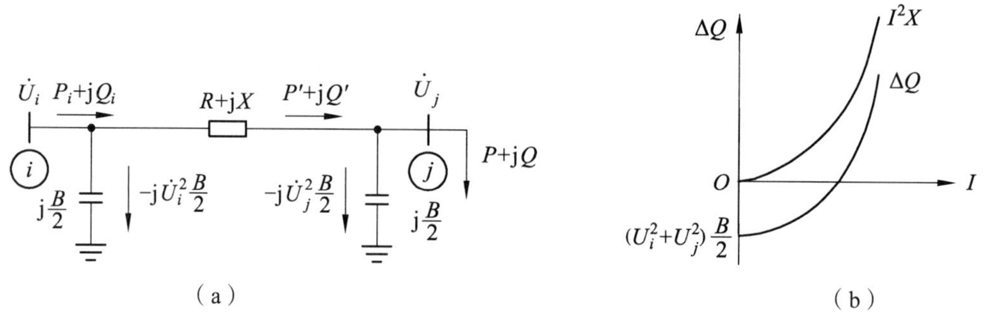

图 5.2　电力线路的无功功率损耗

3. 变压器中的无功功率损耗

变压器的无功功率损耗也由两部分组成：励磁支路和绕组漏抗中的无功功率损耗。励磁支路的无功功率损耗与变压器所加电压有关。绕组漏抗中的无功功率损耗与通过变压器的视在功率成比例。当对变压器施加额定电压，通过视在功率 S 时，消耗的无功功率为

$$\Delta Q_{\mathrm{T}} = \left[\frac{I_0\%}{100} + \frac{U_{\mathrm{s}}\%}{100}\left(\frac{S}{S_{\mathrm{N}}}\right)^2\right] S_{\mathrm{N}} \tag{5.1}$$

式中，S_{N} 为变压器的额定容量，变压器的空载电流百分值 $I_0\%$ 为 0.5%~2%，短路电压百分值 $U_{\mathrm{s}}\%$ 为 6%~15%，因此变压器的无功功率损耗较大，特别是在多级电压电网中，这一损耗相当可观。

5.1.2　无功功率的平衡

电力系统的无功功率必须平衡，亦即电力系统发出的无功功率必须等于负荷无功功率、电力线路和变压器消耗的无功功率总和。

电力系统中无功功率的损耗相当大，一般约占系统负荷的 50%。这些损耗的很大部分是由于功率传输过程中在变压器和电力线路上造成的，因此要对无功功率的配置及其传输加以规划，尽量实现无功功率的就地平衡和补偿，即根据负荷对无功功率的需求，在其附近合理配置无功补偿电源，提高负荷的功率因数。这样不但能减少电网中的有功和无功功率损耗，而且能提高电压水平，同时还能减小电网中无功功率的变化幅度，减小各节点电压的波动。

在进行无功功率平衡计算时，需确定无功功率电源的容量，粗略的估计，每增加 1 kW 的有功功率负荷，要相应增加约 1.4 kvar 的无功功率，而大型汽轮发电机的额定功率因数一般为 0.85 左右，即每发 1 kW 有功功率的同时，只能发出约 0.62 kvar 的无功功率，水电厂一般远离负荷中心，不可能大量远距离输送无功功率，因此，在电力系统负荷增长的同时，必须不断地增加无功功率补偿容量，以保证全系统无功功率平衡，且有一定的备用。无功功率电源的备用容量一般取最大无功负荷的 7%~8%，全系统无功功率补偿容量与系统最大负荷之比称为无功功率补偿度，一般要达到 0.7~0.8 或更大，才能满足电压和无功功率控制的需要。

电力系统中如果含有 220 kV 以上的超高压电网，还要考虑负荷低谷时的无功功率平衡，因为超高压线路电容的充电无功功率很大，当负荷较小时，充电无功功率将大于线路电抗消耗的无功功率，如果由负荷和各级电网吸收这些过剩的无功功率，将导致各级电网的运行电压过高。为了避免这种过电压的现象，就要求直接接在超高压电网的发电厂和变电所具有吸收过剩无功功率的能力，即发电厂的发电机允许高功率因数甚至进相（即吸收无功功率）运行，为此，变电所可装设同步调相机或静止补偿器等能吸收无功功率的补偿设备，也可以在这些发电厂、变电所的高压或低压母线上装设并联电抗器吸收无功功率。

5.2 电力系统中无功功率的最优分布

5.2.1 无功功率电源的最优分布

如上所述，电力系统的无功功率平衡是保证电力系统电压质量的必要条件，无功功率在电力系统中的合理分布又是充分利用无功电源、改善电压质量和减少网损的重要措施。在电力系统负荷不断增长的同时，必须相应增加无功功率补偿容量。本节将讨论无功功率的最优分布和最优补偿两个问题，它们共同保证了电力系统无功功率的最优分布。

在进行无功功率的最优分布和补偿之前，需将负荷的功率因数尽可能地提高，避免大量无功功率在电网中不合理地传输，这是实现无功功率最优分布的前提。

无功功率最优分布的目的是降低电网中的有功功率损耗，这时，除平衡发电机的功率以外（因无功功率分布未定，总的有功功率网损也未定），所有发电机的有功功率都已确定，各节点负荷的无功功率也已知，待求的是节点无功功率出力，设 Q_i 为第 i 节点的无功功率出力，可以由发电机、同步调相机、静电电容器和静止补偿器产生，i=1, 2,…, n；Q_D 为系统总的无功功率负荷；Q_L 为系统总的无功功率损耗，则节点无功功率出力应在满足

$$\sum_{i=1}^{n} Q_i - Q_L - Q_D = 0 \tag{5.2}$$

的条件下，使有功网损 P_L 为最小，即

$$\min P_L = P_L(Q_1, Q_2, \cdots, Q_n) \tag{5.3}$$

应用拉格朗日乘数法，构造拉格朗日函数

$$L = P_L - \lambda\left(\sum_{i=1}^{n} Q_i - Q_L - Q_D\right) \tag{5.4}$$

将 L 分别对 Q_i 和 λ 取偏导数，并令其等于零，便得

$$\frac{\partial L}{\partial Q_i} = \frac{\partial P_L}{\partial Q_i} - \lambda\left(1 - \frac{\partial Q_L}{\partial Q_i}\right) = 0 \quad (i = 1, 2, \cdots, n) \tag{5.5}$$

$$\frac{\partial L}{\partial \lambda} = -\left(\sum_{i=1}^{n} Q_i - Q_L - Q_D\right) = 0 \tag{5.6}$$

共 $n+1$ 个方程。于是得到无功功率最优分布的条件为

$$\frac{\partial P_{\mathrm{L}}}{\partial Q_i} \times \frac{1}{1-\dfrac{\partial Q_{\mathrm{L}}}{\partial Q_i}} = \frac{\partial P_{\mathrm{L}}}{\partial Q_i}\beta_i = \lambda \tag{5.7}$$

式中，$\partial P_{\mathrm{L}}/\partial Q_i$ 是网络有功损耗对第 i 个节点无功电源的微增率，$\beta_i = 1/(1-\partial P_{\mathrm{L}}/\partial Q_i)$ 称为无功功率网损修正系数。

式（5.7）的意义是：使有功功率网损最小的条件是各节点的无功功率网损微增率相等，因此这一准则也称为等网损微增率准则。

5.1.2 无功功率负荷的最优补偿

所谓无功功率的最优补偿，是在满足一定条件下最经济的无功功率补偿。上述无功功率最优分布的原则也可以应用于无功功率的最优补偿，其差别仅在于：在现有无功电源之间分配无功出力不要支付费用，而增添补偿装置则要增加支出。由于设置无功补偿装置一方面能节约网络电能损耗，另一方面却要增加费用，因此无功功率补偿容量合理配置的目标应该是总的经济效益为最优。

在节点 i 装设补偿容量 Q_{Ci}（$i=1, 2, \dots, m$），i 为可装设补偿容量的节点，每年由降低网损所能节约的费用为

$$C_e(Q_{C1}, Q_{C2}, \cdots, Q_{Cm}) = \beta(P_{\mathrm{L0}} - P_{\mathrm{L}})\tau_{\max} \tag{5.8}$$

式中，β 为单位电能价格；P_{L0}、P_{L} 分别为设置补偿设备前后全网最大负荷下的有功功率损耗；$\tau_{\max}$ 为全网最大负荷损耗小时数。

由于装设补偿容量 Q_{Ci}，每年需要支出的费用以 $C_{di}(Q_{Ci})$ 表示，这部分支出费用包括补偿设备的折旧维修费、投资的年回收费以及补偿设备本身的能量损耗费用，折旧维修费和投资回收费一般是按补偿设备投资的一定百分比进行计算的，补偿设备的功率损耗一般正比于其容量。如果补偿设备每单位容量的投资同总的装设容量无关，则每年的支出费用 $C_{di}(Q_{Ci})$ 就同 Q_{Ci} 呈正比例关系，即

$$C_{di}(Q_{Ci}) = k_C Q_{Ci} \tag{5.9}$$

比例系数 k_C 就是每单位无功补偿容量的年费用。

所以，在装设无功补偿设备后所取得的费用节约为

$$\Delta C_e = C_e(Q_{C1}, Q_{C2}, \cdots, Q_{Cm}) - \sum_{i=1}^{m} C_{di} Q_{Ci} \tag{5.10}$$

为了取得最大的经济效益，可将式（5.8）和式（5.9）代入式（5.10），求 ΔC_e 对 Q_{Ci} 的偏导数，并令其等于零，得

$$\frac{\partial P_{\mathrm{L}}}{\partial Q_{Ci}} = -\frac{k_C}{\beta\tau_{\max}} \quad (i = 1, 2, \cdots, m) \tag{5.11}$$

式（5.11）的含义是：对各补偿点配置补偿容量时，应使每一个补偿点在装设最后一个单

位的补偿容量时使网损的减少都等于 $k_C/\beta\tau_{\max}$ 。这样，将取得最大的经济效益。

按照式（5.11）所确定的最优补偿容量一般都比较大。在工程实际中，无功功率最优补偿的问题是在给定全网总的补偿容量的条件下，寻求最经济合理的分配方案。由于受到总补偿容量 Q_{CZ} 的限制，问题将变为：在满足

$$\sum Q_{Ci} - Q_{CZ} = 0 \tag{5.12}$$

的约束条件下，使式（5.10）所表示的总费用节约达到最大。

为此，构成拉格朗日函数

$$L = C_e(Q_{C1}, Q_{C2}, \cdots, Q_{Cm}) - \sum_{i=1}^{m} C_{di} Q_{Ci} - \lambda\left(\sum Q_{Ci} - Q_{CZ}\right) \tag{5.13}$$

然后求函数 L 的极值，可得

$$\frac{\partial P_{\mathrm{L}}}{\partial Q_{Ci}} = -\frac{k_C + \lambda}{\beta\tau_{\max}} \tag{5.14}$$

式（5.14）的含义是根据等式约束，选取一合适的 λ，使补偿点的网损微增率都等于 $-(k_C+\lambda)/(\beta\tau_{\max})$。

5.3 电力系统的电压调整

5.3.1 调压的必要性

在电力系统的正常运行中，电压偏移过大会对用户及电力系统本身带来经济、安全方面的不利影响。这是因为：

（1）所有的用电设备都是按运行在额定电压时效率为最高设计的，偏离额定电压必然导致效率下降，经济性变差。

（2）电压过低时将减小白炽灯的发光效率，减小用户电热设备的发热量，各种电子设备也可能不能正常工作。对于占负荷比重最大的异步电动机，电压过低时转差将增大，绕组中电流增大，温升增加，效率降低，寿命缩短。电动机转速的下降将影响用户产品的产量和质量。对于发电厂本身，异步电动机转速下降，由其拖动的厂用机械（如风机、泵等）出力将减小，影响到锅炉、汽轮机和发电机的出力。此外，电压降低时将增大发电机定子电流，为防止定子过热，可能会减少发电机出力。电压过低还会危及系统运行的稳定性，甚至引起电压崩溃，造成大面积停电。

（3）当电压太高时，照明设备的寿命会大大缩短，电气设备的绝缘性能会受到损害；变压器和电动机由于铁芯饱和，损耗和温升都将增加。

虽然电力系统中的各节点电压要求能保持在额定值，但是在实际运行中是不可能实现的，其主要原因有两点：

（1）在正常稳态运行方式下，一个交流互联的电力系统具有同一频率，但是，电压与频

率不同，因为电力系统中每一元件都有可能产生电压降落，所以电力系统中各点电压不相同，不可能同时将所有节点保持在额定电压。

（2）负荷时时刻刻都在变化，负荷的变化必然导致电力系统中相关元件电压降落的变化，因而即使是在同一节点上，也很难保证电压始终维持在额定电压。

鉴于以上原因，同时考虑到用电设备对电压的要求，我国国家标准《电能质量供电电压允许偏差》GB/T 12325.1990 对电压偏移允许范围做出了规定。

5.3.2 电力系统的电压管理

电力系统中有许多发电厂、变电所和大型用户节点，全面监视、控制这些节点的电压是不可能的，也是不必要的。通常在这些节点中选择一些具有代表性的节点加以监视、控制，如果这些节点的电压满足要求，则该节点邻近的其他节点的电压基本上也能满足要求，这些节点称为电压监视中枢点。电压中枢点一般选择在区域性发电厂的高压母线、有大量地方性负荷的发电厂母线以及枢纽变电所的二次母线。

利用电压中枢点进行电压控制，其实际内容为根据电压中枢点周围节点对电压偏移的要求，确定中枢点电压允许变化的上下限。例如，有一简单电网如图 5.3（a）所示，*C* 点是电压中枢点，*A*、*B* 为负荷点，它们的简化负荷曲线分别如图 5.3（b）、（c）所示。*C* 点向负荷点 *A*、*B* 送电，在线路 *CA*、*CB* 上产生的电压损耗变化曲线见图 5.3（d）、（e）。

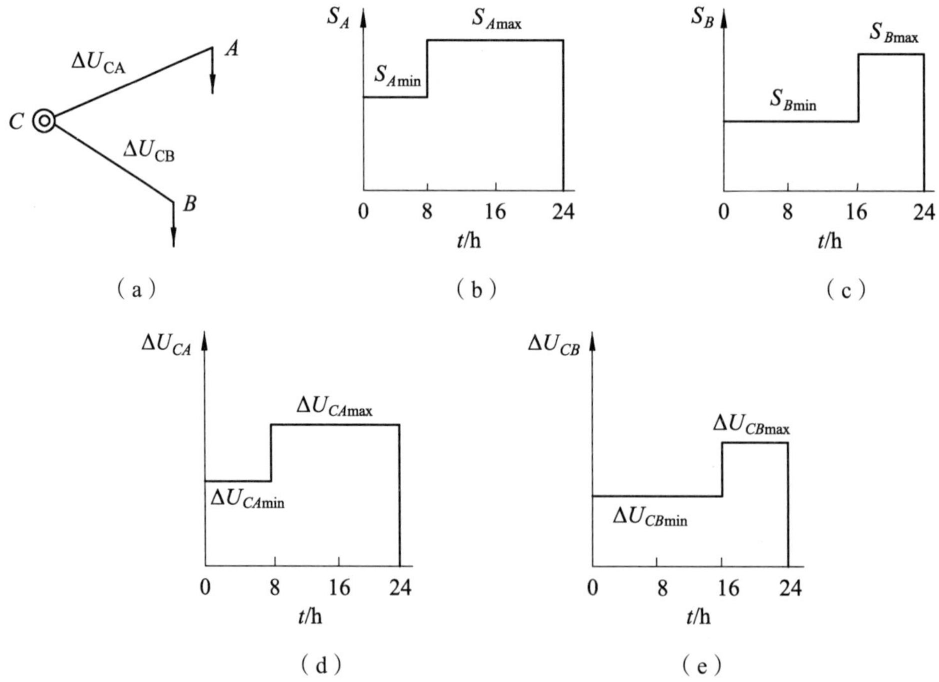

图 5.3 电压中枢点及其相邻节点间的电压损耗

设 *A*、*B* 两点电压允许的上、下限分别为 $\overline{U}$ 、$\underline{U}$ ，可以求得满足 *A* 点电压要求时，*C* 点电压应保持的变化范围如图 5.4（a）所示。

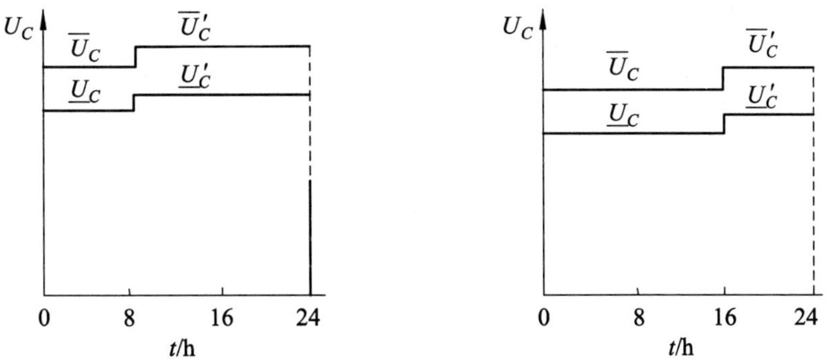

（a）　　　　　　　　　　（b）

图 5.4　电压变化范围曲线

在 0~8 小时

$$\overline{U}_C = \overline{U} + \Delta U_{CA\min} \tag{5.15}$$

$$\underline{U_C} = \underline{U} + \Delta U_{CA\min} \tag{5.16}$$

在 8~24 小时

$$\overline{U}'_C = \overline{U} + \Delta U_{CA\max} \tag{5.17}$$

$$\underline{U'_C} = \underline{U} + \Delta U_{CA\max} \tag{5.18}$$

同样也可以求得满足 B 点电压要求时，C 点电压应保持的范围，如图 5.4（b）所示。将图 5.4（a)、(b）的电压变化范围曲线画在一起，如图 5.5 所示，图中两条虚线表示满足 A 点电压要求时，C 点电压应保持的范围；两条实线则表示为满足 B 点电压要求时，C 点电压应保持的范围；这两个电压范围相互重合的阴影部分，是同时能满足 A、B 两点电压要求时 C 点电压应保持的范围。所以，当 C 点电压落在阴影范围[见图 5.5（a）]内时，就能同时满足 A、B 两点的电压要求。如果 CA、CB 两条线路的电压损耗相差很大，在某些时间两个电压范围相互没有重合部分时，即不出现阴影部分，如图 5.5（b）所示，图中在 8~16 小时之间，面积 A-A'（表示为满足 A 点电压应保持的范围）与面积 B-B'（表示为满足 B 点电压 C 点电压应保持的范围）没有共同部分，此时，如果 C 点电压落在 A-A'之中，亦即满足 A 点电压要求，则 B 点电压过高；如 C 点电压落在 B-B'之中，则 A 点电压太低。因此，对于两条电压损耗相差太大的线路，采用控制中枢点电压的方法很可能无法同时满足两条线路末端用户电压的要求，还必须同时采用其他调压措施。

对于一个电压中枢点控制多个负荷点电压的情况，可以从这些负荷点中选择一个电压最低的和一个电压最高的点，亦即只要中枢点电压能满足这两点的电压要求，其他负荷点的电压要求一般也就能满足。

对于实际的电力系统，必须选择一批有代表性的发电厂和变电所的母线作为控制电压的中枢点，然后根据各负荷的日负荷曲线和对电压质量的要求，进行一系列潮流计算及电压控制方式等分析研究，才能最后确定这些中枢点的允许电压偏移上下限曲线。

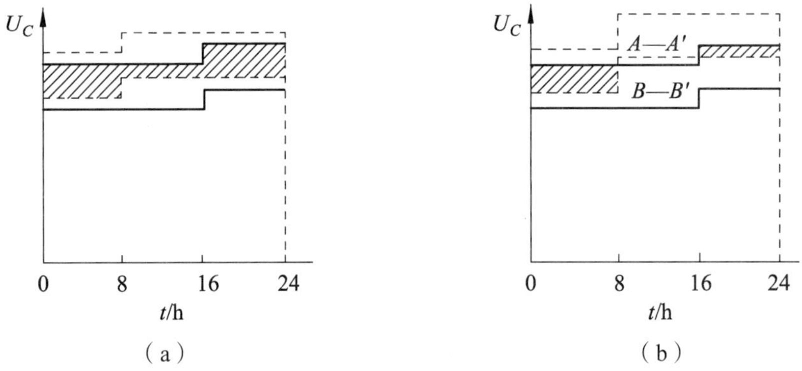

图 5.5 电压中枢点的调压范围

在进行电力系统规划设计时，由于各负荷对电压质量的要求还不明确，所以难以具体确定各中枢点电压控制的范围。为此规定了“逆调压”“顺调压”和“恒调压”等几种中枢点电压控制的要求，每一中枢点可根据具体情况选择一种作为设计的依据。

逆调压方式：要求高峰负荷时将中枢点电压调节到 $1.05U_N$，低谷负荷时降低到 U_N，这种方式适用于由该中枢点供电的线路较长、负荷变化范围较大的场合。

顺调压方式：要求高峰负荷时中枢点电压不低于 $1.025U_N$，低谷负荷时不高于 $1.075U_N$，这种方式适用于用户对电压要求不高或线路较短、负荷变动不大的场合。

恒调压方式：又称常调压，要求在任何负荷时中枢点电压基本保持不变且略大于 U_N，例如 $1.025U_N$ 或 $1.02U_N$~$1.05U_N$ 间的某一值。

在电力系统发生故障后的非正常运行方式（例如两台并联运行的变压器切除一台，多回线路切除一回，环形电网开环等）时，对电压质量的要求可以适当放宽，一般允许电压偏移较正常时大 5%。

5.3.3 电压调整的措施

1. 应用发电机调节电压

应用发电机调压是不需另外增加投资的调压手段。发电机端电压由励磁调节器通过控制发电机的励磁电流，即发电机的空载电势，达到改变发电机端电压的目的。根据励磁电源的不同，同步发电机的励磁系统可以分为直流机励磁系统、自励半导体励磁系统和他励半导体励磁系统三大类。

直流机励磁系统大多是用与同步发电机同轴的直流发电机作励磁机，向同步发电机转子回路提供励磁电流。

自励半导体励磁系统由同步发电机本身发出的交流电，经半导体可控整流装置整流后向发电机转子回路提供励磁电流。

他励半导体励磁系统采用与主发电机同轴的交流发电机作为励磁电源，经半导体可控整流后，供给发电机转子回路励磁电流。

现代的发电机励磁系统都具有自动调节的功能，即自动励磁调节器（AER，Automatic Exciting Regulation）或自动电压调节器（AVR，Automatic Voltage Regulation）实现励磁控制的闭环控制，通过改变调节器的电压整定值即可改变机端电压。

发电机的电压与发电机的无功功率输出密切相关。当增加发电机的端电压时，同时也增加了发电机的无功功率输出；反之，降低发电机的端电压，也就减小了发电机的无功功率输出。

因此，发电机端电压的调节受发电机无功功率极限的限制，当发电机输出的无功功率达到其上限或下限时，发电机就不能继续进行调压。发电机的无功功率极限与发电机的有功功率出力有关，当发电机的有功功率出力减少时，可相应增加无功功率极限值，因此在发电机的有功出力较小时，无功功率调节的范围会更大些，调压的能力会更强些。发电机端电压的允许调节范围为 $0.95U_N \sim 1.05U_N$，如果端电压低于 $0.95U_N$，输出的最大视在功率要相应减小（小于 S_N）。

由发电机直接供电的小系统，只依靠发电机调压满足各用户的电压要求；对于大系统，尤其是线路很长且有多级电压的电力网，单靠发电机调压就无法满足系统中各点的电压要求，必须与其他调压方法相配合。

2. 改变变压器变比调压

通过切换变压器的分接头来改变变比，可以调节变压器低压侧或高压侧的电压。

按分接开关类型，变压器可分为两种：一种是无载调压变压器，这种变压器的分接头开关只能在停电时切换，所以必须事先选择一个合适的分接头。另一种是有载调压变压器，能够带负载调节分接头，可以随时根据需要调节变压器分接头以满足调压要求。下面重点讨论无载调压变压器如何根据系统运行状况和调压要求选择分接头。

以图 5.6（a）所示降压变压器为例，其等值电路图如图 5.6（b）所示，变压器阻抗归算至高压侧，U_1 为高压侧电压，U_2' 为归算到高压侧的低压侧电压，U_{2R} 为低压侧要求达到的电压，通过变压器的功率为 $P+jQ$。

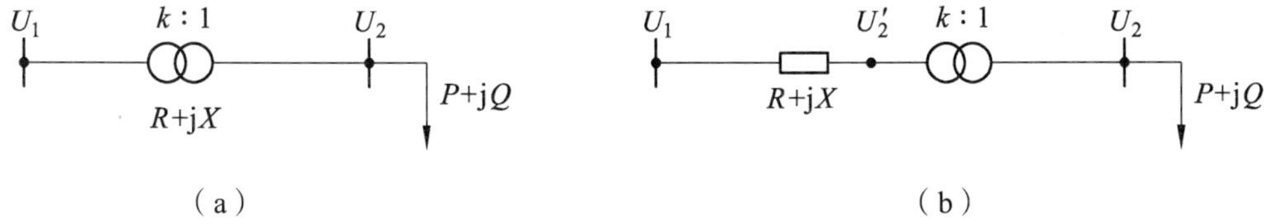

图 5.6　变压器及其等值电路图

根据图 5.6（b）可以写出 U_2 与 U_1 的关系：

$$U_2 = \frac{U_2'}{k} = \frac{U_1 - \Delta U}{k} \tag{5.19}$$

上式中 ΔU 为变压器阻抗的电压损耗，可近似地写成 $\Delta U=(PR+QX)/U_1$；k 是变压器变比，$k=U_{t1}/U_{t2}$，其中 U_{t1} 为高压侧分接头电压，U_{t2} 为变压器低压侧额定电压。

如果低压侧要求达到的电压值 $U_2=U_{2R}$，则可将 $k=U_{t1}/U_{t2}$ 代入式（5.19），求得变压器的分接头电压为

$$U_{t1} = \frac{U_1 - \Delta U}{U_{2R}} \times U_{t2} \tag{5.20}$$

由式（5.20）确定的变压器分接头只能满足一种运行方式下的电压要求。随着电力系统负

荷的变化，所选择的分接头往往不能满足各种运行方式下的电压要求。解决这个问题的方法是，分别根据最高和最低两种情况的 U'，确定变压器的分接头，然后取平均值。U_2' 最高、最低的情况一般发生在最小、最大负荷期间，因此可用式（5.20），分别求出最小、最大负荷期间变压器的分接头电压为

$$U_{t1\max} = \frac{U_{1\max} - \Delta U_{\max}}{U_{2R\max}} \times U_{t2} = \frac{U'_{2\max}}{U_{2R\max}} \times U_{t2} \tag{5.21}$$

$$U_{t1\min} = \frac{U_{1\min} - \Delta U_{\min}}{U_{2R\min}} \times U_{t2} = \frac{U'_{2\min}}{U_{2R\min}} \times U_{t2} \tag{5.22}$$

上式中下标 max 和 min 分别表示最大负荷时和最小负荷时的参数，然后求取平均值为

$$U_{t1} = \frac{U_{t1\max} + U_{t1\min}}{2} \tag{5.23}$$

按式（5.23）求得的 U_{t1} 可能不是变压器的某一实际分接头电压值，这时可选择一个最接近计算值的分接头，这样确定的分接头已兼顾了最大负荷和最小负荷（或最低和最高电压）两种情况，因此对于介于两者之间的其他情况一般也就能满足。

由于分接头不是按照式（5.21）和式（5.22）所示的 $U_{t1\max}$ 和 $U_{t1\min}$ 选定的，所以在最大负荷及最小负荷期间，变压器的低压侧电压可能达不到所要求的电压值。因此，必须对这样选定的分接头进行检验。

设选择的分接头为 U_{t1}，则低压侧实际电压

$$U_{2\max} = \frac{U'_{2\max}}{k_{t1}} \tag{5.24}$$

$$U_{2\min} = \frac{U'_{2\min}}{k_{t1}} \tag{5.25}$$

如果 $U_{2\max}$、$U_{2\min}$ 均落在要求值 $U_{2\max} \sim U_{2\min}$ 范围内，即认为满足调压要求。

由式（5.24）和式（5.25）可得

$$\frac{U_{2\min} - U_{2\max}}{U_{2N}} = \frac{U'_{2\min} - U'_{2\max}}{k_{t1} U_{2N}} \approx \frac{U'_{2\min} - U'_{2\max}}{U_{1N}} \tag{5.26}$$

式中，U_{1N}、U_{2N} 分别为变压器高、低压侧额定电压。上式表明，不管选择哪一个分接头，最小负荷与最大负荷时低压侧电压差的相对值基本上不变。所以当

$$\frac{U'_{2\min} - U'_{2\max}}{U_{1N}} > \frac{U_{2R\min} - U_{2R\max}}{U_{2N}} \tag{5.27}$$

时，无论选择哪一个分接头都无法满足调压要求，这时需要与其他调压措施相配合，或改用有载调压变压器。

归纳一下，变压器分接头的选择有以下几步：

（1）根据最大负荷和最小负荷时的一次侧电压 $U_{1\max}$ 和 $U_{1\min}$，以及通过变压器的负荷 $P_{\max}+\mathrm{j}Q_{\max}$ 和 $P_{\min}+\mathrm{j}Q_{\min}$，求取变压器的电压损耗 $\Delta U_{\max}$ 和 $\Delta U_{\min}$；

（2）由式（5.21）和（5.22）求取最大负荷和最小负荷时的变压器分接头电压值，并取其平均值；

（3）选择一个最接近平均分接头电压值的变压器分接头；

（4）用选定的分接头验算低压侧电压在最大和最小负荷期间是否满足要求。

升压变压器的分接头选择与降压变压器没有本质差别，只是潮流方向不同，而且一般按照高压侧的电压要求选择分接头。

三绕组变压器的分接头设在高、中压两侧，低压侧不设分接头。确定三绕组变压器的分接头，与变压器中负荷流向有关。例如，当负荷从变压器的高压侧流向中压侧和低压侧时，首先求出最大和最小负荷时中、低压侧的电压（归算到高压侧），然后把变压器的高压与低压绕组看成是一个两绕组变压器，按两绕组变压器的分接头选择方法进行选择，由变压器低压侧的调压要求确定高压侧分接头。确定了高压侧的分接头以后，高压绕组与中压绕组又可看成一个双绕组变压器，根据中压侧的调压要求选择中压侧的分接头。

有载调压变压器能够在电力网电压变化和负荷变化时，不停电地改变分接头位置满足调压要求，调节速度也较快，改变一档分接头需 2~5 s，而且便于实现自动化，是一种有效的调压措施，但它的价格较高，运行维护较复杂，所以应首先用在确有必要的地方。例如两个电力网间的联络变压器，如果负荷方向是变化的或负荷变动范围很大，就需要采用有载调压变压器。同时，还可利用有载调压改变电网间无功功率的分布。对于枢纽变电所，一般需要使用有载调压变压器，作为控制中枢点电压的手段，此外，负荷变化大或调压要求高的变电所，用普通变压器不能满足调压要求时，也可应用有载调压变压器。选择有载调压变压器时，要根据调压要求和负荷变化情况，确定所需的分接头调节范围和每档分接头的调节量。

最后需要指出，只有当系统无功功率电源容量充足时，用改变变压器变比调压才能奏效，现用图 5.7 说明这一问题。设由于发电机 G 无功容量不足，以致各母线电压水平偏低，发电机输出的无功功率 Q_G。已达到最大允许值 $Q_{G\max}$，现改变变压器 T-3 的变比，企图提高母线 6 的电压 U_6。考虑到负荷的 Q-U 静态特性，当 U_6 提高时，负荷 Q_6 也将增加，这会使发电机输出的 $Q_G>Q_{G\max}$。为了保证发电机安全运行，只得降低发电机励磁电流，使 Q_G 减小到允许值，即 $Q_G=Q_{G\max}$。显然，这会导致母线 1~5 的电压降低，而母线 6 的电压也不能升到预期值。以上分析表明，改变 T-3 的变比，不但 U_6 升高有限，还会导致其他母线的电压进一步下降。因此，当系统无功功率不足时，首先应装设无功功率补偿设备，使系统无功功率容量有一定的裕度。

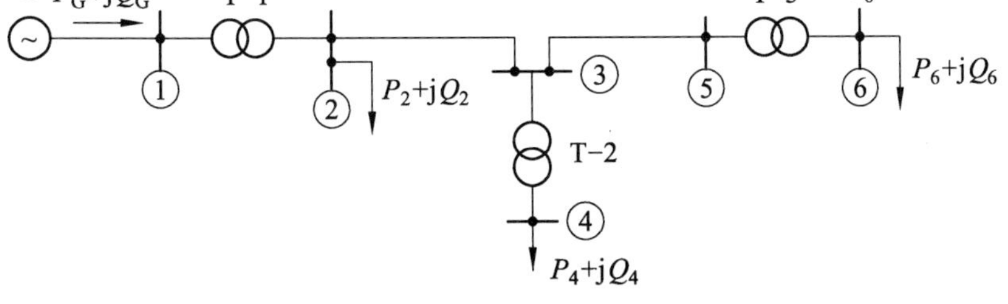

图 5.7　简单的电力系统图

3. 应用无功功率补偿装置调节电压

在电力网适当的地点接入并联无功功率补偿装置，能够减小线路和变压器输送的无功功率，因而可以减小线路和变压器的电压损耗和提高电力网的电压水平，同时还能减小电力网的功率损耗，提高经济效益。当系统负荷变化时，通过调节无功功率补偿装置输出的无功功率，就能控制电力网的电压。

常用的无功功率补偿设备有并联电容器、同步调相机和静止补偿器等，并联电容器是最经济和方便的补偿设备，使用最广泛。它分散安装在各用户处和一些降压变压所的 10 kV 或 35 kV 母线上，使高低压电力网（包括配电网）的电压损耗和功率损耗都得到减小，在高峰负荷时能提高全网的电压水平；在负荷较低时，可以切除部分并联电容器，防止电压水平过高。同步调相机和静止补偿器输出的无功功率可以连续控制，当系统电压过高时还可以吸收无功功率，具有优良的控制电压能力，通常装设在枢纽变电所中。

现以图 5.8 所示的简单电力网为例，讨论调节电压的原理。图 5.8（a）所示为电力网结线图，无功功率补偿设备装在变压器 T 的低压母线上，它输出的无功功率用 Q_C 表示，$Q_C>0$ 表示输出无功功率（感性），$Q_C<0$ 为吸收无功功率。图 5.8（b）为等值电路，等值电源用恒定电压 U_1 和等值内阻抗 r_s+jx_s 表示，$R+jX$ 为电源、线路和变压器阻抗之和，各阻抗均归算到高压侧，设 k 为变压器 T 的变比，U_2 为变压器低压母线电压，$U_2'=kU_2$ 为归算到高压侧的 U_2 值。

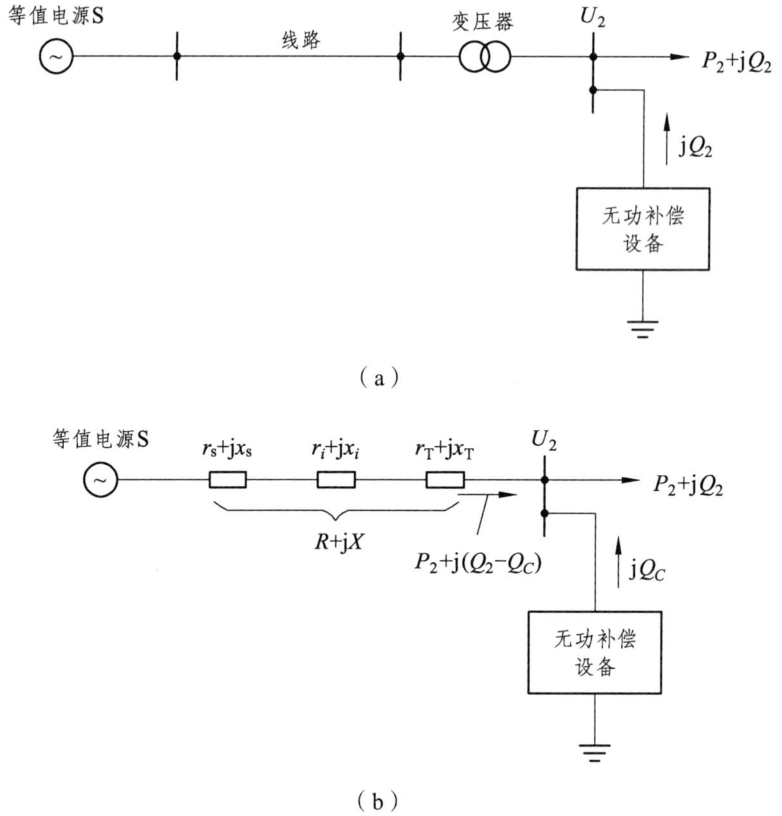

图 5.8　并联补偿原理

未加并联补偿时

$$U_1 \approx U_2' + \frac{PR + QX}{U_2'} = U_2' + \Delta U \tag{5.28}$$

式中，ΔU 为电力网的电压损耗。

加上并联补偿后，如要求变压器低压母线电压为 U_{2R}，则有

$$U_1 \approx kU_{2R} + \frac{PR + (Q - Q_C)X}{kU_{2R}} = kU_{2R} + \Delta U_C \tag{5.29}$$

式中，ΔU_C 为有补偿时电力网的电压损耗。当 $Q_C > 0$ 时，显然 $\Delta U_C < \Delta U$。

由式（5.29）可见，$kU_{2R} = U_1 - \Delta U_C$，所以当负荷 $P+jQ$ 变化时，可以改变 Q_C 的值使变压器低压母线电压 U_2 等于要求的值 U_{2R}。并联电容器可分为几组，用改变投入的组数来调节 Q_C。由于不能连续改变 Q_C，所以只能做到 $U_2 \approx U_{2R}$，同步调相机和静止补偿器能连续改变 Q_C，可以精确实现 $U_2 = U_{2R}$；它们还能自动控制电压（有电压调节器时），在任何负荷时都能保持 $U_2 = U_{2R}$。当负荷具有冲击特性时（见图 5.9），静止补偿器能快速改变 Q_C，使 U_2 的波动减小到允许的水平。

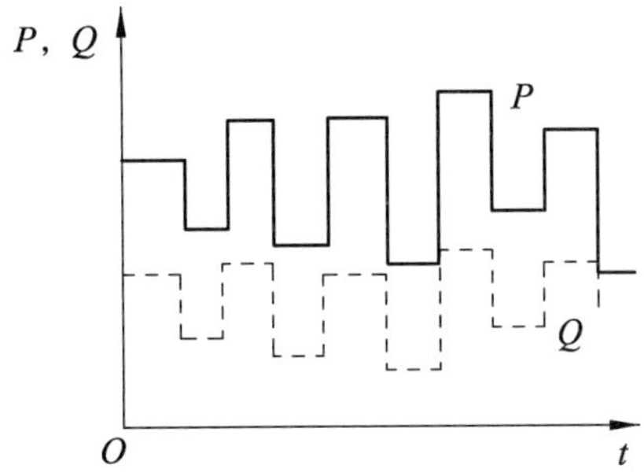

图 5.9　冲击负荷变化特性

同步调相机控制速度较慢，用于抑制冲击负荷引起的电压波动效果较差。

由于 U_1 保持不变，所以由式（5.28）、式（5.29）可解得

$$Q_C = \frac{kU_{2R}}{X}(kU_{2R} - U_2') + \frac{PR + QX}{X}\left(1 - \frac{kU_{2R}}{U_2'}\right) \tag{5.30}$$

上式等号右边第一项占支配地位，第二项较小，所以

$$Q_C \approx \frac{kU_{2R}}{X}(kU_{2R} - U_2') \tag{5.31}$$

已知负荷 $P + jQ$ 和变压器变比 k 时，根据电压要求值 U_{2R} 可用上式近似地计算所需的补偿功率 Q_C。

无功功率补偿设备输出的最大无功功率为其额定容量 Q_{CN} 或 S_N，最小输出功率为 $Q_{C\min} = -K_Q Q_{CN}$。K_Q 为进相最大容量与额定容量的比值，$0 < K_Q < 1$。并联电容器 $K_Q = 0$（全部

切除时），同步调相机 K_Q 约为 0.5，静止补偿器 K_Q 可按用户的要求制造。选择无功功率补偿设备额定容量时，希望在满足调压要求条件下，容量愈小愈好。在使用普通变压器时，如果能选择适当的分接头，使最大负荷时补偿的无功功率等于额定值 Q_{CN} ，最小负荷时需要吸收的无功功率则刚好等于 $K_Q Q_{CN}$ ，这样的 Q_{CN} 将是最小的。以下具体讨论变比 k 和最小补偿容量的确定。

设最大负荷时 $Q_C = Q_{CN}$ ，根据式（5.31）有

$$Q_{CN} = \frac{kU_{2\mathrm{R}\max}}{X}(kU_{2\mathrm{R}\max} - U'_{2\max}) \tag{5.32}$$

式中加下标 max 表示最大负荷时的电压值。

最小负荷时 $Q_C = -K_Q Q_{CN}$ ，式（5.32）可写成

$$-K_Q Q_{CN} = \frac{kU_{2\mathrm{R}\min}}{X}(kU_{2\mathrm{R}\min} - U'_{2\min}) \tag{5.33}$$

由上两式可求得所需的变压器变比：

$$k = \frac{K_Q U_{2\mathrm{R}\max} U'_{2\max} + U_{2\mathrm{R}\min} U'_{2\min}}{K_Q U^2_{2\mathrm{R}\max} + U^2_{2\mathrm{R}\min}} \tag{5.34}$$

对于并联电容器，由于 K_Q =0，上式简化为

$$k = \frac{U'_{2\min}}{U_{2\mathrm{R}\min}} \tag{5.35}$$

求得变比 k 以后，即可代入式（5.32）求出 Q_{CN} 。

最后选择最接近的分接头和补偿设备的标准额定容量，再用准确的公式进行验算。

以上是从局部电网调节电压观点出发讨论无功功率补偿容量的选择问题。在实际电力网中，还需综合考虑系统无功功率平衡、整个电力网电压调节和经济功率分布（全网功率损耗最小）等因素才能最后确定。

4. 线路串联电容补偿改善电压质量

对于 35~110 kV 的架空线路，如果线路很长、负荷变化范围很大，或向冲击负荷供电等情况下，可在线路上串联电容器，用容性电抗抵消线路的一部分感性电抗，使线路电压损耗减小，线路末端电压提高，以改善电压质量。

图 5.10（a）为一架空线路的等值电路，送端电压为 $\dot{U}_1$，末端电压为 $\dot{U}_2$，负荷集中在线路末端。为了改善线路末端的电压质量，在线路上串联容抗为 X_C 的电容器组，其等值电路示于图 5.10（b），这时末端电压为 U'_2 。

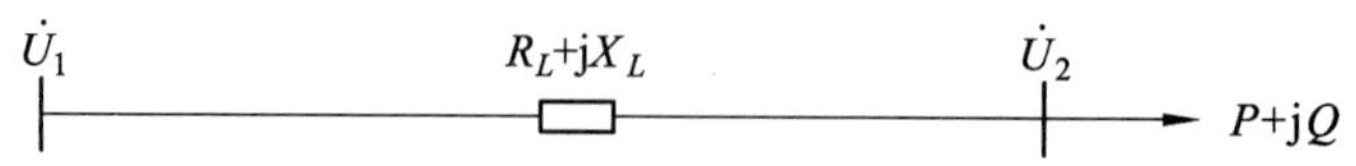

（a）

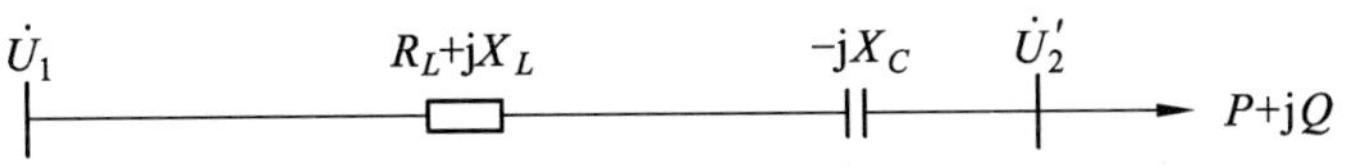

（b）

图 5.10　串联电容补偿电力线路的等值图

在以下的讨论中，设线路送端电压 U_1 恒定不变，则未接串联电容器前

$$\dot{U}_1 = U_2 + \frac{PR_L + QX_L}{U_2} + \mathrm{j}\frac{PX_L - QR_L}{U_2} = U_2 + \Delta U + \mathrm{j}\delta U \tag{5.36}$$

接入串联电容器后

$$\begin{aligned}\dot{U}_1 &= U_2' + \frac{PR_L + Q(X_L - X_C)}{U_2'} + \mathrm{j}\frac{P(X_L - X_C) - QR_L}{U_2'} \\ &= U_2' + \Delta U' + \mathrm{j}\delta U'\end{aligned} \tag{5.37}$$

两种情况下的相量图如图 5.11 所示，可见串联电容补偿后线路电压降 $\Delta U' < \Delta U$ 和 $\delta U' < \delta U$，所以线路末端电压水平提高了（$U_2' > U_2$），而且由于线路电压损耗相对值（即 $\Delta U'/U_1$）减小，因而负荷变化时 U_2' 的变化范围也相应地减小。X_C 增加时，改善线路末端电压质量的作用随之增大。选择适当的 X_C 值时，串联电容补偿可以有效地减小冲击负荷引起的电压波动。

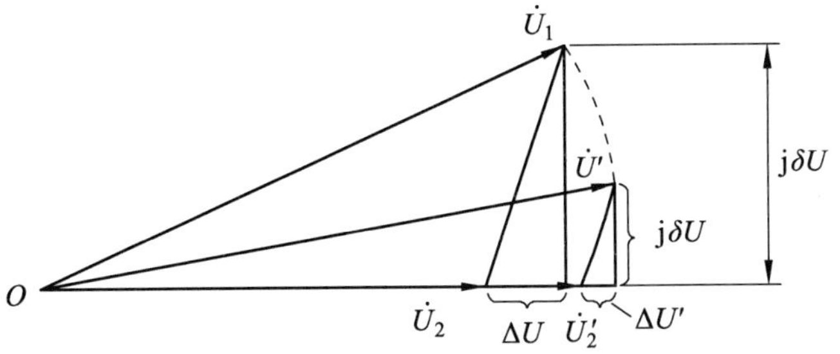

图 5.11　线路电压相量图

接入串联电容器后，线路电压损耗（略去电压降落横分量）减小量的相对值（百分数）为

$$\begin{aligned}\Delta\Delta U\% &= \frac{\Delta U - \Delta U'}{\Delta U} \times 100 \approx \frac{QX_C}{PR_L + QX_L} \times 100 \\ &= \frac{X_C/X_L}{R_L/X_L \times P/Q + 1} \times 100\end{aligned} \tag{5.38}$$

令 $K_C = X_C/X_L$，即串联电容器的容抗与线路电抗之比为线路电抗的补偿度，它是表明串联电容补偿程度的指标，K_C=1 称作全补偿，$K_C < 1$ 和 $K_C > 1$ 分别称为欠补偿和过补偿，负荷的功率因数为 $\cos\varphi$ 时，式（5.38）可写成

$$\Delta\Delta U\% = \frac{K_C}{1+\frac{R_L}{X_L}\cot\varphi}\times 100 \tag{5.39}$$

从式（5.39）可见：K_C 越大，改善电压质量的效果越好；$\cot\varphi$ 越小（相应于 $\cos\varphi$ 越小），效果越好；线路电阻与电抗的比值 R_L / X_L 越小，效果越好。图 5.12 是根据式（5.39）绘制的曲线，其中图 5.12（a）为 $Q_L / X_L = 0.4$ 时，$\Delta\Delta U\%$ 与 $\cos\varphi$ 的关系曲线，可见负荷功率因数 $\cos\varphi$>0.95 时串联电容补偿的效果已很小。图 5.12（b）为 $\cos\varphi$=0.9 条件下，$\Delta\Delta U\%$ 与 R_L / X_L 比值的关系曲线，表明 $\Delta\Delta U\%$ 随 R_L / X_L 的增大而减小，线路 R_L / X_L 较大时，为了得到相同的补偿效果，就要选用较大的补偿度 K_C。电压等级越低的线路，由于导线截面减小和电阻增大，R_L / X_L 比值就越大，钢芯铝绞线截面面积在 95 mm^2 以下时，R_L / X_L>1，对于 R_L / X_L 很大的线路，为了满足改善电压的要求，K_C 大于 1 时，将使线路等值电抗变成容性。

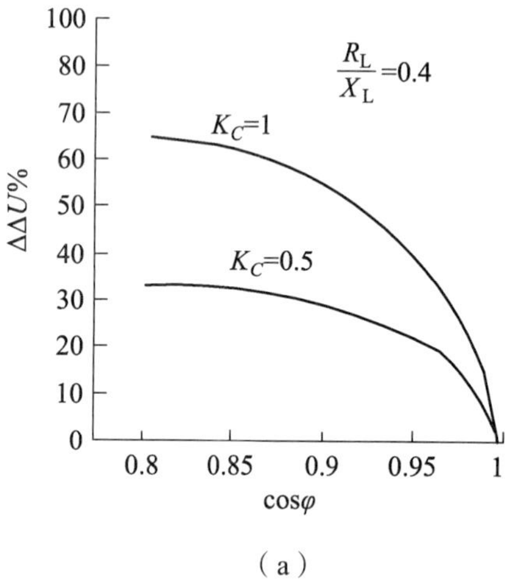

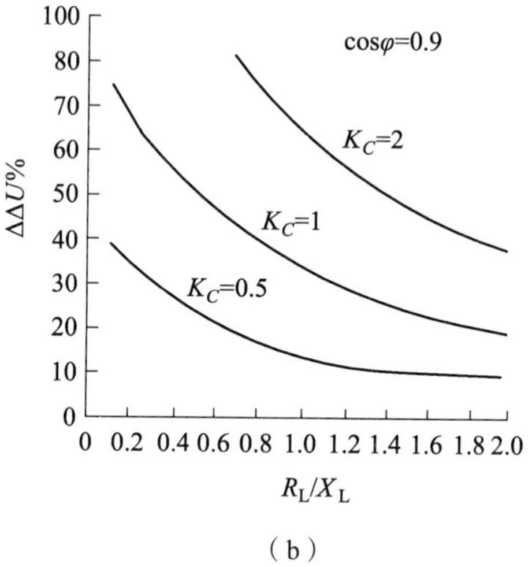

图 5.12　$\Delta\Delta U\%$ 与 Kc、$\cos\varphi$ 和 R_L/X_L 的关系

线路接入串联电容器后，由于线路电压的升高，线路的有功和无功功率损耗将有不同程度的减小。当负荷电流流经串联电容器时，会产生感性无功功率

$$\Delta Q_C = \frac{P^2+Q^2}{U_2'^2}X_C \tag{5.40}$$

所以采用串联电容补偿后，还能提高线路输送端的功率因数。

根据线路末端电压的要求值，可从式（5.36）和式（5.37）计算所需的串联电容的容抗值

$$X_C = \frac{U_2'}{Q}\left[U_2' - U_2 + (PR_L + QX_L)\left(\frac{1}{U_2'} - \frac{1}{U_2}\right)\right] \approx \frac{U_2'}{Q}(U_2' - U_2) \tag{5.41}$$

串联电容补偿用的电力电容器有一些特殊的技术要求，例如必须能承受很高的过电压（我

国规定应能耐受持续 0.2 s 的 5 倍额定电压等），所以必须使用专门生产的串联电容器。单个串联电容器的额定电压不高（最高为 1~2 kV），额定容量也不大（20~40 kvar），所以要用许多个串联电容器通过串、并联组成串联电容器组。图 5.13 是一相串联电容器组原理接线图的例子，它的并联数为 4，串联数为 6。

串联电容器组的并联数和串联数是根据最大工作电流来选择的，要求在最大工作电流通过电容器组时，每个电容器的电流不超过它的额定电流，每个电容器的电压不大于它的额定电压。设要求串联补偿的容抗为 X_C，最大工作电流为 $I_{\max}$，选用的串联电容器单个额定电压为 U_{CN}，容量为 Q_{CN}，额定电流 $I_{CN}=Q_{CN}/U_{CN}$，额定容抗 $X_{CN}=U_{CN}^2/Q_{CN}$，则串联电容器组的并联数 m 和串联数 n 应满足如下条件：

$$mI_{CN}\geqslant I_{\max} \tag{5.42}$$

$$nU_{CN}\geqslant I_{\max}X_C \tag{5.43}$$

选定 m 和 n 后，再核算电容器组的实际容抗

$$X_C=\frac{n}{m}X_{CN}=\frac{n}{m}\frac{U_{CN}^2}{Q_{CN}} \tag{5.44}$$

三相串联电容器组的总容量为 $3mnQ_{CN}$。

串联电容器组是根据最大工作电流 $I_{\max}$ 选择的，当电力网发生短路时，通过串联电容器组的电流要比 $I_{\max}$ 大许多倍，将发生严重的过电压，所以必须采取保护措施。通常用能自行灭弧的放电间隙来保护串联电容器，如图 5.13 所示，其中附加的电阻 r 用于限制保护间隙击穿瞬间电容器组的放电电流，通过的工频交流电流则主要通过小电感 L 旁路，以减小电阻的容量。

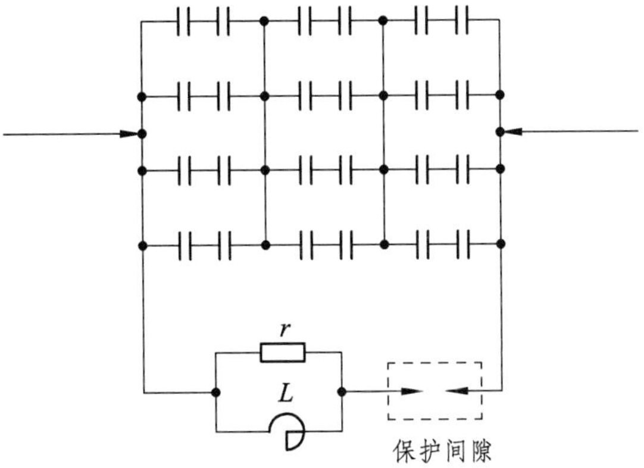

图 5.13 串联电容器组

串联电容器装设的地点应按照实际情况确定。当负荷全部集中在线路末端时，串联电容器安装在始端、末端或线路中间，对改善末端电压质量的效果几乎是一样的。一般为了减小投资费用和便于运行维护，常安装在末端或送端的变电所中。如果安装在线路始端，则线路发生短路时，会使短路电流加大，而且短路电流要流经串联电容器组，所以安装在末端变电

所中是比较合理的。如果线路沿线接入若干个负荷，在选择串联电容器的安装地点时，应使沿线路电压分布尽量均匀，使各负荷点的电压变化均在允许的范围之内。

电力线路采用串联电容补偿也会带来一些特殊问题，例如串联电容器的过电压保护、继电保护的复杂化、投入有饱和铁心设备时的高次谐波振荡、异步电动机自励磁等问题，运行维护也比较复杂。因此作为改善电压质量的措施，串联电容器只用于 110 kV 以下电压等级、长度特别大或有冲击负荷的架空分支线路上。10 kV 及以下电压的架空线路，由于 R_L / X_L 很大，所以使用串联电容补偿是不经济也不合理的。

220 kV 以上电压等级的远距离输电线路中采用串联电容补偿，其作用在于提高运行稳定性和输电能力。

5. 复杂系统的电压无功控制和调压措施的组合

具有多个电压等级的复杂电力系统，电压的调节比上述简单电网要复杂得多。这是由于：（1）各个负荷的变化规律不同，所以系统中各变电所电压的变化情况也不一样。（2）各点电压及各线路的无功功率互相关联，调节任一发电厂或变电所的电压，将会影响系统其他各处的电压，影响的范围和程度又各不相同。（3）调节电压时电网中无功功率分布将发生变化，因而电网的有功功率损耗总和也随之发生变化。因此，各种调节措施要互相配合，共同进行电压和无功功率的调节，使全系统各处的电压都能满足要求，同时也使电网的无功功率分布最经济，即全网的有功功率损耗最小。

现以图 5.14 所示的简单电力系统为例，分析各种调压设备（发电机 G_1 和 G_2、有载调压变压器 T，可切换并联电容器 q）对节点①的电压和通过线路无功功率的影响。在近似的分析中，可假定线路和变压器的 $R \ll X$，同时不考虑线路中的无功功率损耗。这样，可以写出下列各种调压设备控制量的增量（发电机电压增量 ΔU_1 和 ΔU_2，变压器变比增量 Δn，并联无功电源增量 Δq）与节点①电压增量 ΔU 和线路无功功率增量 ΔQ 的关系（这里用的是标幺制，并近似地认为线路电压为单位值）：

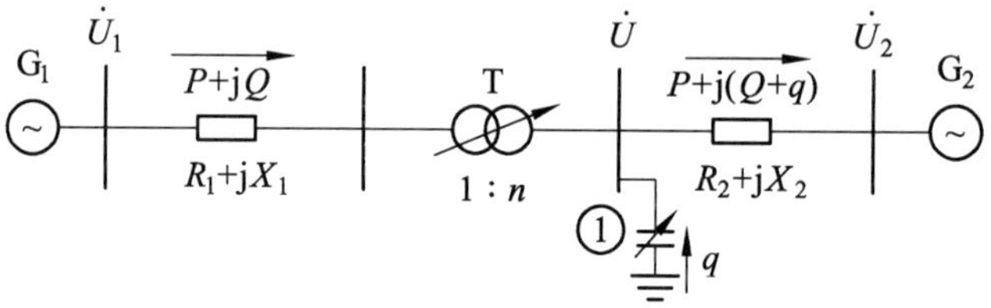

图 5.14　简单电力系统

$$\Delta U_1 - \Delta U + \Delta n = X_1 \Delta Q \tag{5.45}$$

$$\Delta U - \Delta U_2 = X_2 (\Delta Q + \Delta q) \tag{5.46}$$

由此可得到

$$\Delta U = \frac{X_2}{X_1 + X_2}\Delta U_1 + \frac{X_1}{X_1 + X_2}\Delta U_2 + \frac{X_2}{X_1 + X_2}\Delta n + \frac{X_1 X_2}{X_1 + X_2}\Delta q \tag{5.47}$$

$$\Delta Q = \frac{1}{X_1 + X_2}\Delta U_1 - \frac{1}{X_1 + X_2}\Delta U_2 + \frac{1}{X_1 + X_2}\Delta n - \frac{X_2}{X_1 + X_2}\Delta q \tag{5.48}$$

由式（5.47）可知，改变发电机 G_1 的电压 U_1，或变压器 T 的变比 n 来调节节点①的电压 U，其效果大致是相同的，而且比值 X_1 / X_2 越小，其调压效果越显著。也就是说，控制点与被控制点间的相对电气距离越近，其调节效果越好；位于节点①另一侧的发电机 G_2 的电压 U_2 对 U 的影响也与比值 X_1 / X_2 有关，其值越大，影响越大；改变并联无功补偿装置的出力 q，其对电压 U 的影响与补偿点至两侧电源的电气距离有关，距离越大，效果越明显。

由式（5.48）可知，增大发电机 G_1 的电压 U_1，将使自 G_1 送出的无功功率（即线路无功潮流）Q 增大；相反，如果增大发电机 G_2 的电压，则使 Q 减小。所以，改变电压 U_1 和 U_2，对线路无功潮流 Q 的作用正好相反。当 ΔU_1 和 ΔU_2 的数值相等时，线路中的无功功率将维持不变。改变变压器的变比 n 对无功功率 Q 的影响，与改变电源电压 U_1 作用相同。并联无功功率补偿装置 q 的出力按与线路电抗成反比的关系向两侧流动，其结果是减小 U_1 侧的无功潮流，而增加另一侧的无功潮流。

对于更复杂的系统，也可以列出类似的关系式

$$\Delta U_i = \sum_j A_{Uij}\Delta U_j + \sum_j A_{nij}\Delta n_j + \sum_j A_{qij}\Delta q_j \tag{5.49}$$

$$\Delta Q_L = \sum_j B_{ULj}\Delta U_j + \sum_j B_{nLj}\Delta n_j + \sum_j B_{qLj}\Delta q_j \tag{5.50}$$

式中

$$A_{Xij} = \frac{\partial U_i}{\partial X_i}, B_{Xij} = \frac{\partial Q_L}{\partial X_j}$$

X 分别代表 U、n 或 q 这些偏导数，表示某一控制量对被控制量的作用，它们的值越大，表示控制量对被控制量的作用越大，即控制越灵敏。

由上述的近似分析便可以看出，各种调压手段对各节点电压的作用与网络的结构和参数有很大关系，调节设备的设置地点越靠近被控制的中枢点，其调节效果越好。虽然从广义上来讲，电力系统中任何一个调压设备的调节对电力系统各点电压均有影响，但是实际上由于受到网络结构和参数以及调压设备的实际配置情况的限制，每个调压设备的调节效应是有限制的，调压设备与被控制的中枢点的电气距离越远，其调节效应越小。

从避免无功功率长距离输送的角度来说，无功功率补偿设备应分散装设在各负荷点及负荷中心，尽量做到分层（指各电压级电力网）、分区无功功率达到平衡。例如，某电力系统主干电网的额定电压为 500kV，由接在主网的各个 500/220 kV 区域变电所分别向各地区 220 kV 电网供电，这就要求各地区 220 kV 电网、由各地区 220 kV 电网供电的 110 kV 电网、110 kV 以下各层电网均各自保持无功功率平衡。我国电力系统电压和无功功率管理导则要求：低压侧为 220 kV 和 110 kV 的降压变电所，在不同负荷水平时，220 kV 母线总负荷的功率因数应保持在 0.95~1.0（滞后）范围内，110 kV 母线总负荷的功率因数应保持在 0.9~1.0（滞后）范围内。各地区应按此要求安排各级电网的无功功率补偿设备，在各地区无功功率平衡的基础

上，再考虑主网的无功功率平衡。

无功功率补偿设备类型的选择，需要从电压和无功功率控制的要求和经济性等方面考虑。并联电容器控制性能最差，但单价低、功耗小、运行维持方便，适宜于分散安装在各用户处以及配电变电所的 10 kV 和 35 kV 母线上；静止补偿器和同步调相机有良好的控制性能，而且有提高系统运行稳定性的作用，但单价较高、运行维护较复杂，所以一般只用于高压枢纽变电所中，静止补偿器还适用于带有冲击负荷的变电所和用户。

随着电力系统规模的日益扩大，以往手动或自动调节个别发电厂母线电压或通过调整个别变电所的调压设备来控制全系统电压的方法，已不能适应电力系统发展的需要，所以，根据电力系统本身的特点，一般在全系统分散配置调压设备，采用各地区自动调节电压和全系统集中自动调节电压相结合的方法，各地区负责本区电网电压的调节控制，并就地解决无功功率的平衡；系统调度中心负责控制主干电网中主干输电线和环网的无功功率分布，以及给定主要中枢点（发电厂母线、枢纽变电所母线等）的电压设定值，以便加以监视和控制，并协调各地区的电压水平，控制各重要无功电源和调压设备（如主要发电厂发电机母线电压，枢纽变电所调压设备的起停和调节）。

习　题

5.1　某输电系统的等值电路如图 5.15 所示。已知电压 U_1=115 kV 维持不变。负荷有功功率 P_{LD}=40 MW 保持恒定，无功功率与电压平方成正比，即 $Q_{LD}=Q_0\left(\dfrac{U_2}{110}\right)^2$。试就 Q_0=20 Mvar 和 Q_0=30 Mvar 两种情况，按无功功率平衡的条件确定节点 2 的电压 U_2。

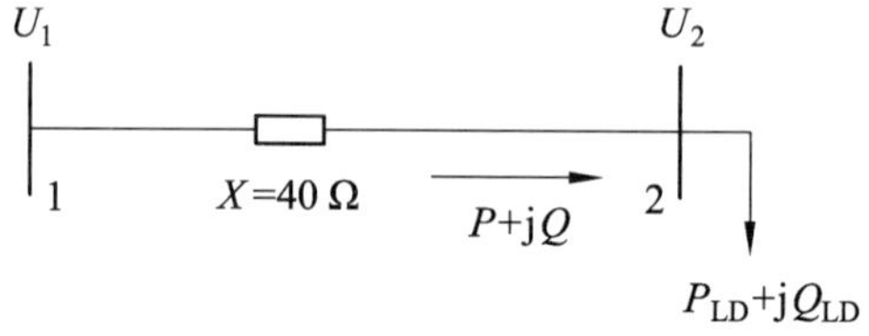

图 5.15　题 5.1 图

5.2　某变电所由阻抗为（4.32+j10.5）Ω 的 35 kV 线路供电。变电所负荷集中在变压器 10 kV 母线 B 点。最大负荷（8+j5）MV·A，最小负荷（4+j3）MV·A，线路送端母线 A 的电压在最大负荷和最小负荷时均为 36 kV，要求变电所 10 kV 母线上的电压在最小负荷与最大负荷时电压偏差不超过±5%，试选择变压器分接头。变压器阻抗为（0.69+j7.84）Ω，变比为（35±2×2.5%/10.5）kV。

图 5.16　题 5.2 图

5.3　一升压变压器，其归算至高压侧的参数、负荷、分接头范围如图 5.17 所示，最大负荷时高压母线电压为 120 kV，最小负荷时高压母线电压为 114 kV，发电机电压的调节范围为 6~6.6 kV，试选择变压器的分接头。

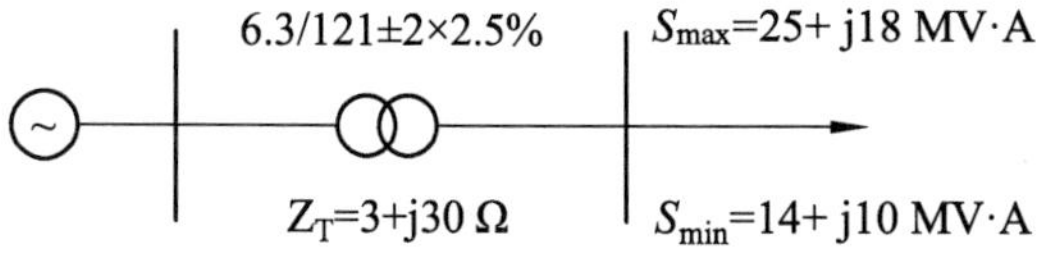

图 5.17　题 5.3 图

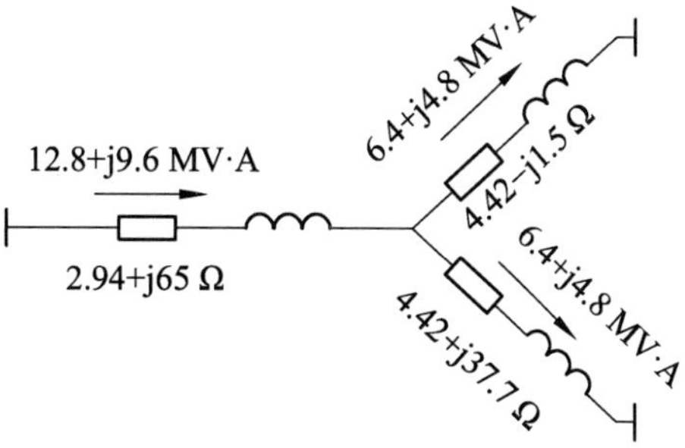

图 5.18　题 5.4 图

5.4　三绕组变压器的额定电压为 110/38.5/6.6kV，等值电路如图 5.18 所示。各绕组最大负荷功率已示于图中，最小负荷为最大负荷的 1/2，设与该变压器相连的高压母线电压在最大与最小负荷时分别为 112 kV 和 115 kV；中、低压母线电压偏移在最大与最小负荷时分别允许为 0 与 7.5%，试选择该变压器高、中压绕组的分接头。

5.5　某降压变电所由双回 110 kV、长 70 km 的架空输电线路供电，导线型号为 LGJ-120，单位长度阻抗为（0.263+j0.423）Ω/km。变电所有两台变压器并联运行，其参数为：S_N = 31.5 MV·A，U_N 为［110（1±2×2.5%）/11］kV，U_s%=10.5。变电所最大负荷为（40+j30）MV·A，最小负荷为（30+j20）MV·A。线路首端电压为 116 kV，且维持不变。变电所二次侧母线上的允许电压偏移在最大、最小负荷时为额定电压的 2.5%~7.5%。根据调压要求，按电容器和调相机两种措施，确定变电所二次侧母线上所需补偿的最小容量。

5.6　一条阻抗为（21+j34）Ω 的 110 kV 单回线路，将降压变电所与负荷中心连接，最大负荷为（22+j20）MV·A。线路允许的电压损耗为 6%，为满足此要求在线路上串联标准为单相、0.66 kV、40 kVA 的电容器。试确定所需电容器数量和容量。

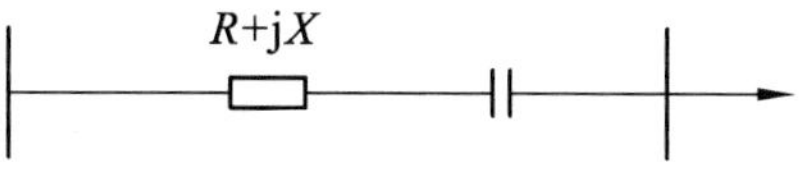

图 5.19　题 5.6 图

5.7　两发电厂联合向一个负荷供电，图中 Z_1=0.10+j0.40，Z_2=0.04+j0.08。设发电厂母线电压均为 1.0，负荷功率 $S_{LD}=P_{LD}+jQ_{LD}$=1.2+j0.7，其有功部分由两发电厂平均分担。试确定无功功率的最优分配。

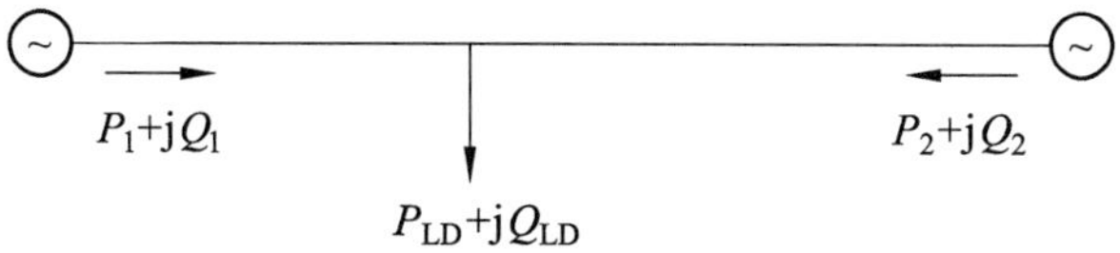

图 5.20　题 5.7 图

第 6 章　电力系统三相短路的分析与计算

6.1　电力系统故障基本概念

电力系统发生故障或在受到其他类型扰动的暂态过程中，各元件的电磁量以及旋转电机的转速等机械量都将发生变化，而且电磁量和机械量的变化是相互关联的。全面严格地分析电力系统暂态过程不但非常复杂，而且相当困难，所以工程上根据不同的研究问题，将电力系统暂态过程分为电磁暂态过程和机电暂态过程两类。电磁暂态过程研究电流、电压等电量及电机、变压器中磁通的变化过程，而电机转速变化则可以忽略不计，例如研究短路电流、同步电机自励磁等快速暂态过程。机电暂态过程着重研究同步电机转速和转子相对位置变化的暂态过程，一些对其影响不大的电磁变化因素则可略去不计，例如电力系统运行稳定性、同步发电机异步运行等问题的研究。本章主要讨论电力系统短路故障的电磁暂态过程。

同步电机是电力系统的电源，它的暂态过程比其他元件复杂，而且对电力系统电磁和机电暂态过程起主导作用。本章将首先讨论同步电机电磁数学模型和电磁暂态特性，它是学习电力系统暂态过程的基础。

在电力系统可能发生的各种故障中，对电力系统运行和电力设备安全危害最大而且发生概率也较大的，首推短路故障。所谓短路故障，是指正常运行情况以外的相与相之间或相与地（或中性线）之间的接通。

产生短路故障的主要原因是电力设备绝缘损坏。常见的有：雷击过电压或操作过电压引起绝缘子、绝缘套管表面闪络（电弧放电）；由于绝缘材料老化等原因，在过电压甚至在正常电压下发生绝缘介质击穿；风、雪等自然灾害以及鼠、鸟等动物跨接裸露导体造成的短路。另外，运行人员误操作也是造成短路的一个原因，例如设备检修后遗忘拆除临时接地线（用于保护人员安全）而导致在合上电源时造成短路等。

在三相交流电力系统中，短路故障的基本类型有三相短路（$f^{(3)}$）、两相短路（$f^{(2)}$）、单相接地短路（$f^{(1)}$）和两相接地短路（$f^{1(1,1)}$）。三相短路时三相电路仍旧是对称的，称为对称短路，其余三类都是不对称短路。电力系统发生的各种短路中，单相短路所占的比例最高，约为 65%；两相接地短路约占 20%；两相短路约占 10%；三相短路最小，约为 5%。电力系统短路故障大多数发生在架空线路部分（占 70%以上）。在额定电压为 110 kV 以上的架空线路上发生的短路故障，单相接地短路占绝大多数（90%以上）。

中性点不接地或经过大电抗（补偿电抗器）接地的电力网中，单相接地时线路的电流变化不大，但可能会引起过电压，这种故障在本书第 1.5 节中已做讨论。

发生短路时，短路点相间或相与地间将燃起电弧。电弧的电阻是非线性的，电阻值与电流大小及电弧长度有关，变化范围很大，难以准确估计，实际计算中常近似地用恒定的电阻来代替。在某些情况下，电弧电阻很小，可以略去不计，这种短路称为“金属性短路”。在相同条件下，金属性短路的电流较大，通常作为计算最大可能短路电流的条件。

电力网中除了同一地点短路以外，还可能在不同地点同时发生短路，称为多重短路或复杂短路故障。

发生短路时，短路点及附近电力设备流过的短路电流可能达到额定电流的几倍至十几倍，从而可能引起导体及绝缘体的严重发热而损坏。同时，在短路刚开始电流瞬时值达到最大时，电力设备的导体间将受到强大的电动力，如果结构不够坚固，就可能引起导体或线圈变形以致损坏。短路时电力网的电压突然降低（短路点附近电压下降得最多），就会影响用户用电设备的正常工作。首先受影响的是异步电动机，电压低于 70%以下时其转速将急剧下降以至停转，造成产品报废甚至设备损坏。短路故障的最严重后果是并列运行的发电机失去同步，引起系统解列直至崩溃，从而造成大面积停电。另外，不对称短路时，架空线路中不对称电流所产生的磁通，会在邻近平行架设的通信线路上感应出相当大的电势，轻则产生通信干扰，重则危及通信设备和人身的安全。

在电力系统设计和运行时，都要求采取适当措施降低短路故障的发生概率，例如采用合理的防雷设施降低过电压水平，使用结构完善的配电装置，加强运行维护管理，等等。同时，还要采取减小短路危害的措施，最主要的措施是迅速将发生短路的部分与系统其他部分隔离开来，使无故障部分恢复正常运行，例如依靠继电保护装置检测出故障并有选择地断开（跳闸）最接近短路点的断路器以切断故障回路等。架空线路的短路大多数是瞬时性的（即经故障线路与电源隔离，使短路点电弧熄灭并去游离后，能够恢复正常绝缘能力），因此普遍采用自动重合闸措施，即当发生短路时断路器迅速跳闸，经过一定时间（0.4~1 s）后断路器自动重合闸。对于瞬时性短路，重合闸后系统即恢复正常运行；如果是永久性故障，重合闸后短路仍旧存在，则再次使断路器跳闸。因 220 kV 及更高电压等级架空线路的故障绝大多数是单相短路，所以还广泛采用单相重合闸，其特点是发生单相短路时，只断开故障相的断路器，另两相继续运行。但在永久性故障时，重合闸后三相则是同时断开，线路退出运行。

在发电厂、变电所及整个电力系统的设计和运行中，诸如选择合理的电气结线拓扑、选用配电设备和断路器、设计继电保护以及选择限制短路电流措施等实践操作，都必须以短路故障的计算结果作依据。

除了短路故障外，第 7 章中将讨论线路一相或两相断开的故障，简称断线故障。这类故障大多发生在具有三相分别操作断路器的架空线路中，当断路器的一相或两相跳闸时即形成断线故障。例如在采用单相重合闸的线路上，当发生单相短路的一相断路器跳闸后，即形成一相断开、两相运行的非全相运行状态。此外，架空线路因刮风、积雪、树木倒塌等造成一相或两相导线断裂，也是形成断线故障的一个原因，不过这种故障的概率很小。

6.2 同步电机的数学模型

本节将详细描述同步电机的暂态数学模型。同步电机（同步发电机、同步调相机和同步电动机）实质上是由定子和转子两个部件构成。除了部分小型同步电动机外，三相电枢绕组都嵌在定子的槽中，产生激励磁场的磁极则装在转子轴上。转子的结构有凸极和隐极两种形式。水轮发电机及其他低转速的同步电机采用凸极式，极对数很多，例如水轮发电机有 12~50 对极，调相机有 3~6 对极等。凸极由硅钢片叠成，绕有励磁绕组，极面上还嵌有互相短接的紫铜或黄铜棒，构成鼠笼形的阻尼绕组。汽轮发电机等高转速同步电机采用隐极式转子，它由锻钢构成，呈圆柱形，表面槽中装有分布式励磁绕组，大多只有一对极。隐极转子不设阻尼绕组，因为钢转子中的涡流效应有很强的阻尼作用，可看作有无限多个阻尼线圈。

在研究同步电机特性时，常略去一些次要因素，采用如下的假设：

（1）电机各磁路的磁导系数为常数，即认为铁心是不饱和的。

（2）定子三相绕组的结构完全相同，空间位置彼此相距 120°电角度；转子的铁心及绕组对极中心轴和极间轴完全对称。

（3）定子和转子各绕组电流在空气隙中产生的磁势和磁感应强度（磁通密度）都是按正弦规律分布的。

（4）定子和转子的槽不影响各绕组的电感，或者认为定、转子的表面都是光滑的。

符合上述假定的同步电机称为理想同步电机，根据它建立的数学模型求解结果与实际电机试验结果相比较，其准确度可以满足工程的要求，至于实际电机磁路饱和问题可以另行考虑。

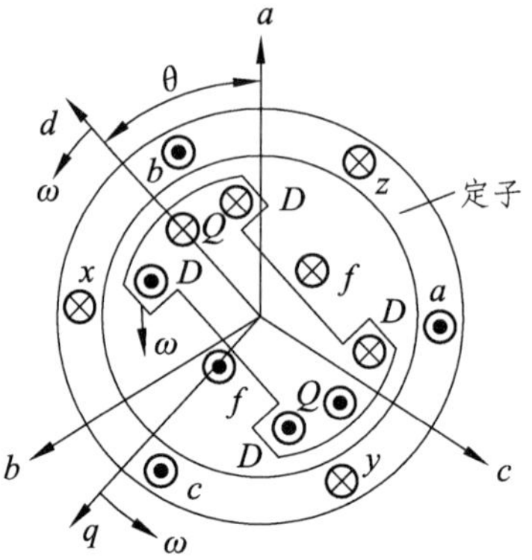

图 6.1　同步电机示意图

为了便于讨论，图 6.1 给出凸极同步电机的示意图。在多极对的电机中，圆周上的距离和转子角位移用电气角度表示时，可以看作只有一对极。定子三相绕组分别用集中绕组 a-x，b-y 和 c-z 表示，绕组的中心轴线 a、b 和 c 彼此相差 120°。转子极中心线用 d 轴表示，称为纵轴或直轴；极间轴 q 轴称为横轴或交轴。按转子旋转方向，q 轴比 d 轴超前 90°。励磁绕组 *f-f* 的轴线与 d 轴重合。阻尼绕组可用两个互相正交的短接绕组等效。轴线与 d 轴重合的称为纵轴阻尼绕组，用集中线圈 D-D 表示，为了保持转子的对称性，图 6.1 中 D-D 绕组分开放在极的两边；另一等效绕组 Q-Q 的轴线与 q 轴重合，称为横轴阻尼绕组。对于隐极同步电机，钢转子中的涡流效应可以用纵轴和横轴阻尼绕组来等效。这样，除了转子横截面为圆形外，其他都与凸极电机相同，可作为凸极机的特例来处理。

同步电机的数学模型包括描述电磁特性的电压方程、磁链方程以及表明转子转速与转矩变化规律的转子运动方程。

6.2.1　电压方程和磁链方程

同步电机有 6 个磁耦合的绕组和相应的 6 个回路，可用各绕组的磁链方程和各回路的电压方程描述。在建立这些方程之前，必须选择各变量的正方向或称参考方向。本书选择的正方向（参见图 6.1）如下：定子各相绕组轴线的正方向作为各绕组磁链的正方向，各相绕组中正方向电流产生的磁链的方向与相应绕组轴线的正方向相反；在转子方面，励磁绕组及纵轴阻尼绕组磁链的正方向与 d 轴正方向一致，横轴阻尼绕组磁链的正方向与 q 轴正方向一致，转子三个绕组中正方向电流产生的磁链与相应轴线方向一致；所有 6 个绕组的感应电势的正方向和各自的电流正方向相同。在上述规定中，定子“电生磁”，转子“磁生电”，符合“左电（动机）右发（电机）”定则，所以转子各绕组磁链和感应电势 e 的正方向符合右手螺旋法则，感应电势 $e=-\mathrm{d}\psi/\mathrm{d}t$；而定子各相绕组磁链和感应电势的正方向不符合右手螺旋法则，$e\neq-\mathrm{d}\psi/\mathrm{d}t$。另外，转子与定子的相对位置用 d 轴与 a 相绕组轴线间的夹角 θ 表示，正方向与转子旋转方向相同。设转子旋转角速度为 ω，则

$$\theta=\int_0^t\omega\mathrm{d}t+\theta_0 \tag{6.1}$$

其中，θ_0 为 t=0 时的初始角；ω 为常数时，$\theta=\omega t+\theta_0$。

图 6.2 为同步电机的电路图，定子 a、b、c 三相绕组采用 Y 接法，励磁绕组 f-f 由外加直流电压源 u_f 提供励磁电流。图中标出了各绕组的电阻、电流、电势和端电压。各绕组总磁链用 ψ 和相应的下标表示。

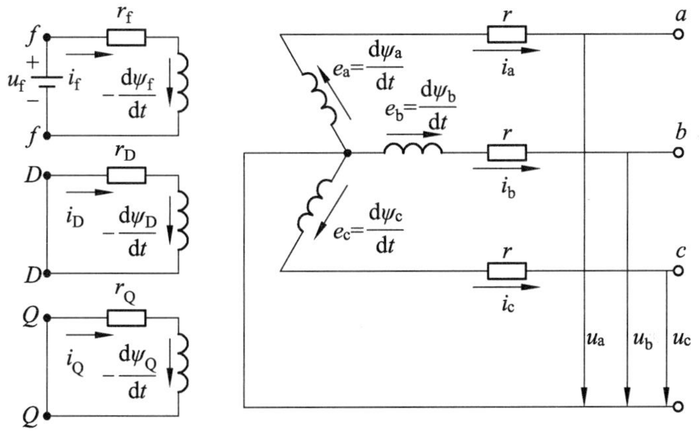

图 6.2　同步电机电路图

定子三相回路电压方程为

$$\left.\begin{aligned}u_\mathrm{a}&=e_\mathrm{a}-ri_\mathrm{a}=\frac{\mathrm{d}\psi_\mathrm{a}}{\mathrm{d}t}-ri_\mathrm{a}\\u_\mathrm{b}&=e_b-ri_\mathrm{b}=\frac{\mathrm{d}\psi_\mathrm{b}}{\mathrm{d}t}-ri_\mathrm{b}\\u_\mathrm{c}&=e_\mathrm{c}-ri_\mathrm{c}=\frac{\mathrm{d}\psi_\mathrm{c}}{\mathrm{d}t}-ri_\mathrm{c}\end{aligned}\right\} \tag{6.2}$$

转子三个回路的电压方程为

$$\left.\begin{aligned}u_\mathrm{f}&=\frac{\psi_\mathrm{f}}{\mathrm{d}t}+r_\mathrm{f}i_\mathrm{f}\\0&=\frac{\psi_\mathrm{D}}{\mathrm{d}t}+r_\mathrm{D}i_\mathrm{D}\\0&=\frac{\psi_\mathrm{Q}}{\mathrm{d}t}+r_\mathrm{Q}i_\mathrm{Q}\end{aligned}\right\} \tag{6.3}$$

同步电机各个绕组有自感，绕组之间有互感，所以各个绕组的磁链方程式为

$$\mathrm{d}\boldsymbol{\psi}_{\mathrm{abc}}=\begin{bmatrix}\psi_{\mathrm{a}}\\ \psi_{\mathrm{b}}\\ \psi_{\mathrm{c}}\end{bmatrix}=\begin{bmatrix}L_{\mathrm{a}} & M_{\mathrm{ab}} & M_{\mathrm{ac}}\\ M_{\mathrm{ab}} & L_{\mathrm{b}} & M_{\mathrm{bc}}\\ M_{\mathrm{ac}} & M_{\mathrm{bc}} & L_{\mathrm{c}}\end{bmatrix}\begin{bmatrix}-i_{\mathrm{a}}\\ -i_{\mathrm{b}}\\ -i_{\mathrm{c}}\end{bmatrix}+\begin{bmatrix}M_{\mathrm{af}} & M_{\mathrm{aD}} & M_{\mathrm{aQ}}\\ M_{\mathrm{bf}} & M_{\mathrm{bD}} & M_{\mathrm{bQ}}\\ M_{\mathrm{cf}} & M_{\mathrm{cD}} & M_{\mathrm{cQ}}\end{bmatrix}\begin{bmatrix}i_{\mathrm{f}}\\ i_{\mathrm{D}}\\ i_{\mathrm{Q}}\end{bmatrix}$$

$$=-\boldsymbol{L}_{\mathrm{SS}}\boldsymbol{i}_{\mathrm{abc}}+\boldsymbol{L}_{\mathrm{SR}}\boldsymbol{i}_{\mathrm{fDQ}} \tag{6.4}$$

$$\mathrm{d}\boldsymbol{\psi}_{\mathrm{fDQ}}=\begin{bmatrix}\psi_{\mathrm{f}}\\ \psi_{\mathrm{D}}\\ \psi_{\mathrm{Q}}\end{bmatrix}=\begin{bmatrix}M_{\mathrm{af}} & M_{\mathrm{bf}} & M_{\mathrm{cf}}\\ M_{\mathrm{aD}} & M_{\mathrm{bD}} & M_{\mathrm{cD}}\\ M_{\mathrm{aQ}} & M_{\mathrm{bQ}} & M_{\mathrm{cQ}}\end{bmatrix}\begin{bmatrix}-i_{\mathrm{a}}\\ -i_{\mathrm{b}}\\ -i_{\mathrm{c}}\end{bmatrix}+\begin{bmatrix}L_{\mathrm{f}} & M_{\mathrm{fD}} & 0\\ M_{\mathrm{fD}} & L_{\mathrm{D}} & 0\\ 0 & 0 & L_{\mathrm{Q}}\end{bmatrix}\begin{bmatrix}i_{\mathrm{f}}\\ i_{\mathrm{D}}\\ i_{\mathrm{Q}}\end{bmatrix}$$

$$=-\boldsymbol{L}_{\mathrm{RS}}\boldsymbol{i}_{\mathrm{abc}}+\boldsymbol{L}_{\mathrm{RR}}\boldsymbol{i}_{\mathrm{fDQ}} \tag{6.5}$$

式中：L 为下标所指的绕组的自感，M 为下标所指的两个绕组间的互感。由于 q 轴阻尼绕组 Q 与励磁绕组 f 和 d 轴阻尼绕组 D 垂直，所以 $M_{\mathrm{fQ}}=M_{\mathrm{DQ}}=0$。

由于凸极同步电机转子的纵轴和横轴两方向的铁心结构不同，因此大部分自感和互感都是转子位置角 θ 的函数，下面分别进行讨论。

1. 定子各相绕组的自感

先讨论 a 相绕组的自感 L_{a}。由图 6.1 可见，当 θ=0°或 θ=180°，即 d 轴与 a 相绕组轴线重合时，a 相绕组的磁导达到最大值，所以 L_{a} 为最大；当 θ=90°或 270°时，a 相绕组的磁导达到最小值，L_{a} 为最小。L_{a} 的变化如图 6.3（a）所示。L_{a} 是 θ 的周期函数，周期为 180°，可以用偶数倍 θ 角的余弦级数来表达，即 $L_{\mathrm{a}}=l_0+l_2\cos 2\theta+l_4\cos 4\theta+\cdots$。

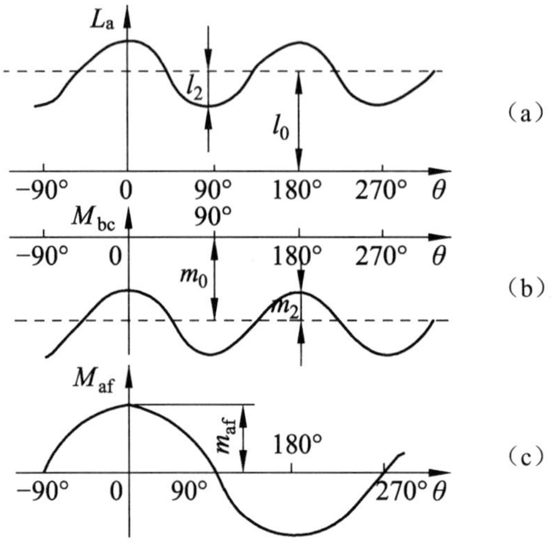

图 6.3　自感和互感随 θ 变化曲线图

如果考虑上述理想电机的第 3 条假设，可以证明它只包含前面两项。b 相和 c 相绕组自感的变化规律也相同，只是达到最大值的 θ 不同。三相绕组自感可表示为：

$$\left.\begin{aligned}L_a&=l_0+l_2\cos2\theta\\L_b&=l_0+l_2\cos2(\theta-120°)\\L_c&=l_0+l_2\cos2(\theta+120°)\end{aligned}\right\}\tag{6.6}$$

式中 l_0 和 l_2 为常数，$l_0 > l_2$；隐极机 l_2=0。

2. 定子三相绕组间的互感

以 b 相和 c 相绕组间的互感 M_{bc} 为例，由图 6.1 可见，c 相绕组正电流产生的匝链到 b 相绕组的磁通与 b 相绕组正电流产生的磁通方向总相反，所以 M_{bc} 为负值。当 θ 等于 90°或 270°即 d 轴与 a 相绕组轴线垂直时，b、c 相绕组耦合最紧密，M_{bc} 的绝对值最大；θ 等于 0°或 180°即 d 轴与 a 相绕组轴线平行时，M_{bc} 的绝对值最小。M_{bc} 随 θ 变化的情况如图 6.3（b）所示，变化周期为 180°。M_{ab} 和 M_{ca} 的变化规律与 M_{bc} 一样，但出现最大值（绝对值）时的 θ 分别超前 120°和滞后 120°。三个互感可表示为

$$\left.\begin{aligned}M_{ab}&=-[m_0+m_2\cos2(\theta+30°)]\\M_{bc}&=-[m_0+m_2\cos2(\theta-90°)]\\M_{ca}&=-[m_0+m_2\cos2(\theta+150°)]\end{aligned}\right\}\tag{6.7}$$

式中：m_0 和 m_2 为常数，$m_0 > m_2$。理论分析表明 m_2 与 l_2 差别很小，实际上可认为 $m_2 = l_2$。隐极电机的 $m_2 = 0$。

3. 定子各相绕组与转子各绕组间的互感

d 轴是励磁绕组的轴线，当 d 轴与 a 轴重合即 $\theta = 0°$ 时，励磁绕组穿链到 a 相绕组的磁通达到最大值，所以 a 相绕组与励磁绕组间的互感 M_{af} 达到最大值，用 m_{af} 表示；当 θ 等于 90°或 270°时，d 轴垂直于 a 轴，$M_{af} = 0$；当 $\theta = 180°$ 时，d 轴又与 a 轴重合，但方向相反，所以励磁绕组穿链到 a 相的磁通达到负的最大值，$M_{af} = -m_{af}$。M_{af} 变化的曲线如图 6.3（c）所示，变化周期为 360°。定子各相绕组与励磁绕组间的互感可表示为

$$\left.\begin{aligned}M_{af}&=m_{af}\cos\theta\\M_{bf}&=m_{af}\cos(\theta-120°)\\M_{cf}&=m_{af}\cos(\theta+120°)\end{aligned}\right\}\tag{6.8}$$

因为纵轴阻尼绕组的轴线也是 d 轴，所以定子绕组与纵轴阻尼绕组间的互感与式（6.8）相似，可表示为

$$\left.\begin{aligned}M_{aD}&=m_{aD}\cos\theta\\M_{bD}&=m_{aD}\cos(\theta-120°)\\M_{cD}&=m_{aD}\cos(\theta+120°)\end{aligned}\right\}\tag{6.9}$$

横轴阻尼绕组的轴线 q 轴超前 d 轴 90°，所以用 θ+90° 替换式（6.9）中的 θ，就可得到定子各绕组与横轴阻尼绕组间的互感

$$\left.\begin{aligned}M_{aQ}&=-m_{aQ}\cos\theta\\M_{bQ}&=-m_{aQ}\cos(\theta-120^\circ)\\M_{cQ}&=-m_{aQ}\cos(\theta+120^\circ)\end{aligned}\right\}\tag{6.10}$$

4. 转子各绕组的自感和互感

转子上各绕组是随着转子一起旋转的，无论凸极机还是隐极机，各绕组磁路的磁导都是不变的，所以转子各绕组自感 L_f, L_D, L_Q 以及励磁绕组与纵轴阻尼绕组间的互感 M_{fD} 都是常数。

上述表明，凸极机大部分自感和互感、隐极机定子绕组与转子绕组间的互感都是转子位置角 $\theta=\int\omega dt$ 的函数，也就是时间的函数。可见，磁链方程式（6.4）和式（6.5）是非线性的代数方程式，电压方程式（6.2）和（6.3）是变系数的微分方程式，它们的求解是十分困难的。克服这个困难的有效方法，是将定子 a、b、c 三相绕组的磁链、电流和电压用一组新的变量替换，从而使方程式便于求解。变量替换又称为坐标变换。本书采用最常用的一种坐标变换，即所谓派克（Park）变换。

6.2.2 坐标变换

将式（6.8）~（6.10）代入式（6.5），转子各绕组磁链方程可表示为

$$\left.\begin{aligned}\psi_f&=-m_{af}[i_a\cos\theta+i_b\cos(\theta-120^\circ)+i_c\cos(\theta+120^\circ)]+L_fi_f+m_ri_D\\\psi_D&=-m_{aD}[i_a\cos\theta+i_b\cos(\theta-120^\circ)+i_c\cos(\theta+120^\circ)]+m_ri_f+L_Di_D\\\psi_Q&=m_{aQ}[i_a\sin\theta+i_b\sin(\theta-120^\circ)+i_c\sin(\theta+120^\circ)]+L_Qi_Q\end{aligned}\right\}\tag{6.11}$$

这些方程式启发我们，可以用新的 i_d、i_q、i_0 变换 i_a、i_b、i_c，它们之间的关系为

$$\left.\begin{aligned}i_d&=2/3[i_a\cos\theta+i_b\cos(\theta-120^\circ)+i_c\cos(\theta+120^\circ)]\\i_q&=-2/3[i_a\sin\theta+i_b\sin(\theta-120^\circ)+i_c\sin(\theta+120^\circ)]\\i_0&=1/3(i_a+i_b+i_c)\end{aligned}\right\}\tag{6.12}$$

将新变量代入式（6.11），它们就可以得到简化，成为线性代数方程。

下面从物理上说明新变量的意义。设定子三相绕阻中的电流分别为

$$\left.\begin{aligned}i_a&=I_m\cos(\omega_st+\gamma_0)=I_m\cos\gamma\\i_b&=I_m\cos(\gamma-120^\circ)\\i_c&=I_m\cos(\gamma+120^\circ)\end{aligned}\right\}\tag{6.13}$$

式中：$\gamma=\omega_st+\gamma_0$，$\omega_s$ 为电流的角频率，γ_0 为初相角。这种具有正常相序的三相对称电流称为正序电流。将该三相电流代入式（6.12）并经三角运算可得

$$\left.\begin{aligned}i_d&=I_m\cos(\gamma-\theta)\\i_q&=I_m\sin(\gamma-\theta)\\i_0&=0\end{aligned}\right\}\tag{6.14}$$

式（6.13）的三相电流可以用一个模值为 I_m、角速度为 ω_s 的旋转综合相量 $\dot{I}$ 表示，见图 6.4。它在三个相差 120°的固定时间轴 t_a、t_b、t_c 上的投影，即为三相电流的瞬时值。

如将图 6.4 中定子三相绕组轴线 a、b、c 分别兼作时间轴 t_a、t_b、t_c，则定子电流综合相量可与 d、q 轴表示在同一图上，如图 6.5 所示。$\dot{I}$ 与 d 轴的夹角为 $\gamma-\theta$，它在 d、q 的分量分即为式（6.14）的 i_d 和 i_q。因此，i_d 和 i_q 分别称为定子电流的纵轴分量和横轴分量。

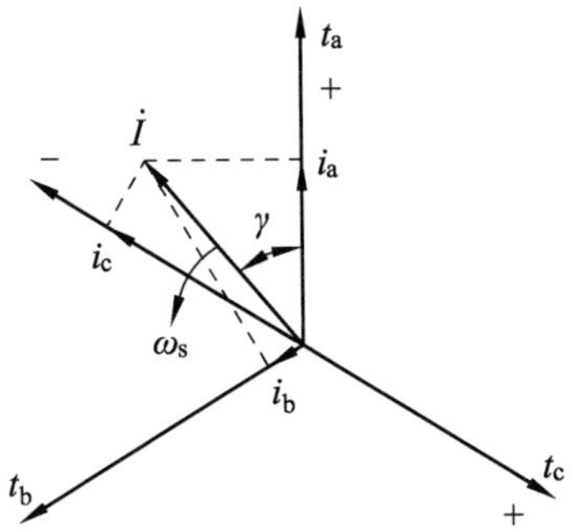

图 6.4　三相电流综合相量

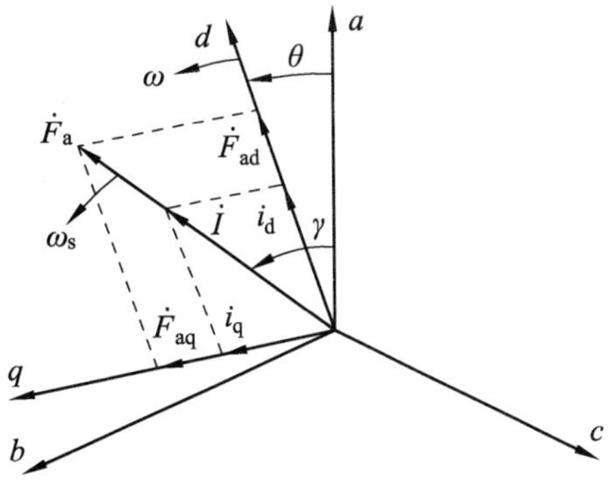

图 6.5　空间相量 $\dot{F}_a$ 和综合相量 $\dot{I}$

当电机定子三相绕组流过式（6.13）的正序电流时，产生的气隙三相合成磁势是一在空间正弦分布（理想电机）的旋转磁势，转速为 ω_s，旋转方向和转子相同。这一空间旋转磁势可以用相量 $\dot{F}_a$ 表示，它的模等于磁势的幅值，位置与合成电流相量 $\dot{I}$ 重合。交流电机原理表明，当某一相电流的瞬时值达到最大时，旋转磁势的位置与该相绕组的轴线重合，因此在图 6.5 中，空间相量 $\dot{F}_a$ 与定子电流的综合相量 $\dot{I}$ 是重合在一起的。

三相合成磁势的幅值为每相绕组脉动磁势幅值的 1.5 倍，每相脉动磁势的幅值与电流的幅值 I_m 成正比，可用 $I_m\omega$ 表示，比例系数 ω 可称为每相绕阻的等值匝数，所以三相合成旋转磁势的幅值 $F_{am}=\frac{3}{2}\omega I_m$，即相量 $\dot{F}_a$ 与相量 $\dot{I}$ 成正比。可见，$\dot{I}$ 作为时间相量可以代表三相电流，把它看作空间相量则可代表定子三相（电流产生的）合成磁势。

相量 $\dot{F}_a$ 可分解为纵轴和横轴分量 $\dot{F}_{ad}$ 和 $\dot{F}_{aq}$，见图 6.5，它们的模为

$$\left.\begin{aligned} F_{ad} &= F_{am}\cos(\gamma-\theta)=\frac{3}{2}I_m\omega\cos(\gamma-\theta) \\ F_{aq} &= F_{am}\sin(\gamma-\theta)=\frac{3}{2}I_m\omega\sin(\gamma-\theta) \end{aligned}\right\}$$

计及式

$$\left.\begin{aligned} F_{ad} &= \frac{3}{2}i_d\omega \\ F_{aq} &= \frac{3}{2}i_q\omega \end{aligned}\right\} \tag{6.15}$$

空间相量 $\dot{F}_{ad}$ 与 d 轴重合，$\dot{F}_{aq}$ 与 q 轴重合，两者都是空间正弦分布与转子一起旋转的磁势，分别称为纵轴和横轴电枢反应磁势。如转子角速度 ω 恒定，则 $\gamma-\theta=(\omega_s-\omega)t+\gamma_0-\theta_0$。当 $\omega_s-\omega$

时，F_{ad} 和 F_{aq} 的大小是恒定的；当 $\omega_s \neq \omega$ 时，两者的大小随时间而变化，角频率为 $\omega_s - \omega$。

定子三相电流为任意时间函数时，各相电流可分解为两个 $i_a = i_a' + i_{a0}, i_b = i_b' + i_{b0}, i_c = i_c' + i_{c0}$。其中 $i_a' + i_b' + i_c' = 0; i_{a0} = i_{b0} = i_{c0} = i_0$ 为零序电流，显然 $i_0 = \frac{1}{3}(i_a + i_b + i_c)$。

三相零序电流不能用综合相量表示，但 i_a'、i_b' 和 i_c' 可以用综合相量 $\dot{I}$ 代表。由于零序电流不产生气隙合成磁势，所以三相合成磁势取决于 i_a'，i_b' 和 i_c'，因此 $\dot{I}$ 仍可以代表 $\dot{F}_a$，不过一般情况下，$\dot{F}_a$ 和 $\dot{I}$ 的旋转速度和模均随时间而变化，$\dot{I}$ 的 d、q 轴分量 i_d 和 i_q 仍与式（6.12）所确定的相同，式（6.15）也仍然成立。可见，对于任意情况，i_d 和 i_q 都可分别代表定子纵轴和横轴电枢反应磁势。

同步电机定子的电枢反应磁通，穿链转子 d 轴各绕组的磁链与 F_{ad} 成正比，穿链转子 q 轴各绕阻的磁链与 F_{aq} 成正比，零序电流只产生定子漏磁，与转子无关，所以用 i_d、i_q 和 i_0 替代三相电流可以使磁链方程得到简化。

i_a、i_b 和 i_c 可看作定子 a、b、c 轴坐标系的量；i_d、i_q 和 i_0 可看作 d、q、0 坐标系的量，d、q 坐标轴和转子一起旋转，“0”坐标轴则是抽象的。因此用 i_d、i_q、i_0 替换 i_a、i_b、i_c 又称为坐标变换。

式（6.12）可用矩阵表示：

$$i_{dq0} = \boldsymbol{P}\boldsymbol{i}_{abc} \tag{6.16}$$

式中，$\boldsymbol{i}_{dq0} = [i_d \quad i_q \quad i_0]^T$；$\boldsymbol{i}_{abc} = [i_a \quad i_b \quad i_c]^T$。

$$\boldsymbol{P} = \frac{2}{3}\begin{bmatrix} \cos\theta & \cos(\theta - 120°) & \cos(\theta + 120°) \\ -\sin\theta & -\sin(\theta - 120°) & -\sin(\theta + 120°) \\ 1/2 & 1/2 & 1/2 \end{bmatrix} \tag{6.17}$$

称为派克坐标变换矩阵。

同样地，定子三相电压及磁链的坐标变换式为

$$\boldsymbol{U}_{dq0} = \boldsymbol{P}\boldsymbol{U}_{abc},\ \psi_{dq0} = \boldsymbol{P}\boldsymbol{\psi}_{abc} \tag{6.18}$$

矩阵 $\boldsymbol{P}$ 是非奇异的，它的逆矩阵为

$$\boldsymbol{P}^{-1} = \begin{bmatrix} \cos\theta & -\sin\theta & 1 \\ \cos(\theta - 120°) & -\sin(\theta - 120°) & 1 \\ \cos(\theta + 120°) & -\sin(\theta + 120°) & 1 \end{bmatrix} \tag{6.19}$$

定子三相电流、电压及磁链的坐标逆变换关系为

$$\boldsymbol{i}_{abc} = \boldsymbol{P}^{-1}\boldsymbol{i}_{dq0},\ \boldsymbol{U}_{abc} = \boldsymbol{P}^{-1}\boldsymbol{U}_{dq0},\ \boldsymbol{\psi}_{abc} = \boldsymbol{P}^{-1}\boldsymbol{\psi}_{dq0} \tag{6.20}$$

上述变换是派克（R.H.Park）于 1929 年首先提出的，所以称为派克变换。

6.2.3 用 dq0 坐标表示的同步电机方程式

在原始方程中，定子各电磁变量是按三个相绕组也就是对于空间静止不动的三相坐标系列写的，而转子各绕组的电磁变量则是对于随转子一起旋转的 dq 两相坐标系列写的。磁链方程式中出现变系数的原因主要如下。

（1）转子的旋转使定、转子绕组间产生相对运动，致使定、转子绕组间的互感系数发生相应的周期性变化。

（2）转子在磁路上只是分别对于 d 轴和 q 轴对称而不是随意对称的，转子的旋转也导致定子各绕组的自感和互感的周期性变化。

如前所述，由于电机在转子的纵轴向和横轴向的磁导都是完全确定的，为了分析电枢磁势对转子磁场的作用，可以采用双反应理论把电枢磁势分解为纵轴分量和横轴分量，这就避免了在同步电机稳态分析中出现变参数的问题。

本节讨论同步电机磁链方程和回路电压方程的派克变换，从而得到用 dq0 坐标表示的方程式。

1. 磁链方程的派克变换

定子绕组磁链方程式（6.4）为了书写方便而简写为

$$\boldsymbol{\psi}_{\text{abc}} = -\boldsymbol{L}_{\text{SS}}\boldsymbol{i}_{\text{abc}} + \boldsymbol{L}_{\text{SR}}\boldsymbol{i}_{\text{fDQ}} \tag{6.21}$$

转子各绕组磁链方程式（6.5）表示为

$$\boldsymbol{\psi}_{\text{fDQ}} = -\boldsymbol{L}_{\text{RS}}\boldsymbol{i}_{\text{abc}} + \boldsymbol{L}_{\text{RR}}\boldsymbol{i}_{\text{fDQ}} \tag{6.22}$$

上两式中，$\boldsymbol{L}_{\text{SS}}$ 为定子各绕组电感矩阵；$\boldsymbol{L}_{\text{SR}} = \boldsymbol{L}_{\text{RS}}^{\text{T}}$ 为定子绕组与转子绕组间的互感矩阵；$\boldsymbol{L}_{\text{RR}}$ 为转子各绕组的电感矩阵。

$$\boldsymbol{\psi}_{\text{fDQ}} = [\boldsymbol{\psi}_{\text{f}} \quad \boldsymbol{\psi}_{\text{D}} \quad \boldsymbol{\psi}_{\text{Q}}]^{\text{T}}\text{；}\ \boldsymbol{i}_{\text{fDQ}} = [\boldsymbol{i}_{\text{f}} \quad \boldsymbol{i}_{\text{D}} \quad \boldsymbol{i}_{\text{Q}}]^{\text{T}}\text{；}\ \boldsymbol{\psi}_{\text{abc}} = [\boldsymbol{\psi}_{\text{a}} \quad \boldsymbol{\psi}_{\text{b}} \quad \boldsymbol{\psi}_{\text{c}}]^{\text{T}}\text{；}$$

$$\boldsymbol{i}_{\text{abc}} = [i_a \quad i_b \quad i_c]^{\text{T}}$$

式（6.13）等号两边乘以 $\boldsymbol{P}$，计及式（6.18）、式（6.20）可得：

$$\left.\begin{aligned} \boldsymbol{\psi}_{\text{dq0}} &= -\boldsymbol{P}\boldsymbol{L}_{\text{SS}}\boldsymbol{P}^{-1}i_{\text{dq0}} + \boldsymbol{P}\boldsymbol{L}_{\text{SR}}\boldsymbol{i}_{\text{fDQ}} \\ \boldsymbol{\psi}_{\text{fDQ}} &= -\boldsymbol{L}_{\text{RS}}\boldsymbol{P}^{-1}i_{\text{dq0}} + \boldsymbol{L}_{\text{RR}}\boldsymbol{i}_{\text{fDQ}} \end{aligned}\right\} \tag{6.23}$$

根据式（6.17）、（6.19）以及式（6.6）~（6.10），经三角演算可得：

$$\boldsymbol{P}\boldsymbol{L}_{\text{SS}}\boldsymbol{P}^{-1} = \begin{bmatrix} L_{\text{d}} & 0 & 0 \\ 0 & L_{\text{q}} & 0 \\ 0 & 0 & L_0 \end{bmatrix} \tag{6.24}$$

式中：

$$L_{\text{d}} = l_0 + m_0 + l_2/2 + m_2 \approx l_0 + m_0 + \frac{3}{2}l_2$$

$$L_{\text{q}} = l_0 + m_0 - l_2/2 - m_2 \approx l_0 + m_0 - \frac{3}{2}l_2$$

$$L_0 = l_0 - 2m_0$$

$$\boldsymbol{PL}_{\mathrm{SR}}=\begin{bmatrix} m_{\mathrm{af}} & m_{\mathrm{aD}} & 0 \\ 0 & 0 & m_{\mathrm{aQ}} \\ 0 & 0 & 0 \end{bmatrix} \tag{6.25}$$

$$\boldsymbol{L}_{\mathrm{RS}}\boldsymbol{P}^{-1}=\begin{bmatrix} \dfrac{3}{2}m_{\mathrm{af}} & 0 & 0 \\ \dfrac{3}{2}m_{\mathrm{aD}} & 0 & 0 \\ 0 & \dfrac{3}{2}m_{\mathrm{aQ}} & 0 \end{bmatrix} \tag{6.26}$$

将式（6.24）~式（6.26）代入式（6.23），即得到用 d、q、0 坐标表示的同步电机磁链方程，其展开式为

$$\left.\begin{aligned} \psi_{\mathrm{d}} &= -L_{\mathrm{d}}i_{\mathrm{d}}+m_{\mathrm{af}}i_{\mathrm{f}}+m_{\mathrm{aD}}i_{\mathrm{D}} \\ \psi_{\mathrm{q}} &= -L_{\mathrm{q}}i_{\mathrm{q}}+m_{\mathrm{aQ}}i_{\mathrm{Q}} \\ \psi_{0} &= -L_{0}i_{0} \\ \psi_{\mathrm{f}} &= -\frac{3}{2}m_{\mathrm{af}}i_{\mathrm{d}}+L_{\mathrm{f}}i_{\mathrm{f}}+m_{\mathrm{r}}i_{\mathrm{D}} \\ \psi_{\mathrm{D}} &= -\frac{3}{2}m_{\mathrm{aD}}i_{\mathrm{d}}+m_{\mathrm{r}}i_{\mathrm{f}}+L_{\mathrm{D}}i_{\mathrm{D}} \\ \psi_{\mathrm{Q}} &= -\frac{3}{2}m_{\mathrm{aQ}}i_{\mathrm{q}}+L_{\mathrm{Q}}i_{\mathrm{Q}} \end{aligned}\right\} \tag{6.27}$$

可见坐标变换后各电感都变成常数。

从磁链关系的观点来看，坐标变换相当于将定子三相绕组用三个假想的绕组来等值，它们是零序绕组、d 轴绕组和 q 轴绕组。此三个绕组与定子一相绕组的结构相同，等值匝数也一样。等值的定子零序绕组是一个独立的绕组，自感 L_0 为常数，与其他绕组均无磁的耦合，所以该绕组的磁链与其中的电流 i_0 成正比。等值的定子 d 轴和 q 轴绕组的轴线分别与转子 d 轴和 q 轴重合，和转子一起旋转，两绕组的电流和磁链分别为 i_{d}、ψ_{d} 和 i_{q}、ψ_{q}（参考方向与定子绕组相同）。这样，计及转子各绕组时，同步电机的 d 轴方向共有三个相对静止的绕组，q 轴方向共有两个相对静止的绕组；d 轴各绕组与 q 轴各绕组之间没有互感作用。

等值定子 d 轴绕组的轴线始终与 d 轴重合，所以磁路的磁导不变，自感 L_{d} 为常数，它与同轴的励磁绕组及纵轴阻尼绕组之间的互感也是常数，分别等于 $\theta=0°$时 a 相绕组与转子 d 轴两绕组之间的互感 m_{af} 和 m_{aD}。这样就不难理解式（6.27）中 $\psi_{\mathrm{d}},\psi_{\mathrm{f}},\psi_{\mathrm{D}}$ 与 $i_{\mathrm{d}}, i_{\mathrm{f}}, i_{\mathrm{D}}$ 的关系。需要指出：ψ_{d} 中由 i_{f} 和 i_{D} 产生的磁链，互感为 m_{af} 和 m_{aD}；而 ψ_{f} 和 ψ_{D} 中由 i_{d} 产生的互感磁链，互感则为 $1.5m_{\mathrm{af}}$ 和 $1.5m_{\mathrm{aD}}$。这表明，等值定子 d 轴绕组与转子 d 轴两个绕组间的互感是不可互逆的。这是因为转子该两绕组中由定子三相电流产生的互感磁链与定子合成磁势纵轴分量成正比，而 m_{af} 和 m_{aD} 相应于定子一相绕组与转子该两绕组之间的互感，所以互感磁链用 i_{d} 表示时，互感要增大 1.5 倍。

等值定子 q 轴绕组的轴线始终与转子 q 轴重合，所以它的自感 L_{q} 为常数，它与转子横轴阻尼绕组间的互感也是常数。同理，q 轴两个绕组间的互感也是不可互逆的。

现在进一步讨论定子等值电感 L_{d}、L_{q} 和 L_0 的物理意义。

设一台同步电机由原动机驱动，转子转速保持为额定值 ω_N，励磁绕组开路，定子接到电压为三相对称（正序）正弦波和角频率为 ω_N 的电源。稳态时，定子绕组电流为三相对称的正弦波，$i_0 = 0$，在气隙产生的三相合成旋转磁势和转子没有相对运动，阻尼绕组中 $i_D = i_Q = 0$。如果改变三相电源电压的相位，使定子三相合成磁势的相量和 d 轴重合，即图 6.5 中 $\gamma = \theta$，则 $i_q = 0$，由式（6.27）可知，这时 $\psi_d = -L_d i_d, \psi_q = 0, \psi_0 = 0$。定子三相电流和磁链为

$$\begin{bmatrix} i_a \\ i_b \\ i_c \end{bmatrix} = \boldsymbol{P}^{-1} \begin{bmatrix} i_d \\ 0 \\ 0 \end{bmatrix} = \begin{bmatrix} i_d \cos\theta \\ i_d \cos(\theta - 120°) \\ i_d \cos(\theta + 120°) \end{bmatrix}$$

$$\begin{bmatrix} \psi_a \\ \psi_b \\ \psi_c \end{bmatrix} = \boldsymbol{P}^{-1} \begin{bmatrix} \psi_d \\ 0 \\ 0 \end{bmatrix} = \begin{bmatrix} \psi_d \cos\theta \\ \psi_d \cos(\theta - 120°) \\ \psi_d \cos(\theta + 120°) \end{bmatrix}$$

可得定子各相等值电感：

$$-\frac{\psi_a}{i_a} = -\frac{\psi_b}{i_b} = -\frac{\psi_c}{i_c} = -\frac{\psi_d}{i_d} = L_d$$

可见 L_d 是只有纵轴电枢反应时定子各相的等值电感，在电机学中称为纵轴同步电感，它为相绕组漏感 L_σ 和纵轴电枢反应电感 L_{ad} 之和，即 $L_d = L_\sigma + L_{ad}$，相应的电抗为 $x_d = \omega_N L_d = x_\sigma + x_{ad}$。

再改变三相电源电压的相位，使定子三相合成磁势相量和 q 轴重合，即图 6.5 中 $\gamma - \theta = 90°$，则磁链 $\psi_d = 0, \psi_q = -L_q i_q, \psi_0 = 0$。定子三相电流和磁链为

$$\begin{bmatrix} i_a \\ i_b \\ i_c \end{bmatrix} = \boldsymbol{P}^{-1} \begin{bmatrix} 0 \\ i_q \\ 0 \end{bmatrix} = -\begin{bmatrix} i_q \cos\theta \\ i_q \cos(\theta - 120°) \\ i_q \cos(\theta + 120°) \end{bmatrix}$$

$$\begin{bmatrix} \psi_a \\ \psi_b \\ \psi_c \end{bmatrix} = \boldsymbol{P}^{-1} \begin{bmatrix} 0 \\ \psi_q \\ 0 \end{bmatrix} = -\begin{bmatrix} \psi_q \sin\theta \\ \psi_q \sin(\theta - 120°) \\ \psi_q \sin(\theta + 120°) \end{bmatrix}$$

可得定子各相等值电感：

$$-\frac{\psi_a}{i_a} = -\frac{\psi_b}{i_b} = -\frac{\psi_c}{i_c} = -\frac{\psi_q}{i_q} = L_q$$

这说明 L_q 是只有横轴电枢反应时定子各相的等值电感，在电机学中称为横轴同步电感。相应的电抗为 $x_q = \omega_N L_q = x_\sigma + x_{aq}$。

2. 回路电压方程的派克变换

定子三相回路电压方程式（6.2）用矩阵表示时如下式所示：

$$\boldsymbol{U}_{\text{abc}} = \text{d}\boldsymbol{\psi}_{\text{abc}}/\text{d}t - r\boldsymbol{i}_{\text{abc}}$$

式中，

$$\boldsymbol{U}_{\text{abc}} = [u_{\text{a}} \quad u_{\text{b}} \quad u_{\text{c}}]^{\text{T}} \tag{6.28}$$

上式等号两边左乘 $\boldsymbol{P}$，计及式（6.16）、式（6.18）和式（6.20），可得

$$\begin{aligned}\text{d}\boldsymbol{U}_{\text{dp0}} &= \boldsymbol{P}\frac{\text{d}}{\text{d}t}[\boldsymbol{P}^{-1}\boldsymbol{\psi}_{\text{dq0}}] - r\boldsymbol{P}\boldsymbol{P}^{-1}\boldsymbol{i}_{\text{dq0}} \\ &= \boldsymbol{P}\left[\boldsymbol{P}^{-1}\frac{\text{d}\boldsymbol{\psi}_{\text{dq0}}}{\text{d}t} + \left(\frac{\text{d}}{\text{d}t}\boldsymbol{P}^{-1}\right)\boldsymbol{\psi}_{\text{dq0}}\right] - r\boldsymbol{i}_{\text{dq0}} \\ &= \frac{\text{d}\boldsymbol{\psi}_{\text{dq0}}}{\text{d}t} + \boldsymbol{P}\frac{\text{d}\boldsymbol{P}^{-1}}{\text{d}t}\boldsymbol{\psi}_{\text{dq0}} - r\boldsymbol{i}_{\text{dq0}}\end{aligned}$$

所以派克变换后的定子电压方程为

$$\begin{bmatrix} u_{\text{d}} \\ u_{\text{q}} \\ u_{\text{o}} \end{bmatrix} = \frac{\text{d}}{\text{d}t}\begin{bmatrix} \psi_{\text{d}} \\ \psi_{\text{q}} \\ \psi_{0} \end{bmatrix} + \begin{bmatrix} 0 & -\omega & 0 \\ \omega & 0 & 0 \\ 0 & 0 & 0 \end{bmatrix}\begin{bmatrix} \psi_{\text{d}} \\ \psi_{\text{q}} \\ \psi_{0} \end{bmatrix} - r\begin{bmatrix} i_{\text{d}} \\ i_{\text{q}} \\ i_{0} \end{bmatrix} \tag{6.29}$$

转子各回路方程式（6.3）不含有定子量，所以不必变换。

将式（6.29）展开，并重写式（6.3）可得如下的同步电机派克方程式：

$$\left.\begin{aligned} u_{\text{d}} &= \frac{\text{d}\psi_{\text{d}}}{\text{d}t} - \omega\psi_{\text{q}} - ri_{\text{d}} \\ u_{\text{q}} &= \frac{\text{d}\psi_{\text{q}}}{\text{d}t} + \omega\psi_{\text{d}} - ri_{\text{q}} \\ u_{0} &= \frac{\text{d}\psi_{0}}{\text{d}t} - ri_{0} \\ u_{\text{f}} &= \frac{\text{d}\psi_{\text{f}}}{\text{d}t} + r_{\text{f}}i_{\text{f}} \\ 0 &= \frac{\text{d}\psi_{\text{D}}}{\text{d}t} + r_{\text{D}}i_{\text{D}} \\ 0 &= \frac{\text{d}\psi_{\text{Q}}}{\text{d}t} + r_{\text{Q}}i_{\text{Q}} \end{aligned}\right\} \tag{6.30}$$

坐标变换后，在定子电压 u_{d} 和 u_{q} 的方程中出现两项电势：一项是由磁链变化感应的电势，简称为变压器电势；另一项是与转子转速成正比的电势 $\omega\psi_{\text{q}}$ 和 $\omega\psi_{\text{d}}$，简称旋转电势或发电机电势。

坐标变换后磁链方程变为线性代数方程组，u_{d} 和 u_{q} 两个电压方程式由于存在发电机电势，因而成为随 ω 变化的非线性微分方程。在研究电力系统短路和稳定问题时，由于电机转速变化很小，ω 可当作常数处理。这样，电压方程组也都是线性微分方程，它们的求解将大为简化。

6.2.4 标幺值表示的派克方程式

电力系统暂态分析计算中，一般采用标幺值。在第 2 章中已讨论了系统三相对称稳态分析所用的标幺值，规定了各基准值之间的关系。选择三相功率基准值 S_B 和线电压有效值基准值 U_B 后，就可以确定其他各基准值。现扩展应用到暂态分析。

1. 定子侧基准值

在暂态过程中，往往三相不对称，而且电压和电流都是非正弦波，所以需要分析计算相电压、电流和功率的瞬时值。使用标幺值时要先选定相应的基准值。通常三相瞬时功率的基准值与稳态三相功率基准值 S_B 相同；相电压瞬时值的基准值 u_B 则取相电压有效值基准值的 $\sqrt{2}$ 倍，即

$$u_B = \sqrt{2}U_{\varphi B} = \sqrt{2/3}U_B \tag{6.31}$$

电流瞬时值基准值取电流有效值基准值的 $\sqrt{2}$ 倍，即

$$i_B = \sqrt{2}I_B = \frac{\sqrt{2}S_B}{\sqrt{3}U_B} \tag{6.32}$$

阻抗基准值

$$Z_B = \frac{u_B}{i_B} = \frac{U_{\varphi B}}{I_B} = \frac{U_B}{\sqrt{3}I_B} = \frac{U_B^2}{S_B} \tag{6.33}$$

与稳态分析所用的基准值相同。三相功率基准值用 u_B 、 i_B 表示时为

$$S_B = \sqrt{3}U_B I_B = \sqrt{3}\times\sqrt{3/2}\times u_B \times \frac{i_B}{\sqrt{2}} = \frac{3}{2}u_B i_B \tag{6.34}$$

另外，角频率或发电机角速度、频率、自感 L、互感 M、磁链和时间 t 等也用标幺值表示，它们的基准值之间的关系取为

$$\begin{aligned}
&\omega_B = 2\pi f_B \\
&L_B = M_B = Z_B / \omega_B \\
&\psi_B = L_B i_B = (Z_B / \omega_B) i_B = u_B / \omega_B \\
&t_B = 1/\omega_B
\end{aligned} \tag{6.35}$$

一般取额定频率 f_N(50 Hz) 为频率的基准值，即 $f_B = f_N$ 。相应地，$\omega_B = 2\pi f_N = \omega_N$ 为额定角频率或角速度，因而 t_B 为发电机转子在额定转速时转过一个（电）弧度所需的时间。

规定了基准值后，即可计算各物理量的标幺值。例如角频率的标幺值 $\omega_* = \dfrac{\omega}{\omega_B} = \dfrac{2\pi f}{2\pi f_B} = f_*$ ，即频率与角频率（速度）的标幺值相等。如果 $f = f_N$ ，则 $f_* = \omega_* = 1$ 。又如时间的标幺值 $t_* = t / t_B = \omega_B t = \omega_N t(\text{rad})$ 。时间的标幺值与众不同，它具有单位 (rad)，但仍是无量纲的。同理，时间常数的标幺值 $T_* = T / t_B = \omega_B T(\text{rad})$ 。

下面列出用标幺值表示的一些基本关系式：

$$x_* = \frac{\omega L}{Z_B} = \frac{\omega L}{\omega_B L_B} = \omega_* L_*$$

$$\psi_* = \frac{\psi}{\psi_B} = \frac{Li}{L_B i_B} = L_* i_* = \frac{x_*}{\omega_*} i_*$$

$$e_* = \frac{e}{u_B} = \frac{\omega\psi}{\omega_B \psi_B} = \omega_* \psi_*$$

式中，e 为发电机电势。当 $\omega_* = 1$ 时，有：$x_* = L_*$；$\psi_* = x_* i_*$；$e_* = \psi_*$。

上述表明，在 $\omega_* = 1$ 的条件下，自（互）感抗与相应的自（互）感系数的标幺值相等，发电机电势与相应磁链的标幺值相等。一个物理量可以用标幺值相等的另一物理量代替，这是标幺值的一个特点。

具有正弦波形的相电压

$$u = U_m \sin(\omega t + \theta)$$

用标幺值表示：

$$u_* = \frac{U_m}{u_B} \sin\left(\frac{\omega}{\omega_B} \omega_B t + \theta\right) = U_{m*} \sin(\omega_* t_* + \theta)$$

$\omega_* = 1$ 时，$u_* = U_{m*} \sin(t_* + \theta)$。注意上式中的 θ 要用弧度单位。

对于三相对称正弦电压，相电压的有效值 $U = U_m / \sqrt{2}$，所以

$$U_{m*} = \frac{U_m}{u_B} = \frac{\sqrt{2}U}{\sqrt{2}U_{\varphi B}} = U_*$$

即相电压幅值的标幺值与有效值的标幺值相等，也等于线电压有效值的标幺值。

2. 转子各绕组的基准值

转子侧各量的基准值有很多种选择方法，这里介绍常用的一种基准值系统：x_{ad} 基准值系统。先讨论励磁绕组的基准值。设定子一相绕组和励磁绕组的等值匝数分别为 ω 和 ω_f，则匝数比 $k_{af} = \omega / \omega_f$。励磁绕组电压和磁链的基准值按下两式确定：

$$u_{fB} = u_B / k_{af}, \quad \psi_{fB} = \psi_B / k_{af}$$

为了使标幺值表示的磁链方程中，转子和定子间的互感成为可互逆的，按 x_{ad} 基准值系统条件，即励磁绕组基准电流 i_{fB} 产生的磁势和定子三相对称基准电流产生的合成磁势相等的原则选择 i_{fB}，有

$$i_{fB} \omega_f = \frac{3}{2} i_B \omega$$

所以

$$i_{fB}=\frac{3}{2}k_{af}i_B$$

按同样的原则确定励磁绕组自感基准值 L_{fB} 和它与定子的互感基准值 M_{afB} 之间的关系：

$$L_{fB}i_{fB}=\frac{3}{2}M_{afB}i_B$$

即

$$L_{fB}=\frac{3}{2}\frac{i_B}{i_{fB}}M_{afB}=M_{afB}/k_{af}$$

其中的变比通常由实验来测定。

其他各基准值间的关系为

$$u_{fB}=\omega_B\psi_{fB}=Z_{fB}i_{fB}$$

$$\psi_{fB}=L_{fB}i_{fB}=\frac{3}{2}M_{afB}i_B$$

由以上各式可得

$$\psi_B=k_{af}L_{fB}i_{fB}=M_{afB}i_{fB}=L_Bi_B$$

纵轴和横轴阻尼绕组各基准值的选择和励磁绕组相同，各基准值间的关系如下：

$$u_{DB}=u_B/k_{aD}=\omega_B\psi_{DB}=Z_{DB}i_{DB}$$

$$i_{DB}=\frac{3}{2}k_{aD}i_B$$

$$\psi_{DB}=L_{DB}i_{DB}=\frac{3}{2}M_{aDB}i_B$$

$$\psi_B=k_{aD}\psi_{DB}=M_{aDB}i_{DB}$$

$$u_{QB}=u_B/k_{aQ}=\omega_B\psi_{QB}=Z_{QB}i_{QB}$$

$$i_{QB}=\frac{3}{2}k_{aQ}i_B$$

$$\psi_{QB}=L_{QB}i_{QB}=\frac{3}{2}M_{aQB}i_B$$

$$\psi_B=k_{aQ}\psi_{QB}=M_{aQB}i_{QB}$$

式中，k_{aD} 和 k_{aQ} 分别为定子相绕组与纵、横阻尼绕组的等值匝数比。

另外，励磁绕组与纵轴阻尼绕组间的互感基准值 M_{rB} 由下式确定：

$$\psi_{fB}=M_{rB}i_{DB}$$

由于$\psi_{fB} / \psi_{DB} = k_{aD} / k_{af}$，$i_{DB} / i_{fB} = k_{aD} / k_{af}$，所以$\psi_{DB} = M_{rB} i_{fB}$。

确定了基准值之后，推导标幺值派克方程就不困难了。需要说明的是，ψ_d、ψ_q、ψ_0都是定子的量，其中u_d、u_q、u_0、i_d、i_q、i_0基准值应为u_B、i_B和ψ_B。

在磁链方程式（6.27）中，ψ_d方程的等号两边同除以$\psi_B (= L_B i_B = M_{afB} i_{fB} = M_{aDB} i_{DB})$，可得

$$\frac{\psi_d}{\psi_B} = -\frac{L_d i_d}{L_B i_B} + \frac{m_{af} i_f}{M_{afB} i_{fB}} + \frac{m_{aD} i_D}{M_{aDB} i_{DB}}$$

即

$$\psi_{d*} = -L_{d*} i_{d*} + m_{af*} i_{f*} + m_{aD*} i_{D*} \tag{6.36}$$

在式（6.27）中，ψ_f方程的等号两边同除以$\psi_{fB}\left(=\frac{3}{2} M_{afB} i_B = L_{fB} i_{fB} = M_{rB} i_{DB}\right)$，可得

$$\frac{\psi_f}{\psi_{fB}} = -\frac{\frac{3}{2} m_{af} i_d}{\frac{3}{2} M_{afB} i_B} + \frac{L_f i_f}{L_{fB} i_{fB}} + \frac{M_r i_D}{M_{rB} i_{DB}}$$

即

$$\psi_{f*} = -m_{af*} i_{d*} + L_{f*} i_{f*} + m_{r*} i_{D*} \tag{6.37}$$

同理，可得其他磁链方程：

$$\left.\begin{aligned}
\psi_{q*} &= -L_{q*} i_{q*} + m_{aQ*} i_{Q*} \\
\psi_{0*} &= -L_{0*} i_{0*} \\
\psi_{D*} &= -m_{aD*} i_{d*} + m_{r*} i_{f*} + L_{D*} i_{D*} \\
\psi_{Q*} &= -m_{aQ*} i_{q*} + L_{Q*} i_{Q*}
\end{aligned}\right\} \tag{6.38}$$

可见，转子采用上述基准值系统时，标幺值磁链方程的互感都变为可互逆的。

用标幺值时，$m_{ad*} = L_{ad*}$，$m_{aQ*} = L_{aq*}$，而m_{af*}、m_{aD*}和m_{r*}三者与m_{ad*}差别很小，实际上可取$m_{af*} = m_{aD*} = m_{r*} = m_{ad*} = L_{ad*}$。同时，各绕组自感等于漏感与互感之和，即$L_{f*} = L_{f\sigma*} + L_{ad*}$，$L_{D*} = L_{D\sigma*} + L_{ad*}$，$L_{d*} = L_{\sigma*} + L_{ad*}$，$L_{Q*} = L_{Q\sigma*} + L_{aq*}$，$L_{q*} = L_{\sigma*} + L_{aq*}$。各式中加下标σ表示漏感。

由于电抗的标幺值$x_* = \omega_* L_*$或$x_* = \omega_* M_*$，所以各电感标幺值可用$\omega_* = 1$时的电抗标幺值代替。

标幺值下的磁链方程可表示为（略去上标“*”）

$$\left.\begin{aligned}
\psi_d &= -x_d i_d + x_{ad} i_f + x_{ad} i_D \\
\psi_q &= -x_q i_q + x_{aq} i_Q \\
\psi_0 &= -x_0 i_0 \\
\psi_f &= -x_{ad} i_d + x_f i_f + x_{ad} i_D \\
\psi_D &= -x_{ad} i_d + x_{ad} x_f + x_D i_D \\
\psi_Q &= -x_{aq} i_q + x_Q i_Q
\end{aligned}\right\} \tag{6.39}$$

式（6.30）中u_d方程的等号两边同除以$u_B (= \omega_B \psi_B = Z_B i_B)$，

$$\frac{u_d}{u_B} = \frac{d(\psi_d / \psi_B)}{d(\omega_B t)} - \frac{\omega \psi_q}{\omega_B \psi_B} - \frac{r i_d}{Z_B i_B}$$

可得

$$u_{d*}=\frac{d\psi_{d*}}{dt_*}-\omega_*\psi_{q*}-r_*i_{d*}$$

式（6.30）中 u_f 方程的等号两边同除以 $u_{fB}(=\omega_B\psi_{fB}=Z_{fB}i_{fB})$，

$$\frac{u_f}{u_{fB}}=\frac{d(\psi_f/\psi_{fB})}{d(\omega_B t)}+\frac{r_f i_f}{Z_{fB}i_{fB}}$$

则有

$$u_{f*}=\frac{d\psi_{f*}}{dt_*}+r_{f*}i_{f*}$$

上面两个电压方程用标幺值或有名单位制表示时，形式上完全相同，其他各电压方程式的形式也都不变。在以后的分析中均采用标幺值，为了书写方便起见，表示标幺值的上标“*”一律省去。

6.2.5 同步发电机的稳态运行

本节将应用派克方程式分析同步发电机稳态同步运行的情况。

在稳态同步运行时，电势、电压和电流都是三相对称的正弦波形，而且 $\omega_*=1$，励磁电流 i_f 为常数，所以 i_0、ψ_0 及阻尼绕组电流 i_D、i_Q 均为零。

1. 同步发电机空载运行

空载运行时定子三相绕组没有电流，$i_d=i_q=i_0=0$，所以定子磁链 $\psi_d=x_{ad}i_f$（用 ψ_{fd} 表示），$\psi_q=\psi_0=0$。定子三相磁链：

$$\begin{bmatrix}\psi_a\\\psi_b\\\psi_c\end{bmatrix}=\boldsymbol{P}^{-1}\begin{bmatrix}\psi_{fd}\\0\\0\end{bmatrix}=\begin{bmatrix}\psi_{fd}\cos\theta\\\psi_{fd}\cos(\theta-120°)\\\psi_{fd}\cos(\theta+120°)\end{bmatrix}$$

式中，$\theta=\omega t+\theta_0=t+\theta_0$。

定子三相空载磁链可用综合相量 $\dot{\boldsymbol{\psi}}_{fd}$ 表示，如图 6.6 所示，它与 d 轴重合。定子电压（见式 6.30）为：$u_d=0$，$u_q=\omega\psi_d=\omega\psi_{fd}$，$u_0=0$，三相电压等于三相电势，可表示为

$$\begin{bmatrix}e_a\\e_b\\e_c\end{bmatrix}=\begin{bmatrix}u_a\\u_b\\u_c\end{bmatrix}=\boldsymbol{P}^{-1}\begin{bmatrix}0\\\omega\psi_{fd}\\0\end{bmatrix}=\omega\psi_{fd}\begin{bmatrix}-\sin\theta\\-\sin(\theta-120°)\\-\sin(\theta+120°)\end{bmatrix}=\boldsymbol{E}_q\begin{bmatrix}\cos(\theta+90°)\\\cos(\theta+90°-120°)\\\cos(\theta+90°+120°)\end{bmatrix}$$

式中，$\boldsymbol{E}_q=\omega\boldsymbol{\psi}_{fd}$ 为同步电机空载电势，同步运行时 $\omega=1$，所以

$$\boldsymbol{E}_q=\psi_{fd}=x_{ad}i_f \tag{6.40}$$

三相电势也可以用综合相量 $\dot{\boldsymbol{E}}_q$ 表示，它与 a 轴的相角差为 $\theta+90°$，即 $\dot{\boldsymbol{E}}_q$ 与 q 轴重合，如图 6.6 所示。

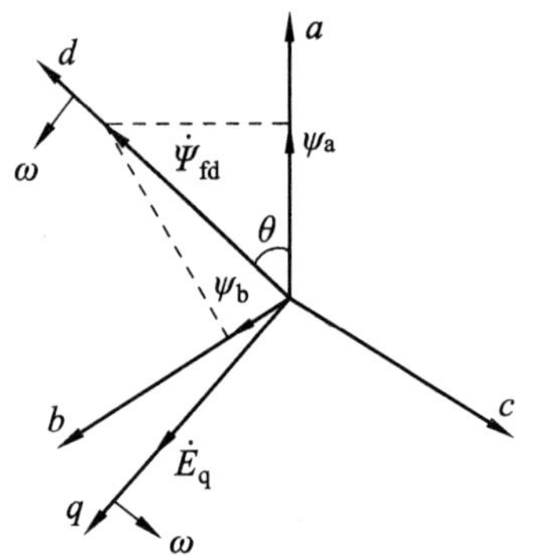

图 6.6　空载相量图

2. 同步发电机有负载运行

设发电机带有三相对称感性负载，功率因数为 $\cos\varphi$（滞后），各相电势、端电压和电流（只写出 a 相）为

$$\left.\begin{aligned} e_a &= E_q\cos(\theta+90^\circ) \\ u_a &= U\cos(\theta+90^\circ-\delta) \\ i_a &= I\cos(\theta+90^\circ-\delta-\varphi) \end{aligned}\right\}$$

相量图见图 6.7。电压和电流的坐标变换值为：

$$\begin{bmatrix} u_d \\ u_q \\ u_0 \end{bmatrix} = \boldsymbol{P}\begin{bmatrix} u_a \\ u_b \\ u_c \end{bmatrix} = \begin{bmatrix} U\sin\delta \\ U\cos\delta \\ 0 \end{bmatrix} \tag{6.41}$$

$$\begin{bmatrix} i_d \\ i_q \\ i_0 \end{bmatrix} = \boldsymbol{P}\begin{bmatrix} i_a \\ i_b \\ i_c \end{bmatrix} = \begin{bmatrix} I\sin(\delta+\varphi) \\ I\cos(\delta+\varphi) \\ 0 \end{bmatrix} \tag{6.42}$$

u_d、u_q、i_d、i_q 都是常数（直流），是相量 $\dot{\boldsymbol{U}}$、$\dot{\boldsymbol{I}}$ 在 d、q 轴的分量，如图 6.7 所示。这些稳态值以下用大写字母表示。

稳态时派克方程式为

$$\left.\begin{aligned} \psi_d &= -x_d I_d + x_{ad} I_f \\ \psi_q &= -x_q I_q \\ \psi_f &= -x_{ad} I_d + x_f I_f \end{aligned}\right\} \tag{6.43}$$

$$\left.\begin{aligned} U_d &= -\psi_q - rI_d \\ U_q &= \psi_d - rI_q \\ U_f &= r_f I_f \end{aligned}\right\} \tag{6.44}$$

定子电压方程可表示为

$$\left.\begin{aligned} U_d &= x_q I_q - rI_d \\ U_q &= E_q - x_d I_d - rI_q \end{aligned}\right\} \tag{6.45}$$

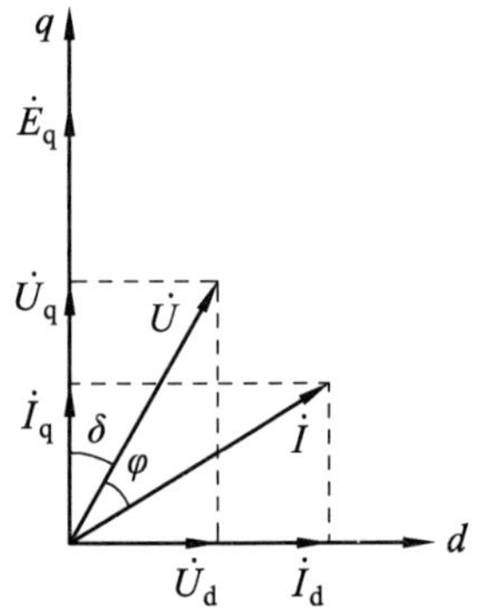

图 6.7　发电机相量图

同步发电机稳态运行特性可用式（6.43）、式（6.44）和式（6.45）描述。它的相量图和等值电路已在第 2 章中讨论过。

由式（6.45）解得

$$I_d = \frac{x_q(E_q - U_q) - rU_d}{r^2 + x_d x_q}$$

$$I_q = \frac{r(E_q - U_q) - x_d U_d}{r^2 + x_d x_q}$$

由于 $r \ll x_d$、$r \ll x_q$，一般计算可取 $r = 0$，所以

$$\left.\begin{aligned} I_d &= \frac{E_q - U_q}{x_d} \\ I_q &= \frac{U_d}{x_q} \end{aligned}\right\} \qquad (6.46)$$

【例 6.1】已知同步发电机的参数为：X_d=1.0，X_q=0.6，$\cos\varphi = 0.85$。试求在额定满载运行时的电势 E_q 和 E_Q。

解：用标幺值计算，额定满载时 U=1.0，I=1.0。

（1）先计算 E_Q。

由图 6.8 所示的相量图可得

$$E_Q = \sqrt{(V + X_q I \sin\varphi)^2 + (X_q I \cos\varphi)^2}$$

$$= \sqrt{(1+0.6\times0.53)^2 + (0.6\times0.85)^2} = 1.41$$

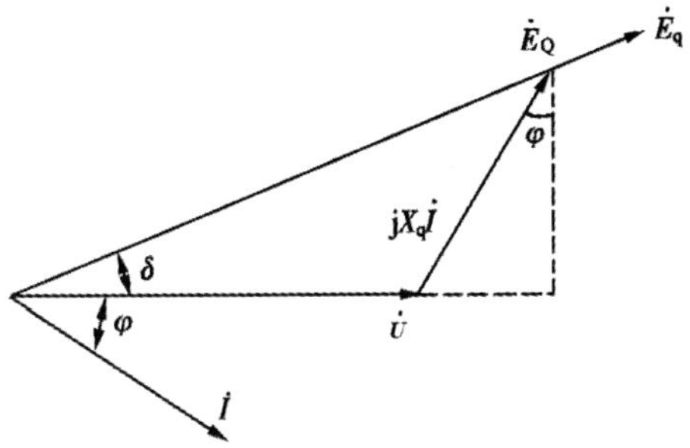

图 6.8　例 6.1 同步发电机相量图

（2）确定 $\dot{E}_Q$ 的相位。

相量 $\dot{E}_Q$ 和 $\dot{U}$ 间的相角差

$$\delta = \arctan\frac{X_q I \cos\varphi}{U + X_q I \sin\varphi} = \arctan\frac{0.6\times0.85}{1+0.6\times0.53} = 21^\circ$$

也可以直接计算 $\dot{E}_Q$ 同 $\dot{I}$ 的相位差 $(\delta+\varphi)$。

$$\delta+\varphi=\arctan\frac{U\sin\varphi+X_{\mathrm{q}}I}{U\cos\varphi}=\arctan\frac{0.53+0.6}{0.85}=53^{\circ}$$

（3）计算电流和电压的两个轴向分量。

$$I_{\mathrm{d}}=I\sin(\delta+\varphi)=I\sin 53^{\circ}=0.8\text{；}\quad I_{\mathrm{q}}=I\cos(\delta+\varphi)=I\cos 53^{\circ}=0.6$$

$$U_{\mathrm{d}}=U\sin\delta=U\sin 21^{\circ}=0.36\text{；}\quad U_{\mathrm{q}}=U\cos\delta=U\cos 21^{\circ}=0.93$$

（4）计算空载电势 E_{q}。

$$E_{\mathrm{q}}=E_{\mathrm{Q}}+(X_{\mathrm{d}}-X_{\mathrm{q}})I_{\mathrm{d}}=1.41+(1-0.6)\times 0.8=1.73$$

6.3 三相短路电磁暂态过程分析与计算

本节讨论同步电机端部突然发生三相短路时的电磁暂态过程。虽然电力系统使用的凸极型水轮发电机和调相机都有阻尼绕组，隐极汽轮发电机的锻钢转子也相当于有阻尼绕组，同步电动机为便于启动也大多具有阻尼绕组，但研究无阻尼绕组电机仍有意义，因为它较简单，便于说明和掌握过程的物理本质。本节仅讨论无阻尼绕组的同步电机的三相短路。

分析中假定:（1）在短路后的暂态过程中，电机转速保持不变，$\omega=1$；（2）同步电机是理想的，磁路不饱和，因而可以应用叠加原理进行分析；（3）励磁直流电源看作没有内电阻和内电感的电压源，不计自动励磁调节器的作用，励磁电压保持不变，至于强行励磁的影响将在最后补充讨论。

在分析中还将应用超导体闭合线圈的磁链守恒原理，现简述如下。设一电阻为 r 的闭合线圈，在其本身电流 i 以及外磁场作用下，线圈的总磁链为 ψ，它的回路电压方程为

$$\frac{\mathrm{d}\psi}{\mathrm{d}t}=ri$$

设 $t=0$ 时，$\psi=\psi(0)$，则 t 时刻的磁链

$$\psi(t)=r\int_0^t i\mathrm{d}t+\psi(0)$$

如果线圈是超导体导线制成的，因 $r=0$，所以 $\psi(t)=\psi(0)$ 并永远守恒。

对于 $r>0$ 的实际线圈，由于 i 是连续的，当 $t=0^{+}$ 时上式积分项为零，所以 $\psi(0^{+})=\psi(0)$。这说明研究闭合线圈暂态过程开始瞬间情况，可将线圈看作超导体来处理。

6.3.1 电力网络简化

辐射形网和环形网是电力网络结构中两种最基本形式。掌握了这两种电力网最基本形式的分析与计算，再掌握几种网络简化的方法，就能分析较复杂的网络。下面介绍几种最常用的化简方法。

1. 等效电源法

网络中有两个或两个以上有源支路向同一点供电时，可用一个等效有源支路来替代。替代后，网络中其他部分的电压、电流、功率仍保持不变。例如，图 6.9（a）所示的三个有源支路，可等效为图 6.9（b）所示的一个有源支路。而在节点 i 以外的电压、电流及功率保持不变。

此时等效条件可写为

$$\dot{I}_1+\dot{I}_2+\dot{I}_3=\dot{I}_\Sigma=\dot{I}$$

即有

$$\frac{\dot{E}_1-\dot{U}_i}{Z_1}+\frac{\dot{E}_2-\dot{U}_i}{Z_2}+\frac{\dot{E}_3-\dot{U}_i}{Z_3}=\frac{\dot{E}_\Sigma-\dot{U}_i}{Z_\Sigma} \quad (6.47)$$

无论网络怎样变化，都应满足这个等效条件。式（6.47）中 $\dot{E}_1,\dot{E}_2,\dot{E}_3,\dot{U}_i$ 为任意值时都成立。利用等效条件可以确定等效后的网络中等效电动势 $\dot{E}_\Sigma$ 和等效阻抗 Z_Σ。

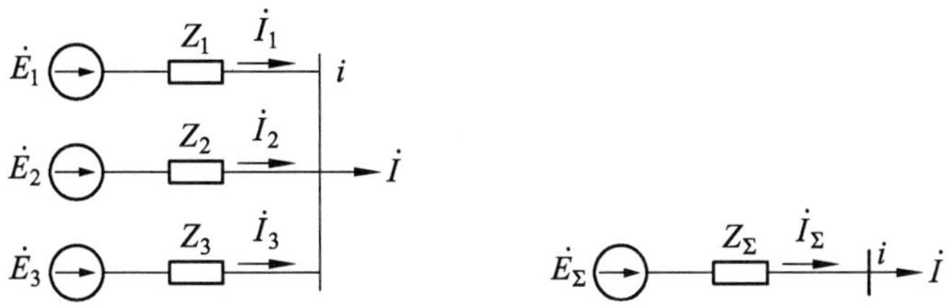

（a）多电源　　（b）等效电源

图 6.9　等效电源法

1）求等值阻抗

当令 $\dot{E}_1$，$\dot{E}_2$，$\dot{E}_3$ 均为零时，从而 $\dot{E}_\Sigma$ 也为零时，由式（6.47）可得

$$\frac{1}{Z_1}+\frac{1}{Z_2}+\frac{1}{Z_3}=\frac{1}{Z_\Sigma} \quad (6.48)$$

或

$$y_1+y_2+y_3=y_\Sigma \quad (6.49)$$

2）求等效电源电动势

当 $\dot{U}_\mathrm{i}=0$ 时，则由式（6.47）可得

$$\frac{\dot{E}_1}{Z_1}+\frac{\dot{E}_2}{Z_2}+\frac{\dot{E}_3}{Z_3}=\frac{\dot{E}_\Sigma}{Z_\Sigma}$$

于是

$$\dot{E}_\Sigma=Z_\Sigma\left(\frac{\dot{E}_1}{Z_1}+\frac{\dot{E}_2}{Z_2}+\frac{\dot{E}_3}{Z_3}\right) \quad (6.50)$$

或

$$\dot{E}_\Sigma=\frac{\dot{E}_1y_1+\dot{E}_2y_2+\dot{E}_3y_3}{y_1+y_2+y_3} \quad (6.51)$$

将式（6.48）~式（6.51）推广运用于 m 个有源支路的情况，有

$$\frac{1}{Z_{\Sigma}}=\sum\frac{1}{Z_m} \text{ 或 } y_{\Sigma}=\sum y_m \quad (m=1,2,\cdots,l)$$

$$dotE_{\Sigma}=Z_{\Sigma}\sum\frac{\dot{E}_m}{Z_m} \text{ 或 } \dot{E}_{\Sigma}=\frac{\sum\dot{E}_m y_m}{y_{\Sigma}} \quad (m=1,2,\cdots,l)$$

利用简化后的等效电路进行潮流分布计算，在求得总功率后，有时还需从等效电源支路功率还原出原始各分支路功率。

3）求原始各分支路功率

这时，根据等效条件有

$$\dot{E}_1-Z_1\dot{I}_1=\dot{U}_i=\dot{E}_{\Sigma}-Z_{\Sigma}\dot{I}$$

从而解出

$$\dot{I}_1=\frac{\dot{E}_1-\dot{E}_{\Sigma}}{Z_1}+\dot{I}\frac{Z_{\Sigma}}{Z_1}$$

等式两边取共轭，然后乘以 $\dot{U}_i$ 得

$$\dot{U}_i\hat{I}_1=\frac{\dot{E}_1-\dot{E}_{\Sigma}}{\hat{Z}_1}\dot{U}_i+\dot{U}_i\hat{I}\frac{\hat{Z}_{\Sigma}}{\hat{Z}_1}$$

于是有

$$\dot{S}_1=\frac{\hat{Z}_1-\hat{Z}_{\Sigma}}{\hat{Z}_1}\dot{U}_i+\dot{S}_{\Sigma}\frac{\hat{Z}_{\Sigma}}{\hat{Z}_1} \tag{6.52}$$

将式（6.52）推广运用于任意支路

$$\dot{S}_m=\frac{\hat{E}_m-\hat{E}_{\Sigma}}{\hat{Z}_m}\dot{U}_i+\dot{S}_{\Sigma}\frac{\hat{Z}_{\Sigma}}{\hat{Z}_m} \quad (m=1,2,\cdots,\ l) \tag{6.53}$$

式中 $\dot{S}_{\Sigma}=\sum\dot{S}_m$，$m=1,2,\cdots,\ l$。

对于电源电动势大小相等、相位相同的情况，即 $\dot{E}_{\Sigma}=\dot{E}_m$ 时，式（6.53）又改为

$$\dot{S}_m=\dot{S}_{\Sigma}\frac{\hat{Z}_{\Sigma}}{\hat{Z}_m} \tag{6.54}$$

等效电源法这条基本法则，只适用于从电源 $\dot{E}_1$、$\dot{E}_2$、…、$\dot{E}_l$ 到受电节点 i 的各线段上没有中间负荷的情况，如果中间有负荷，则需要先把负荷移走，才可以等效变换。

2. 负荷移置法

负荷移置法就是将负荷移动位置：如图 6.10 所示，将一个负荷移置于两处，或如图 6.11 所示，将两个负荷移置于一处。移置前后网络其他部分的电压、电流、功率仍保持不变。

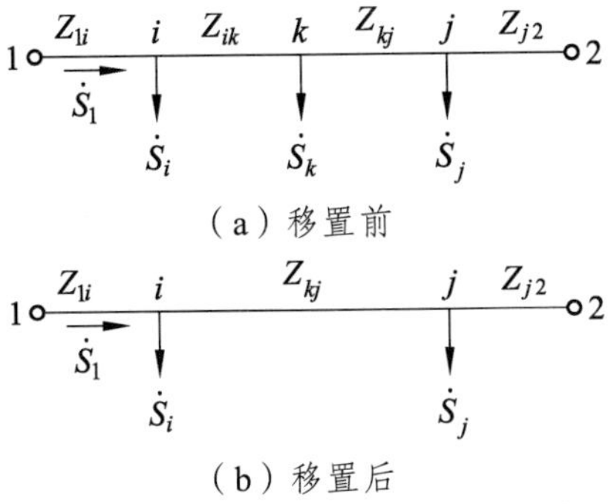

图 6.10　将一个负荷移置两处

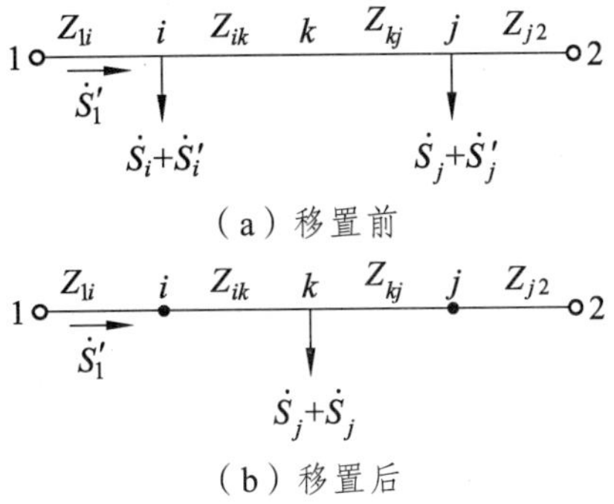

图 6.11　将两个负荷移置一处

图 6.10 中，拟将节点 k 的负荷移置于节点 i、j，移置前节点 1 的注入功率也即流经阻抗 Z_{1i} 的功率为

$$\dot{S}_1=\frac{\dot{S}_i(\hat{Z}_{ik}+\hat{Z}_{kj}+\hat{Z}_{j2})+\dot{S}_k(\hat{Z}_{kj}+\hat{Z}_{j2})+\dot{S}_j\hat{Z}_{j2}}{\hat{Z}_{1i}+\hat{Z}_{ik}+\hat{Z}_{kj}+\hat{Z}_{j2}}$$

移置后，流经阻抗 Z_{1i} 的功率为

$$\dot{S}_1'=\frac{(\dot{S}_i+\dot{S}_i')(\hat{Z}_{ik}+\hat{Z}_{kj}+\hat{Z}_{j2})+(\dot{S}_j+\dot{S}_j')\hat{Z}_{j2}}{\hat{Z}_{1i}+\hat{Z}_{ik}+\hat{Z}_{kj}+\hat{Z}_{j2}}$$

移置前后这两个功率应相等，$\dot{S}_1=\dot{S}_1'$，计及 $\dot{S}_k=\dot{S}_i'+\dot{S}_j'$，从而将会解得

$$\dot{S}_i'=\dot{S}_k\frac{\hat{Z}_{kj}}{\hat{Z}_{ik}+\hat{Z}_{kj}} \tag{6.55}$$

相似的

$$\dot{S}_j'=\dot{S}_k\frac{\hat{Z}_{ik}}{\hat{Z}_{ik}+\hat{Z}_{kj}} \tag{6.56}$$

$\dot{S}_i'$，$\dot{S}_j'$ 就是将 $\dot{S}_k$ 移置 i、j 两个节点的负荷。

图 6.11 中，拟将节点 i、j 的负荷移置于节点 k，求节点 k 的位置。移置前，节点 1 的注入功率也即流经阻抗 Z_{1i} 的功率为

$$\dot{S}_1=\frac{\dot{S}_i(\hat{Z}_{ij}+\hat{Z}_{j2})+\dot{S}_j\hat{Z}_{i2}}{\hat{Z}_{1i}+\hat{Z}_{ij}+\hat{Z}_{j2}}$$

移置后，流经阻抗 Z_1 的功率为

$$\dot{S}_1'=\frac{(\dot{S}_i+\dot{S}_j')(\hat{Z}_{kj}+\hat{Z}_{j2})}{\hat{Z}_{1i}+\hat{Z}_{ik}+\hat{Z}_{kj}+\hat{Z}_{j2}}$$

移置前后这两个功率应相等，$\dot{S}_1=\dot{S}_1'$，再计及 $\dot{S}_k=\dot{S}_1+\dot{S}_j$ 和 $Z_{ij}=Z_{ik}+Z_{kj}$。于是可解得

$$Z_{ik} = Z_{ij} \frac{\hat{S}_j}{\hat{S}_i + \hat{S}_j}$$

$$Z_{kj} = Z_{ij} \frac{\hat{S}_i}{\hat{S}_i + \hat{S}_j}$$

由 Z_{ik} 或 Z_{kj} 都可确定节点 k 的位置。

需指出，以上的推导虽从两端电压相等的供电网络的关系式出发，但结论也适用于两端电压不等的供电网络，因为负荷的移置并不影响仅由电压差值决定的循环功率。

图 6.12 中，为星形电路中性点的负荷，$\dot{S}_{n1}$，$\dot{S}_{n2}$，$\dot{S}_{n3}$ 为移置换到各射线端点的负荷，显然 $\dot{S}_n = \dot{S}_{n1} + \dot{S}_{n2} + \dot{S}_{n3}$，且移置前后功率之间的关系为 $\dot{S}_1 - \dot{S}_1' = \dot{S}_{n1}$，$\dot{S}_2 - \dot{S}_2' = \dot{S}_{n2}$，$\dot{S}_3 - \dot{S}_3' = \dot{S}_{n3}$。根据移置前后的等效条件和这些功率之间的关系可推导出移置于各射线端点的负荷为

$$\left.\begin{aligned}
\dot{S}_{n1} &= \dot{S}_n \frac{\hat{y}_{1n}}{\hat{y}_{1n} + \hat{y}_{2n} + \hat{y}_{3n}} \\
\dot{S}_{n2} &= \dot{S}_n \frac{\hat{y}_{2n}}{\hat{y}_{1n} + \hat{y}_{2n} + \hat{y}_{3n}} \\
\dot{S}_{n3} &= \dot{S}_n \frac{\hat{y}_{3n}}{\hat{\hat{y}}_{1n} + \hat{y}_{2n} + \hat{y}_{3n}}
\end{aligned}\right\}$$

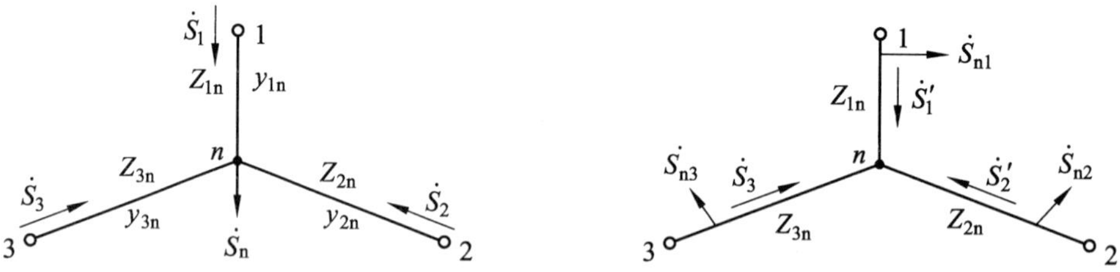

（a）移置前　　（b）移置后

图 6.12　星形电路中点负荷的移置

3. 星—网变换法

1）星—三角变换

如图 6.13 所示，星—三角变换已在电路理论课程中有过证明，这里仅列出有关公式。

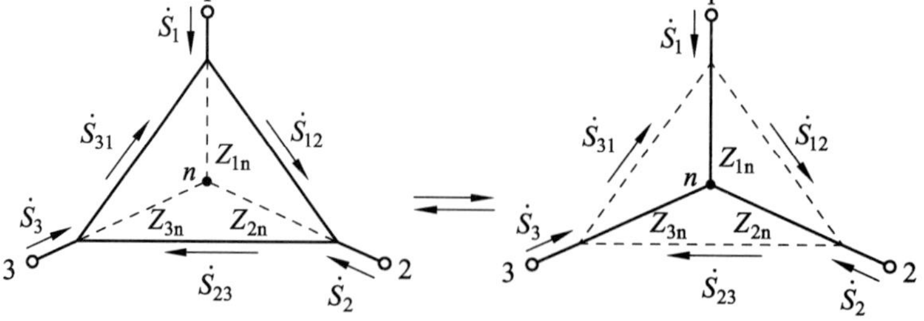

图 6.13　星—三角变换

由三角形变为星形时，星形各射线的阻抗为

$$\left.\begin{aligned}Z_{1n} &= \frac{Z_{12}Z_{31}}{Z_{12}+Z_{23}+Z_{31}}\\Z_{2n} &= \frac{Z_{12}Z_{23}}{Z_{12}+Z_{23}+Z_{31}}\\Z_{3n} &= \frac{Z_{23}Z_{31}}{Z_{12}+Z_{23}+Z_{31}}\end{aligned}\right\}\tag{6.57}$$

射线中的功率为

$$\dot{S}_1=\dot{S}_{12}-\dot{S}_{31},\ \dot{S}_2=\dot{S}_{23}-\dot{S}_{12},\ \dot{S}_3=\dot{S}_{31}-\dot{S}_{23}$$

由星形变为三角形时，三角形各边的阻抗为

$$\left.\begin{aligned}Z_{12} &= Z_{1n}+Z_{2n}+\frac{Z_{1n}Z_{2n}}{Z_{3n}}\\Z_{23} &= Z_{2n}+Z_{3n}+\frac{Z_{2n}Z_{3n}}{Z_{1n}}\\Z_{31} &= Z_{3n}+Z_{1n}+\frac{Z_{3n}Z_{1n}}{Z_{2n}}\end{aligned}\right\}\tag{6.58}$$

各边的功率为

$$\left.\begin{aligned}\dot{S}_{12} &= \frac{\dot{S}_1\hat{Z}_{1n}-\dot{S}_2\hat{Z}_{2n}}{\hat{Z}_{12}}\\\dot{S}_{23} &= \frac{\dot{S}_2\hat{Z}_{2n}-\dot{S}_3\hat{Z}_{3n}}{\hat{Z}_{23}}\\\dot{S}_{31} &= \frac{\dot{S}_3\hat{Z}_{3n}-\dot{S}_1\hat{Z}_{1n}}{\hat{Z}_{31}}\end{aligned}\right\}\tag{6.59}$$

2）星－网变换

星-网变换是星—三角变换的更普通形式，这里仅将星形网变成网形网。变换前后各射线端点的电压、电流、功率保持不变。如图 6.14 所示，有 l+1 节点的星形网，若消去中间的第 n 节点，则变成了 l 节点的网形网。若中间第 n 节点有负荷，则需先将负荷移走。

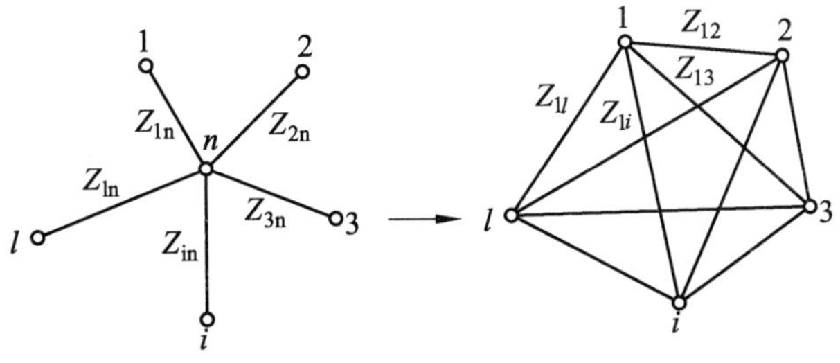

图 6.14　星-网变换

根据等效条件，再计及星形网和网形网各阻抗支路中的功率关系

$$\left.\begin{aligned}\dot{S}_1 &= \dot{S}_{12} + \dot{S}_{13} + \cdots + \dot{S}_{1l} \\ \dot{S}_2 &= \dot{S}_{21} + \dot{S}_{23} + \cdots + \dot{S}_{2l} \\ &\vdots \\ \dot{S}_3 &= \dot{S}_{l1} + \dot{S}_{l2} + \cdots + \dot{S}_{l(1\text{-}1)}\end{aligned}\right\} \tag{6.60}$$

可推导出连接网形网任意两节点的阻抗为

$$\left.\begin{aligned}Z_{12} &= Z_{1n}Z_{2n}y_{\Sigma} \\ Z_{23} &= Z_{2n}Z_{3n}y_{\Sigma} \\ &\vdots \\ Z_{1l} &= Z_{ln}Z_{1n}y_{\Sigma}\end{aligned}\right\} \tag{6.61}$$

式中：y_{Σ} 为1～l 条支路对 n 点的导纳之和，$y_{\Sigma} = y_{1n} + y_{2n} + \cdots + y_{ln}$。

6.3.2 无限大功率电源三相电磁暂态过程分析与计算

本节将分析简单三相电路中发生突然对称短路的暂态过程。在此电路中假设电源电压幅值和频率均为恒定。这种电源称为无限大功率电源，这个名称从概念上是不难理解的。

（1）电源功率无限大时，外电路发生短路（一种扰动）引起功率改变对于电源来说是微不足道的，因而电源电压和频率（对应于同步电机的转速）保持恒定。

（2）无限大功率电源可以看作是由无限多个有限功率电源并联而成，因而其内阻抗为零，电源电压保持恒定。

实际上，真正的无限大功率电源是没有的，而只能是一个相对的概念，往往是以供电电源的内阻抗与短路回路总阻抗的相对大小来判断电源能否作为无限大功率电源。若供电电源的内阻抗小于短路回路总阻抗的 10%，则可认为供电电源为无限大功率电源。在这种情况下，外电路发生短路对电源影响很小，可近似地认为电源电压幅值和频率保持恒定。

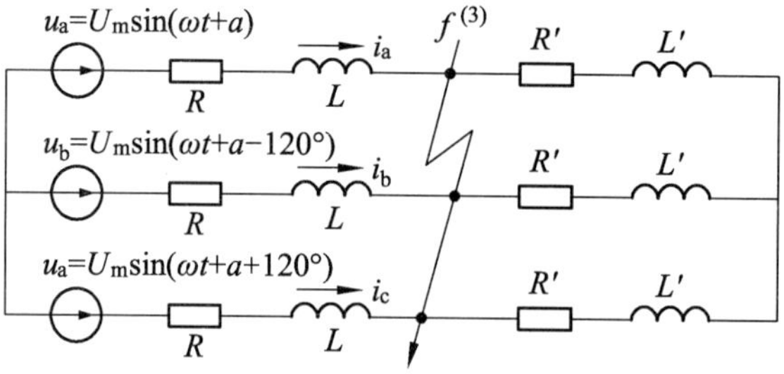

图 6.15 无限大功率电源供电的三相电路突然短路

1. 暂态过程分析

对于图 6.15 所示的三相电路，短路发生前，电路处于稳态，其 a 相的电流表达式为

$$i_a = I_{m(0)}\sin(\omega t + a - \varphi_{(0)})$$

式中

$$I_{m(0)}=\frac{U_m}{\sqrt{(R+R')^2+\omega^2(L+L')^2}} \qquad \varphi_{(0)}=\mathrm{arctg}\frac{\omega(L+L')}{(R+R')}$$

当在 f 点突然发生三相短路时，这个电路即被分成两个独立的回路。左边的回路即短路回路仍与电源连接，而右边的回路则变为没有电源的回路。在右边回路中，电流将从短路发生瞬间的值不断地衰减，一直衰减到磁场中储存的能量全部变为电阻中所消耗的热能，电流即衰减为零。

在与电源相连的短路回路中，每相阻抗由原来的 $(R+R')+\mathrm{j}\omega(L+L')$ 减小为 $R+\mathrm{j}\omega L$，其稳态电流值必将增大。短路暂态过程的分析与计算就是针对这一回路的。假定短路在 0 s 时发生，由于电路仍为对称，可以只研究其中的一相，例如 a 相，其电流的瞬时值应满足如下微分方程

$$L\frac{\mathrm{d}i_a}{\mathrm{d}t}+Ri_a=U_m\sin(\omega t+\alpha) \tag{6.62}$$

这是一个一阶常系数、线性非齐次的常微分方程，它的特解即为强制分量稳态短路电流 $i_{\infty a}$，又称交流分量或周期分量 i_{pt}，为

$$i_{\infty a}=i_{pt}=\frac{U_m}{Z}\sin(\omega t+\alpha-\varphi)=I_m\sin(\omega t+\alpha-\varphi)$$

式中：Z 为短路回路每相阻抗 $(R+\mathrm{j}\omega L)$ 的模值；φ 为稳态短路电流和电源电压间的相角 $\left(\arctan\frac{\omega L}{R}\right)$；$I_m$ 为稳态短路电流的幅值。

式（6.62）的通解对应齐次方程为

$$L\frac{\mathrm{d}i_a}{\mathrm{d}t}+Ri_a=0$$

该式的解，即短路电流的自由分量 i_{apt}，又称为直流分量或非周期分量，它按指数规律衰减，即

$$i_{apt}=C\mathrm{e}^{-t/T_a}$$

式中：C 为积分常数，其值即为直流分量的起始值；T_a 为衰减时间常数，是特征方程 $pL+R=0$ 的根 $p=-\frac{R}{L}$ 的负倒数，即

$$T_a=L/R$$

a 相的短路电流的表达式为

$$i_a=I_m\sin(\omega t+\alpha-\varphi)+C\mathrm{e}^{-t/T_a}$$

式中：积分常数 C 可由初始条件决定。

在含有电感的电路中，根据楞次定律，通过电感的电流是不能突变的，即短路前一瞬间的电流值（用下标（0）表明）必须与短路发生后一瞬间的电流值（用下标 0 表示）相等，即

$$i_{a(0)}=I_{m(0)}\sin(\alpha-\varphi_{(0)})=i_{a0}=I_m\sin(\alpha-\varphi)+C \tag{6.63}$$

所以

$$C = I_{m(0)}\sin(\alpha-\varphi_{(0)}) - I_m\sin(\alpha-\varphi) \tag{6.64}$$

即直流分量起始值为短路前瞬时电流与短路后交流分量瞬时值之差。

将式（6.64）代入到式（6.63）中便得

$$i_a = I_m\sin(\omega t+\alpha-\varphi) + [I_{m(0)}\sin(\alpha-\varphi_{(0)}) - I_m\sin(\alpha-\varphi)]e^{-t/T_a} \tag{6.65}$$

由于三相电路对称，只要用$(\alpha-120°)$和$(\alpha+120°)$代替式（6.65）中的α就可分别得到 b 相和 c 相电流表达式。现将三相短路电流表达式综合如下：

$$\left.\begin{aligned}
i_a &= I_m\sin(\omega t+\alpha-\varphi) + [I_{m(0)}\sin(\alpha-\varphi_{(0)}) - I_m\sin(\alpha-\varphi)]e^{-t/T_a}\\
i_b &= I_m\sin(\omega t+\alpha-120°-\varphi) + [I_{m(0)}\sin(\alpha-120°-\varphi_{(0)}) - I_m\sin(\alpha-120°-\varphi)]e^{-t/T_a}\\
i_c &= I_m\sin(\omega t+\alpha+120°-\varphi) + [I_{m(0)}\sin(\alpha+120°-\varphi_{(0)}) - I_m\sin(\alpha+120°-\varphi)]e^{-t/T_a}
\end{aligned}\right\} \tag{6.66}$$

由上可见，短路至稳态时，三相中的稳态短路电流为三个幅值相等、相角相差 120°的交流电流，其幅值大小取决于电源电压幅值和短路回路的总阻抗。从短路发生到稳态之间的暂态过程中，每相电流还包含有逐渐衰减的直流电流，它们出现的物理原因是电感中电流在突然短路瞬时的前后不能突变。很明显，三相的直流电流是不相等的。

图 6.16 示出了三相电流变化的情况（在某一初相角α时）。由图可见，短路前三相电流和

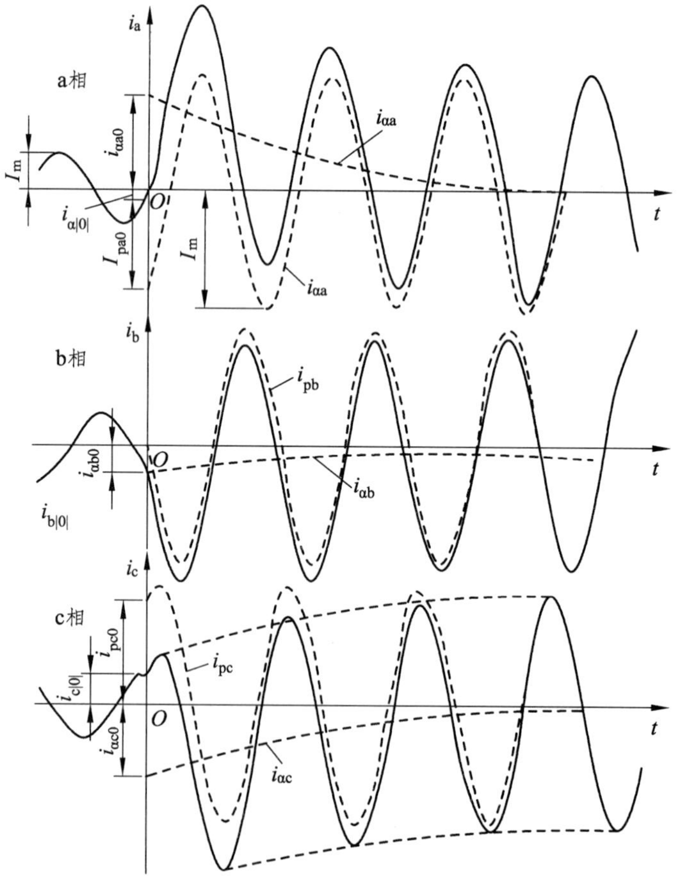

图 6.16　三相短路电流波形图

短路后三相的交流分量均为幅值相等、相角相差 120°的三个正弦电流，直流分量电流使 0 s 时短路电流值与短路前瞬间的电流值相等。由于有了直流分量，短路电流曲线便不与时间轴对称，而直流分量曲线本身就是短路电流曲线的对称轴。因此，当已知一短路电流曲线时，可以应用这个性质把直流分量从短路电流曲线中分离出来，即将短路电流曲线的两根包络线间的垂直线等分。

由图 6.16 还可以看出，直流分量值越大，短路电流瞬时值越大。在电源电压幅值和短路回路阻抗恒定的情况下，由式（6.66）可知，直流分量的起始值与电源电压的初始相角 α（相应于在 α 时刻发生短路）、短路前回路中的电流值有关。

在图 6.17 中画出了 0 s 时 a 相电源电压、短路前电流和短路电流交流分量相量图。$I_{\mathrm{ma}(0)}$ 和 I_{ma} 在时间轴上的投影分别为 $i_{a(0)}$ 和 $i_{\mathrm{pa}0}$，它们差值即为 $i_{\alpha\mathrm{a}0}$。

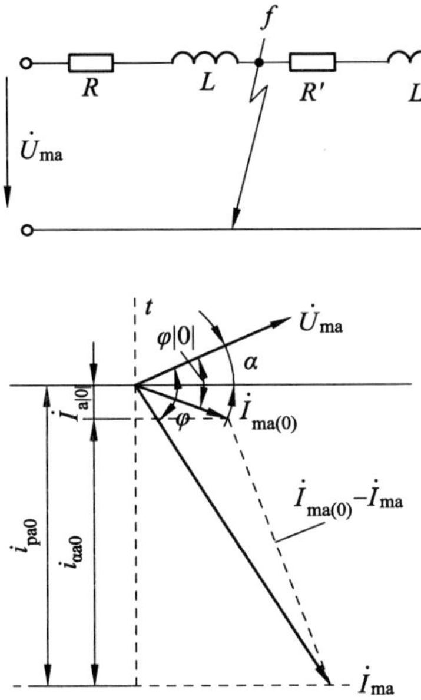

（a）短路前有载

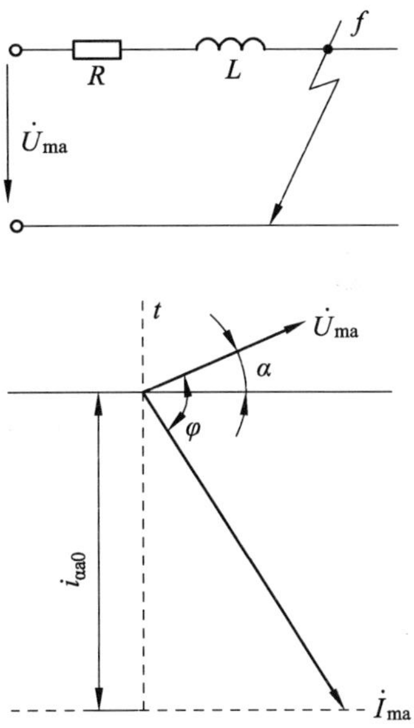

（b）短路前空载

图 6.17　初始状态电流相量图

如果改变 α，使相量差（$\dot{I}_{\mathrm{ma}(0)}-\dot{I}_{\mathrm{ma}}$）与时间轴平行，则 a 相直流分量起始值的绝对值最大；

如果改变 α，使相量差（$\dot{I}_{\mathrm{ma}(0)}$）与时间轴垂直，则 a 相直流电流为零，这时 a 相电流由短路前的稳态电流直接变为短路后的稳态电流，而不经过暂态过程。

图 6.17（b）中给出了短路前为空载时（$I_{\mathrm{ma}(0)}=0$），a 相的电流相量图，这时 i 在 t 轴上的投影即为 $i_{\mathrm{a}0}$，显然比图 6.17（a）中相应的要大。如果在这种情况下，α 满足 $|\alpha-\varphi|=90°$，即 I_{m} 与时间轴平行，则 i 的绝对值达到最大值 I_{m}。

在图 6.18 中示出了短路瞬时三相的电流相量图，不难看出，三相中直流电流起始值不可能同时最大或同时为零。在任意一个初相角下，总有一相（图 6.16 中为 a 相）的直流电流起始值较大，而有一相较小（图中为 b 相）。由于短路瞬时是任意的，因此必须考虑有一相（例如 a 相）的直流分量起始值为最大值。

根据前面的分析可以得出这样的结论：当短路发生在电感电路中、短路前为空载的情况

下，直流分量电流最大；若初始相角满足 $|a-\varphi|=90^\circ$，则一相（例如 a 相）短路电流的直流分量起始值的绝对值达到最大值，即等于稳态短路电流的幅值。

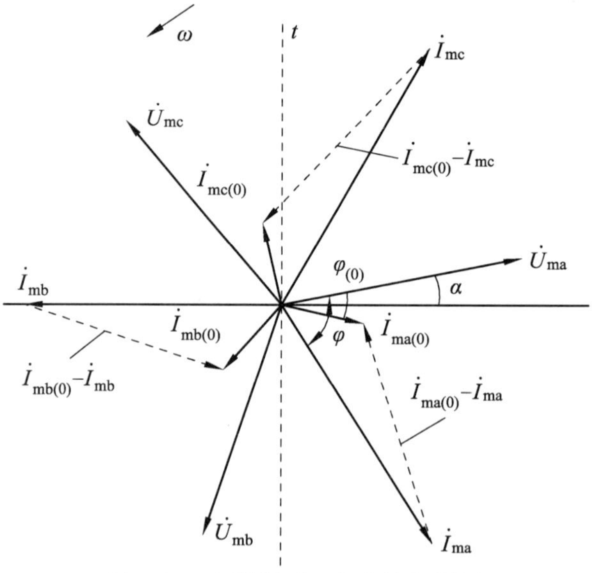

图 6.18　短路瞬时三相电流相量图

2. 短路冲击电流和短路电流有效值

1）短路冲击电流

短路电流在前述最恶劣短路情况下的最大瞬时值，称为短路冲击电流。

一般在短路回路中，感抗值要比电阻值大得多，即 $\omega L > R$，因此可以认为 $\varphi \approx 90^\circ$。在这种情况下，当 $\alpha = 0^\circ$ 或 $\alpha = 180^\circ$ 时，相量 $\dot{I}_m$ 与时间轴平行，即 a 相处于最严重的情况。

将 $I_{m(0)} = 0$、$\alpha = 0$、$\varphi = 90^\circ$ 代入式（6.65）得 a 相全电流的算式为

$$i_a = -I_m \cos \omega t + I_m e^{-t/T_a} \tag{6.67}$$

电流 i_a 波形示于图 6.19。从图中可见，短路电流的最大瞬时值，即短路冲击电流（或称短路电流峰值），将在短路发生经过约半个周期后（50 Hz 时，此时间约为 0.01 s）出现。由此可得冲击电流值为

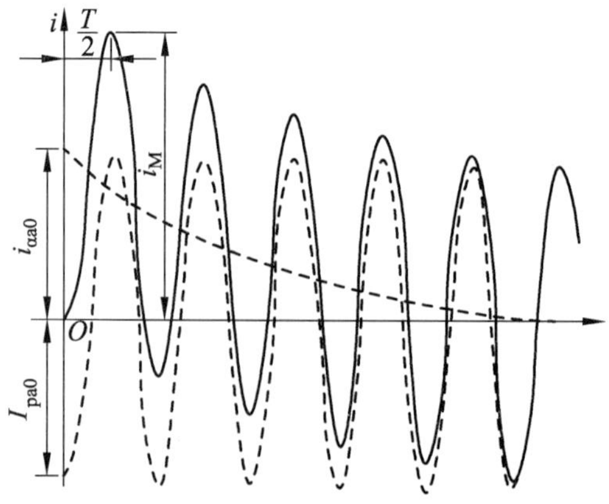

图 6.19　直流分量最大时短路电流波形

$$i_M \approx I_m + I_m e^{-0.01/T_a} = (1 + e^{-0.01/T_a}) I_m = K_M I_m \tag{6.68}$$

式中：K_M 称为冲击系数，即冲击电流值对于交流电流幅值的倍数，很明显，K_M 值为 1 ~ 2，在实用计算中，K_M 一般取为 1.8 ~ 1.9。

冲击电流主要用于检验电气设备和载流导体的电动力稳定度。

2）短路电流有效值及最大有效值电流

在短路暂态过程中，任一时刻 t 的短路电流有效值 I_t，是以时刻 t 为中心的一个周期内瞬时电流的均方根值，即

$$I_t = \sqrt{\frac{1}{T}\int_{t-\frac{T}{2}}^{t+\frac{T}{2}} i^2 \mathrm{d}t} = \sqrt{\frac{1}{T}\int_{t-\frac{T}{2}}^{t+\frac{T}{2}} (i_{pt} + i_{apt})^2 \mathrm{d}t} = \sqrt{(I_{pt})^2 + (I_{apt})^2} \tag{6.69}$$

式中，i_{pt} 和 i_{apt} 分别为 t 时刻短路电流及其周期分量和非周期分量的瞬时值。

假设非周期电流 i_{apt} 在以时间 t 为中心的一个周期内恒定不变，因而它在时间 t 的有效值就等于它的瞬时值。对于周期电流 i_{pt}，认为它在所计算的周期内是幅值恒定的，其数值即等于由周期电流包络线所确定的 t 时刻的幅值，即 $I_{apt} = \dfrac{I_{Mt}}{\sqrt{2}}$。

I_t 可用于检验断路器的开断能力。

由图 6.19 可知，最大有效值电流也是发生在短路后半个周期内，其值为

$$\begin{aligned} I_M &= \sqrt{\left(I_m / \sqrt{2}\right)^2 + \left(i_M - I_m\right)^2} \\ &= \sqrt{\left(I_m / \sqrt{2}\right)^2 + I_m^2\left(K_M - 1\right)^2} = \frac{I_m}{\sqrt{2}}\sqrt{1 + 2\left(K_M - 1\right)^2} \end{aligned} \tag{6.70}$$

当 $K_M = 1.9$ 时，$I_M = 1.62\left(\dfrac{I_m}{\sqrt{2}}\right)$；当 $K_M = 1.8$ 时，$I_M = 1.52\left(\dfrac{I_m}{\sqrt{2}}\right)$。

3）短路容量

有些情况下需要用到短路容量（亦称短路功率）的概念。短路容量等于短路电流的有效值与短路处的正常工作电压（一般用平均额定电压）的乘积，即

$$S_D = \sqrt{3} U_{av} I_t$$

用标幺值表示且 $U_B = U_{av}$ 时，有

$$S_{D*} = \frac{\sqrt{3} U_{av} I_t}{\sqrt{3} U_B I_B} = \frac{I_t}{I_B} = I_{t*} = \frac{1}{x_{\Sigma *}}$$

短路容量主要用来校验开关的切断能力。把短路容量定义为短路电流和工作电压的乘积，是因为一方面开关要能切断这样大的电流，另一方面，在开关断流时其触头应经受住工作电压的作用。在短路的实用计算中，通常只用周期分量电流的初始有效值来计算短路功率。

由于无限大功率电源指的是电源外部有扰动发生时，仍能保持端电压和频率恒定的电源。在研究电力系统暂态过程时为了简化分析和计算，常常假设某些电源的容量为无限大，并称为无限大功率电源。可以想象，若电源的容量无限大，外电路发生短路（一种扰动）时引起

的功率变化量与电源的容量相比可以忽略不计，系统中的有功功率和无功功率总保持平衡，因而电源的电压和频率保持恒定。

从上述分析可见，为了确定冲击电流、短路电流非周期分量、短路电流的最大有效值以及短路功率等，都必须计算短路电流的周期分量。实际上，大多数情况下短路计算的任务也只是计算短路电流的周期分量。在给定电源电势时，短路电流周期分量的计算只是一个求解稳态正弦交流电路的问题。

【例 6.2】如图 6.20 所示电力系统中，f 点三相短路时，6.3 kV 母线电压保持不变。如设计要求短路冲击电流不得超过 20 kA，试确定可平行敷设的电缆线路数。电抗器和电缆线路的参数如下：

图 6.20　例题 6.2 电力系统接线

电抗器：6 kV，200 A，$x_R = 4\%$，额定有功功率损耗为每相 1.68 kW；

电缆线路：长 1250 m，$x = 0.083\ \Omega/\text{km}$，$r = 0.083\ \Omega/\text{km}$。

解：本例为同一电压等级，采用有名值计算。

电抗器的电抗和电阻分别为

$$x = \frac{4}{100} \times \frac{6000}{\sqrt{3} \times 200} = 0.693\ (\Omega)$$

$$r = \frac{1680}{200^2} = 0.042\ (\Omega)$$

电缆的电抗和电阻分别是

$$x = 1.25 \times 0.083 = 0.104\ (\Omega)$$

$$r = 1.25 \times 0.37 = 0.463\ (\Omega)$$

一条线路（包括电抗器）的电抗、电阻和阻抗分别为

$$x = 0.693 + 0.104 = 0.797\ (\Omega)$$

$$r = 0.042 + 0.463 = 0.505\ (\Omega)$$

$$z = \sqrt{0.797^2 + 0.505^2} = 0.943\ (\Omega)$$

短路电流直流分量的衰减时间常数为

$$T_a = \frac{0.797}{314 \times 0.505} = 0.005\ (\text{s})$$

短路电流冲击系数为

$$K_M = 1 + e^{\frac{-0.01}{T_a}} = 1.135$$

因为 $i_M = K_M I_m = \sqrt{2} K_M I$，由允许的 i_M 值可求得短路电流交流分量有效值的允许值为

$$I=\frac{20}{\sqrt{2}\times 1.135}=12.46\text{（kA）}$$

因此，自 6.3 kV 母线到短路点 f 的总阻抗为

$$Z_{\Sigma}\geqslant\frac{6.3}{\sqrt{3}\times 12.46}=0.292\text{（}\Omega\text{）}$$

由上可知，允许平行敷设的电缆线路不得超过 $\frac{0.943}{0.292}=3.23$ 条，即可以平行敷设三条电缆线路。

6.4 电力系统三相短路实用计算

为了简化分析和计算，研究电力系统暂态过程时常常假设电源的容量为无限大，并成为无限大功率电源。由于电源的容量无限大，当外电路发生短路时引起的功率变化量（近似等于它向短路点供给的短路容量）与电源的容量相比可以忽略不计，网络中的有功功率和无功功率均能保持恒定。因此，无限大功率电源（亦称恒定电势源）具有两个特点：（1）电源的频率和电压保持恒定；（2）电源的内阻抗为零。显然，无限大功率电源是一个相对的概念，真正的无限大功率电源在实际电力系统中是不存在的。但当许多个有限容量的发电机并联运行，或电源到短路点的电气距离很远时，就可将其等值电源近似看作无限大功率电源。前一种情况常根据等值电源的内阻抗与短路回路总阻抗的相对大小，来判断该电源能否看作无限大功率电源。若等值电源的内阻抗小于短路回路总阻抗的 10%，则可以认为该电源为无限大功率电源。后一种情况则是通过电源与短路点间电抗的标幺值来判断的，即该电抗在电源额定容量作基准容量时的标幺值大于 3，则认为该电源是无限大功率电源。

在含有多台同步发电机的电力系统中，三相短路的电磁暂态过程比单台电机要复杂得多，各个电机供出的短路电流不仅与本机的参数有关，还与其他电机的参数以及电力网的结构和参数有关，要准确计算是十分困难和复杂的。因此电力系统短路电流的实用计算，必须采用简化的方法，在满足工程计算准确度要求的前提下，力求计算简便。为此，除了已采用的假定外，还要做如下简化：

（1）不考虑同步电机之间摇摆的影响，即认为短路暂态过程中各电机空载电势间的相位差保持不变。

（2）短路电流中倍频交流分量略去不计，非周期分量仅作近似的计算。

（3）在有多台同步电机的电力系统中，把短路电流周期分量的变化规律看作和一台同步电机短路电流周期分量的变化规律相同。

（4）电力线路对地电容及变压器的等值励磁接地支路都略去不计。另外，变压器和高压线路的电阻也可略去不计。因电缆和低压线路电阻与电抗的比值较大，用纯电抗表示时，电抗值可用阻抗模值（$\sqrt{r^2+x^2}$）代替。

（5）电力系统负荷根据计算任务作不同的简化处理。

引入无限大功率电源的概念后，在分析网络突然三相短路的暂态过程时，可以忽略电源内部的暂态过程，使分析得到简化，从而推导出工程上适用的短路电流计算公式。

6.4.1 三相短路起始次暂态电流的计算

1. 短路电流初始值

发生短路瞬间，短路电流周期分量的起始值 I'' 称为起始次暂态电流，在一些工程问题中，常常只要求提供这一电流值。为了简化计算，补充假设各同步电机的 $x''_d = x''_q$，这对于汽轮发电机是接近实际的，对于凸极同步电机误差也很小。当 $x''_d = x''_q$ 时，就可按同步电机等值电路计算起始次暂态电流。例如机端三相短路时，$\dot{I}'' = \dot{E}'' / (r + jx''_d)$，次暂态电势 E'' 可从短路前正常运行状态求得。

对于复杂的电力系统，只需将各种不同的发电机和调相机分别用电势为 E''、内电抗为 X_d 的电压源表示，就可用交流电路稳态计算方法求得各发电机和短路点的电流初始值。

2. 异步电动机的三相短路

运行中的异步电动机，在定子端部发生三相短路时，由于转速在短时内变化很小，故在电动机电势作用下，将向短路点送出短路电流。

分析异步电动机的三相短路时，可将它看作具有阻尼绕组但没有励磁绕组的同步电机。不过，异步电动机没有励磁绕组，所以定子短路电流周期分量中不含有按 T'_d 衰减的自由分量，而且短路电流稳态值为零，亦即只有次暂态过程。另外，电动机转子在电和磁方面都是对称的，$x''_d = x''_q = x''$，$T''_d = T''_q = T''$，所以定子电流中不存在倍频交流分量。计及上述特点，即可得到电动机定子三相短路电流，例如 a 相电流。

$$
\begin{aligned}
i_a &= \frac{E''_{q(0)}}{x''} e^{-t/T''} \cos(t+\theta_0) + \frac{E''_{d(0)}}{x''} e^{-t/T''} \sin(t+\theta_0) + I_{n0} e^{-t/T_a} \\
&= \frac{E''_{q(0)}}{x''} e^{-t/T''} \cos(t+\theta_0-\alpha_0) + I_{n0} e^{-t/T_a}
\end{aligned} \tag{6.71}
$$

式中：$E''_{(0)} = \sqrt{{E''_{q(0)}}^2 + {E''_{d(0)}}^2}$ 为次暂态电势，$\alpha_0 = \arctan(E''_{d(0)} / E''_{q(0)})$，$I_{n0}$ 为非周期分量的起始值。

发生短路瞬间（$t = 0$），i_a 的瞬时值应等于短路前一瞬间的瞬时值 $i_{a(0)}$，即 $I_{n0} + i_{\omega 0} = i_{a(0)}$（这里 $i_{\omega 0}$ 为 t=0 时短路电流周期分量的瞬时值），所以非周期分量的起始值 $I_{n0} = i_{a(0)} - i_{\omega 0}$。

在 $\theta_0 - \alpha_0 = 180°$ 时刻发生三相短路时，非周期分量将达到最大值，这时 $i_{\omega 0} = -E''_{(0)} / x'' = -I''$，$I_{n0} = i_{a(0)} + I'' \approx I''$，式（6.71）可写为

$$
i_a = -I'' e^{-t/T''} \cos \omega t + I'' e^{-t/T_a}
$$

图 6.21 绘出了非周期分量最大时的定子电流波形图。

在 $t = T/2 = 0.01\ \text{s}$ 时出现冲击电流

$$
\left.
\begin{aligned}
i_M &= I'' e^{-0.01/T''} + I'' e^{-0.01/T_a} = K_M I'' \\
K_M &= e^{-0.01/T''} + e^{-0.01/T_a}
\end{aligned}
\right\} \tag{6.72}
$$

异步电动机 T'' 和 T_a 约为百分之几秒，冲击系数 K_M <1.8。

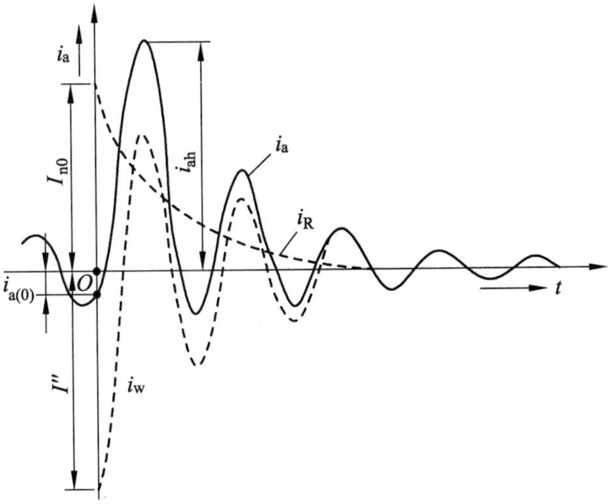

图 6.21　异步电动机三相短路电流波形

异步电动机的次暂态电抗和时间常数可用同步电机的概念来确定。在计算 x'' 的等值电路中，其中 $x_{1\sigma}$、$x_{2\sigma}$ 为定子和转子的漏抗，x_{μ} 为励磁电抗（均为电动机额定值为基准的标幺值），一般 x_m 远大于漏抗。所以

$$x'' = x_{1\sigma} + \frac{x_{\mu} x_{2\sigma}}{x_{\mu} + x_{2\sigma}} \approx x_{1\sigma} + x_{2\sigma}$$

异步电动机在停止状态（滑差 $s=1$）加电压启动时，额定电压（$U=1$）下的启动电流

$$I_{st} = \frac{1}{x''}$$

I_{st}（标幺值）又称为启动电流倍数，可从电动机手册中找到。一般 $I_{st} \approx 5$，所以 $x'' \approx 0.2$。

时间常数可计算：

$$T'' \approx \frac{x_{1\sigma} + x_{2\sigma}}{r_2} \approx \frac{x''}{r_2}$$

式中：r_2 为转子电阻。

定子绕组时间常数 T_a 按上式计算，因 $x''_d = x''_q = x''$，所以 $T_a = x''/r_1$，其中 r_1 为定子电阻。通常 $r_1 \approx r_2$，所以 $T_a \approx T''$。

异步电机的次暂态电势 $E''_{(0)}$，可根据正常运行时的电压 $U_{(0)}$ 和吸取的电流 $I_{(0)}$ 计算：

$$\dot{E}''_{(0)} = \dot{U}_{(0)} - \mathrm{j}x''\dot{I}_{(0)}$$

或用吸取的功率 $P_{(0)} + \mathrm{j}Q_{(0)}$ 按下式计算：

$$E''_{(0)} = \sqrt{\left(U_{(0)} - \frac{Q_{(0)}x''}{U_{(0)}}\right)^2 + \left(\frac{P_{(0)}x''}{U_{(0)}}\right)^2}$$

最后需要指出，只有短路点接近异步电动机端部时，它提供的短路电流才比较大。短路点较远时，端电压与 E'' 相差不大，短路电流就很小，甚至端电压仍大于 E'' 电动机还从电网吸取电流。

关于负荷的处理说明如下：对于接近短路点的大容量同步和异步电动机，要作为提供起始次暂态电流的电源处理，异步电动机用 E'' 和 x'' 等值；对于接在短路点的综合负荷，可近似地看作一台等值异步电动机，用 E'' 和 x'' 支路表示，取 $x''=0.35$ 标幺值（以负荷视在容量和额定电压为基准）；短路点以外的综合负荷，可近似地用阻抗支路等值，阻抗值用正常时的电压和功率计算，即：

$$Z=r+\mathrm{j}x=\frac{U^2}{S^2}(P+\mathrm{j}Q)$$

式中：$S=\sqrt{P^2+Q^2}$ 为负荷的容量。更简略些可用纯电抗支路等值，电抗标幺值取 1.2。远离短路点的负荷甚至可以略去不计。

【**例 6.3**】图 6.22 为一简单的电力系统，G 为同步发电机，C 为同步调相机，L-1、L-2 和 L-3 为综合负荷，架空线路 *l*-1 和 *l*-2 的额定电压为 110 kV，电抗为 0.4 Ω/km，其他有关数据均标在图上。正常运行时各节点电压：$\dot{U}_4=10.4\angle 0°\text{kV}$，$\dot{U}_3=114.7\angle 4.74°\text{kV}$，$\dot{U}_1=10.73\angle 10.69°\ \text{kV}$，$\dot{U}_2=6.315\angle 0.07°\ \text{kV}$；发电机的输出功率为（65.9＋j48）MV·A，调相机输出的无功功率为 4.56 Mvar。试计算 *D* 点（节点 4）发生金属性三相短路时，短路点及发电机的起始次暂态电流和发电机母线短路瞬间的电压。

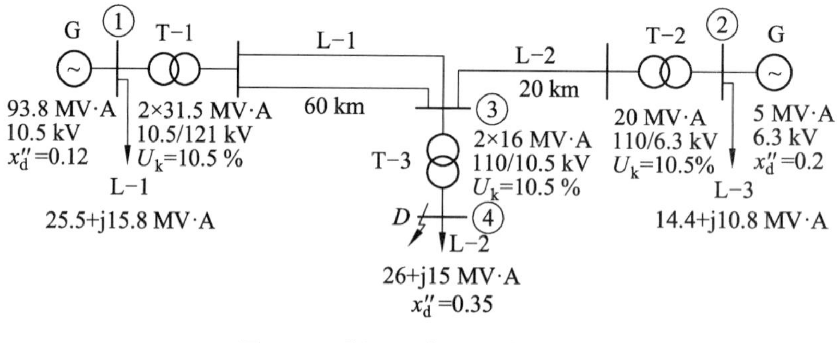

图 6.22 例 6.3 电力系统接线图

解：（1）制订计算用等值电路，用标幺值计算，取 $S_B=100\ \text{MV·A}$，110 kV 为电压基本级，$U_B=110\ \text{kV}$。发电机侧电压基准：$U_{1B}=110\ \text{kV}\times 10.5/121=9.55\ \text{kV}$；调相机侧电压基准：$U_{2B}=110\ \text{kV}\times 6.3/110=6.3\ \text{kV}$；负荷 L-2 侧电压基准：$U_{4B}=110\ \text{kV}\times 10.5/110=10.5\ \text{kV}$。

系统等值电路如图 6.23（a）所示。接在短路点的负荷 L-2 用 E_3'' 和 x'' 代替，另两个负荷用阻抗表示。图中各元件阻抗旁的分数表示元件的编号（分子）和它的阻抗标幺值（分母）。

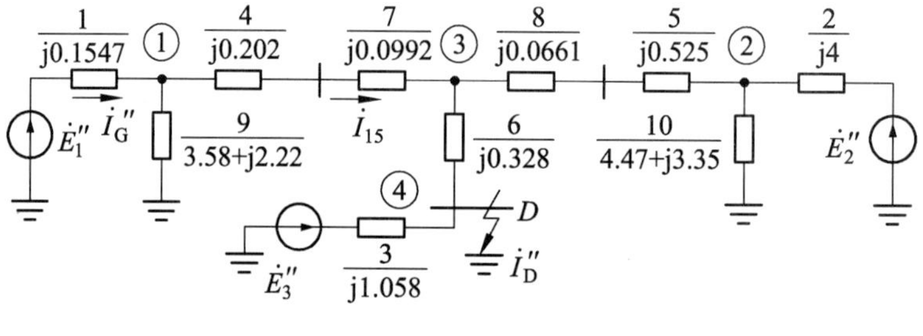

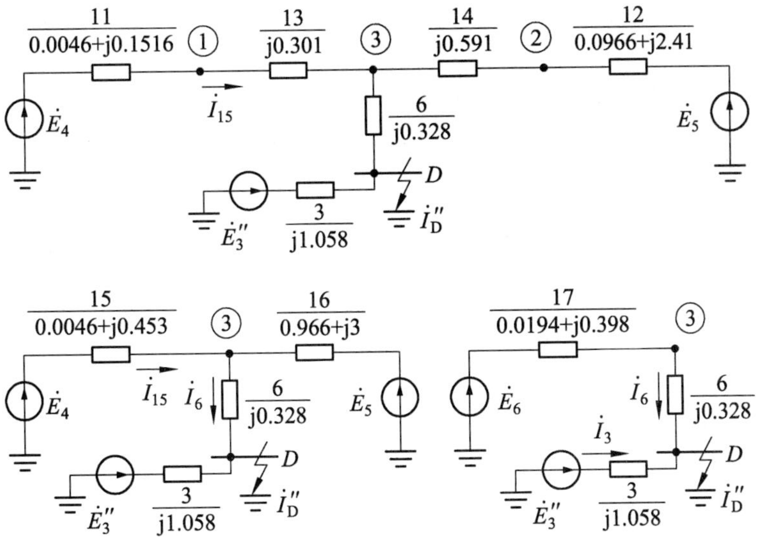

图 6.23　例 6.3 等值电路

各元件阻抗标幺值如下。

发电机：

$$x_1 = 0.12 \times \frac{10.5^2}{93.8} \times \frac{100}{9.55^2} = 0.1547$$

调相机：

$$x_2 = 0.2 \times \frac{6.3^2}{5} \times \frac{100}{6.3^2} = 4$$

负荷 L-2：

$$x_3 = \frac{0.35 \times 10^2}{\sqrt{26^2 + 15^2}} \times \frac{100}{10.5^2} = 1.058$$

变压器 T-1：

$$x_4 = 0.105 \times \frac{121^2}{2 \times 31.5} \times \frac{100}{110^2} = 0.202$$

T-2：

$$x_5 = 0.105 \times \frac{110^2}{20} \times \frac{100}{110^2} = 0.525$$

T-3：

$$x_6 = 0.105 \times \frac{110^2}{2 \times 16} \times \frac{100}{110^2} = 0.328$$

线路 L-1：

$$x_7 = 60 \times \frac{0.4}{2} \times \frac{100}{110^2} = 0.099\ 2$$

线路 L-2：

$$x_8 = 20\times 0.4\times \frac{100}{110^2} = 0.066\,1$$

正常运行时各节点电压：

$$\dot{U}_1 = \frac{10.73}{9.55}\angle 10.69°$$

$$\dot{U}_2 = \frac{6.315}{6.3}\angle 0.07° = 1.002\angle 0.07°$$

$$\dot{U}_3 = \frac{114.7}{110}\angle 4.74° = 1.043\angle 4.74°$$

$$\dot{U}_4 = \frac{10.4}{10.5} = 0.99$$

负荷 L-1 和 L-3 的等值阻抗如下：

$$\text{L-1：}\quad Z_9 = \frac{1.124^2}{0.255^2 + 0.158^2}(0.255 + \mathrm{j}0.158) = 3.58 + \mathrm{j}2.22$$

$$\text{L-3：}\quad Z_{10} = \frac{1.002^2}{0.144^2 + 0.108^2}(0.144 + \mathrm{j}0.108) = 4.47 + \mathrm{j}3.35$$

各电源次暂态电势如下：

发电机：

$$E_1'' = \sqrt{\left(1.124 + \frac{0.48\times 0.154\,7}{1.124}\right)^2 + \left(\frac{0.659\times 0.154\,7}{1.124}\right)^2}$$
$$= \sqrt{1.19^2 + 0.090\,7^2} = 1.193$$

相位角：

$$\delta_1 = \arctan\frac{0.090\,7}{1.19} + 10.69° = 15.05°$$

调相机：

$$\dot{E}_2'' = \left(1.002 + \frac{0.0456\times 4}{1.002}\right)\angle 0.07° = 1.18\angle 0.07°$$

L-2：

$$\dot{E}_3'' = \sqrt{\left(0.99 - \frac{0.15\times 1.058}{0.99}\right)^2 + \left(-\frac{0.26\times 1.058}{1.124}\right)^2}$$
$$= \sqrt{0.83^2 + (-0.278)^2} = 0.875$$

相位角：$\delta_3 = \arctan\dfrac{-0.278}{0.83} = -18.2°$

（2）次暂态电流计算。

将图 6.23（a）中的支路 1 和支路 9 并联，支路 2 和 10 并联，支路 4 和 7 串联，5 和 8 串联，得到图 6.23（b），其中：

$$\dot{E}_4 = \frac{\dot{E}_1'' Z_9}{Z_1 + Z_9} = 1.17\angle 13.29^\circ$$

$$Z_{11} = \frac{Z_1 Z_9}{Z_1 + Z_9} = 0.046 + \mathrm{j}0.151\,6$$

$$\dot{E}_5 = \frac{\dot{E}_2'' Z_{10}}{Z_2 + Z_{10}} = 0.776\angle -21.8^\circ$$

$$Z_{12} = Z_2 // Z_{10} = 0.996 + \mathrm{j}2.41$$

$$Z_{13} = Z_4 + Z_7 = \mathrm{j}0.301$$

$$Z_{14} = Z_5 + Z_8 = 0.591$$

将 Z_{11} 和 Z_{13} 串联，Z_{12} 和 Z_{14} 串联，得到图 6.23（c）。再将支路 15 和 16 并联，得到简化电路图 6.23（d），图中：

$$\dot{E}_6 = \frac{\dot{E}_4 Z_{16} + \dot{E}_5 Z_{15}}{Z_{16} + Z_{15}} = 1.21\angle 9.63^\circ$$

$$Z_{17} = Z_{15} // Z_{16} = 0.019\,4 + \mathrm{j}0.398$$

由图 6.23（d）求得发电机和调相机供出的电流

$$\dot{I}_6 = \frac{\dot{E}_6}{Z_{17} + Z_6} = 1.545\angle -78.8^\circ$$

综合负荷 L-2 供给的电流

$$\dot{I}_3 = \frac{\dot{E}_3''}{z_3} = 0.827\angle -108.5^\circ$$

短路点的起始次暂态电流

$$\dot{I}_3 = \frac{\dot{E}_3''}{z_3} = 0.827\angle -108.5^\circ$$

短路瞬间节点 3 的电压

$$\dot{U}_3 = Z_6 \dot{I}_6 = 0.507\angle 11.16^\circ$$

由图 6.23（c）求出支路 15 的电流

$$\dot{I}_{15} = (\dot{E}_4 - \dot{U}_3) / Z_{15} = 1.467\angle -74.5^\circ$$

节点 1 即发电机 G 的端电压

$$\dot{U}_1=\dot{U}_3+\dot{I}_{15}Z_{13}=0.948\angle 13.18°$$

最后，由图 6.23（a）求出发电机 G 的起始次暂态电流

$$\dot{I}''_{\mathrm{G}}=(\dot{E}''_1-\dot{U}_1)/Z_1=1.604\angle -67.8°$$

所求电流和电压的实际有名值为

$$I''_D=2.3\times\frac{100}{\sqrt{3}\times 10.5}=12.65\,(\mathrm{kA})\text{（有效值）}$$

$$I''_G=1.064\times\frac{100}{\sqrt{3}\times 9.55}=9.7\,(\mathrm{kA})\text{（有效值）}$$

$$U_1=0.948\times 9.55=9.05\,(\mathrm{kA})\text{（线电压有效值）}$$

应用叠加原理计算起始次暂态电流比上例的直接计算法更为方便。图 6.24（a）为计算起始次暂态电流的等值电路，除电源支路外其他部分用方框表示。图中，短路点 D 与地之间串接入两个理想电压源，一个电压为故障前 D 点的电压 $\dot{E}_{\mathrm{D}(0)}$，另一个电压为 $\Delta\dot{U}_{\mathrm{D}}=-\dot{U}_{\mathrm{D}(0)}$，因而保证 D 点对地电压为零。

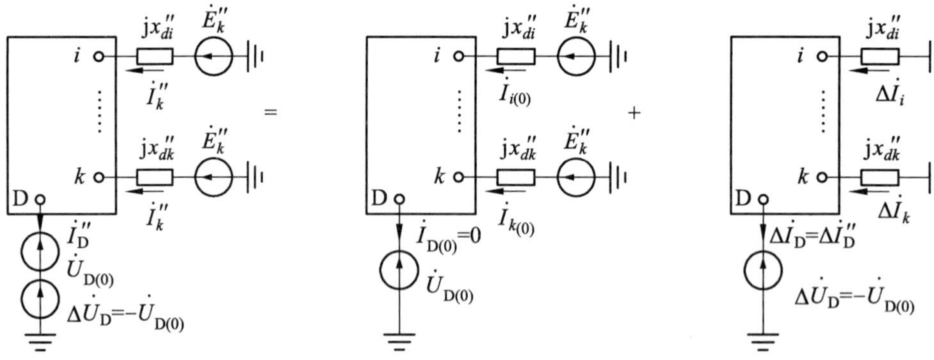

图 6.24　应用叠加原理计算起始次暂态电流

应用叠加原理，将图 6.24（a）分解为图 6.24（b）和（c）两种情况。图 6.24（b）是正常运行时的等值电路，各节点电压和支路电流由正常潮流计算求得。图 6.24（c）是无源一端口网络，仅端口加有电压 $\Delta\dot{U}_{\mathrm{D}}=-\dot{U}_{\mathrm{D}(0)}$，可以很容易求得各节点电压和各支路电流，它们是三相短路引起的故障分量。图 6.24（a）中任一支路的实际电流及任一节点的实际电压，为相应的正常分量和故障分量的相量和。短路点的正常电流为零，所以它的起始次暂态电流 $\dot{I}''_{\mathrm{D}}=\Delta\dot{I}_{\mathrm{D}}$。设图 6.24（c）中 D-地端口的等值阻抗为 Z_{DD}，则有：

$$\dot{I}''_{\mathrm{D}}=\Delta\dot{I}_{\mathrm{D}}=-\frac{\Delta\dot{U}_{\mathrm{D}}}{Z_{\mathrm{DD}}}=\frac{\dot{U}_{\mathrm{D}(0)}}{Z_{\mathrm{DD}}}$$

只需要计算短路点的 I''_{D} 时，用叠加原理计算特别方便。

【例 6.4】同例 6.3，但用叠加原理计算。

解：各基准值同例 6.3。

（1）正常电流和电压分量计算。

$$\dot{U}_{D(0)}=\dot{U}_{4(0)}=0.99 \quad \dot{U}_{1(0)}=1.24\angle 10.69°$$

$$\dot{I}_{G(0)}=\frac{\overset{*}{S}_{G(0)}}{\overset{*}{U}_{1(0)}}=\frac{0.659-j0.48}{1.124\angle -10.69°}=0.655-j0.311$$

（2）故障分量计算。

计算故障分量的等值电路示于图 6.25（a），再依次简化为图（b）和（c），各支路电抗值同例 6.3。

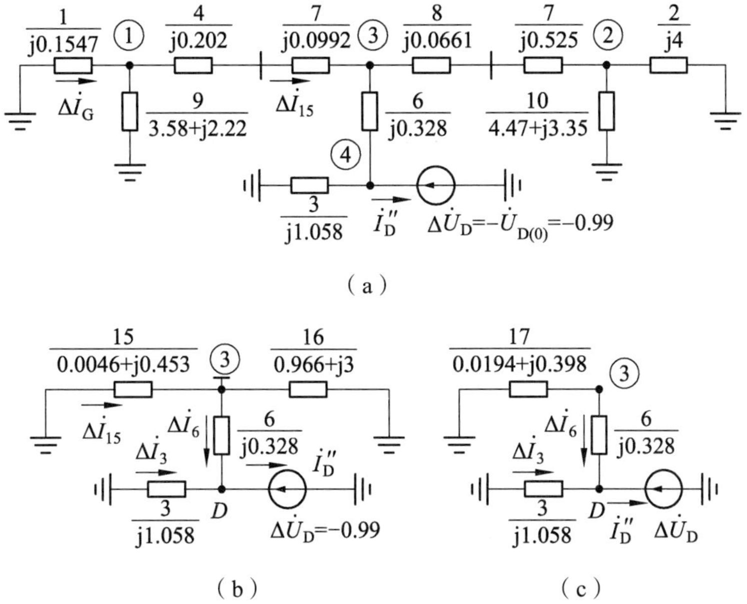

图 6.25　例 6.4 的故障分量等值电路

由图 6.25（c）可知

$$\Delta\dot{I}_6=-\frac{\Delta\dot{U}_D}{Z_{17}+Z_6}=\frac{0.99}{0.019\,4+j\,0.726}=0.036\,4-j1.364$$

$$\Delta\dot{I}_3=-\frac{\Delta\dot{U}_D}{Z_3}=\frac{0.99}{j1.508}=-j0.936$$

$$\dot{I}''_D=\Delta\dot{I}_6+\Delta\dot{I}_3=0.036\,4-j2.3=2.3\angle -89.1°$$

$$\Delta\dot{U}_3=\Delta\dot{U}_D+Z_6\Delta\dot{I}_6=0.543\angle 178.7°$$

再由图 6.25（a）（b）求出：

$$\Delta\dot{I}_{15}=\frac{-\Delta\dot{U}_3}{Z_{15}}=-1.2\angle 89.3^\circ$$

$$\Delta\dot{U}_1=\Delta\dot{U}_3+\Delta\dot{I}_{15}(Z_4+Z_7)=0.1818+\mathrm{j}\,0.00771$$

$$\Delta\dot{I}_{\mathrm{D}}=-\frac{\Delta\dot{U}_1}{Z_1}=-0.00498-\mathrm{j}1.175$$

（3）起始次暂态电流和电压计算。

$$\dot{I}''_{\mathrm{D}}=2.3\angle-89.1^\circ$$

$$\dot{I}''_{\mathrm{G}}=\dot{I}_{\mathrm{G}(0)}+\Delta\dot{I}_{\mathrm{G}}=0.605-\mathrm{j}1.486=1.604\angle-67.8^\circ$$

$$\dot{U}_1=\dot{U}_{1(0)}+\Delta\dot{U}_1=0.948\angle 13.18^\circ$$

计算结果与例 6.3 相同。

在例 6.3 和 6.4 计算中，不同电压等级的参数或基准值都是用变压器实际变比进行归算的。对于具有多种电压等级、元件数很多的大规模电力系统，参数标幺值计算的工作量很大。短路电流实用计算方法本身带有近似性，所以参数计算不需要如此准确。为了简化计算，假设：（1）接在同一电压级的所有电力设备的额定电压相等，其数值取这些设备额定电压的平均值，称为平均额定电压。我国规定的各级电压电力网的平均额定电压见下表，约为额定电压的 1.05 倍。（2）各变压器的变比用它各侧电力网平均额定电压之比代替。

表 6.1　我国规定的各级电力网的平均额定电压

额定电压/kV	3	6	10	15	35	110	220	330	500	750	1000
平均额定电压	3.15	6.3	10.5	15.75	37	115	230	345	525	780	1050

采用这些假定时，基本级的电压基准值选用它的平均额定电压，其他各级的电压基准值则都等于各自的平均额定电压，不必一一归算。等值电路中各元件参数标幺值的计算也很简便。例如某设备以其额定容量 S_{N}、额定电压 U_{N} 为基准值的电抗标幺值为 $x_{*(\mathrm{N})}$，则归算到基准功率 S_{B} 和平均额定电压 U_{av} 的标幺值为

$$x_*=x_{*(\mathrm{N})}\times\frac{U_{\mathrm{N}}^2}{S_{\mathrm{N}}}\times\frac{S_{\mathrm{B}}}{U_{\mathrm{av}}^2}=x_{*(\mathrm{N})}\times\frac{S_{\mathrm{B}}}{S_{\mathrm{N}}}$$

由于设 $U_{\mathrm{N}}=U_{\mathrm{AV}}$，所以电抗标幺值只需进行容量归算。同理，变压器的电抗标幺值为

$$x_*=\frac{U_{\mathrm{S}}\%}{100}\times\frac{S_{\mathrm{B}}}{S_{\mathrm{N}}}$$

在短路电流实用计算中，普遍使用这种简化，但必须指出，在电力系统潮流和稳定计算中，不允许使用这些简化，各变压器必须用实际变比，各元件必须用它本身的额定电压进行计算。

还有一种简易的起始次暂态电流计算方法，它假定故障前电力网各节点电压都等于平均

额定电压（标幺值为 1），相位都相同；各支路的起始次暂态电流只计及故障分量，因为一般正常电流比故障分量小很多，所以可略去不计。另外，除了短路点的大型电动机及综合负荷用 E''、x'' 等值外，其他负荷都可略去不计；全部线路及变压器的电阻也都不计。这样，短路点 $I''_D = 1/x_{DD}$，任一支路 $I''_1 = \Delta I_1$，任一节点起始电压 $U_i = 1 + \Delta U_i$。这种简易算法只需对故障分量等值电路进行计算，而且是纯电抗电路，不必用相量计算。用简易法求得的短路点 I''_D 误差不大；对于支路电流，在正常电流较大时则误差较大。

【例 6.5】 同例 6.3，但用平均额定电压计算。

解： 取 $S_B = 100\ \text{MV}\cdot\text{A}$，电压基准值取各级的平均额定电压。用叠加原理计算，故障分量等值电路如图 6.26 所示。负荷 L-1 用标幺值为 1.2 的电抗支路表示，负荷 L-3 删去不计，接在短路点的负荷 L-2 仍用 E''、x'' 等值。

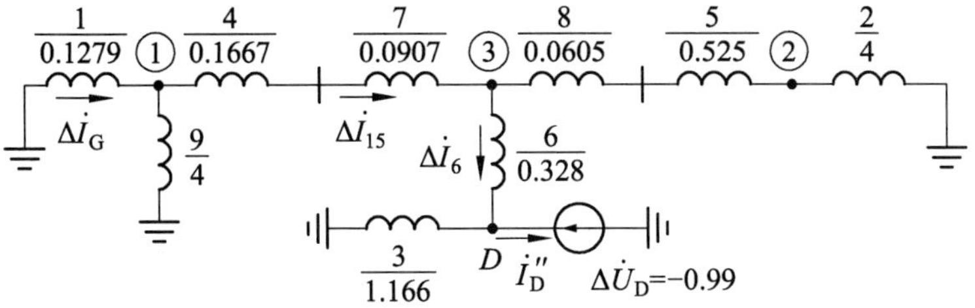

图 6.26　例 6.5 故障分量等值电路

各元件电抗值计算如下：

$$x_1 = 0.12 \times \frac{100}{93.8} = 0.127\,9$$

$$x_2 = 0.2 \times \frac{100}{5} = 4$$

$$x_2 = 0.2 \times \frac{100}{5} = 4$$

$$x_4 = 0.105 \times \frac{100}{2 \times 31.5} = 0.166\,7$$

$$x_5 = 0.105 \times \frac{100}{20} = 0.525$$

$$x_6 = 0.105 \times \frac{100}{2 \times 16} = 0.328$$

$$x_7 = 0.4 \times \frac{60}{2} \times \frac{100}{115^2} = 0.090\,7$$

$$x_8 = 0.4 \times 20 \times \frac{100}{115^2} = 0.060\,5$$

$$x_9 = 1.2 \times \frac{100}{\sqrt{25.5^2 + 15.8^2}} = 4$$

等值电路简化[参看图 6.25（b）（c）]：

$$x_{15}=(x_1 /\!/ x_9)+x_4+x_7=0.381$$

$$x_{16}=x_2+x_5+x_8=4.59$$

$$x_{17}=x_{15} /\!/ x_{16}=0.352$$

短路点等值电抗

$$x_{\mathrm{DD}}=(x_{17}+x_6) /\!/ x_3=0.43$$

短路点正常电压

$$U_{\mathrm{D}(0)}=10.4/10.5=0.99$$

短路点起始次暂态电流：

$$I''_{\mathrm{D}}=\frac{U_{\mathrm{D}(0)}}{x_{\mathrm{DD}}}=\frac{0.99}{0.43}=2.3$$

电压、电流故障分量计算：

$$\Delta I_6=\frac{-\Delta U_{\mathrm{D}}}{x_{17}+x_6}=\frac{0.99}{0.352+0.328}=1.454$$

$$\Delta I_{15}=\Delta I_6\times\frac{x_{17}}{x_{15}}=1.344$$

$$\Delta U_1=-\Delta I_{15}\times(x_1//x_9)=-0.166\ 5$$

$$\Delta I_{\mathrm{G}}=\frac{-\Delta U_1}{x_1}=1.302$$

发电机正常电压和电流：

$$\dot{U}_{1(0)}=\frac{10.73}{10.5}\angle 10.69^\circ=1.022\angle 10.69^\circ$$

$$\dot{I}_{\mathrm{G}(0)}=\frac{0.659-\mathrm{j}0.48}{1.022\angle -10.69^\circ}=0.721-\mathrm{j}0.342$$

发电机起始次暂态电流、电压：

$$\begin{aligned}\dot{I}''_{\mathrm{G}}&=\dot{I}_{\mathrm{G}(0)}+\Delta\dot{I}_{\mathrm{G}}=0.721-\mathrm{j}0.0.342-\mathrm{j}1.302\\&=1.8\angle -66^\circ\end{aligned}$$

$$\begin{aligned}\dot{U}_1&=\dot{U}_{1(0)}+\Delta\dot{U}_1=1.022\angle 10.69^\circ-0.1665\\&=0.859\angle 12.8^\circ\end{aligned}$$

所求电流和电压的有效值：

$$I''_{\mathrm{D}} = 2.3\times\frac{100}{\sqrt{3}\times10.5} = 12.65\text{（kA）}$$

$$I''_{\mathrm{G}} = 1.8\times\frac{100}{\sqrt{3}\times10.5} = 9.9\text{（kA）}$$

$$U_1 = 0.859\times10.5 = 9.02\text{（kA）}$$

与例 6.3 计算结果比较，电流和电压误差不大。

短路点短路容量：

$$S_{\mathrm{D}} = 2.3\times100 = 230\text{（MV·A）}$$

【**例 6.6**】同例 6.3，但用简易法近似计算。

解：取 $S_{\mathrm{B}} = 100\ \mathrm{MV\cdot A}$，基准电压为平均额定电压。故障分量等值电路同图 6.26，但负荷 L-1 不计，可令其中，$x_9 = \infty$ 另外。$\Delta U_{\mathrm{D}} = -1$

短路点 D 等值电抗：

$$\begin{aligned} x_{\mathrm{DD}} &= \{(x_1 + x_4 + x_7) \mathbin{//} (x_2 + x_5 + x_8) + x_6\} \mathbin{//} x_3 \\ &= 0.431 \end{aligned}$$

有效值　　$I''_{\mathrm{D}} = 2.32\times\dfrac{100}{\sqrt{3}\times10.5} = 12.8\text{（kA）}$

短路容量　　$S_{\mathrm{D}} = 2.32\times100 = 232\text{（MV·A）}$

发电机电流和电压的故障分量分别为 $\Delta I_{\mathrm{G}} = 1.35, \Delta U_1 = -0.173$，起始电流和电压有效值为

$$I''_{\mathrm{G}} = \Delta I_{\mathrm{G}} = 1.35\times\frac{100}{\sqrt{3}\times10.5} = 7.42\text{(kA)}$$

$$U_1 = (1+\Delta U_1)U_{\mathrm{B}} = (1-0.173)\times10.5 = 8.68\text{（kV）}$$

与例 6.3 相比，I''_{D} 和 U_1 误差不大，I''_G 误差较大，因为它的正常电流相对较大。

6.4.2 复杂电力系统起始次暂态电流的计算

复杂电力系统的三相短路起始次暂态电流通常应用叠加原理进行计算，先作潮流计算，得到各节点的正常电压 $\dot{U}_{i(0)}$，然后对故障分量等值网络进行求解，得到各节点电压的故障分量 $\Delta\dot{U}_i$。最后根据各节点实际电压 $\dot{U}_i = \dot{U}_{i(0)} + \Delta\dot{U}_i$，计算各支路的起始次暂态电流。

计算故障分量用的等值网络[见图 6.24（c）]，可以利用潮流计算用的等值网络，在各发电机节点加上电抗为 x''_{d} 的接地支路，各负荷节点接入代替负荷的接地阻抗支路而形成。直接连于短路点的大型电动机或综合负荷所提供的起始次暂态电流可另行单独处理。该计算网络中，只有短路节点 D 加有电源，注入电流为 $-\dot{I}''_{\mathrm{G}}$，其他节点注入电流均为零。

如果计算网络的节点阻抗矩阵已经形成，则可解如下的节点电压方程，得到电压的故障分量：

$$\begin{bmatrix} \Delta\dot{U}_1 \\ \cdots \\ \Delta\dot{U}_{\mathrm{D}} \\ \cdots \\ \Delta\dot{U}_n \end{bmatrix} = \begin{bmatrix} Z_{11} & \cdots & Z_{1\mathrm{D}} & \cdots & Z_{1n} \\ \cdots & \cdots & \cdots & \cdots & \cdots \\ Z_{\mathrm{D}1} & \cdots & Z_{\mathrm{DD}} & \cdots & Z_{\mathrm{D}n} \\ \cdots & \cdots & \cdots & \cdots & \cdots \\ Z_{n1} & \cdots & Z_{n\mathrm{D}} & \cdots & Z_{nn} \end{bmatrix} \begin{bmatrix} 0 \\ \cdots \\ -\dot{I}''_{\mathrm{D}} \\ \cdots \\ 0 \end{bmatrix} = -\dot{I}''_{\mathrm{D}} \begin{bmatrix} Z_{1\mathrm{D}} \\ \cdots \\ Z_{\mathrm{DD}} \\ \cdots \\ Z_{n\mathrm{D}} \end{bmatrix} \tag{6.73}$$

式中，网络有 n 个节点。由上式可得

$$\Delta\dot{U}_i = -Z_{i\mathrm{D}}\dot{I}''_{\mathrm{D}} (i = 1, 2, \cdots, n) \tag{6.74}$$

对于节点 D 有 $\Delta\dot{U}_{\mathrm{D}} = -\dot{U}_{\mathrm{D}(0)} = -Z_{\mathrm{DD}}\dot{I}''_{\mathrm{D}}$，所以

$$\dot{I}''_{\mathrm{D}} = \frac{\dot{U}_{\mathrm{D}(0)}}{Z_{\mathrm{DD}}} \tag{6.75}$$

实际上先由上式求出 $\dot{I}''_{\mathrm{D}}$，然后用式（6.74）计算各节点 $\Delta\dot{U}_i$。

各节点的实际起始电压为

$$\dot{U}_i = \dot{U}_{i(0)} + \Delta\dot{U}_i = \dot{U}_{i(0)} - Z_{i\mathrm{D}}\dot{I}''_{\mathrm{D}} \tag{6.76}$$

任一支路 i—j 的起始次暂态电流为

$$\dot{I}_{ij} = \frac{\dot{U}_i - \dot{U}_j}{Z_{ij}} \tag{6.77}$$

式中，Z_{ij} 为支路 i—j 的阻抗。

在近似计算中，假设故障前各节点电压 $U_{i(0)} = 1$，以上各式可简化为

$$\left.\begin{aligned} \dot{I}''_{\mathrm{D}} &= \frac{1}{Z_{\mathrm{DD}}} \\ \dot{U}_i &= 1 - \frac{z_{i\mathrm{D}}}{z_{\mathrm{DD}}} \\ \dot{I}_{ij} &= \frac{1}{Z_{ij}} \cdot \frac{Z_{j\mathrm{D}} - Z_{i\mathrm{D}}}{Z_{\mathrm{DD}}} \end{aligned}\right\} \tag{6.78}$$

由以上各式可见，计算 D 点三相短路时，只用到节点阻抗矩阵的第 D 列元素。

节点阻抗矩阵是满矩阵，当网络的节点数增加时，形成该矩阵所占用的计算机时间和存储它的内存容量将大为增加，这就使计算电力系统的规模受到限制。电力网的节点导纳矩阵的形成很简捷，网络结构改变时也容易修改，而且该矩阵很稀疏，储存非零元素只需很少的内存。因此，常用的短路电流算法中，采用先形成计算网络的节点导纳矩阵.然后求出短路点对应的一列阻抗矩阵元素。

根据节点阻抗矩阵元素的定义，当节点 D 注入单位电流，其他节点注入电流均为零时，节点 D 的电压等于它的自阻抗，其他节点的电压等于该节点与 D 点间的互阻抗，即节点阻抗

矩阵 D 列（行）的元素为

$$Z_{iD}=Z_{Di}=\dot{U}_i(i=1,2,\cdots,n)$$

式中各节点的电压可以由下面用节点导纳矩阵表示的节点电压方程解得

$$\begin{bmatrix} Y_{11} & \cdots & Y_{1D} & \cdots & Y_{1n} \\ \cdots & \cdots & \cdots & \cdots & \cdots \\ Y_{D1} & \cdots & Y_{DD} & \cdots & Y_{Dn} \\ \cdots & \cdots & \cdots & \cdots & \cdots \\ Y_{n1} & \cdots & Y_{nD} & \cdots & Y_{nn} \end{bmatrix}\begin{bmatrix} \dot{U}_1 \\ \cdots \\ \dot{U}_D \\ \cdots \\ \dot{U}_n \end{bmatrix}=\begin{bmatrix} 0 \\ \cdots \\ 1 \\ \cdots \\ 0 \end{bmatrix} \tag{6.79}$$

综上所述，计算起始次暂态电流的步骤如下：

（1）形成计算故障分量用的等值网络的节点导纳矩阵。

（2）解式（6.79）所示线性代数方程组，求出短路点 D 对应的一列节点阻抗矩阵元素。

（3）应用式（6.75），计算短路点的起始次暂态电流 $\dot{I}''_D$。

（4）按式（6.76）计算各节点的电压。

（5）应用式（6.77）计算各支路的起始次暂态电流。

进行某一电力系统短路分析时，往往要对一批节点逐个地计算三相短路电流，这就需要反复求解式（6.79），求得若干列节点阻抗矩阵元素。为了减少计算工作量，可事先将节点导纳矩阵作三角分解（或形成因子表）并存储起来，以后当计算某一节点短路时，用来求出一列阻抗矩阵元素。此外，工程计算中往往只要求计算短路点及其附近支路的电流，所以只需求出短路点附近的节点电压就可以了。同理，计算某一电压等级电网的短路电流时，离短路点较远的其他电压等级电网的节点电压也不必求出。因此可将部分网络简化，消去一批节点，以降低节点导纳（阻抗）矩阵的阶数，减轻计算工作量。应用计算机计算时，网络简化方法简述如下。设节点 1, 2, …, m 要保留，其他加 m+1 至 n 节点都是没有注入电流的节点（简称联络节点）需要消去。原节点电压方程为

$$\begin{bmatrix} \dot{I}_1 \\ \cdots \\ \dot{I}_m \\ \hline 0 \\ \cdots \\ 0 \end{bmatrix}=\left[\begin{array}{ccc|ccc} Y_{11} & \cdots & Y_{1m} & Y_{1,m+1} & \cdots & Y_{1n} \\ \cdots & \cdots & \cdots & \cdots & \cdots & \cdots \\ Y_{m1} & \cdots & Y_{mm} & Y_{m,m+1} & \cdots & Y_{mn} \\ \hline Y_{m+1} & \cdots & Y_{m+1,m} & Y_{m+1,m+1} & \cdots & Y_{m+1,n} \\ \cdots & \cdots & \cdots & \cdots & \cdots & \cdots \\ Y_{n1} & \cdots & Y_{nm} & Y_{n,m+1} & \cdots & Y_{nn} \end{array}\right]\begin{bmatrix} \dot{U}_1 \\ \cdots \\ \dot{U}_m \\ \hline \dot{U}_{m+1} \\ \cdots \\ \dot{U}_n \end{bmatrix}$$

上式用分块矩阵表示为

$$\begin{bmatrix} \boldsymbol{I}_m \\ \boldsymbol{0} \end{bmatrix}=\begin{bmatrix} \boldsymbol{Y}_{mm} & \boldsymbol{Y}_{mk} \\ \boldsymbol{Y}_{km} & \boldsymbol{Y}_{kk} \end{bmatrix}\begin{bmatrix} \boldsymbol{U}_k \\ \boldsymbol{U}_k \end{bmatrix}$$

将其展开

$$\boldsymbol{I}_m=\boldsymbol{Y}_{mm}\boldsymbol{U}_m+\boldsymbol{Y}_{km}\boldsymbol{U}_k$$

$$\boldsymbol{0}=\boldsymbol{Y}_{km}\boldsymbol{U}_m+\boldsymbol{Y}_{kk}\boldsymbol{U}_k$$

由第二式得 $\boldsymbol{U}_k=-\boldsymbol{Y}_{kk}^{-1}\boldsymbol{Y}_{km}\boldsymbol{U}_m$，将其代入第一式得：

$$\boldsymbol{I}_m=(\boldsymbol{Y}_{mm}-\boldsymbol{Y}_{mk}\boldsymbol{Y}_{kk}^{-1}\boldsymbol{Y}_{kn})\boldsymbol{U}_m=\boldsymbol{Y}_m\boldsymbol{U}_m \tag{6.80}$$

其中

$$\boldsymbol{Y}_m=\boldsymbol{Y}_{mm}-\boldsymbol{Y}_{mk}\boldsymbol{Y}_{kk}^{-1}\boldsymbol{Y}_{km} \tag{6.81}$$

它就是消去联络节点后简化网络的 m 阶节点导纳矩阵。

【**例 6.7**】同例 6.3，但用本节的算法计算。

解：各基准值同例 6.3，故障分量计算网络见图 6.25（a），短路点（节点 4）的综合负荷 L-2 单独处理，暂时从图中除去。

根据图 6.25（a）不难求得节点导纳矩阵各元素（请读者核算），现列出节点导纳矩阵：

$$\boldsymbol{Y}=\begin{bmatrix} 0.2019-\mathrm{j}9.909 & 0 & \mathrm{j}3.320 & 0 \\ 0 & 0.1433-\mathrm{j}2.049 & \mathrm{j}1.692 & 0 \\ \mathrm{j}3.320 & \mathrm{j}1.692 & -\mathrm{j}8.061 & \mathrm{j}3.049 \\ 0 & 0 & \mathrm{j}3.049 & -\mathrm{j}3.049 \end{bmatrix}$$

计算节点阻抗矩阵第 4 列元素。由方程

$$\boldsymbol{Y}\begin{bmatrix}\dot{U}_1\\ \dot{U}_2\\ \dot{U}_3\\ \dot{U}_4\end{bmatrix}=\begin{bmatrix}0\\0\\0\\0\end{bmatrix}$$

解得

$$Z_{14}=\dot{U}_1=0.009\,208+\mathrm{j}0.133\,1$$

$$Z_{24}=\dot{U}_2=0.035\,72+\mathrm{j}0.324\,9$$

$$Z_{34}=\dot{U}_3=0.019\,38+\mathrm{j}0.397\,6$$

$$Z_{44}=\dot{U}_4=0.019\,38+\mathrm{j}0.725\,6$$

短路点 4 的短路电流：

$$\dot{I}_4=\frac{\dot{U}_{4(0)}}{Z_{44}}=\frac{0.99}{0.019\,38+\mathrm{j}0.725\,6}=0.036\,42-\mathrm{j}1.364$$

各节点电压：

$$\dot{U}_1=\dot{U}_{1(0)}-Z_{14}\dot{I}_4=0.947\,6\angle 13.19^\circ$$

$$\dot{U}_2=\dot{U}_{2(0)}-Z_{24}\dot{I}_4=0.559\,1\angle 3.91^\circ$$

$$\dot{U}_3=\dot{U}_{3(0)}-Z_{34}\dot{I}_4=0.505\,6\angle 11.17^\circ$$

线路 l—1 故障电流[见图 6.25（a）]：

$$\dot{I}_{l1}=\frac{\dot{U}_1-\dot{U}_3}{Z_4+Z_7}=0.391\,8-\mathrm{j}1.413$$

负荷 L—1 电流：

$$\dot{I}_{l1}=\frac{\dot{U}_1-\dot{U}_3}{Z_4+Z_7}=0.391\,8-\mathrm{j}1.413$$

发电机短路电流：

$$\dot{I}''_{G}=\dot{I}_{l1}+\dot{I}_{L\text{-}1}=1.064\angle-67.83^\circ$$

短路点起始次暂态电流：

$$\dot{I}''_{D}=\dot{I}_4+\frac{\dot{U}_{4(0)}}{Z_4}=2.300\angle-89.09^\circ$$

6.4.3 应用运算曲线计算三相短路电流周期分量

电力系统三相短路后任意时刻的短路电流周期分量的准确计算是非常复杂的，工程上均使用近似的实用计算法，目前我国使用运算曲线法，即应用事先制作的三相短路电流周期分量的曲线进行计算。下面介绍运算曲线和使用方法。

运算曲线是根据图 6.27（a）所示的电路制作的。计算条件为三相短路前发电机以额定电压满载运行，高压母线负荷 L 为发电机额定容量的一半，$\cos\varphi=0.9$（滞后）；其余的一半负荷在短路点 D 以外；同步发电机采用有代表性的典型参数。计算 D 点三相短路的等值电路示于图 6.27（b），其中负荷 L 用恒定阻抗 Z_L 代替。根据这个等值电路，对不同 x_l 值（表示短路远近）分别计算出不同时刻短路电流周期分量 I。最后以电流标幺值 I_* 为纵坐标，计算电抗 $x_{js}=x''_d+x_T+x_l$ 为横坐标，以时间 t 为参数绘制出短路电流曲线图，即得到运算曲线。这里 x_{js} 和 I_* 都是以发电机额定容量和平均额定电压为基准的标幺值。

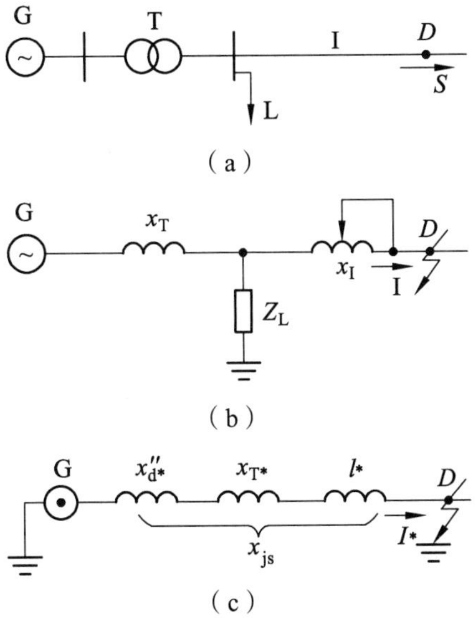

图 6.27　制作运算曲线的电路

采用计算电抗 x_{js} 为横坐标是为了使运算曲线使用更为方便。例如计算图 6.27（a）中 D 点三相短路电流时，只需绘出图 6.27（c）所示的等值电路，其中发电机电抗用 x_d'' 表示，负荷全部略去，然后求出发电机对短路点的计算电抗 x_{js}，就可从运算曲线上查得某时刻 t 的短路电流周期分量的标幺值。

运算曲线只做到 $x_{js}=3.4$ 为止，因为 $x_{js}>3$ 时，短路电流周期分量中次暂态和暂态自由分量的初值已经很小，实际上任意时刻电流的周期分量值为 $I_*=1/x_{js}$。

运算曲线主要用来计算短路点及其邻近支路的短路电流周期分量值。

应用运算曲线计算电力系统三相短路电流周期分量的步骤如下：

1. 制订等值网络

各同步发电机的电抗取 x_d''；大型同步调相机和靠近短路点的大型同步电动机作为同容量发电机计算；所有其他负荷均略去不计。至于接在短路点的大型异步电动机和综合负荷，它们供出的短路电流衰减很快，通常只考虑对短路点起始次暂态电流 I'' 的影响，可用前面介绍的方法单独计算。由于计算方法是近似的，各元件的电阻都可不计，变压器的变比用各侧平均额定电压之比代替，各电压级电压基准值选用各自的平均额定电压。选择适当的功率基准值 S_B，计算各元件电抗的标幺值。

2. 计算各电源对短路点的转移电抗

将等值网络化简，消去全部联络节点，求出各电源对短路点的转移电抗。如图 6.28（a）所示的有三个电机的等值网络，经过 Y/△ 变换后，得到图 6.28（b）所示最简单的网络，各电机对短路点的转移电抗分别为 x_{1D}、x_{2D}、x_{3D}。图中 x_{12}、x_{23}、x_{13} 不必求出，也可以不画出，因为它们对短路点电流没有影响。

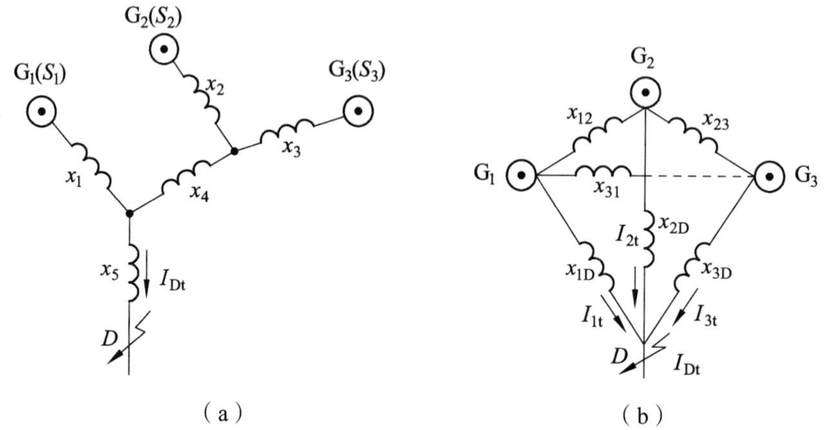

图 6.28　等值网络的简化

3. 求各计算电抗

例如图 6.28 中三个电机的额定容量分别为 S_1、S_2、S_3，相应的计算电抗（即归算到电机额定容量下的标幺值）为

$$x_{js1}=x_{1D}\frac{S_1}{S_B}\quad x_{js2}=x_{2D}\frac{S_2}{S_B}\quad x_{js3}=x_{3D}\frac{S_3}{S_B}$$

4. 计算任意时刻 t 的短路电流周期分量

根据各发电机的计算电抗，分别从相应（汽轮或水轮发电机）的运算曲线上查出 t 秒时刻各发电机供出的短路电流。需要注意，从运算曲线上查出的电流是以相应发电机额定容量为基准的标幺值，计算短路点总电流时不可直接相加，必须归算到同一基准功率或算出有名值后再相加。例如图 6.28（b），从运算曲线查出的三个电机的电流分别为 I_{1t*}、I_{2t*} 和 I_{3t*}，以 S_B 为基准的短路点总电流标幺值应为

$$I_{Dt*}=I_{1t*}\frac{S_1}{S_B}+I_{2t*}\frac{S_2}{S_B}+I_{3t*}\frac{S_3}{S_B}$$

其有名值为

$$I_{Dt}=I_{Dt*}\frac{S_B}{\sqrt{3}U_{av}}\text{（kA）（有效值）}$$

或归算为有名值再相加：

$$I_{Dt}=I_{1t*}\frac{S_1}{\sqrt{3}U_{av}}+I_{2t*}\frac{S_2}{\sqrt{3}U_{av}}+I_{3t*}\frac{S_3}{\sqrt{3}U_{av}}\text{（kA）}$$

式中：U_{av} 为短路点平均额定电压。

在实际的电力系统中，发电机数很多，如果每台电机都单独计算，则计算工作量很大，而且无此必要。为了减小电机数目，可将对短路点电气距离大致相等、类型（指汽轮或水轮发电机）相同的若干台电机合并为一台等值电机，它的容量为各机容量的总和。如果某些不同类型的发电机对短路点的电气距离都很大，也可合并为一台等值发电机。这是因为随着电气距离的增大，汽轮和水轮发电机短路电流的变化规律趋于一致。

如果电力系统包含有无限大容量电源，则不可将它与其他发电机合并。无限大容量电源是指容量相对很大、内阻抗相对很小和端电压恒定的等值电源或等值系统，它供出的短路电流周期分量不随时间而变化。通常无限大电源母线的电压标幺值取为 1，它提供的短路电流 $I_*=1/x_{SD}$，x_{SD} 为该电源对短路点的转移电抗标幺值。

【例 6.8】图 6.29 中水电厂 D 点发生三相短路，试求 $t=0$ 和 1.5 s 时故障点短路电流周期分量 I''_D 和 $I_{1.5D}$。四台水轮发电机的 $x''_d=0.2$。

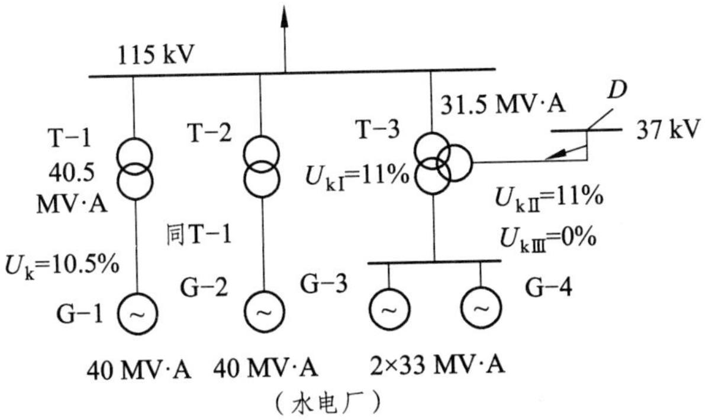

图 6.29　例 6.8 水电厂结线图

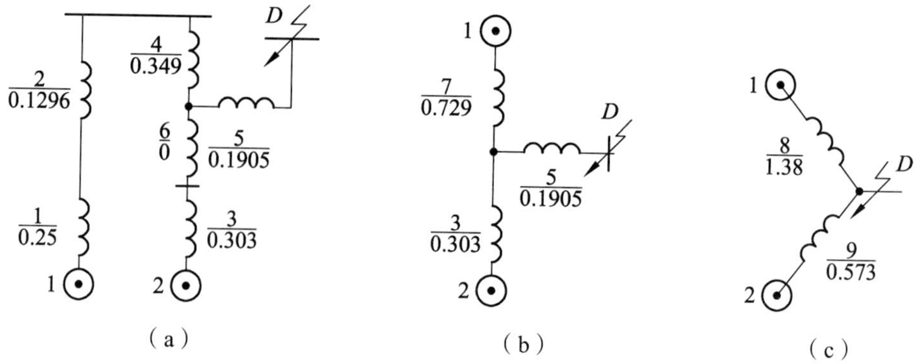

图 6.30　例 6.8 的等值网络

解： 取 $S_B = 100\ \text{MV}\cdot\text{A}$，电压基准取平均额定电压。等值电路见图 6.30（a），发电机 1 和 2 相同，与 D 点电气距离相等，变压器 1 和 2 也相同，可作为两倍功率的一个发电机-变压器单元处理。合并后发电机和变压器的电抗分别为

$$x_1 = 0.2 \times \frac{100}{2\times 40} = 0.25$$

$$x_2 = 0.105 \times \frac{100}{2\times 40.5} = 0.129\,6$$

同理，发电机 3 和 4 合并为一台额定容量为 $2\times 33 = 66\ \text{MV}\cdot\text{A}$ 的发电机，电抗为

$$x_3 = 0.2 \times \frac{100}{66} = 0.303$$

变压器 3 的电抗为：

$$x_4 = 0.11 \times \frac{100}{31.5} = 0.349$$

$$x_5 = 0.06 \times \frac{100}{31.5} = 0.1905$$

$$x_6 = 0$$

图 6.30（a）化简为图 6.30（b），其中 $x_7 = x_1 + x_2 + x_4 = 0.729$。将 Y 联结变换为△联结得图 6.30（c）。

其中

$$x_8 = x_7 + x_5 + \frac{x_7 x_5}{x_3} = 1.38$$

$$x_9 = x_3 + x_5 + \frac{x_3 x_5}{x_7} = 0.573$$

电源 1 的计算电抗：

$$x_{js1}=1.38\times\frac{2\times 40}{100}=1.1$$

由水轮机运算曲线查得 $I_1''=0.97$，$I_{1(1.5)}=1.1$。

电源 2 的计算电抗：

$$x_{js2}=0.573\times\frac{2\times 33}{100}=0.378$$

由附图查得

$$I_2''=2.95,\quad I_{2(1.5)}=2.64$$

短路点电流：

$$I_D''=0.97\times\frac{80}{\sqrt{3}\times 37}+2.95\times\frac{66}{\sqrt{3}\times 37}=0.95\times 1.248+2.95\times 1.03=4.25\text{（kA）}$$

$$I_{D1.5}=1.1\times 1.248\times 2.64\times 1.03=4.09\text{（kA）}$$

【**例 6.9**】图 6.31 所示的电力系统，D 点发生三相短路，试计算 $t=0$、0.01 和 1 s 时的短路电流周期分量。图中等值系统 S 可看作无限大功率电源。

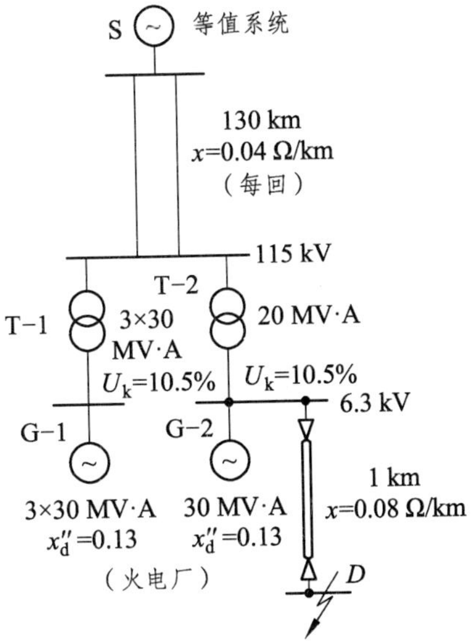

图 6.31　例 6.9 系统结线图

解：取 $S_B=100\ \text{MV}\cdot\text{A}$，$U_B$ 为平均额定电压，作等值网络图 6.32（a），将 1 和 3 支路串联后与 4、5 支路变换为△，得图 6.32（b）。其中：

$$x_7=(x_1+x_3)+x_4+\frac{(x_1+x_3)x_4}{x_5}=1.483$$

$$x_8=x_5+x_4+\frac{x_5x_4}{x_1+x_3}=1.117$$

再经星—网变换简化为图 6.32（c）。

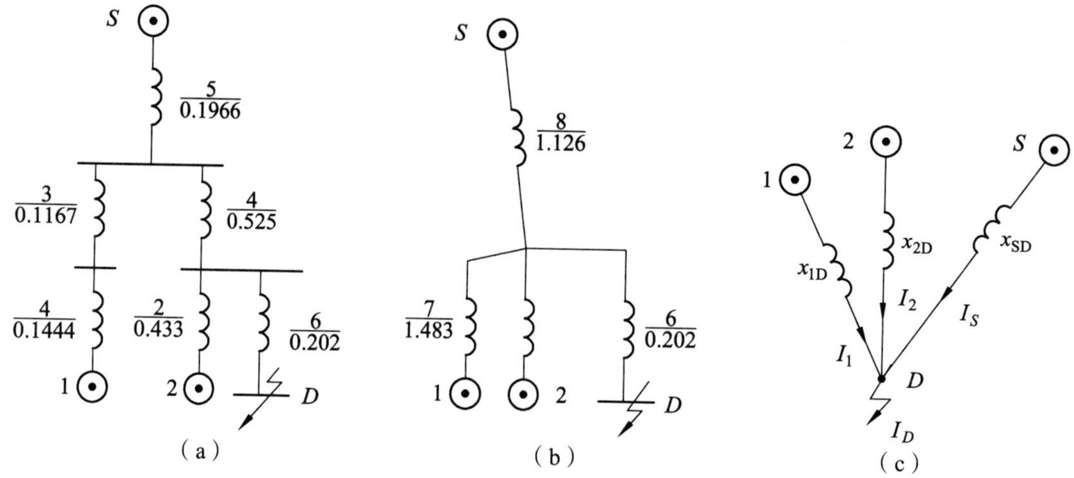

图 6.32　例 6.9 的等值网络

各转移电抗计算如下：

$$y = \frac{1}{x_2} + \frac{1}{x_7} + \frac{1}{x_8} + \frac{1}{x_6} = 8.83$$

$$x_{1D} = x_7 x_6 y = 2.645$$

$$x_{2D} = x_2 x_6 y = 0.772$$

$$x_{3D} = x_8 x_6 y = 1.992$$

电源 1 的计算电抗：

$$x_{js1} = x_{1D} \frac{S_1}{S_B} = 2.645 \times \frac{3 \times 30}{100} = 2.38$$

由运算曲线查得：

$$I_1'' = 0.44,\quad I_{1(0.01)} = 0.44,\quad I_{1(1)} = 0.44$$

电源 2 的计算电抗：

$$x_{js2} = 0.772 \times \frac{30}{100} = 0.232$$

由运算曲线查得

$$I_2'' = 4.7,\quad I_{2(0.01)} = 4.55,\quad I_{2(1)} = 2.66$$

系统 S 供给的短路电流：

$$I_s = \frac{1}{x_{SD}} = \frac{1}{1.992} = 0.502$$

短路点总电流：

$$I''_{D}=0.44\times\frac{3\times30}{\sqrt{3}\times6.3}+4.7\times\frac{30}{\sqrt{3}\times6.3}+0.502\times\frac{100}{\sqrt{3}\times6.3}$$

$$=0.44\times8.25+4.7\times2.75+0.502\times9.16$$

$$=21.15\,(\text{kA})$$

$$I_{D(0.01)}=0.44\times8.25+4.55\times2.75+0.502\times9.16$$

$$=20.74\,(\text{kA})$$

$$I_{D(0.01)}=0.44\times8.25+2.66\times2.75+0.502\times9.16$$

$$=15.54\,(\text{kA})$$

习　题

6.1　为什么要对同步发电机的基本电压方程式及磁链方程组进行派克变换?

6.2　无阻尼绕组同步发电机突然三相短路时，定子和转子电流中出现了哪些分量?其中哪些部分是衰减的?各按什么时间常数衰减?试用磁链守恒原理说明它们是如何产生的。

6.3　同步电机的磁链方程经派克变换后，定子和转子间的互感系数为什么不可逆?通常采用什么办法来处理这个问题?

6.4　试写出 d、q、0 系统正、负、零坐标系与 a、b、c 坐标系统间的关系式（可以以电流或电压为例）。

6.5　简单说明 d、q、0 坐标系统的物理概念。

6.6　什么是短路?简述短路的现象和危害。

6.7　无限大功率电源的特点是什么?

6.8　什么是短路冲击电流? 出现冲击电流的条件是什么?

6.9　什么是电力系统短路故障? 故障的类型有哪些?

6.10　简述运算曲线法计算三相短路电流的步骤。

6.11　什么是短路电流的运算曲线?如何求转移电抗?

6.12　转移电抗和计算电抗有何区别?怎样换算?

6.13　如图 6.33 所示，今设三相基准功率 $S_B=100\ \text{MV}\cdot\text{A}$，基准电压为网络的平均额定电压，冲击系数 $K_M=1.8$。求：

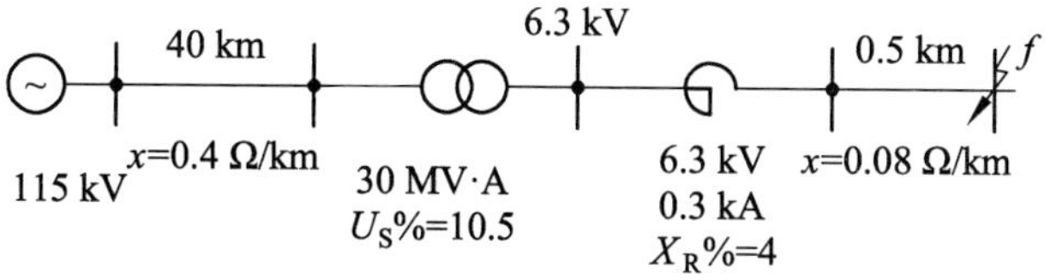

图 6.33　题 6.13 图

（1）在 f 点发生三相短路时的冲击电流是多少？短路电流的最大有效值是多少？短路功率是多少？

（2）简述短路冲击电流的意义，何种情况下短路，其冲击电流最大。

6.14　供电系统如图 6.34 所示，假设无限大容量供电电源的电压为 106.5 kV，当保持恒定空载运行时变压器低压母线侧发生三相短路。试计算：

（1）短路电流最大瞬时值和有效值。

（2）若系统短路前变压器低压侧运行电压为 11 kV，满载运行即负荷 $S_1 = 10\ \mathrm{MV\cdot A}$，功率因数为 0.9（感性），试求短路电流最大瞬时值和有效值。

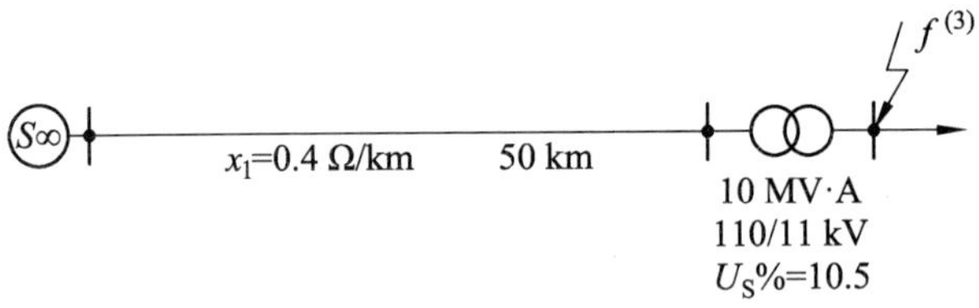

图 6.34　题 6.14 图

6.16　电力系统如图 6.35 所示，设 $S_B = 100\ \mathrm{MV\cdot A}$，基准电压取平均额定电压，各元件参数的标幺值在图中标出，电动势 $E_{G*} = 1$ 和综合负荷 S_L 的次暂态值近似为 $E_L = 0.8$，$X''_L = 0.35$。

试求：

（1）A 点发生三相短路时，短路点的起始次暂态电流，冲击电流的有名值。

（2）求短路电流最大有效值及短路功率的有名值。

（3）当 A 点发生三相短路时，求流过 220 kV 线路的冲击电流有名值。

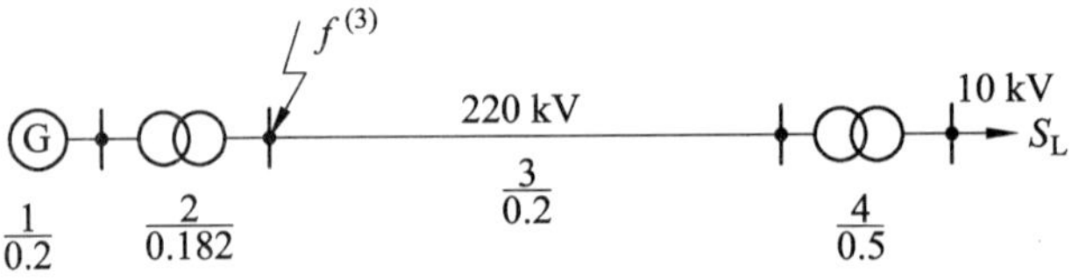

图 6.35　题 6.16 图

6.17　系统接线如图 6.36 所示，已知各元件参数如下。

发电机 G：$S_N = 60\ \mathrm{MV\cdot A}$，$x''_d = 0.14$；变压器 T：$S_N = 30\ \mathrm{MV\cdot A}$，$U_s\% = 8$；线路 $L = 20\ \mathrm{km}$，$x = 0.38\ \Omega/\mathrm{km}$。试求 f 点三相短路时的起始次暂态电流，冲击电流、短路电流最大有效值和短路功率的有名值。

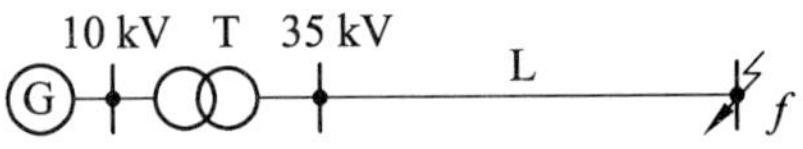

图 6.36　题 6.17 图

第 7 章 电力系统不对称故障的分析与计算

三相短路为对称短路，短路电流交流分量是对称的。在对称三相系统中，三相阻抗相同，三相电压与电流的有效值相等。因此，对称三相系统的三相短路的分析与计算，可以只需分析和计算其中一相。电力系统对称运行方式遭到破坏时，三相电压与电流将不再对称，而且波形也会发生不同程度的畸变，除基波外，还有一系列的谐波，在短路暂态过程中谐波成分更多，并且会出现非周期分量。在本章中，只限于分析电压和电流的基波（50 Hz）分量，并且在暂态过程中任意时刻当作正弦波形看待，这样不对称运行分析就可简化为正弦电势作用下三相不对称电路的分析，并采用电路相量法计算。

一般分析与求解不对称故障问题常用的方法是对称分量法，而对称分量法中采用的元件参数是电力系统各元件的序参数。本章主要内容是对称分量法及其在简单电力系统不对称故障中的分析与运用；电力系统各元件的序参数；电力系统序网络的形成与特点；典型不对称短路故障的分析与计算等几个方面的问题。

7.1 对称分量法在不对称故障分析中的应用

电力系统中最多的故障是不对称故障，包括单相短路故障 $f^{(1)}$、两相短路 $f^{(2)}$、两相短路接地 $f^{(1,1)}$、单相断线和两相断线。它们与三相短路的根本区别在于不对称故障时三相电路不对称，要考虑相与相之间存在的耦合，故不能采用“按相分析”方法，如果直接求解不对称故障将非常复杂。经过探索，一种有效的方法即对称分量变换法将一组不对称分量分解为三组三相对称分量，从而可以对各分量分别按对称电路进行分析，然后再将所求的结果进行合成，这便是将不对称问题对称化的处理方法。

7.1.1 对称分量法

1. 对称分量法基本原理

1）三序分量与合成相量

（1）正序分量：a、b、c 三相相量幅值相等且相位顺时针相差 120°，与系统正常运行相序相同，记为 $\dot{F}_{a1}$、$\dot{F}_{b1}$、$\dot{F}_{c1}$，如图 7.1（a）所示。

（2）负序分量：a、b、c 三相相量幅值相等且相位逆时针相差 120°，与系统正常运行相序相反，记为 $\dot{F}_{a2}$、$\dot{F}_{b2}$、$\dot{F}_{c2}$，如图 7.1（b）所示。

（3）零序分量：a、b、c 三相相量幅值和相位均相等，记为 $\dot{F}_{a0}$、$\dot{F}_{b0}$、$\dot{F}_{c0}$，如图 7.1（c）所示。

（4）三相不对称相量：a、b、c 三相由各自对应的正序分量、负序分量和零序分量合成，记为 $\dot{F}_{a}$、$\dot{F}_{b}$、$\dot{F}_{c}$，如图 7.1（d）所示。

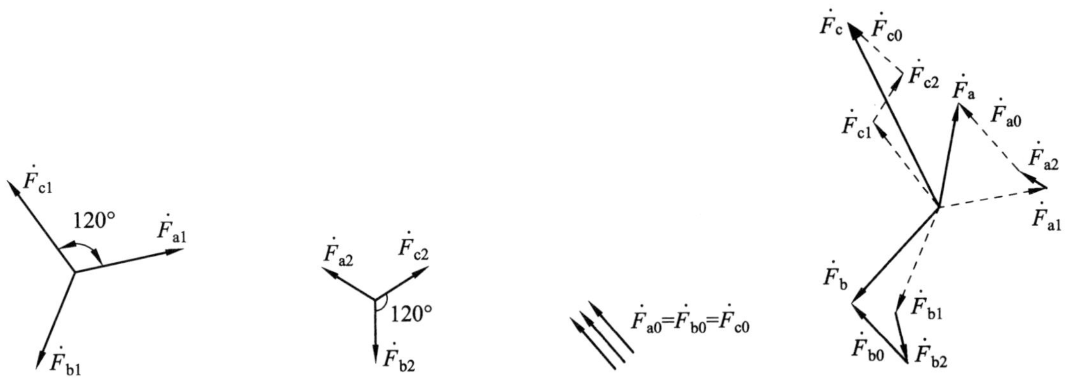

（a）正序分量　（b）负序分量　（c）零序分量　（d）三相不对称相量

图 7.1　对称分量法相量图

2）三相不对称相量和三序对称分量之间的相互转换关系

如果引入一个相量运算因子 α：

$$\alpha = e^{j120^\circ} = -\frac{1}{2} + j\frac{\sqrt{3}}{2}；\quad \alpha^2 = e^{j240^\circ} = -\frac{1}{2} - j\frac{\sqrt{3}}{2}$$

且 $\alpha^2 + \alpha + 1 = 0$；$\alpha^3 = 1$

以 a 相为基准相，则 b、c 两相的三序对称分量与 a 相之间关系为

$$\left.\begin{aligned} &\dot{F}_{b1} = \alpha^2 \dot{F}_{a1},\ \dot{F}_{c1} = \alpha \dot{F}_{a1} \\ &\dot{F}_{b2} = \alpha \dot{F}_{a2},\ \dot{F}_{c2} = \alpha^2 \dot{F}_{a2} \\ &\dot{F}_{b0} = \dot{F}_{c0} = \dot{F}_{a0} \end{aligned}\right\} \tag{7.1}$$

将各相相量对应的正序、负序和零序分量合成，即可得到 $\dot{F}_a$、$\dot{F}_b$、$\dot{F}_c$（以 a 相为基准相）：

$$\left.\begin{aligned} &\dot{F}_a = \dot{F}_{a1} + \dot{F}_{a2} + \dot{F}_{a0} \\ &\dot{F}_b = \dot{F}_{b1} + \dot{F}_{b2} + \dot{F}_{b0} = \alpha^2 \dot{F}_{a1} + \alpha \dot{F}_{a2} + \dot{F}_{a0} \\ &\dot{F}_c = \dot{F}_{c1} + \dot{F}_{c2} + \dot{F}_{c0} = \alpha \dot{F}_{a1} + \alpha^2 \dot{F}_{a2} + \dot{F}_{a0} \end{aligned}\right\} \tag{7.2}$$

三相不对称相量和三序对称分量之间的相互转换关系的矩阵形式表达式为

$$\begin{bmatrix} \dot{F}_a \\ \dot{F}_b \\ \dot{F}_c \end{bmatrix} = \begin{bmatrix} 1 & 1 & 1 \\ \alpha^2 & \alpha & 1 \\ \alpha & \alpha^2 & 1 \end{bmatrix} \begin{bmatrix} \dot{F}_{a1} \\ \dot{F}_{a2} \\ \dot{F}_{a0} \end{bmatrix} \Leftrightarrow \begin{bmatrix} \dot{F}_{a1} \\ \dot{F}_{a2} \\ \dot{F}_{a0} \end{bmatrix} = \frac{1}{3} \begin{bmatrix} 1 & \alpha & \alpha^2 \\ 1 & \alpha^2 & \alpha \\ 1 & 1 & 1 \end{bmatrix} \begin{bmatrix} \dot{F}_a \\ \dot{F}_b \\ \dot{F}_c \end{bmatrix} \tag{7.3}$$

上式的缩写形式为

$$\dot{\boldsymbol{F}}_{abc} = \boldsymbol{T}\dot{\boldsymbol{F}}_{120} \Leftrightarrow \dot{\boldsymbol{F}}_{120} = \boldsymbol{T}^{-1}\dot{\boldsymbol{F}}_{abc} \tag{7.4}$$

其中：$\boldsymbol{T}=\begin{bmatrix} 1 & 1 & 1 \\ \alpha^2 & \alpha & 1 \\ \alpha & \alpha^2 & 1 \end{bmatrix}$称为对称分量变换矩阵，它是非奇异的，它的逆矩阵 $\boldsymbol{T}^{-1}$ 为

$$T^{-1}=\frac{1}{3}\begin{bmatrix}1 & \alpha & \alpha^2\\1 & \alpha^2 & \alpha\\1 & 1 & 1\end{bmatrix} \tag{7.5}$$

$\dot{\boldsymbol{F}}_{abc}=[\dot{F}_a \quad \dot{F}_b \quad \dot{F}_c]^T$ 为不对称的三相相量列矩阵；

$\dot{\boldsymbol{F}}_{120}=[\dot{F}_{a1} \quad \dot{F}_{a2} \quad \dot{F}_{a0}]^T$ 为基准相 a 相的正序、负序和零序序分量列矩阵。

任意三相不对称的电压或电流都可以用式（7.3）分解求出它们的正序、负序和零序电压或电流。已知电压或电流三序分量同样可以用式（7.3）合成求出不对称的三相电压相量或三相电流相量。

7.1.2 序阻抗的概念

变换后正序、负序和零序分量之间具有独立性，无相互耦合。即正序电压施加在正序网络上产生正序电流，不产生负序电流和零序电流，负序电压和零序电压亦然。正是因为三序分量之间有独立性，使得后面序网络分析成为可能。下面以电力线路为例来说明三序分量的独立性，并得到序阻抗概念。

如图 7.2 所示，设三相对称输电线路各相自阻抗为 $Z_{aa}=Z_{bb}=Z_{cc}=Z_s$，相间互阻抗为 $Z_{ab}=Z_{ba}=Z_{bc}=Z_{cb}=Z_{ac}=Z_{ca}=Z_m$。

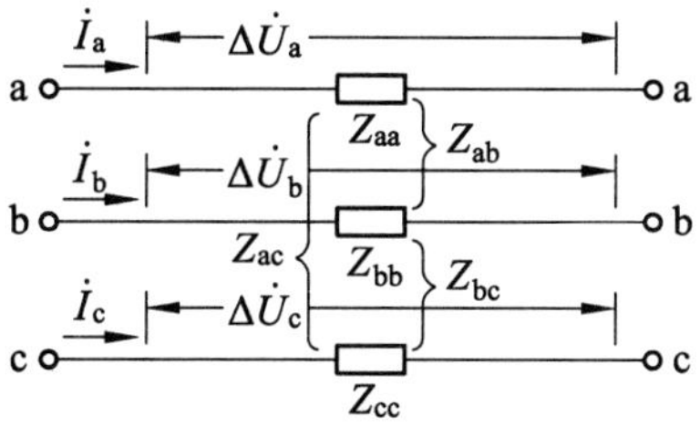

图 7.2　静止三相输电线路元件

当三相线路上通过不对称的三相电流 $\dot{I}_a$、$\dot{I}_b$、$\dot{I}_c$ 时，可以列写任意一相阻抗上的电压降为

$$\begin{bmatrix}\Delta\dot{U}_a\\\Delta\dot{U}_b\\\Delta\dot{U}_c\end{bmatrix}=\begin{bmatrix}Z_{aa} & Z_{ab} & Z_{ac}\\Z_{ab} & Z_{bb} & Z_{bc}\\Z_{ac} & Z_{bc} & Z_{cc}\end{bmatrix}\begin{bmatrix}\dot{I}_a\\\dot{I}_b\\\dot{I}_c\end{bmatrix}=\begin{bmatrix}Z_s & Z_m & Z_m\\Z_m & Z_s & Z_m\\Z_m & Z_m & Z_s\end{bmatrix}\begin{bmatrix}\dot{I}_a\\\dot{I}_b\\\dot{I}_c\end{bmatrix} \tag{7.6}$$

同理，如果三相电流不对称，则三相电压降也不会对称。

式（7.6）写为矩阵形式

$$\Delta\dot{\boldsymbol{U}}_{abc}=\boldsymbol{Z}\dot{\boldsymbol{I}}_{abc} \tag{7.7}$$

将式（7.7）中的电压降与电流相量用式（7.4）变换成对称分量

$$\boldsymbol{T}\Delta\dot{\boldsymbol{U}}_{120}=\boldsymbol{Z}\boldsymbol{T}\dot{\boldsymbol{I}}_{120} \tag{7.8}$$

两边同时乘以 $\boldsymbol{T}^{-1}$，得

$$\Delta\dot{\boldsymbol{U}}_{120}=\boldsymbol{T}^{-1}\boldsymbol{Z}\boldsymbol{T}\dot{\boldsymbol{I}}_{120}=\boldsymbol{Z}_{\text{sc}}\dot{\boldsymbol{I}}_{120} \tag{7.9}$$

$$\boldsymbol{Z}_{\text{sc}}=\begin{bmatrix} Z_{\text{s}}-Z_{\text{m}} & 0 & 0 \\ 0 & Z_{\text{s}}-Z_{\text{m}} & 0 \\ 0 & 0 & Z_{\text{s}}+2Z_{\text{m}} \end{bmatrix}=\begin{bmatrix} Z_1 & 0 & 0 \\ 0 & Z_2 & 0 \\ 0 & 0 & Z_0 \end{bmatrix} \tag{7.10}$$

其中，$\boldsymbol{Z}_{\text{sc}}$ 称为反映电压降对称分量与电流对称分量二者间关系的序阻抗矩阵。

$$\begin{bmatrix} \Delta\dot{U}_{\text{a1}} \\ \Delta\dot{U}_{\text{a2}} \\ \Delta\dot{U}_{\text{a0}} \end{bmatrix}=\begin{bmatrix} Z_{\text{s}}-Z_{\text{m}} & 0 & 0 \\ 0 & Z_{\text{s}}-Z_{\text{m}} & 0 \\ 0 & 0 & Z_{\text{s}}+2Z_{\text{m}} \end{bmatrix}\begin{bmatrix} \dot{I}_{\text{a1}} \\ \dot{I}_{\text{a2}} \\ \dot{I}_{\text{a0}} \end{bmatrix}=\begin{bmatrix} Z_1 & 0 & 0 \\ 0 & Z_2 & 0 \\ 0 & 0 & Z_0 \end{bmatrix}\begin{bmatrix} \dot{I}_{\text{a1}} \\ \dot{I}_{\text{a2}} \\ \dot{I}_{\text{a0}} \end{bmatrix} \tag{7.11}$$

将式（7.11）展开，得

$$\left.\begin{aligned} \Delta\dot{U}_{\text{a1}}&=Z_1\dot{I}_{\text{a1}} \\ \Delta\dot{U}_{\text{a2}}&=Z_2\dot{I}_{\text{a2}} \\ \Delta\dot{U}_{\text{a0}}&=Z_0\dot{I}_{\text{a0}} \end{aligned}\right\} \tag{7.12}$$

式（7.12）表明，在三相参数对称的线性电路中，各序对称分量具有独立性，即当电路通以某序对称分量的电流时，只产生同一序对称分量的电压降；反之，当电路中施加某序对称分量的电压时，电路中也只产生同一序对称分量的电流。因此，可以对正序、负序和零序分量分别进行计算。

如果三相结构不对称或参数不等，则矩阵 $\boldsymbol{Z}_{\text{sc}}$ 中的非对角线元素将不全为零，因而各对称分量将不具有独立性。也就是说在由正序电流产生的电压降中包含有正序分量、负序分量和零序分量，此时不能按序独立计算，本书中不考虑此种情况。

根据式（7.12）推广到一般情况，电力系统元件的序阻抗是指当元件三相参数对称时，元件两端某一序的电压降与通过该元件的同一序电流的比值，即

$$\left.\begin{aligned} Z_1&=\Delta\dot{U}_{\text{a1}}/\dot{I}_{\text{a1}} \\ Z_2&=\Delta\dot{U}_{\text{a2}}/\dot{I}_{\text{a2}} \\ Z_0&=\Delta\dot{U}_{\text{a0}}/\dot{I}_{\text{a0}} \end{aligned}\right\} \tag{7.13}$$

它们分别为元件的正序阻抗、负序阻抗和零序阻抗。同理，也可以定义元件的正序导纳、负序导纳和零序导纳。电力系统各元件的正序阻抗、负序阻抗和零序阻抗可能相同，也可能不同，视元件结构而定。静止元件一般正序阻抗等于负序阻抗，不等于零序阻抗，如变压器、输电线路等，因为改变相序并不改变相间的互感；而旋转元件各序阻抗均不相同，如发电机、调相机、电动机等元件。无论是静止元件还是旋转元件，其零序阻抗与正、负序阻抗有明显的区别。

7.1.3　对称分量法在不对称短路分析中的应用

当系统发生不对称故障时，根据对称分量具有的独立性，可以将故障网络分成三个独立的网络进行分析和研究。现在以图 7.3 所示简单电力系统为例，阐述对称分量法的独立性的应用，

有一台发电机接于空载线路，发电机的中性点接地阻抗 Z_n 接地，在 a 相的 f 点处发生单相接地短路，a 相对地阻抗为零（不计电弧等过渡电阻影响），那么在故障点处有 $\dot{U}_a=0$、$\dot{U}_b\neq 0$、$\dot{U}_c\neq 0$，如图 7.4（a）所示。

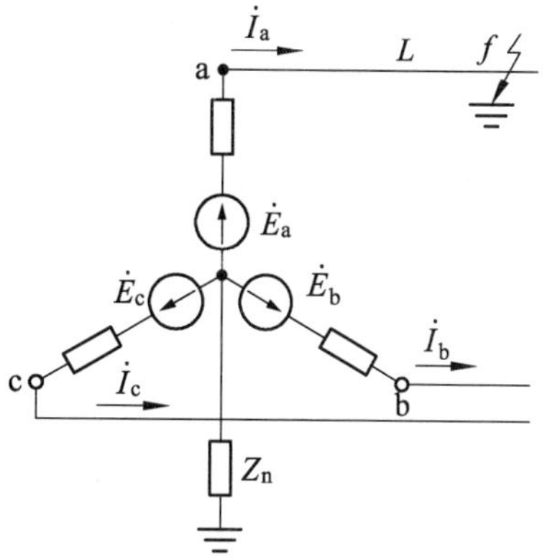

图 7.3　简单电力系统单相接地短路

故障点处的电压不对称，可以看作是在故障点处接有不对称的接地阻抗，即 Z_a=0，Z_b=∞，Z_c=∞，但系统其余部分的阻抗和参数仍然是对称的。根据电路相关替代原理，可以用一组不对称电势来代替故障点处的不对称阻抗，该组电势的大小与故障点对地电压相等，如图 7.4（b）所示。

在故障点处应用对称分量法将不对称电压 $\dot{U}_a$、$\dot{U}_b$、$\dot{U}_c$ 和不对称电流 $\dot{I}_a$、$\dot{I}_b$、$\dot{I}_c$ 按式（7.3）分解成正序、负序和零序三组对称分量，如图 7.4（c）所示。

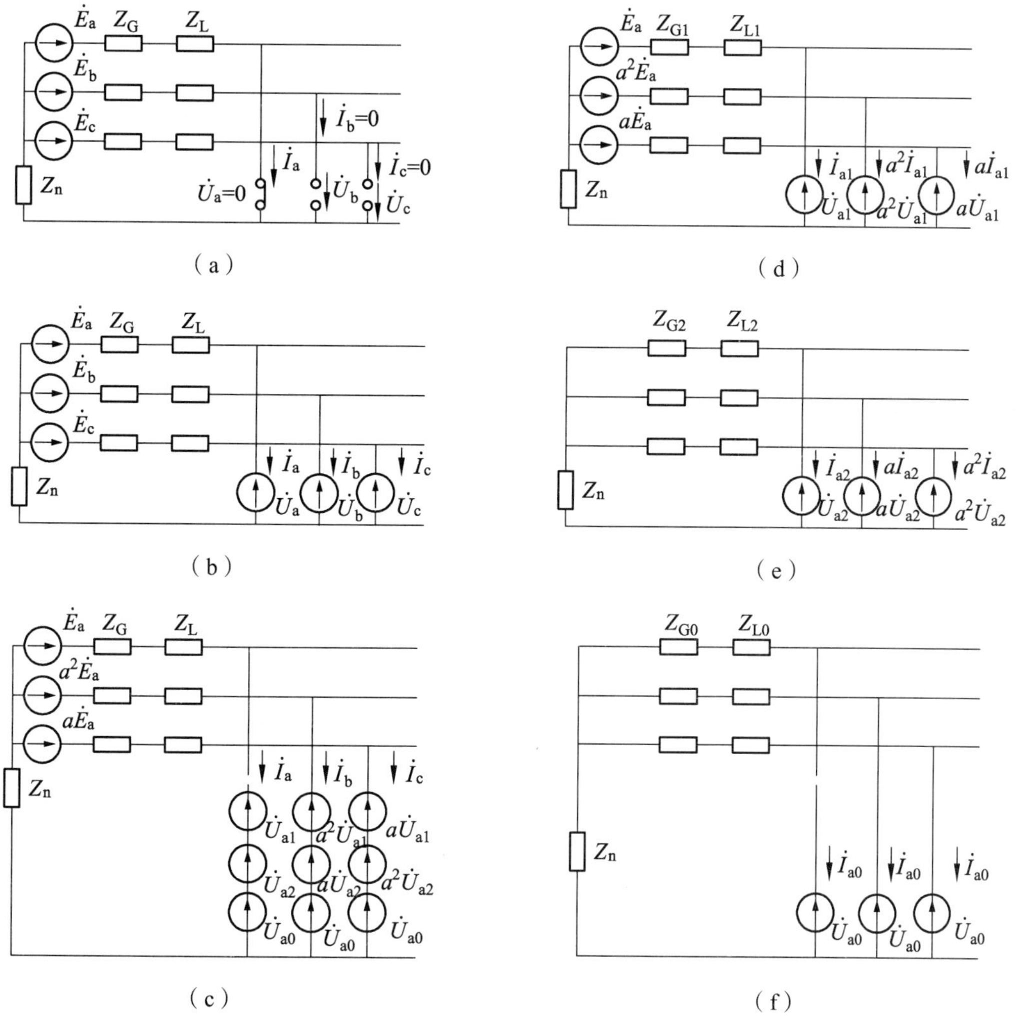

图 7.4　对称分量法分析不对称故障

由于对称分量具有的独立性，可以把故障网络分解为三个独立的网络：正序网络、负序网络和零序网络，如图 7.4（d）、（e）、（f）所示。在正序网络中包含发电机的电源电势和故障点处的正序电压分量，在这个正序电源作用下，三相正序网络中产生正序电流，对应的发电机和线路的阻抗为正序阻抗。在负序和零序网络中，由于发电机没有负序和零序电势，因而只有故障点处的负序和零序电压分量。在这些相应的电压作用下，三相负序和零序网络中流有负序和零序电流，电路中对应的是负序和零序阻抗。

对于每一个序网络，本身三相是对称的，故可以只取一相来分析研究，通常此相为基准相。基准相原则上可以任意选取，但在电力系统不对称故障分析计算中，一般是选择最特殊的一相作为基准相。例如，a 相接地故障时，选择 a 相为基准相，bc 两相故障时也选 a 相为基准相。下面分别分析正序、负序和零序网络的特点。

1. 正序网络

在正序网络中，当以 a 相为基准相时，有

$$\dot{E}_{\mathrm{a}}-\dot{I}_{\mathrm{a1}}(Z_{\mathrm{G1}}+Z_{\mathrm{L1}})-(\dot{I}_{\mathrm{a1}}+a^2\dot{I}_{\mathrm{a1}}+a\dot{I}_{\mathrm{a1}})Z_{\mathrm{n}}=\dot{U}_{\mathrm{a1}}$$

因为 $\dot{I}_{\mathrm{a1}}+\dot{I}_{\mathrm{b1}}+\dot{I}_{\mathrm{c1}}=\dot{I}_{\mathrm{a1}}+\alpha^2\dot{I}_{\mathrm{a1}}+\alpha\dot{I}_{\mathrm{a1}}=0$，正序电流不流经中性线，中性点接地阻抗 Z_{n} 上的电压降为零，它在正序网络中不起作用。这样正序网络的电压方程可以写成

$$\dot{E}_{\mathrm{a}}-\dot{I}_{\mathrm{a1}}(Z_{\mathrm{G1}}+Z_{\mathrm{L1}})=\dot{U}_{\mathrm{a1}}$$

该电压方程式的等值电路如图 7.5（a）所示。

2. 负序网络

在负序网络中，当以 a 相为基准相时，因为 $\dot{I}_{\mathrm{a2}}+\dot{I}_{\mathrm{b2}}+\dot{I}_{\mathrm{c2}}=\dot{I}_{\mathrm{a2}}+\alpha\dot{I}_{\mathrm{a2}}+\alpha^2\dot{I}_{\mathrm{a2}}=0$，负序电流不流经中性线，中性点接地阻抗 Z_{n} 上的电压降也为零，它在负序网络中不起作用。由于发电机的负序电势为零，这样负序网络的电压方程可以写成

$$0-\dot{I}_{\mathrm{a2}}(Z_{\mathrm{G2}}+Z_{\mathrm{L2}})=\dot{U}_{\mathrm{a2}}$$

该电压方程式的等值电路如图 7.5（c）所示。

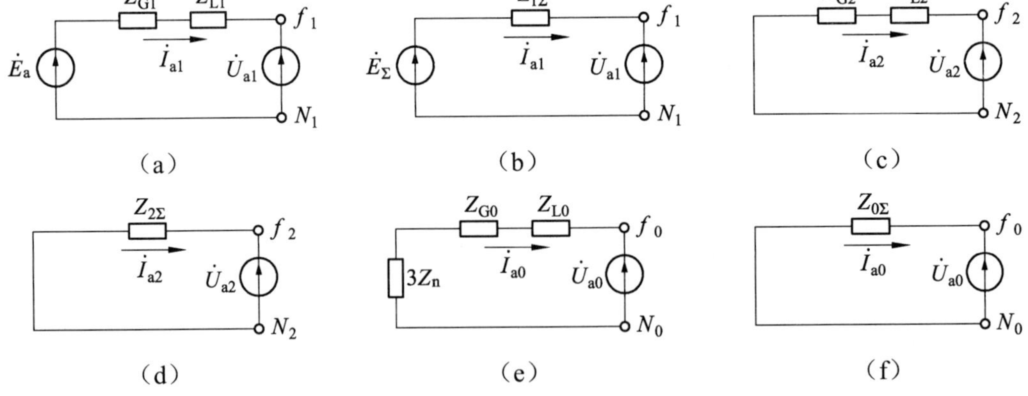

图 7.5　各序网络及等值电路

3. 零序网络

在零序网络中，当以 a 相为基准相时，因为 $\dot{I}_{a0}+\dot{I}_{b0}+\dot{I}_{c0}=3\dot{I}_{a0}$，中性点接地阻抗 Z_n 上流过 3 倍的零序电流，产生零序电压降。由于发电机的零序电势为零，这样零序网络的电压方程可以写成

$$0-\dot{I}_{a0}(Z_{G0}+Z_{L0})-3\dot{I}_{a0}Z_n=\dot{U}_{a0}$$

或改写为

$$0-\dot{I}_{a0}(Z_{G0}+Z_{L0}+3Z_n)=\dot{U}_{a0}$$

该电压方程式的等值电路如图 7.5（e）所示。必须注意的是，在单相的零序网络中，中性点接地阻抗 Z_n 必须增大 3 倍，因为接地阻抗 Z_n 上的电压降是由 3 倍的单相零序电流产生的，从等效观点来看，可以认为是单相零序电流在 3 倍中性点接地阻抗（$3Z_n$）上产生的电压降。

4. 序网络基本方程式

前面以简单系统为例说明了对称分量法的应用，实际的电力系统接线更复杂，发电机的数目会很多，但都可以通过网络化简，得到三序网络的基本方程式（7.14），该方程式分别对应的等值电路见图 7.5（b）、（d）、（f）所示。

$$\left.\begin{aligned}&\dot{E}_{\Sigma}-\dot{I}_{a1}Z_{1\Sigma}=\dot{U}_{a1}\\&0-\dot{I}_{a2}Z_{2\Sigma}=\dot{U}_{a2}\\&0-\dot{I}_{a0}Z_{0\Sigma}=\dot{U}_{a0}\end{aligned}\right\}\tag{7.14}$$

式中：$\dot{E}_{\Sigma}$ 为 a 相正序等值电路的等值电势，它等于故障点故障前的对地开路电压；

$\dot{U}_{a1}$、$\dot{U}_{a2}$、$\dot{U}_{a0}$ 分别为故障点 a 相的对地正序、负序和零序电压；

$\dot{I}_{a1}$、$\dot{I}_{a2}$、$\dot{I}_{a0}$ 分别为故障点 a 相的对地正序、负序和零序电流分量，它由故障点流入大地。

$Z_{1\Sigma}$、$\dot{I}_{2\Sigma}$、$\dot{I}_{0\Sigma}$ 分别为正序、负序和零序等值网络对故障点单相的总阻抗。

需要说明的是式（7.14）虽然是针对基准相为 a 相推出的，但此式与故障形式无关，且可以反映各种不对称故障的共性，即当系统发生各种不对称故障时，各序网络的序电压和序电流都遵循的基本关系式。式（7.14）只有 3 个电压方程式，但不对称故障后需要求解 6 个未知数（3 个序电压和 3 个序电流），所以要补充故障边界条件后才能联立求解，该情况将在 7.4 节中分析。

7.2 电力系统元件的序参数和等值电路

电力系统中的元件可以分为静止元件和旋转元件两大类，它们的序阻抗各有特点。静止元件主要有输电线路、变压器、电抗器等。静止元件一般正序阻抗等于负序阻抗，不等于零序阻抗，如三相输电线路，当在线路上分别施加正序电压或负序电压时，由于三相线路的自感和互感的电磁关系相同，所以正序阻抗等于负序阻抗。当在线路上施加零序电压时，由于三相的零序电流是同相位的，三相之间的互感关系互助，故零序阻抗不等于正序阻抗或负序阻抗。因此，一般情况下有 $Z_1=Z_2\neq Z_0$。

旋转元件主要有发电机、电动机、调相机等，旋转元件一般各序阻抗均不相同。如同步发电机，在定子侧通以不同序电流时，所产生的电磁关系完全不同。正序电流产生的旋转磁场与转子旋转方向相同，负序电流产生的旋转磁场与转子旋转方向相反，零序电流产生的旋转磁场与转子位置无关。因此，旋转元件一般具有 $Z_1 \neq Z_2 \neq Z_0$。为简化短路电流的计算，一般可以略去电阻，只考虑各元件的电抗。

7.2.1 同步发电机的各序电抗

1. 同步发电机的正序电抗

发电机在正序电源的作用下，定子电流是三相对称的正序电流，相应的电抗就是正序电抗。前面章节中介绍过的 X_d、X_q、X'_d、X''_d、X''_q 等均属于正序电抗。

2. 同步发电机的负序电抗

同步发电机的负序电抗是发电机端点的负序电压的同步频率分量与流入定子绕组负序电流的同步频率分量的比值。当发电机定子绕组中通过负序基频电流时，将产生与转子旋转方向完全相反的负序旋转磁场，负序电抗取决于负序旋转磁场所遇到的磁阻。由于转子纵横轴不对称，随着负序旋转磁场与转子之间的相对位置不同，负序磁场所遇到的磁阻也不同，负序电抗大小也不同。负序旋转磁场不断交替与转子的 d、q 轴重合，因此，对于有阻尼绕组同步发电机的负序电抗 X_2 将在 X''_d、X''_q 之间变化；对于无阻尼绕组同步发电机的负序电抗 X_2 将在 X'_d、X_q 之间变化。

不同类型的短路负序电抗也不同，但在短路电流的实用计算中，有阻尼绕组的凸极发电机可假设认为负序电抗与短路类型无关，并取为 X''_d 、X''_q 的算术平均值，即

$$X_2 \approx \frac{1}{2}(X''_d + X''_q) \tag{7.15}$$

当 $X''_d = X''_q$ 时，则有 $X_2 \approx X''_d$。

无阻尼绕组的凸极发电机的负序电抗可取 X'_d 和 X_q 的均方根值，即 $X_2 = \sqrt{X'_d X_q}$ 。

对汽轮发电机及有阻尼绕组的水轮发电机的负序电抗值，工程上可以采用近似估算值 $X_2 \approx 1.22X''_d$，而无阻尼绕组同步发电机 $X_2 \approx 1.45X'_d$。

3. 同步发电机的零序电抗

同步发电机的零序电抗是发电机端点的零序电压的同步频率分量与流入定子绕组零序电流的同步频率分量的比值。当三相定子绕组通以同步频率的零序电流时，则在三相定子绕组中产生同频率的零序磁通，各相磁通大小相等，相位相同，且在空间互差 120°电角度，故它们在空气间隙中的合成磁势为零，所以同步发电机的零序电抗由定子绕组的漏抗决定。但零序电流产生的漏磁势与正负序电流所产生的漏磁势不同，它们之间的差别由绕组的结构型式而定。由于上述原因，同步发电机的零序电抗比正序和负序电抗小，一般 X_0=（0.15~0.6）X''_d，如果发电机无确定参数，在工程上可以参考表 7.1。

表 7.1　不同类型同步发电机 X_2 和 X_0 的标幺值

电抗 \ 发电机类型	水轮发电机		汽轮发电机	调相机和大型同步电动机
	有阻尼绕组	无阻尼绕组		
X_2	0.25	0.45	0.16	0.24
X_0	0. 07	0. 07	0.06	0.08

7.2.2　异步电动机与综合负荷的各序电抗

电力系统的负荷主要是工业负荷，大多数工业负荷是异步电动机，因此，在电力系统的不对称短路故障的分析与计算中，异步电动机的各序电抗可以近似代替负荷的电抗。

根据《电机学》知识，异步电动机的正序阻抗与电动机的转差 s 有关，正常运行时电动机的转差与机端电压及电动机的受载系数（机械转矩与电动机额定转矩之比）有关。在短路过程中，因电动机的转差与它的端电压有关，而端电压是随着短路电流的变化而变化的，所以精确计算比较困难。在不对称短路故障的实用计算中，正序电抗通常取为 X_1=1.2（以电动机额定容量为基准值的标幺值）。

异步电动机是旋转元件，其负序电抗是不等于正序电抗的。当电动机端施加基频负序电压时，流入定子绕组的负序电流将在气隙中产生一个与转子旋转方向相反的旋转磁场，该磁场对电动机产生制动性转矩。若转子相对于正序旋转磁场的转差为 s，则转子相对于负序旋转磁场的转差为 $2s$，因此，异步电动机的负序电抗也是转差 s 的函数。实用计算中可以取 X_2=0.2。若计及降压变压器及馈电线路的电抗，则以异步电动机为主要组成部分的综合负荷的负序电抗可以取为 $X_2=0.35$（以电动机额定容量为基准值的标幺值）。

异步电动机三相绕组一般为不接地星形或三角形，综合负荷一般由 Y, d 接线变压器供电，故零序电流均不能流通，相当于 $X_0\approx\infty$，在零序等值网络中不需要画出。

7.2.3　变压器的各序电抗和等值电路

变压器是静止元件，其正、负序参数与等值电路是相同的。变压器的正序参数与等值电路在第 2 章 2.1.2 小节中已做讨论，在电力系统短路电流计算中，可忽略励磁支路以及阻抗部分的电阻，仅用电抗参数表示。本小节重点讨论变压器的零序参数与等值电路，以及在零序网络中变压器零序等值电路与外部电路的连接问题。

1. 普通变压器的零序电抗及等值电路

变压器的等值电路表征了单相一、二次侧绕组间的电磁关系。变压器无论通过正、负和零序电流中的哪一种电流，都不会改变单相一、二次侧绕组间的电磁关系，因此，变压器的正序、负序和零序等值电路具有相同的形式。图 7.6 为忽略绕组电阻和铁芯有功损耗时变压器的零序等值电路。

变压器等值电路中的参数不仅与变压器的结构有关，有的参数也与所通电流的序别有关。变压器的漏抗，反映了一、二次侧绕组间磁耦合的紧密情况。

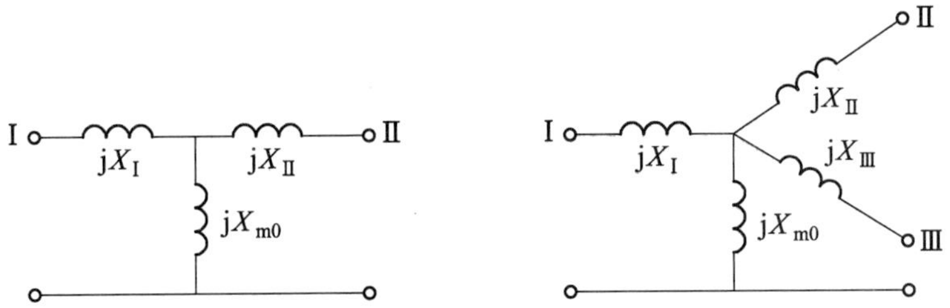

图 7.6　变压器的零序等值电路

漏磁通的路径与所通电流的序别无关，因此变压器的正序、负序、零序等效漏抗相等，即 $X_{\mathrm{I}(1)}=X_{\mathrm{I}(2)}=X_{\mathrm{I}(0)}$、$X_{\mathrm{II}(1)}=X_{\mathrm{II}(2)}=X_{\mathrm{II}(0)}$。

励磁电抗取决于主磁通路径，正序与负序电流的主磁通路径完全相同，负序励磁电抗与正序励磁电抗相等，即 $X_{m(1)}=X_{m(2)}$。

综合上述两种情况可知，变压器的正、负序等值电路参数完全相同。这一结论适用于电力系统中的一切静止元件。但要强调的是：变压器的零序励磁电抗 $X_{m(0)}$与变压器的铁芯结构密切相关。图 7.7 为三种常见的变压器铁芯结构与零序励磁磁通的路径。

对于由三个单相变压器组成的三相变压器组，每相的零序主磁通与正序主磁通一样，都有独立的铁芯磁路，如图 7.7（a）所示，因此零序励磁电抗等于正序励磁电抗。对于三相四柱式或三相五柱式变压器，零序主磁通也能在铁芯中形成闭合回路，如图 7.7（b）所示，磁阻很小，因而零序励磁电抗很大。以上两种变压器在短路电路计算中可以取 $X_{m(0)}\approx\infty$，即可以忽略励磁电流，把励磁支路断开，零序电流无法流过励磁支路。

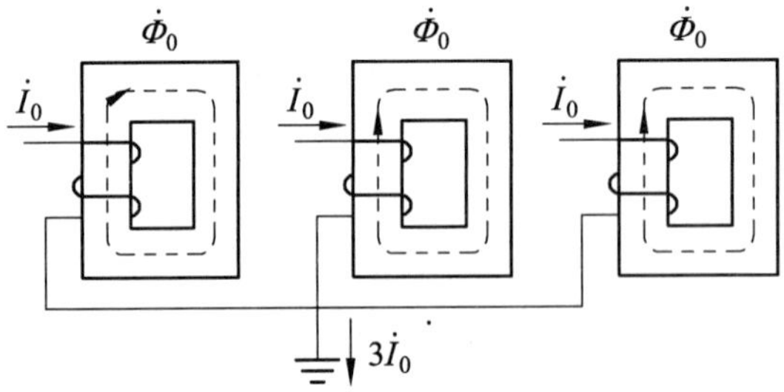

（a）三个单相变组式

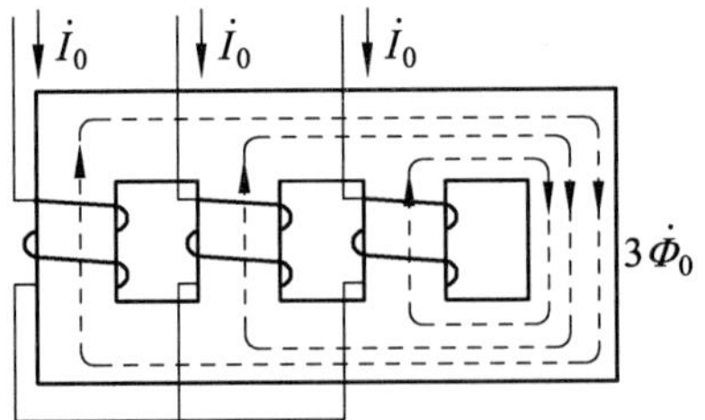

（b）三相四柱式

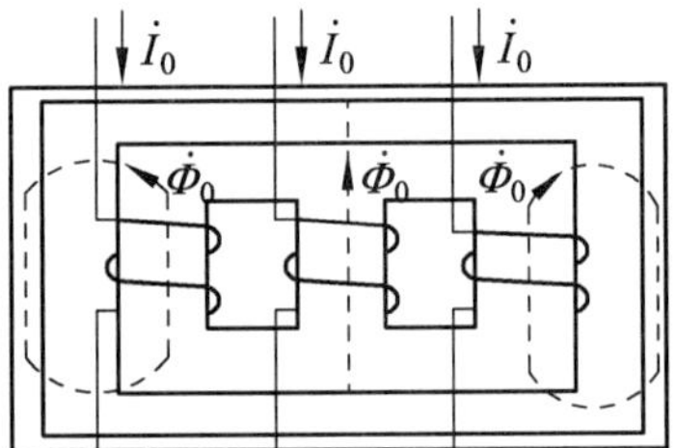

（c）三相三柱式

图 7.7　变压器零序主磁通的磁路

对于三相三柱式变压器，由于三相零序电流磁通大小相等、相位相同，故不能像正序或负序主磁通一样单相主磁通可以经过另外两相的铁芯形成闭合回路，它们被迫经过变压器的绝缘介质、气隙和外壳形成闭合回路，如图 7.7（c）所示，遇到磁阻很大，因此，这种变压器的零序励磁电抗要比正序励磁电抗小很多，在短路计算时应该视为有限值，其值大小一般经过变压器出厂试验可以确定为 $X_{m(0)}$=0.3~1.0。

2. 变压器的零序等值电路与外电路的连接关系

变压器零序等值电路与外电路的连接关系取决于零序电流的流通路径，即与变压器三相绕组接线方式及中性点是否接地有关。可以从以下三个方面来考虑零序等值电路与外电路的连接关系。

（1）当外电路向变压器某侧施加零序电压时，如果能在该侧产生零序电流，则等值电路中该侧绕组端点与外电路接通；反之，则断开。根据这个原则：只有中性点接地的星形接法绕组（Y_N）才能与外电路接通。

（2）当变压器绕组具有零序电势（由另一侧感应过来）时，如果它能将零序电势施加到外电路并能提供零序电流的通路，则等值电路中该侧绕组端点与外电路接通，否则断开。据此，只有中性点接地星形接法绕组（Y_N）才能与外电路接通。至于能否在外电路产生零序电流，则应该视外电路中的元件是否提供零序电流的通路而定。

（3）三角形接法的绕组中，绕组的零序电势虽然不能作用到外电路中，但能在三相绕组中形成环流，如图 7.8 所示。此时，零序电势将被零序环流在绕组漏抗上的电压降所平衡，绕组两端电压为零。这种情况，与变压器绕组短路是等效的。因此，在等值电路中该侧绕组端点接零序等值中性点（等值中性点与大地同电位时则认为接地）。

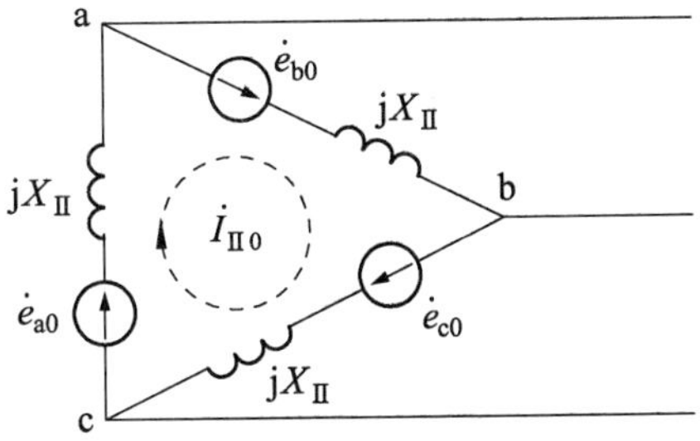

图 7.8　三角形侧的零序环流

根据以上三点，变压器零序等值电路与外电路的连接，可以用如图 7.9 所示的开关电路来表示，以上结论也适用于三绕组变压器。顺便指出，由于三角形接线的绕组漏抗与励磁支路并联，不管何种铁芯结构的变压器，一般励磁电抗远大于漏电抗，因此，在短路电流计算中，当变压器有三角形接线的绕组时，都可以取 $X_{m(0)}$≈∞。

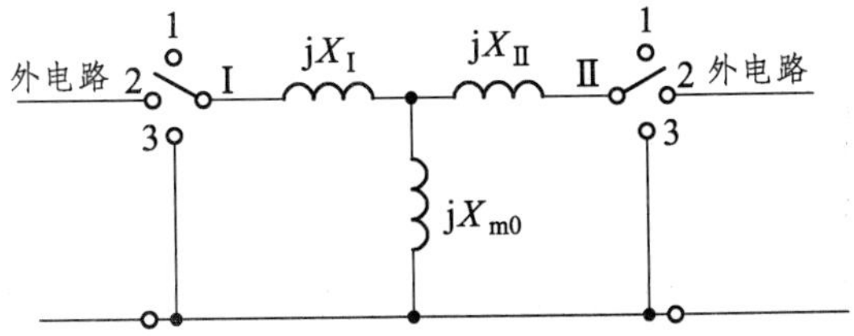

变压器绕组接法	开关位置	绕组端点与外电路的连接
Y	1	与外电路断开
Y_N	2	与外电路接通
△	3	与外电路断开，但与励磁支路并联

图 7.9　变压器零序等值电路与外电路的连接

3. 双绕组变压器的零序参数和等值电路

1）Y_N, d 接线变压器

如图 7.10（a）所示，X'_{II}、$\dot{I}'_{0\text{II}}$ 是二次侧绕组未归算值。变压器 Y_N 侧中性点直接接地，当零序电压施加于 Y_N 侧时，零序电流 $3\dot{I}_0$ 由 I 侧绕组中性点入地形成回路。

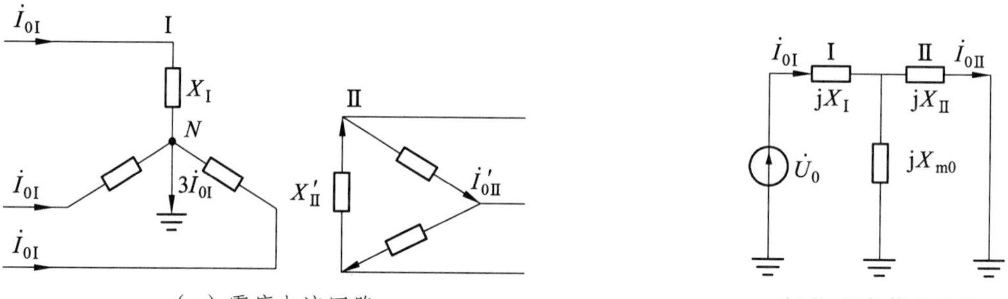

（a）零序电流回路　　（b）零序等值电路

图 7.10　Y_N, d 接线变压器的零序电流回路及等值电路

由于 I 和 II 侧绕组之间有耦合关系，将会在 II 侧的三个绕组中感应出三个大小相等、相位相同的电动势。由图 7.11 可见，a，b，c 三点在电路中具有对称性。在三角形环路中，依据基尔霍夫第二定律有：$e_{a0}+e_{b0}+e_{c0}=u_{a0}+u_{b0}+u_{c0}$。且 $e_{a0}=e_{b0}=e_{c0}=e_0$，$u_{a0}=u_{b0}=u_{c0}=u_0$，则有 $e_0=u_0$，便有 $u_a=u_b=u_c$，即 a，b，c 三点等电位，这样在 e_{a0}、e_{b0}、e_{c0} 三个电动势作用下只能在三角形绕组中形成零序环流 $\dot{I}'_{0\text{II}}$，而不可能流到外部绕组中去。

分析图 7.10 可知，在 I 侧施加零序电流 $\dot{I}_{0\text{I}}$ 时，在 II 侧 d 绕组的情况与变压器 II 侧三相短路情形相同，绕组 II 中的电动势完全被电流 $\dot{I}'_{0\text{II}}$ 在 II 侧绕组漏抗 X_II 上的电压降所平衡。因此，在零序等值电路中，把 II 侧绕组的末端当成变压器中性点直接接地，其等值电路如图 7.9 所示。应当指出，X_II 的一端接中性点，并不表示该绕组 II 的一端一定接地，而是表明该支路完成了零序电流的闭合回路，并且在 X_II 上的电压降与零序励磁电抗 $X_{m(0)}$ 上的电压降相等而已。

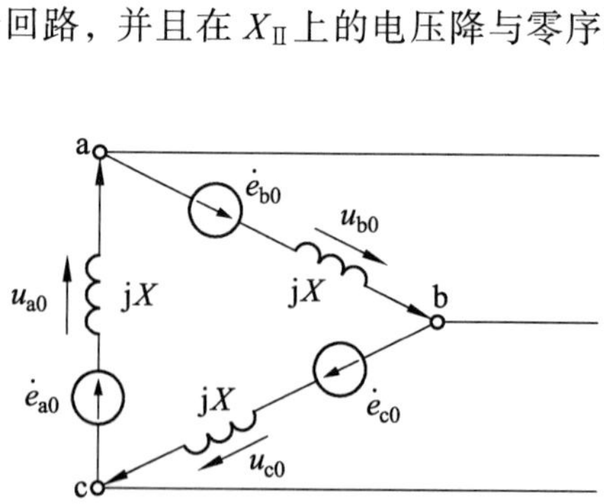

图 7.11　三角形（d 连接）绕组中的零序电动势和电流

根据图 7.10，把二次侧电抗 X'_{II} 归算到 I 侧，可以求出零序等值电抗为

$$X_0 = X_{\text{I}} + \frac{X_{\text{II}} X_{\text{m0}}}{X_{\text{II}} + X_{\text{m0}}} \approx X_{\text{I}} + X_{\text{II}} = X_1 \tag{7.16}$$

式中，X_{I}、X_{II} 分别为 Y_N 侧和 d 侧归算到 I 侧的漏电抗，X_{m0} 为变压器的零序励磁电抗，一般认为 $X_{\text{m0}} \gg X_{\text{II}}$，$X_1$ 为变压器的正序电抗。

2）Y_N, y 接线变压器

当变压器 Y_N 侧流过零序电流时，y 侧感应零序电动势。但 y 侧中性点不接地，在其绕组中无零序电流，$\dot{I}'_{0\text{II}}=0$，如图 7.12（a）所示。此时变压器相当于空载，其零序等值电路如图 7.12（b）所示。则零序等值电抗为

$$X_0 = X_{\text{m0}} + X_{\text{I}} \tag{7.17}$$

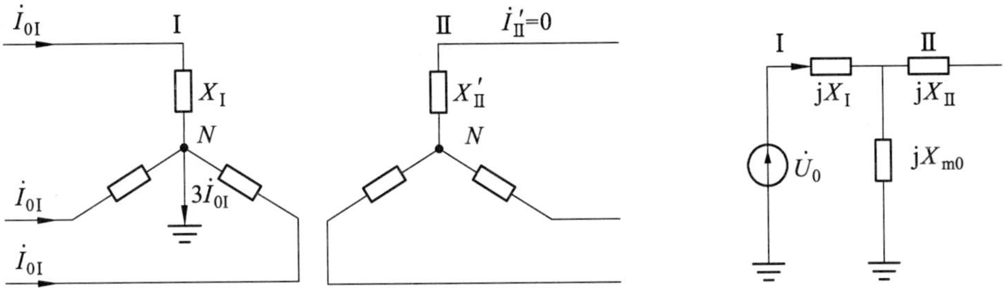

（a）零序电流回路　　（b）零序等值电路

图 7.12　Y_N, y 接线变压器的零序等值电路

3）Y_N, y_n 接线变压器

当变压器 Y_N 侧流过零序电流 $\dot{I}_{0\text{I}}$ 时，Y_N 侧感应零序电动势。

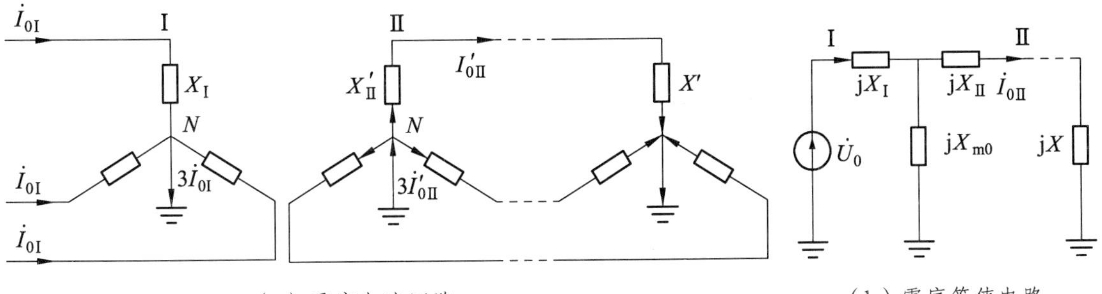

（a）零序电流回路　　（b）零序等值电路

图 7.13　Y_N, yn 接线变压器的零序等值电路

如果与 II 侧相连的外电路中还有其他接地中性点，则 II 侧绕组中将会有零序电流流通，如图 7.13（a）所示。X'_{II} 与 X' 为未归算值。如果与 II 侧相连的外电路中没有接地中性点，则 II 侧绕组中没有零序电流流通，$\dot{I}'_{0\text{II}}=0$。对于前一种情况，变压器的零序等值电路如图 7.13（b）所示，其中 X 为外电路电抗 X' 归算到 I 次侧值；对于后一种情况，变压器的零序等值电路与

Y_N, y 接线变压器相同。

由如图 7.13（b）可知，零序等值电抗为

$$X_0 = X_{\text{I}} + \frac{(X_{\text{II}} + X)X_{m0}}{X_{\text{II}} + X + X_{m0}} \approx X_{\text{I}} + X_{\text{II}} + X = X_1 + X \tag{7.18}$$

4. 三绕组变压器的零序参数和等值电路

与双绕组变压器相同，当零序电压施加在变压器绕组连接是三角形或不接地星形侧时，无论其他两侧绕组的接线方式如何，变压器中都无零序电流流通，变压器的零序电抗 $X_0 \approx \infty$。

当零序电压加在变压器星形中性点接地一侧时，零序电流通过 Y_N 侧的三相绕组经中性点流入大地，构成回路，其他两侧零序电流的流通情况与各绕组的接线方式有关。为提供三次谐波电流的通路，使磁通为基波波形，感应电动势也为基波波形，三相变压器一般会有一个 d 形接线绕组，使得三相中三次谐波电流（该三次谐波电流具有三相零序电流性质）在 d 接线绕组中形成环流，并使零序励磁电抗 X_{m0} 较大，可认为 $X_{m0} \approx \infty$。因此，在用单相表示的三绕组变压器的零序等值电路中，将励磁支路断开，而由三个绕组漏电抗组成三支星形电路。计算短路电流时，单独计算三绕组变压器的零序电抗意义不大，必须将该零序等值电路接入系统零序网络中相应部位一起考虑。

1）Y_N, d, d 接线三绕组变压器

Y_N, d, d 接线三绕组变压器的零序电流回路如图 7.14（a）所示。

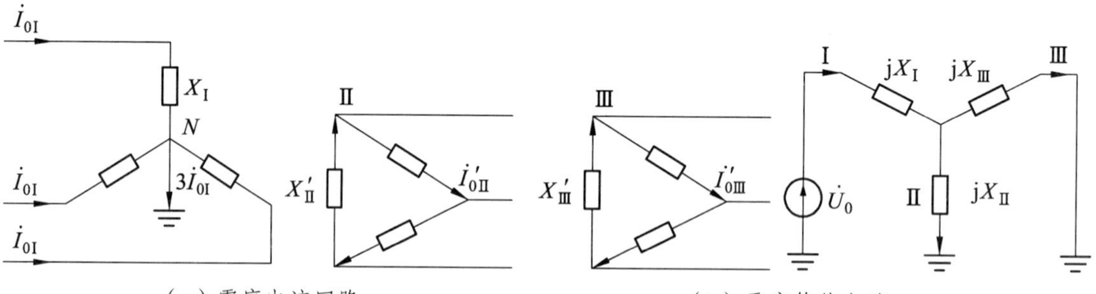

（a）零序电流回路　　　（b）零序等值电路

图 7.14　Y_N, d, d 接线三绕组变压器的零序电流回路及其等值电路

由图 7.14（b），可求出其等值电抗为

$$X_0 = X_{\text{I}} + \frac{X_{\text{II}}X_{\text{III}}}{X_{\text{II}} + X_{\text{III}}} \tag{7.19}$$

其中，认为 $X_{m0} \approx \infty$。

2）Y_N, d, y 接线三绕组变压器

Y_N, d, y 接线三绕组变压器的零序电流回路如图 7.15（a）所示。

由图 7.15（b），可求出其等值电抗为

$$X_0 = X_{\text{I}} + X_{\text{II}} \tag{7.20}$$

其中，认为 $X_{m0} \approx \infty$。

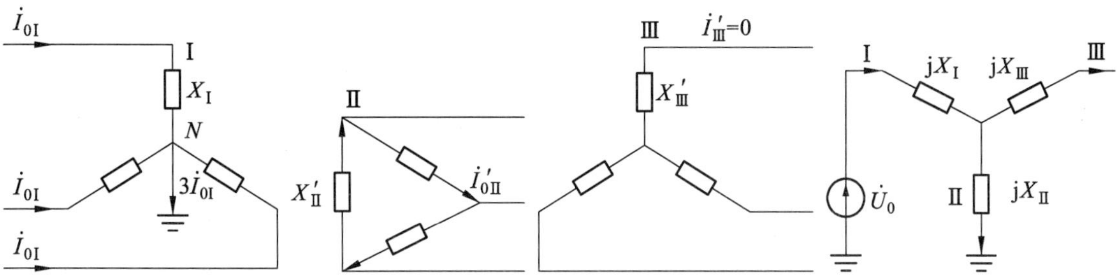

（a）零序电流回路　　　　（b）零序等值电路

图 7.15　Y_N, d, y 接线三绕组变压器的零序电流回路及其等值电路

3）Y_N, d, yn 接线三绕组变压器

Y_N, d, yn 接线三绕组变压器的零序电流回路如图 7.16（a）所示，$X_{m0} \approx \infty$。

由图 7.16（b），可求出其等值电抗为

$$X_0 = X_{\mathrm{I}} + \frac{(X_{\mathrm{III}} + X)X_{\mathrm{II}}}{X_{\mathrm{III}} + X + X_{\mathrm{II}}} \tag{7.21}$$

X_{I}、X_{II}、X_{III} 与双绕组变压器等值电路中的漏抗 X_{I}、X_{II} 从性质上看有所不同，X_{I}、X_{II}、X_{III} 是各绕组的自感和互感的组合电抗，即等值电抗，而不是漏电抗。

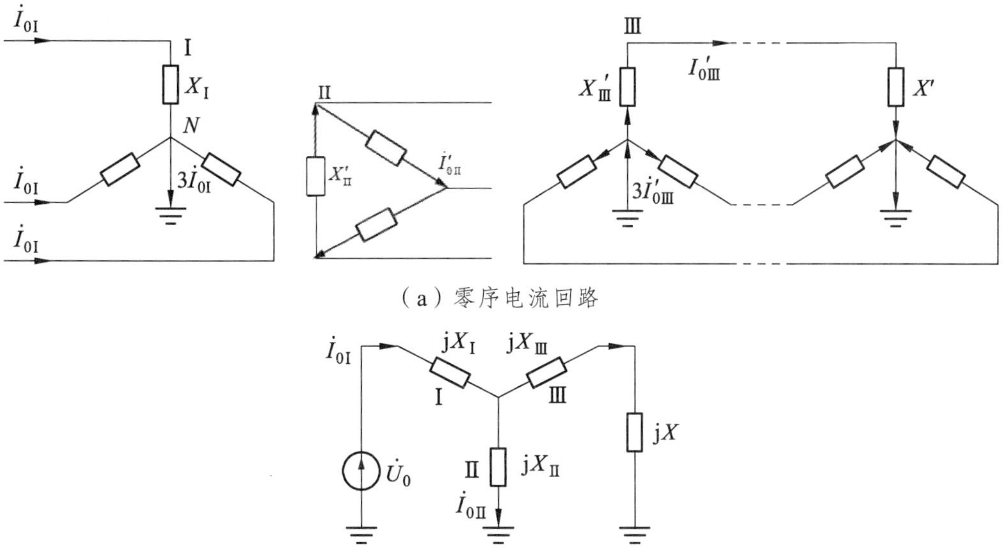

（a）零序电流回路

（b）零序等值电路

图 7.16　Y_N, d, yn 接线三绕组变压器的零序电流回路及其等值电路

5. 中性点有接地电抗时变压器的零序等值电路

当中性点经电抗接地的星形接线绕组通过零序电流时，中性点接地电抗上将流过 3 倍零序电流[见图 7.17（a）]，并产生相应的电压降，即 $U_N = 3I_{0\mathrm{I}}X_n$。又因等值电路是以单相表示的，每相电流为 $\dot{I}_{0\mathrm{I}}$，为了能在单相等值电路中表示 $3I_{0\mathrm{I}}X_n$ 的中性点电位，那么认为是 $\dot{I}_{0\mathrm{I}}$ 的电流流过 $3X_n$，如图 7.17（b）所示。显然，变压器中性点经电抗接地时，零序等值电路必

须考虑这个电抗，这点与正序和负序等值电路不同（变压器中性点经电抗接地时，在正序和负序等值电路中不需要画出，因为中性点电抗上不流过正序和负序电流）。为正确作出零序等值电路，首先要查明零序电流的流通情况（注意此时中性点接地电抗上将会流过 3 倍零序电流）。

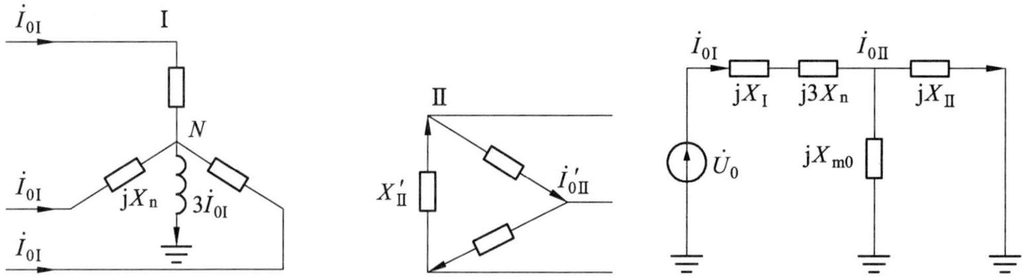

（a）零序电流回路　　（b）零序等值电路

图 7.17　中性点经电抗接地的 $\mathrm{Y_N}$，d 接线变压器的零序电流回路及等值电路

7.2.4　架空输电线路的序阻抗和等值电路

1. 单回路架空线路

架空输电线路属于静止元件，它的正序阻抗等于负序阻抗。一般可按式（7.22）计算。

$$Z_1 = Z_2 = r + \mathrm{j}0.144\,5\lg\frac{D_{\mathrm{eq}}}{D_\mathrm{s}}\ (\Omega/\mathrm{km}) \tag{7.22}$$

式中：r 为单相导线单位长度电阻；D_{eq} 为三相导线的几何均距；D_s 为三相导线的自几何均距。

零序阻抗的大小与线路是单回路导线还是双回路导线、线路是否装设架空地线以及架空地线的材质有关。

三相单回路架空地线零序阻抗一般可按式（7.23）计算

$$Z_0 = r + 3r_g + \mathrm{j}0.144\,5\lg\frac{D_{\mathrm{eq}}}{r'} \approx r + 0.15 + \mathrm{j}0.144\,5\lg\frac{D_{\mathrm{eq}}}{r'}\ (\Omega/\mathrm{km}) \tag{7.23}$$

r' 为导线的等值半径，对于非铁磁材料的圆形实心导线 $r' = 0.779r$，对于铜绞线 $r' = (0.724 \sim 0.771)r$，对于钢芯铝绞线 $r' = 0.95r$。

在三相架空线路中，三相零序电流大小相等且相位相同，自感磁通和互感磁通是助增的，回路中包含了大地电阻，所以零序阻抗比正序阻抗大。

2. 双回路无避雷线三相架空电力线路的零序阻抗

输电线路平行架设时，三相零序电流之和不为零，并且双回路都以同一大地作为零序电流的返回通路，因此不能像正、负序电流那样，可以忽略平行回路之间的相互影响。不仅第一回路的任意两相对第三相的互感产生助增作用，而且第二回路的所有三相对第一回路第三相的互感也产生助增影响，这使得双回路线路零序阻抗比单回路零序阻抗大。

平行双回路线路的零序电流回路及其等值电路如图 7.18 所示。

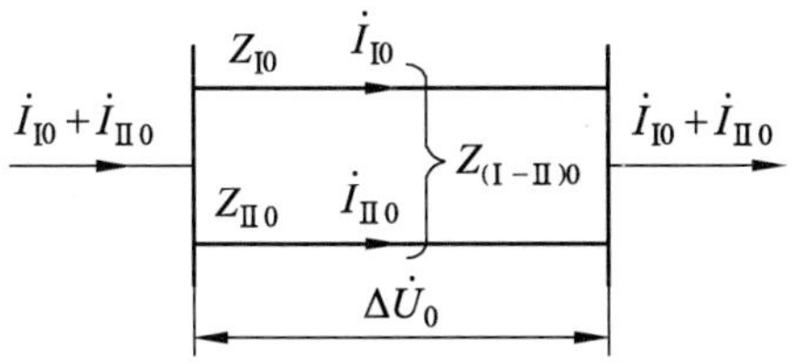

（a）双回路线路一相零序电流回路

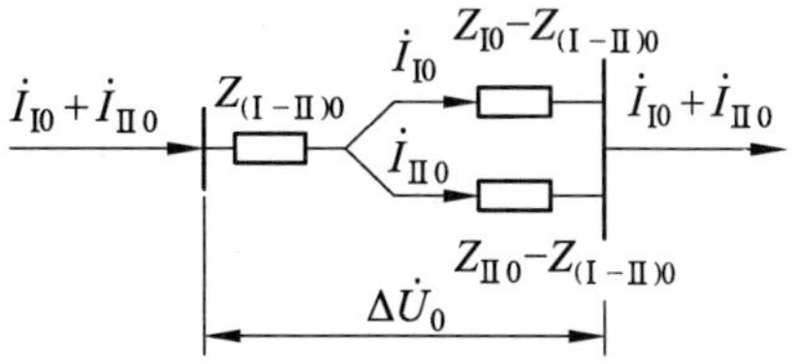

（b）零序等值电路

图 7.18　平行双回路线路的零序电流回路及其等值电路

由图 7.18（a）可得零序电压方程式

$$\left.\begin{aligned}\Delta\dot U_0&=[Z_{\text{I}0}-Z_{(\text{I}-\text{II})0}]\dot I_{\text{I}0}+Z_{(\text{I}-\text{II})0}(\dot I_{\text{I}0}+\dot I_{\text{II}0})\\\Delta\dot U_0&=[Z_{\text{II}0}-Z_{(\text{I}-\text{II})0}]\dot I_{\text{II}0}+Z_{(\text{I}-\text{II})0}(\dot I_{\text{I}0}+\dot I_{\text{II}0})\end{aligned}\right\}\tag{7.24}$$

则每一回路的零序阻抗为

$$Z_{0(2)}=Z_{(\text{I}-\text{II})0}+\frac{(Z_{\text{I}0}-Z_{(\text{I}-\text{II})0})(Z_{\text{II}0}-Z_{(\text{I}-\text{II})0})}{(Z_{\text{I}0}-Z_{(\text{I}-\text{II})0})+(Z_{\text{II}0}-Z_{(\text{I}-\text{II})0})}\ (\Omega/\text{km})\tag{7.25}$$

式中：$\dot I_{\text{I}0}$、$\dot I_{\text{II}0}$为线路Ⅰ和线路Ⅱ中的零序电流；$Z_{\text{I}0}$、$Z_{\text{II}0}$为不计两回路线路间相互影响时线路Ⅰ和线路Ⅱ的单相零序等值阻抗；$Z_{(\text{I}-\text{II})0}$为平行线路Ⅰ和线路Ⅱ之间的零序互阻抗。

如果两个回路完全相同，即 $Z_{\text{I}0}=Z_{\text{II}0}=Z_0$，则它们的等值零序阻抗为

$$Z_{0(2)}=\frac{1}{2}(Z_0+Z_{(\text{I}-\text{II})0})\ (\Omega/\text{km})\tag{7.26}$$

则每一回路的等值零序阻抗为

$$Z_{0(1)}=Z_0+Z_{(\text{I}-\text{II})0}\ (\Omega/\text{km})\tag{7.27}$$

3. 单回路有避雷线三相架空电力线路的零序阻抗

对于单回路有避雷线三相架空电力线路，每相导线中流过零序电流$\dot I_0$时，它的一部分电流$\dot I_\omega$经接地避雷线返回，另外一部分电流$\dot I_e$经大地返回，如图 7.19 所示。它们之间的关系是$\dot I_\omega+\dot I_e=3\dot I_0$或者写成$\dot I_{\omega0}+\dot I_{e0}=\dot I_0$。

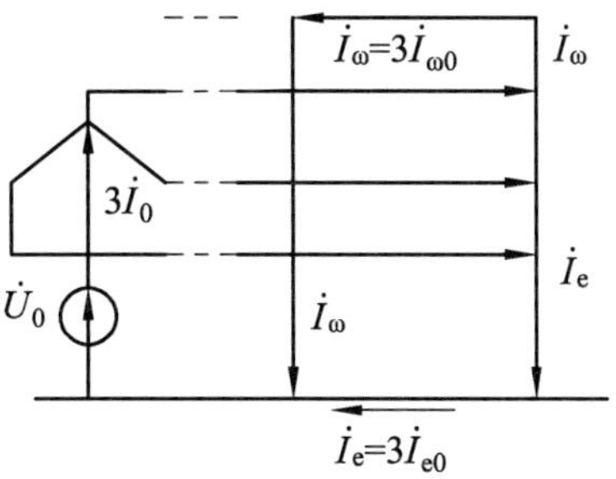

图 7.19　单回路有避雷线时零序电流回路

单接地避雷线的零序自阻抗为

$$Z_{\omega0}=3R_{1\omega}+0.15+\text{j}0.433\,5\lg\frac{D_g}{r'_\omega}\ (\Omega/\text{km})\tag{7.28}$$

式中，$R_{1\omega}$为避雷线单位长度的电阻；r'_ω为接地线的几何平均半径。

三相导线和架空地线间的零序互阻抗为

$$Z_{c\omega0}=0.15+\mathrm{j}0.433\,5\lg\frac{D_{g}}{D_{c\omega}}\ (\Omega/\mathrm{km}) \tag{7.29}$$

式中，$D_{c\omega}=\sqrt[3]{D_{a\omega}D_{b\omega}D_{c\omega}}$ 为三相导线和避雷线的几何均距。

具有避雷线的单回路的零序等值阻抗为

$$\begin{aligned}Z_{0}^{(\omega)}&=Z_{0}-\frac{Z_{c\omega0}^{2}}{Z_{\omega0}}=(Z_{0}-Z_{c\omega0})+(Z_{c\omega0}-\frac{Z_{c\omega0}^{2}}{Z_{\omega0}})\\&=(Z_{0}-Z_{c\omega0})+\frac{Z_{c\omega0}(Z_{\omega0}-Z_{c\omega0})}{Z_{c\omega0}+(Z_{\omega0}-Z_{c\omega0})}\ (\Omega/\mathrm{km})\end{aligned} \tag{7.30}$$

按此式可作出其零序等值电路如图 7.20（a）所示。

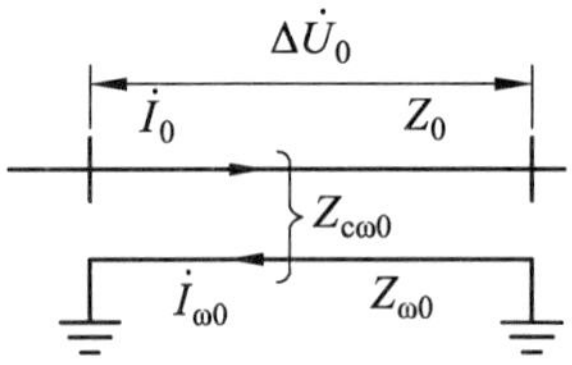

（a）零序电流的回路

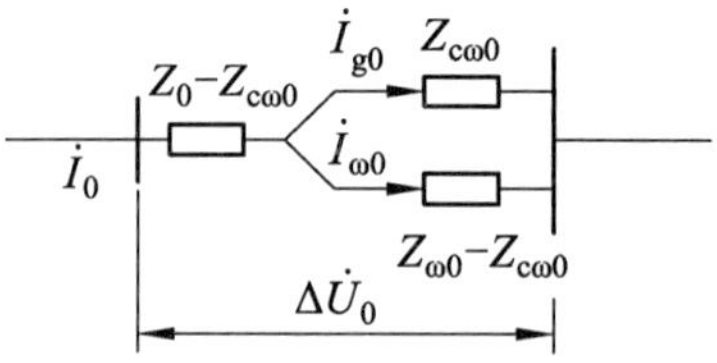

（b）零序等值电路

图 7.20　单接地避雷线的单回路的零序等值电路

如果避雷线由两根组成，如图 7.20（b）所示，线路的零序阻抗仍可用式（7.30）表示，其等值避雷线的几何平均半径为

$$D_{s\omega}=\sqrt{r_{\omega}'D_{\omega}}$$

式中，D_{ω} 为两根避雷线间的距离。

两根避雷线（ω_{I} 和 ω_{II}）与三相导线间的几何平均距离为

$$D_{c\omega}=\sqrt[6]{D_{a\omega\mathrm{I}}D_{a\omega\mathrm{II}}D_{b\omega\mathrm{I}}D_{b\omega\mathrm{II}}D_{c\omega\mathrm{I}}D_{c\omega\mathrm{II}}}$$

三相导线和等值避雷线的零序互阻抗为

$$Z_{c\omega0}=0.15+\mathrm{j}0.433\,5\lg\frac{D_{g}}{D_{c\omega}}\ (\Omega/\mathrm{km})$$

4. 双回路有避雷线三相架空电力线路的零序阻抗

如果同杆双回路架空线路且有两根避雷线，则形成两个单回路三相线路和一个两根避雷线三个部分组成的磁耦合系统。这三部分的零序自阻抗分别为 $Z_{\mathrm{I}0}$、$Z_{\mathrm{II}0}$、$Z_{\omega0}$，它们两两之间的零序阻抗为 $Z_{(\mathrm{I}-\mathrm{II})0}$、$Z_{(\mathrm{I}-\omega)0}$、$Z_{(\mathrm{II}-\omega)0}$，于是可以组成如图 7.21 所示的零序电流回路。

零序电压方程式为

$$\left.\begin{aligned}\Delta\dot{U}_{0}&=Z_{\mathrm{I}0}\dot{I}_{\mathrm{I}0}+Z_{(\mathrm{I}-\mathrm{II})0}\dot{I}_{\mathrm{II}0}-Z_{(\mathrm{I}-\omega)0}\dot{I}_{\omega0}\\\Delta\dot{U}_{0}&=Z_{\mathrm{II}0}\dot{I}_{\mathrm{II}0}+Z_{(\mathrm{I}-\mathrm{II})0}\dot{I}_{\mathrm{I}0}-Z_{(\mathrm{II}-\omega)0}\dot{I}_{\omega0}\\0&=Z_{\omega0}\dot{I}_{\omega0}+Z_{(\mathrm{I}-\omega)0}\dot{I}_{\mathrm{I}0}-Z_{(\mathrm{II}-\omega)0}\dot{I}_{\mathrm{II}0}\end{aligned}\right\} \tag{7.31}$$

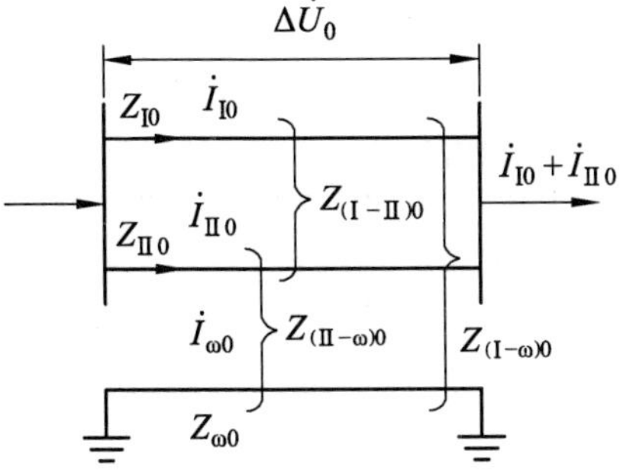

（a）零序电流的回路

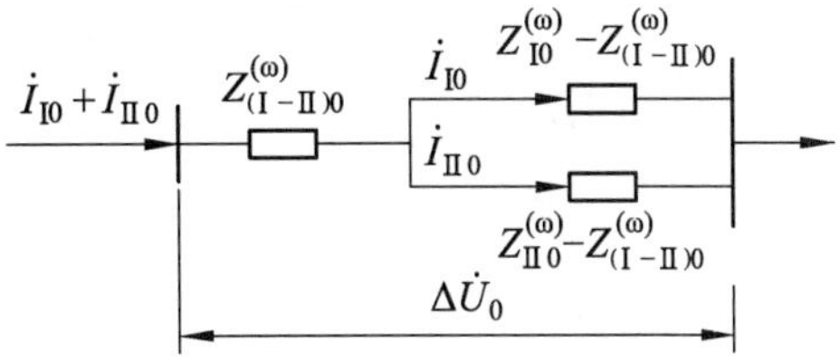

（b）零序等值电路

图 7.21　有避雷线的双回路的零序等值电路

消去上式中的 $\dot{I}_{\omega0}$，可得

$$\left.\begin{aligned}\Delta\dot{U}_0 &= Z^{(\omega)}_{\rm I0}\dot{I}_{\rm I0}+Z^{(\omega)}_{(\rm I-II)0}\dot{I}_{\rm II0}\\ \Delta\dot{U}_0 &= Z^{(\omega)}_{\rm II0}\dot{I}_{\rm II0}+Z^{(\omega)}_{(\rm I-II)0}\dot{I}_{\rm I0}\end{aligned}\right\}\tag{7.32}$$

式（7.32）中

$$\left.\begin{aligned}Z^{(\omega)}_{\rm I0} &= Z_{\rm I0}-\frac{Z^2_{(\rm I-\omega)0}}{Z_{\omega0}}\\ Z^{(\omega)}_{\rm II0} &= Z_{\rm II0}-\frac{Z^2_{(\rm II-\omega)0}}{Z_{\omega0}}\\ Z^{(\omega)}_{(\rm I-II)0} &= Z_{(\rm I-II)0}-\frac{Z_{(\rm I-\omega)0}Z_{(\rm II-\omega)0}}{Z_{\omega0}}\end{aligned}\right\}\tag{7.33}$$

它们分别为考虑避雷线的去磁作用后，回路Ⅰ、Ⅱ的自阻抗和两回路间的互阻抗。零序等值电路如图 7.21（b）所示。

有避雷线双回路的其零序等值阻抗为

$$Z^{(\omega)}_{0(2)}=Z^{(\omega)}_{(\rm I-II)0}+\frac{[Z^{(\omega)}_{\rm I0}-Z^{(\omega)}_{(\rm I-II)0}][Z^{(\omega)}_{\rm II0}-Z^{(\omega)}_{(\rm I-II)0}]}{Z^{(\omega)}_{\rm I0}+Z^{(\omega)}_{\rm II0}-2Z^{(\omega)}_{(\rm I-II)0}}\tag{7.34}$$

若两回路相同，即 $Z_{\rm I0}=Z_{\rm II0}=Z_0$，$Z_{(\rm I-\omega)0}=Z_{(\rm II-\omega)0}=Z_{c\omega0}$，则双回路的零序等值阻抗为

$$\begin{aligned}Z^{(\omega)}_{0(2)} &= Z^{(\omega)}_{(\rm I-II)0}+\frac{1}{2}[Z^{(\omega)}_0-Z^{(\omega)}_{(\rm I-II)0}]\\ &=\frac{1}{2}[Z^{(\omega)}_0+Z^{(\omega)}_{(\rm I-II)0}]\\ &=\frac{1}{2}\left[\left(Z_0-\frac{Z^2_{c\omega0}}{Z_{\omega0}}\right)+\left(Z_{(\rm I-II)0}-\frac{Z_{(\rm I-\omega)0}Z_{(\rm II-\omega)0}}{Z_{\omega0}}\right)\right]\\ &=\frac{1}{2}\left[Z_0+Z_{(\rm I-II)0}-2\frac{Z^2_{c\omega0}}{Z_{\omega0}}\right]\\ &=\frac{1}{2}[Z_0+Z_{(\rm I-II)0}]-\frac{Z^2_{c\omega0}}{Z_{\omega0}}\\ &=\frac{1}{2}Z_{0(1)}-\frac{Z^2_{c\omega0}}{Z_{\omega0}}\end{aligned}\tag{7.35}$$

在实用计算中，可以忽略电阻，架空地线每相的单位长度各序电抗的可以采用表 7.2 给出的数值。

表 7.2　架空电力线路各序电抗的平均值

架空电力线路种类		正、负序电抗（Ω/km）	零序电抗（Ω/km）	备注
无避雷线	单回路	$x_1 = x_2$	$x_0 = 3.5x_1$	
	双回路		$x_0 = 5.5x_1$	单回路数值
有钢质避雷线	单回路		$x_0 = 3x_1$	
	双回路		$x_0 = 5x_1$	单回路数值
有良导体避雷线	单回路		$x_0 = 2x_1$	
	双回路		$x_0 = 3x_1$	单回路数值

7.2.5　电缆线路的零序阻抗

电缆线路是静止元件，它的正序阻抗等于负序阻抗。由于电缆的三相芯线的距离远比架空线路的线间距离小得多，电缆线路的正序阻抗要小于架空线路的正序阻抗。

在敷设电缆时，通常在终端头和中间头处将其铅或铝包护层接地。由于返回的零序电流在大地和包护层间分配，与包护层本身的阻抗及其接地阻抗有关，而后者又因电缆的敷设方式、施工工艺水平等因素而异。因此，准确计算电缆线路的零序阻抗比较困难，通常只考虑两个极端情况：

（1）铅或铝包护层各处都有良好的接地，认为沿线各处的接地阻抗都可以忽略不计，大地和包护层都有零序电流流通。零序电流经大地和包护层返回时，电缆线路如同有接地避雷线的架空电力线路，其包护层就相当于避雷线。所不同的是包护层将三芯完全包围，其中流过的零序电流产生的磁通全部与芯线匝链。因此，包护层的零序自阻抗也就是它和芯线间的零序互电抗，换言之，包护层没有漏电抗。在这种情况下，地中电流达到可能的最大值，而电缆包护层中电流达到其最小值，这时由于包护层中电流的去磁作用最小，电缆零序阻抗达到最大值。

（2）铅或铝包护层在各处都经相当大的阻抗接地，从而可以认为零序电流只通过包护层返回。当零序电流只通过包护层返回时，此时包护层中电流达到最大值，去磁作用最大，因而电缆的零序阻抗达到最小值。

以上两种情况，电缆零序阻抗数值相差很大，对于电缆的 r_0、x_0 很难找到合适的平均值，在规划设计或近似估算中，三芯电缆可取为 $r_0 \approx 10r_1$、$x_0 \approx (3.5\sim4.6)x_1$。

实用计算时，可按下表取值：

表 7.3　电缆电抗的平均值

元件名称	电缆电抗的平均值	
	$x_1 = x_2$（Ω/km）	x_0（Ω/km）
1 kV 三芯电缆	0.06	0.7
1 kV 四芯电缆	0.066	0.17
6~10 kV 三芯电缆	0.08	$x_0 = 3.5$，$x_1 = 0.28$
35 kV 三芯电缆	0.12	$x_0 = 3.5$，$x_1 = 0.42$

7.3 电力系统的序网络

本书 7.1 节讨论了序网络的构成原理及序网络基本方程。下面在已经介绍的网络电气元件序参数和等值电路的基础上，介绍序网络的构成方法。

序网络的构成是从故障点处开始的，因为任何一种不对称故障，故障点总是对称系统和不对称系统之间的连接点，利用故障点的相量边界条件，引入对称分量法可以分解得到故障端口处的序电流和序电压，从而可以建立求解故障点处实际故障电压和故障电流的办法。而这个故障点处的端口序参数，就是序网络端口的序参数，譬如对称分量法分解出的故障端口的序电压就是序网络的端口序电压。

因为正序、负序和零序电流在故障网络中流通的路径不同，在建立序网络以前，必须考查各序电流在故障网络中流通的路径，然后从故障点各序网络的端口开始向电源侧追溯，凡是某一序电流能流通的元件，都必须包含在该序网络中，并用相应的序参数和等值电路表示，直至将对应网络中的序参数完全纳入网络中，构成各序完整的序网络。下面介绍序网络构成的方法和步骤，特别注意零序网络的构成。

7.3.1 正序网络

第 6 章介绍的三相对称网络就是正序网络，网络中各电气元件的阻抗就是正序阻抗。网络中的电源电势就是发电机正序电势或等值综合电势。但研究不对称故障时，故障点处的序电压不为零，因而虽然正序网络和三相对称网络一样，但故障点处电压不为零，而是正序电压$\dot{U}_{a1}$，$\dot{U}_{b1}$，$\dot{U}_{c1}$。正序网络构成时需要注意：

（1）不对称故障正序电流通过的所有元件都在正序网络中，用正序参数（稳态运行参数）和等值电路表示；

（2）中性点接地阻抗 Z_n、不计接地导纳支路的空载线路和不计励磁电路的空载变压器等元件不通过正序电流，不含在正序网络中；

（3）系统中每处电源电势均为正序电势，一般用$\dot{E}''$表示，并根据求解问题的要求进行多条有源支路网络化简。正序网络为有源网络，网络等值电势用$\dot{E}_{\Sigma}$表示；

（4）在故障点必须引入代替不对称故障条件的正序电压分量$\dot{U}_{f1}$；

（5）正序等值电路的方程为：$\dot{U}_{f1}=\dot{E}_{\Sigma}-\dot{I}_{f1}Z_{1\Sigma}$。

7.3.2 负序网络

负序电流能流通的元件与正序电流能流通的元件完全相同，所以负序网络的组成元件与正序网络组成元件完全相同，且静止元件的负序参数与正序参数大小也完全相等，但旋转元件的负序参数与正序参数不同。负序网络构成时需要注意：

（1）不对称故障负序电流通过的所有元件都在负序网络中，负序网络中各元件采用负序参数和等值电路表示；

（2）中性点接地阻抗 Z_n、不计接地导纳支路的空载线路和不计励磁电路的空载变压器等元件不通过负序电流，不含在负序网络中；

（3）负序网络中的电源电势为零，负序网络为无源网络；

（4）在故障点引入代替不对称故障条件的负序电压分量$\dot{U}_{f2}$，即可得负序网络；

（5）负序等值电路的方程为：$\dot{U}_{f2}=0-j\dot{I}_{f2}Z_{2\Sigma}$。

7.3.3 零序网络

零序等效网络与正序和负序等效网络有很大差异。零序等效网络是由不对称短路时短路点处的零序电压分量所产生的零序电流通过电力元件的零序阻抗所组成的网络，因此，零序阻抗一般与正序和负序阻抗大小不同。零序网络构成时需要注意：

（1）不对称故障零序电流通过的所有元件都在零序网络中，零序网络中各元件采用零序参数和等值电路表示；

（2）由于发电机和负荷通常由三角形接法的变压器绕组把零序电流隔开，即零序电流不流过发电机和负荷，因而零序网络中通常情况下不含有发电机和负荷；

（3）零序网络中的电源电势为零，零序网络为无源网络；

（4）在故障点引入代替不对称故障条件的零序电压分量$\dot{U}_{f0}$后，要判断零序电流可能流通的路径，有零序电流流过的元件，按连接形式依次画出，没有零序电流流过的元件不必画出；

（5）零序等值电路的方程为：$\dot{U}_{f0}=0-j\dot{I}_{f0}Z_{0\Sigma}$。

【例 7.1】如图 7.22（a）所示的系统中，各变压器绕组接线方式已标于图中，线路 L-3 和变压器 T-3 空载。当 f 点处发生单相接地短路故障时，试作出系统的正序、负序和零序网络。

解：根据电力系统的原始资料，在故障点分别施加各序电势，从故障点开始，查明各序电流的流通情况，凡是某序电流能流通的元件，必须包含在该序网络中，并用相应的序参数及等值电路表示。

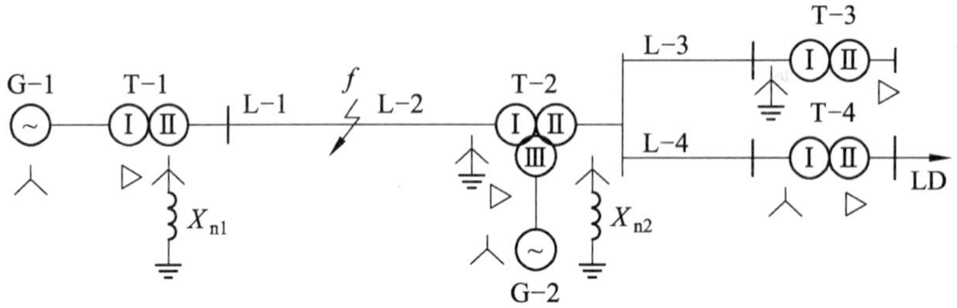

（a）电力系统接线图

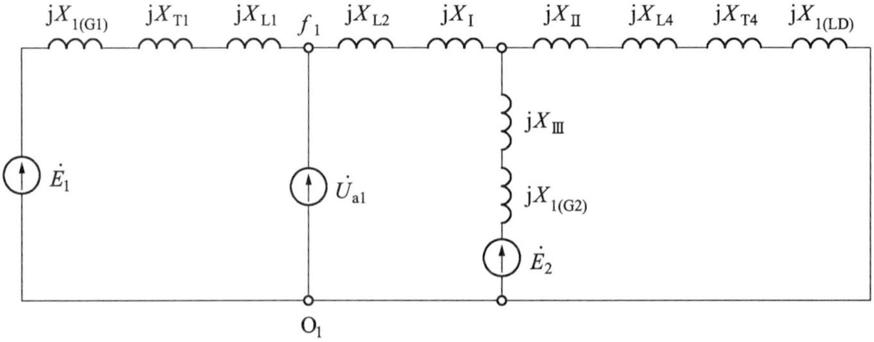

（b）正序网络

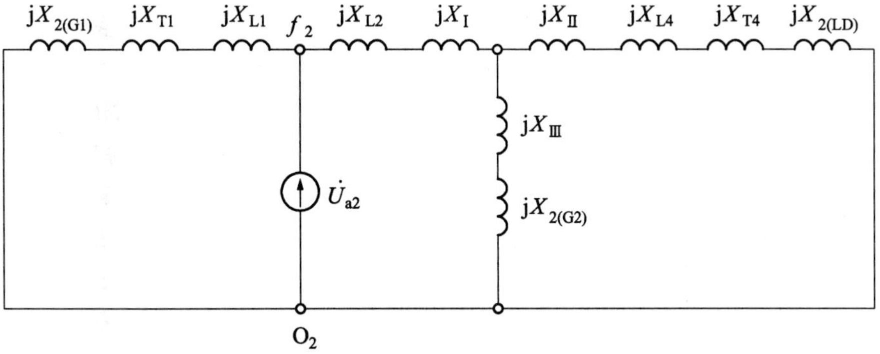

（c）负序网络

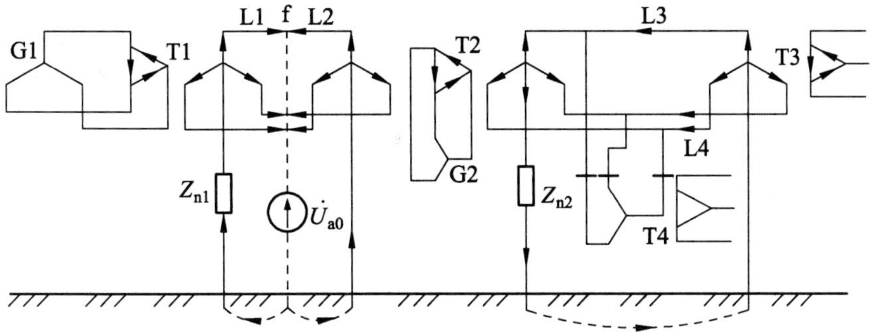

（d）零序网络电流

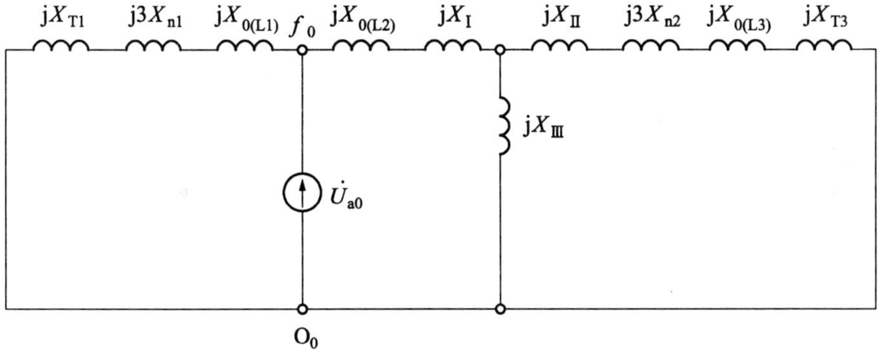

（e）零序网络

图 7.22　例 7.1 电力系统接线与三序网络绘制图

（1）正序网络绘制。

正序网络中除中性点接地电抗、空载线路（不计导纳）以及空载变压器（不计励磁回路），电力系统各元件均应包括在正序网络中，并用各元件相应的正序电抗和等值电路表示。正序网络中需要引入各发电机电源电势，在短路点处需要引入代替故障的正序电势。电源中性点与负荷中性点电位相等，可以直接连接起来。正序网络中不包含空载线路 L-3 和变压器 T-3。发电机电源电势分别用 $\dot{E}_1$ 和 $\dot{E}_2$ 表示。在短路点处引入正序电势 $\dot{U}_{a1}$。正序网络图如图 7.22（b）所示。

（2）负序网络绘制。

由于负序电流流通的元件与正序电流流通的元件相同，因此，负序网络的元件组成与正序网络的元件组成完全相同，只不过负序电源电势为零，所有元件的参数采用负序参数，在短路点处引入代替故障的负序电势$\dot{U}_{a2}$。在负序网络中，各电源支路的中性点与负荷的中性点也可以直接连接起来。负序网络图如图 7.22（c）所示。

（3）零序网络绘制。

在短路点处施加代表故障的零序电势$\dot{U}_{a0}$，查明零序电流流通情况，凡是在零序电流能流通的元件都包含在零序网络中。由于发电机和负荷通常由三角形接法的变压器绕组把零序电流隔开，即零序电流不流过发电机和负荷，零序网络中不含发电机和负荷。零序网络中所有参数采用零序参数。在图 7.22（a）中，因变压器 T-4 中性点不接地，不能流通零序电流，所以变压器 T-4、线路 L-4 和负荷 LD 都不包含在零序网络中。变压器 T-3 虽然是空载，但因其中性点接地，故线路 L-3 和 T-3 能流过零序电流，所以它们包含在零序网络中。零序网络电流流通图如图 7.22（d），零序网络图如图 7.22（e）所示。

【例 7.2】如图 7.23 所示的系统中，各变压器绕组接线方式已标于图中，当 D 点和 F 点处分别发生单相接地短路故障时，试分别作出两处短路情形下的零序网络。

解：根据接线图可知，发电机（7）与两台升压变压器相连。

（1）当 D 点处单相短路时，可以先画出$\dot{U}_{D0}$，然后判断零序电流能流过哪些绕组，根据三绕组变压器零序等值电路与外电路联通关系可知，1、2、3、5、6、8 均有零序电流流通，且绕组 6 可以看作为绕组 3 的外部回路。由于 8 为绕组 1 的中性点电抗，故在零序网络中增大 3 倍，零序网络如图 7.23（b）所示。

（2）当 F 点处单相短路时，可以先画出$\dot{U}_{F0}$，然后判断零序电流能流过哪些绕组，根据变压器零序等值电路与外电路联通关系可知，7、9 均有零序电流流通，2、5 绕组为三角形接线，发电机 7 通过三角形接线的 2、5 绕组相连时会把零序电流隔开，故 2，5 绕组无零序电流流过。由于 9 为绕组 7 的中性点电抗，故在零序网络中增大 3 倍，零序网络如图 7.23（c）所示。

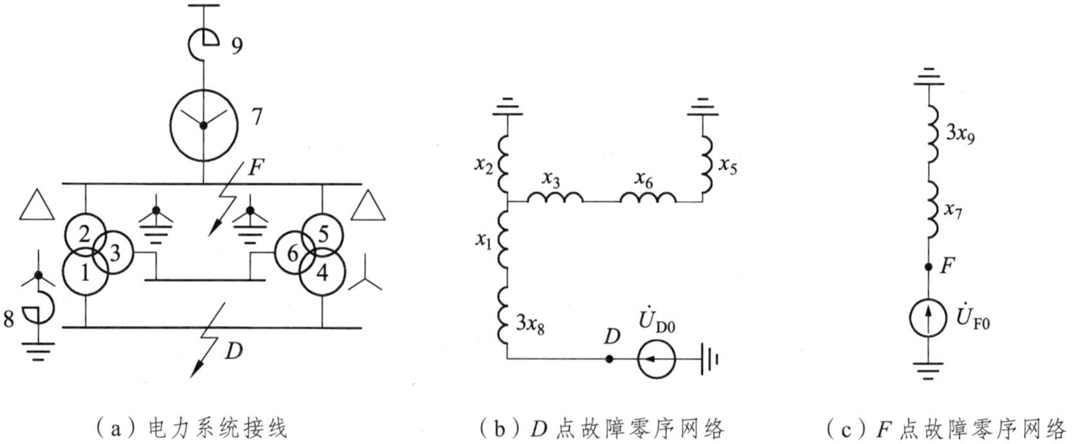

（a）电力系统接线　　（b）D 点故障零序网络　　（c）F 点故障零序网络

图 7.23　例 7.2 电力系统接线与零序网络绘制图

7.4 不对称短路故障的分析与计算

在本章的 7.1.3 小节中讨论了对称分量法分析不对称故障的基本原理。对于各种不对称短路故障，都可以写出短路点处的序网络基本方程如式（7.36）

$$\left.\begin{aligned}\dot{E}_{\Sigma}-\dot{I}_{a1}Z_{1\Sigma}&=\dot{U}_{a1}\\0-\dot{I}_{a2}Z_{2\Sigma}&=\dot{U}_{a2}\\0-\dot{I}_{a0}Z_{0\Sigma}&=\dot{U}_{a0}\end{aligned}\right\}\tag{7.36}$$

分析电力系统简单故障时，取特殊相为基准相最为方便。单相故障时，选择发生故障相为特殊相，如 a 相单相接地短路或者 a 相单相断线时选择 a 相为基准相。两相故障时，非故障相为特殊相，如 bc 两相短路或者 bc 两相断线时选择 a 相为基准相。

式（7.36）有三个方程，但需求解序电流（$\dot{I}_{a1}$，$\dot{I}_{a2}$，$\dot{I}_{a0}$）和序电压（$\dot{U}_{a1}$，$\dot{U}_{a2}$，$\dot{U}_{a0}$）共计 6 个未知数，显然必须根据短路点处的边界条件列出另外三个方程才能求解。下面对三种典型的简单不对称短路故障具体分析如何求解短路点处的相电流和相电压。

7.4.1 故障处的短路电流和电压的计算

1. 单相接地短路

如图 7.24 所示，当 a 相在 f 点发生单相接地短路时，与短路点相连的其他部分未标识在图中。在短路点处 a 相经过渡阻抗 Z_f 接地，bc 两相没有发生故障。

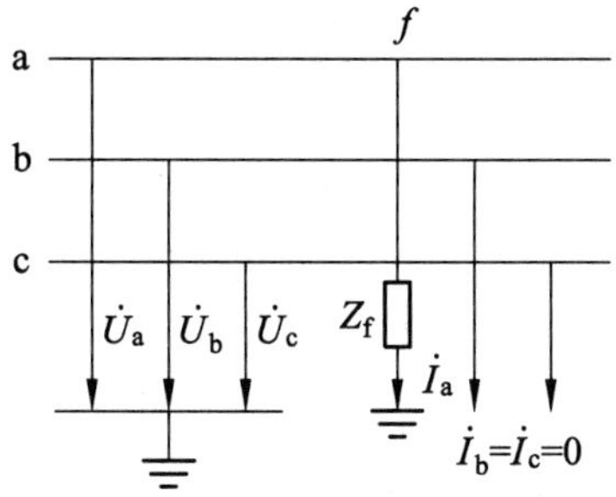

图 7.24　单相接地短路

1）相量边界条件

故障点处的相量边界条件为

$$\dot{I}_b=\dot{I}_c=0\text{，}\ \dot{U}_a=Z_f\dot{I}_a\tag{7.37}$$

2）序分量边界条件

将式（7.37）的相量边界条件利用对称分量法转换为用序分量表示的序分量边界条件，即

$$\begin{bmatrix}\dot{I}_{a1}\\\dot{I}_{a2}\\\dot{I}_{a0}\end{bmatrix}=\frac{1}{3}\begin{bmatrix}1&\alpha&\alpha^2\\1&\alpha^2&\alpha\\1&1&1\end{bmatrix}\begin{bmatrix}\dot{I}_a\\\dot{I}_b\\\dot{I}_c\end{bmatrix}=\frac{1}{3}\begin{bmatrix}1&\alpha&\alpha^2\\1&\alpha^2&\alpha\\1&1&1\end{bmatrix}\begin{bmatrix}\dot{I}_a\\0\\0\end{bmatrix}=\frac{\dot{I}_a}{3}\begin{bmatrix}1\\1\\1\end{bmatrix}\tag{7.38}$$

可见单相接地短路时，短路点处的电流各序分量相等，都等于故障点处电流 $\dot{I}_a$ 的 1/3，即

$$\dot{I}_{a1}=\dot{I}_{a2}=\dot{I}_{a0}=\frac{1}{3}\dot{I}_{a} \quad (7.39)$$

$$\dot{U}_{a}=\dot{U}_{a1}+\dot{U}_{a2}+\dot{U}_{a0}=Z_f\dot{I}_{a}=3Z_f\dot{I}_{a1} \quad (7.40)$$

3）复合序网法求解序电流

由公式（7.39）可知，正序、负序和零序电流相等，故三序独立的网络端口可看作为串联关系，由此可以作出单相接地短路的复合序网图，如图 7.25 所示。

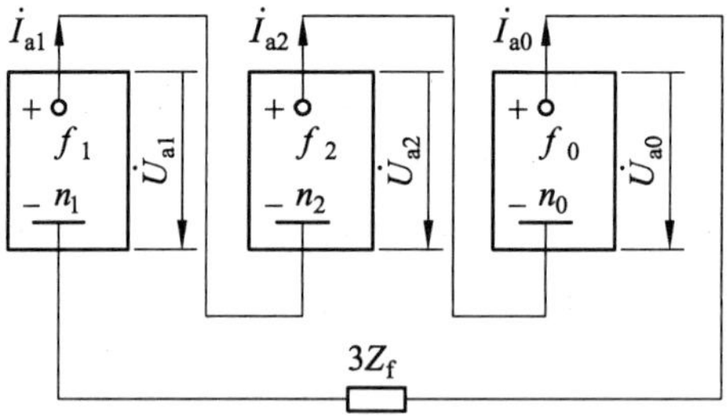

图 7.25　单相接地短路复合序网

由式（7.41）可以求出各序电流

$$\dot{I}_{a1}=\dot{I}_{a2}=\dot{I}_{a0}=\frac{\dot{E}_{\Sigma}}{Z_{1\Sigma}+Z_{2\Sigma}+Z_{0\Sigma}+3Z_f} \quad (7.41)$$

4）序电压求解

根据公式（7.42）可以求得各序电压$\dot{U}_{a1}$，$\dot{U}_{a2}$，$\dot{U}_{a0}$分别为

$$\left.\begin{aligned}\dot{U}_{a1}&=\dot{E}_{\Sigma}-Z_{1\Sigma}\dot{I}_{a1}=(Z_{2\Sigma}+Z_{0\Sigma}+3Z_f)\dot{I}_{a1}\\ \dot{U}_{a2}&=0-Z_{2\Sigma}\dot{I}_{a1}\\ \dot{U}_{a0}&=0-Z_{0\Sigma}\dot{I}_{a1}\end{aligned}\right\} \quad (7.42)$$

5）相电流求解

利用对称分量法可以求出短路点处三相不对称短路电流如下

$$\begin{bmatrix}\dot{I}_a\\ \dot{I}_b\\ \dot{I}_c\end{bmatrix}=\begin{bmatrix}1&1&1\\ \alpha^2&\alpha&1\\ \alpha&\alpha^2&1\end{bmatrix}\begin{bmatrix}\dot{I}_{a1}\\ \dot{I}_{a2}\\ \dot{I}_{a0}\end{bmatrix}=\begin{bmatrix}1&1&1\\ \alpha^2&\alpha&1\\ \alpha&\alpha^2&1\end{bmatrix}\begin{bmatrix}\dot{I}_{a1}\\ \dot{I}_{a1}\\ \dot{I}_{a1}\end{bmatrix}=\begin{bmatrix}3\dot{I}_{a1}\\ 0\\ 0\end{bmatrix} \quad (7.43)$$

可见，单相接地短路时故障相的电流等于正序电流的 3 倍，即$\dot{I}_a=3\dot{I}_{a1}$。

由于正序、负序和零序电流相位相同，它们之间的电流幅值大小也满足 3 倍关系，即$I_a=3I_{a1}$。

非故障相电流为$\dot{I}_b=\dot{I}_c=0$，与相量边界条件一致。

6）相电压求解

利用对称分量法可以求出短路点处的相电压，即

$$\left.\begin{aligned}\dot{U}_a&=3Z_f\dot{I}_{a1}\\ \dot{U}_b&=\alpha^2\dot{U}_{a1}+\alpha\dot{U}_{a2}+\dot{U}_{a0}\\ \dot{U}_c&=\alpha\dot{U}_{a1}+\alpha^2\dot{U}_{a2}+\dot{U}_{a0}\end{aligned}\right\} \quad (7.44)$$

7）当 $Z_f=0$ 时的单相接地短路

如果在短路点处 a 相直接接地，即 $Z_f=0$ 时，前述序电流为

$$\dot{I}_{a1}=\dot{I}_{a2}=\dot{I}_{a0}=\frac{\dot{E}_{\Sigma}}{Z_{1\Sigma}+Z_{2\Sigma}+Z_{0\Sigma}} \tag{7.45}$$

若各序阻抗为纯电抗，则上式可变为

$$\dot{I}_{a1}=\dot{I}_{a2}=\dot{I}_{a0}=\frac{\dot{E}_{\Sigma}}{\mathrm{j}(X_{1\Sigma}+X_{2\Sigma}+X_{0\Sigma})} \tag{7.46}$$

序电压为

$$\left.\begin{aligned}\dot{U}_{a1}&=\dot{E}_{\Sigma}-\mathrm{j}X_{1\Sigma}\dot{I}_{a1}=\mathrm{j}(X_{2\Sigma}+X_{0\Sigma})\dot{I}_{a1}\\ \dot{U}_{a2}&=0-\mathrm{j}X_{2\Sigma}\dot{I}_{a1}\\ \dot{U}_{a0}&=0-\mathrm{j}X_{0\Sigma}\dot{I}_{a1}\end{aligned}\right\} \tag{7.47}$$

短路点处三相对地电压为

$$\left.\begin{aligned}\dot{U}_{a}&=\dot{U}_{a1}+\dot{U}_{a2}+\dot{U}_{a0}=0\\ \dot{U}_{b}&=\alpha^2\dot{U}_{a1}+\alpha\dot{U}_{a2}+\dot{U}_{a0}=\mathrm{j}[(\alpha^2-\alpha)X_{2\Sigma}+(\alpha^2-1)X_{0\Sigma}]\dot{I}_{a1}\\ &=\frac{\sqrt{3}}{2}[(2X_{2\Sigma}+X_{0\Sigma})-\mathrm{j}\sqrt{3}X_{0\Sigma}]\dot{I}_{a1}\\ \dot{U}_{c}&=\alpha\dot{U}_{a1}+\alpha^2\dot{U}_{a2}+\dot{U}_{a0}=\mathrm{j}[(\alpha-\alpha^2)X_{2\Sigma}+(\alpha-1)X_{0\Sigma}]\dot{I}_{a1}\\ &=\frac{\sqrt{3}}{2}[(-2X_{2\Sigma}+X_{0\Sigma})-\mathrm{j}\sqrt{3}X_{0\Sigma}]\dot{I}_{a1}\end{aligned}\right\} \tag{7.48}$$

8）电流与电压相量图

选择正序电流 $\dot{I}_{a1}$ 为参考相量，可以作出单相接地短路情况下短路点处的电流和电压相量图，如图 7.26 所示，图中 $\dot{I}_{a1}$ 与 $\dot{I}_{a2}$、$\dot{I}_{a0}$ 同相位且大小相等。$\dot{U}_{a1}$ 比 $\dot{I}_{a1}$ 超前 90°，$\dot{U}_{a2}$ 比 $\dot{I}_{a1}$ 落后 90°。

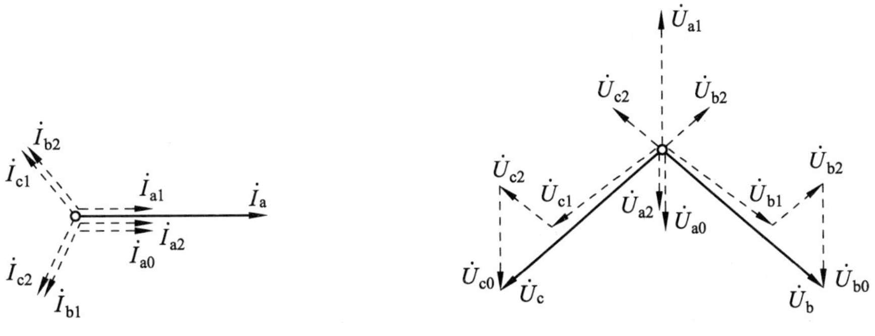

（a）电流相量图　　（b）电压相量图

图 7.26　单相接地短路时短路点的电流与电压相量图

2. 两相短路

如图 7.27 所示，b、c 两相在 f 点发生经过渡阻抗 Z_f 的两相短路，与短路点相连的其他部分未标识在图中。a 相没有发生故障。

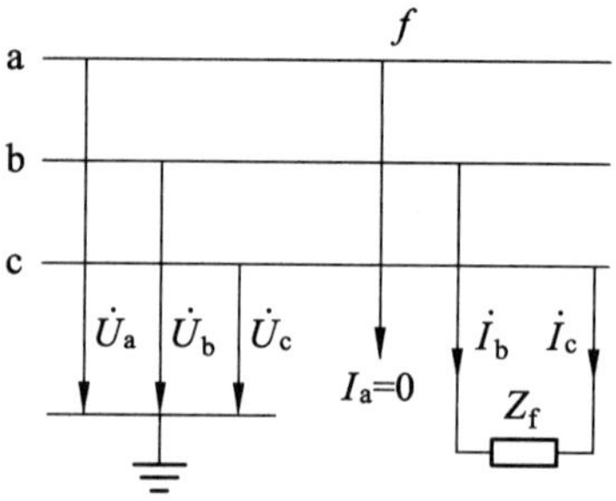

图 7.27　两相短路

1）相量边界条件

故障点处的相量边界条件为

$$\left.\begin{aligned}&\dot{I}_a=0\\&\dot{I}_b=-\dot{I}_c\\&\dot{U}_b-\dot{U}_c=Z_f\dot{I}_b\end{aligned}\right\}\tag{7.49}$$

2）序分量边界条件

将式（7.49）的相量边界条件利用对称分量法转换为用序分量表示的序分量边界条件，如下：

$$\begin{bmatrix}\dot{I}_{a1}\\\dot{I}_{a2}\\\dot{I}_{a0}\end{bmatrix}=\frac{1}{3}\begin{bmatrix}1&\alpha&\alpha^2\\1&\alpha^2&\alpha\\1&1&1\end{bmatrix}\begin{bmatrix}\dot{I}_a\\\dot{I}_b\\\dot{I}_c\end{bmatrix}=\frac{1}{3}\begin{bmatrix}1&\alpha&\alpha^2\\1&\alpha^2&\alpha\\1&1&1\end{bmatrix}\begin{bmatrix}0\\\dot{I}_b\\\dot{I}_c\end{bmatrix}=\frac{\dot{I}_b}{3}\begin{bmatrix}\alpha-\alpha^2\\\alpha^2-\alpha\\0\end{bmatrix}=\frac{j\dot{I}_b}{\sqrt{3}}\begin{bmatrix}1\\-1\\0\end{bmatrix}\tag{7.50}$$

可见两相短路时，短路点处的故障电流中没有零序分量，而正序分量与负序分量大小相等、方向相反，即如式（7.51）所示。

$$\left.\begin{aligned}&\dot{I}_{a0}=0\\&\dot{I}_{a1}=-\dot{I}_{a2}=\frac{j\dot{I}_b}{\sqrt{3}}\\&\dot{U}_{a1}-\dot{U}_{a2}=Z_f\dot{I}_{a1}\end{aligned}\right\}\tag{7.51}$$

3）复合序网法求解序电流

由公式（7.50）和式（7.51）可知，正序、负序大小相等、方向相反，零序电流为零，故正序和负序独立的网络端口可看作经过渡阻抗 Z_f 后的串联关系，零序网络不存在，并可以作出 b、c 两相短路时的复合序网如图 7.28 所示。

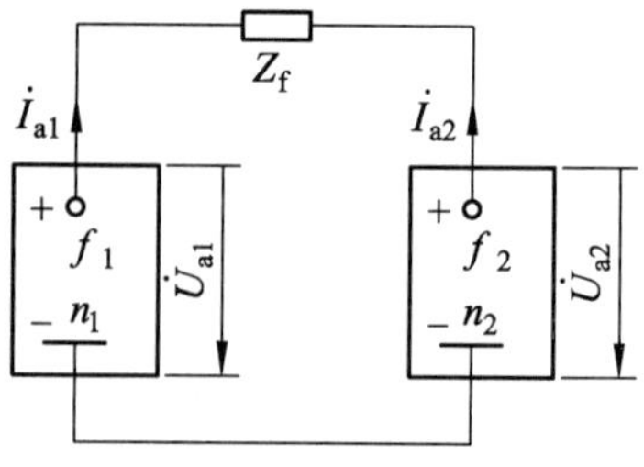

图 7.28　两相短路复合序网（$Z_f\neq0$）

由图 7.28 可以求出各序电流为

$$\dot{I}_{a1}=-\dot{I}_{a2}=\frac{\dot{E}_{\Sigma}}{Z_{1\Sigma}+Z_{2\Sigma}+Z_f} \tag{7.52}$$

4）序电压求解

根据公式（7.53）可以求得各序电压 $\dot{U}_{a1}$，$\dot{U}_{a2}$，即

$$\dot{U}_{a1}=(Z_{2\Sigma}+Z_f)\dot{I}_{a1}\text{，}\ \dot{U}_{a2}=Z_{2\Sigma}\cdot\dot{I}_{a1}\text{，}\ \dot{U}_{a0}=0 \tag{7.53}$$

5）相电流求解

利用对称分量法可以求出短路点处三相不对称短路电流如下

$$\begin{bmatrix}\dot{I}_a\\ \dot{I}_b\\ \dot{I}_c\end{bmatrix}=\begin{bmatrix}1&1&1\\ \alpha^2&\alpha&1\\ \alpha&\alpha^2&1\end{bmatrix}\begin{bmatrix}\dot{I}_{a1}\\ \dot{I}_{a2}\\ \dot{I}_{a0}\end{bmatrix}=\begin{bmatrix}1&1&1\\ \alpha^2&\alpha&1\\ \alpha&\alpha^2&1\end{bmatrix}\begin{bmatrix}\dot{I}_{a1}\\ -\dot{I}_{a1}\\ 0\end{bmatrix}$$

$$=\begin{bmatrix}0\\ (\alpha^2-\alpha)\ \dot{I}_{a1}\\ (\alpha-\alpha^2)\ \dot{I}_{a1}\end{bmatrix}=\mathrm{j}\sqrt{3}\dot{I}_{a1}\begin{bmatrix}0\\ -1\\ 1\end{bmatrix} \tag{7.54}$$

可见，两相短路时故障相的电流的有效值等于正序电流有效值的 $\sqrt{3}$ 倍，即 $I_b=I_c=\sqrt{3}I_{a1}$，非故障相电流为 $\dot{I}_a=0$，与相量边界条件一致。

6）相电压求解

短路点处的相电压可以按下式求出，即

$$\left.\begin{aligned}\dot{U}_a&=\dot{U}_{a1}+\dot{U}_{a2}+\dot{U}_{a0}=(2Z_{2\Sigma}+Z_f)\dot{I}_{a1}\\ \dot{U}_b&=\alpha^2\dot{U}_{a1}+\alpha\dot{U}_{a2}+\dot{U}_{a0}=(\alpha^2Z_f-Z_{2\Sigma})\dot{I}_{a1}\\ \dot{U}_c&=\alpha\dot{U}_{a1}+\alpha^2\dot{U}_{a2}+\dot{U}_{a0}=(\alpha Z_f-Z_{2\Sigma})\dot{I}_{a1}\end{aligned}\right\} \tag{7.55}$$

7）当 Z_f=0 时的两相短路

如果在短路点处 b、c 两相直接金属性短接，即 Z_f=0 时，前述序电流为

$$\dot{I}_{a1}=-\dot{I}_{a2}=\frac{\dot{E}_{\Sigma}}{Z_{1\Sigma}+Z_{2\Sigma}} \tag{7.56}$$

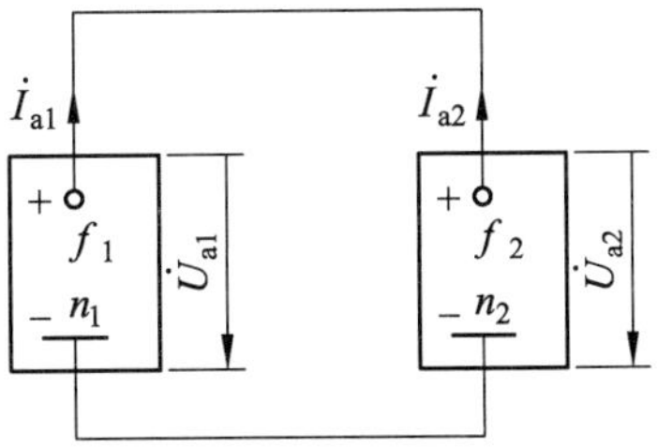

图 7.29　两相短路复合序网（$Z_f=0$）

若各序阻抗为纯电抗，则上式可变为

$$\dot{I}_{a1}=-\dot{I}_{a2}=\frac{\dot{E}_{\Sigma}}{X_{1\Sigma}+X_{2\Sigma}} \tag{7.57}$$

序电压为

$$\dot{U}_{a1}=\dot{U}_{a2}=\mathrm{j}X_{2\Sigma}\dot{I}_{a1} \tag{7.58}$$

短路点处三相对地电压为

$$\left.\begin{aligned}&\dot{U}_{a}=\dot{U}_{a1}+\dot{U}_{a2}+\dot{U}_{a0}=2\dot{U}_{a1}=\mathrm{j}2X_{2\Sigma}\dot{I}_{a1}\\&\dot{U}_{b}=\alpha^{2}\dot{U}_{a1}+\alpha\dot{U}_{a2}+\dot{U}_{a0}=-\dot{U}_{a1}=-\frac{1}{2}\dot{U}_{a}\\&\dot{U}_{c}=\dot{U}_{b}=-\dot{U}_{a1}=-\frac{1}{2}\dot{U}_{a}\end{aligned}\right\} \tag{7.59}$$

8）电流与电压相量图

取 $\dot{I}_{a1}$ 作参考相量，可以作出两相短路情况下短路点处的电流和电压相量图，如图 7.30 所示。

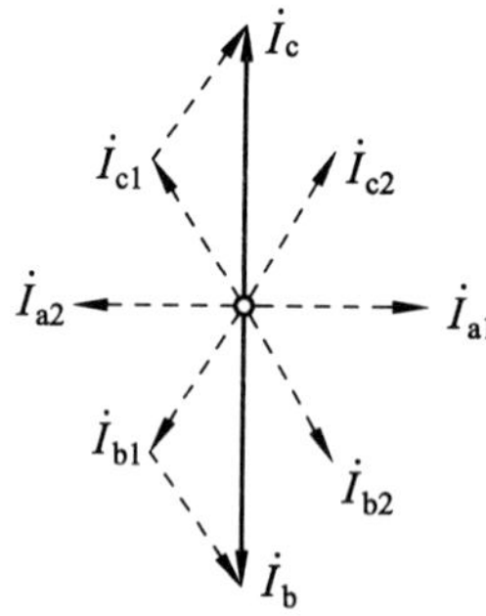

（a）电流相量图

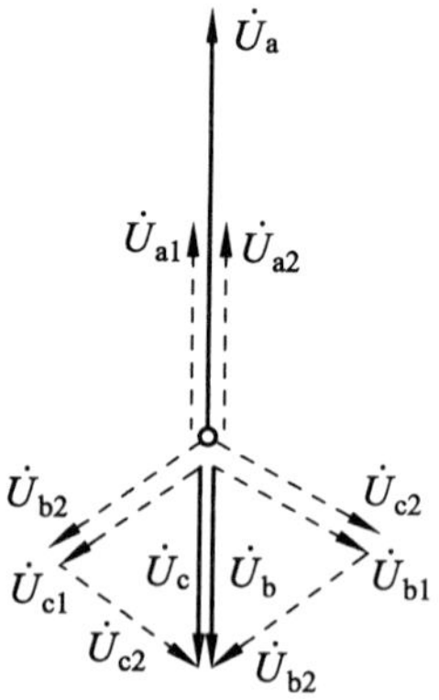

（b）电压相量图

图 7.30　两相短路时短路点的电流与电压相量图

3. 两相接地短路

如图 7.31 所示，b、c 两相在 f 点发生经过渡阻抗 Z_f 的两相短接，并经过接地阻抗 Z_g 接地，与短路点相连的其他部分未标识在图中，a 相没有发生故障。

1）相量边界条件

故障点处的相量边界条件为

$$\left.\begin{aligned}&\dot{I}_{a}=0\\&\dot{U}_{b}=\dot{I}_{b}Z_{f}+(\dot{I}_{b}+\dot{I}_{c})Z_{g}\\&\dot{U}_{c}=\dot{I}_{c}Z_{f}+(\dot{I}_{b}+\dot{I}_{c})Z_{g}\end{aligned}\right\} \tag{7.60}$$

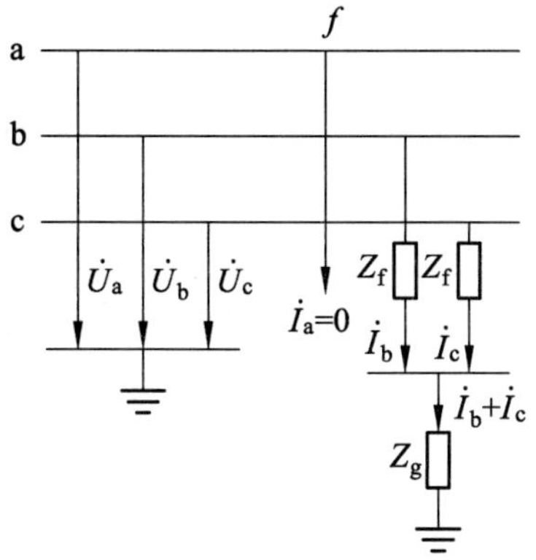

图 7.31　两相接地短路

2）序分量边界条件

将式（7.60）的电流相量边界条件利用对称分量法转换为用序分量表示的序分量边界条件。

$$\dot{I}_{a} = \dot{I}_{a1} + \dot{I}_{a2} + \dot{I}_{a0} = 0 \tag{7.61}$$

将（7.60）中关于电压的两式相减，可得

$$\dot{U}_{b} - \dot{U}_{c} = Z_{f}(\dot{I}_{b} - \dot{I}_{c}) \tag{7.62}$$

变换为序分量形式，为

$$\begin{aligned}&(\alpha^2\dot{U}_{a1} + \alpha\dot{U}_{a2} + \dot{U}_{a0}) - (\alpha\dot{U}_{a1} + \alpha^2\dot{U}_{a2} + \dot{U}_{a0})\\&= Z_f(\alpha^2\dot{I}_{a1} + \alpha\dot{I}_{a2} + \dot{I}_{a0}) - (\alpha\dot{I}_{a1} + \alpha^2\dot{I}_{a2} + \dot{I}_{a0})\end{aligned}$$

化简后得

$$(\alpha^2 - \alpha)\dot{U}_{a1} - (\alpha^2 - \alpha)\dot{U}_{a2} = Z_f[(\alpha^2 - \alpha)\dot{I}_{a1} - (\alpha^2 - \alpha)\dot{I}_{a2}]$$

$$\dot{U}_{a1} - \dot{U}_{a2} = Z_f(\dot{I}_{a1} - \dot{I}_{a2}) \tag{7.63}$$

进一步改写为

$$\dot{U}_{a1} - Z_f\dot{I}_{a1} = \dot{U}_{a2} - Z_f\dot{I}_{a2} \tag{7.64}$$

将（7.60）中关于电压的两式相加，可得

$$\dot{U}_{b} + \dot{U}_{c} = (Z_f + 2Z_g)(\dot{I}_{b} + \dot{I}_{c}) \tag{7.65}$$

变换为序分量形式，为

$$\begin{aligned}&(\alpha^2\dot{U}_{a1} + \alpha\dot{U}_{a2} + \dot{U}_{a0}) + (\alpha\dot{U}_{a1} + \alpha^2\dot{U}_{a2} + \dot{U}_{a0})\\&= (Z_f + 2Z_g)[\alpha^2\dot{I}_{a1} + \alpha\dot{I}_{a2} + \dot{I}_{a0}) + (\alpha\dot{I}_{a1} + \alpha^2\dot{I}_{a2} + \dot{I}_{a0}]\end{aligned}$$

化简后得

$$(\alpha^2 + \alpha)(\dot{U}_{a1} + \dot{U}_{a2}) + 2\dot{U}_{a0} = (Z_f + 2Z_g)[(\alpha^2 + \alpha)(\dot{I}_{a1} + \dot{I}_{a2}) + 2\dot{I}_{a0}]$$

因为 $(a^2+a)=-1$，上式可写为

$$-(\dot{U}_{a1}+\dot{U}_{a2})+2\dot{U}_{a0}=(Z_f+2Z_g)[-(\dot{I}_{a1}+\dot{I}_{a2})+2\dot{I}_{a0}]$$

进一步改写为

$$2\dot{U}_{a0}-2Z_f\dot{I}_{a0}-4Z_g\dot{I}_{a0}+2Z_g(\dot{I}_{a1}+\dot{I}_{a2})=\dot{U}_{a1}+\dot{U}_{a2}-Z_f(\dot{I}_{a1}+\dot{I}_{a2}) \quad (7.66)$$

将式（7.61）、式（7.64）代入式（7.66）整理后得

$$\dot{U}_{a0}-Z_f\dot{I}_{a0}-3Z_g\dot{I}_{a0}=\dot{U}_{a1}-Z_f\dot{I}_{a1}=\dot{U}_{a2}-Z_f\dot{I}_{a2} \quad (7.67)$$

式（7.61）、式（7.67）就是两相接地短路时的序分量边界条件。

3）复合序网法求解序电流

b、c 两相接地短路时的复合序网如图 7.32 所示。

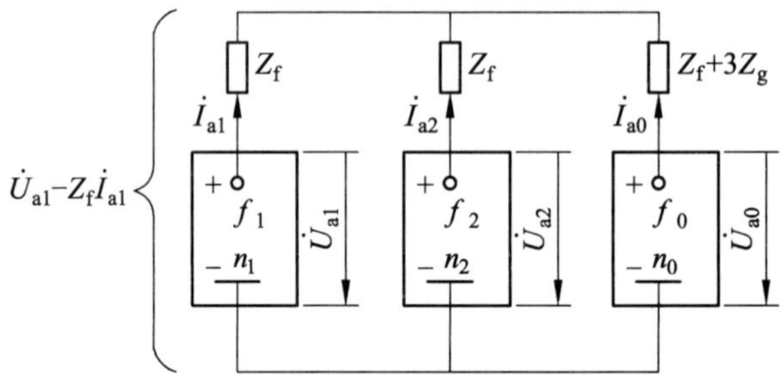

图 7.32　两相接地短路复合序网（$Z_f\neq 0$，$Z_g\neq 0$）

由图 7.32 可以求出正序、负序和零序电流分别为

$$\dot{I}_{a1}=\frac{\dot{E}_{\Sigma}}{(Z_{1\Sigma}+Z_f)+\dfrac{(Z_{2\Sigma}+Z_f)(Z_{0\Sigma}+Z_f+3Z_g)}{(Z_{2\Sigma}+Z_f)+(Z_{0\Sigma}+Z_f+3Z_g)}} \quad (7.68)$$

$$\dot{I}_{a2}=\frac{Z_{0\Sigma}+Z_f+3Z_g}{(Z_{2\Sigma}+Z_f)+(Z_{0\Sigma}+Z_f+3Z_g)}\dot{I}_{a1} \quad (7.69)$$

$$\dot{I}_{a0}=\frac{Z_{2\Sigma}+Z_f}{(Z_{2\Sigma}+Z_f)+(Z_{0\Sigma}+Z_f+3Z_g)}\dot{I}_{a1} \quad (7.70)$$

4）序电压求解

将式（7.68）、式（7.69）、式（7.70）代入序网络基本方程式，可以求得各序电压 $\dot{U}_{a1}$，$\dot{U}_{a2}$，$\dot{U}_{a0}$，即

$$\dot{U}_{a1}=\left[Z_f+\frac{(Z_{2\Sigma}+Z_f)(Z_{0\Sigma}+Z_f+3Z_g)}{(Z_{2\Sigma}+Z_f)+(Z_{0\Sigma}+Z_f+3Z_g)}\right]\dot{I}_{a1} \quad (7.71)$$

$$\dot{U}_{a2}=Z_{2\Sigma}\frac{Z_{0\Sigma}+Z_f+3Z_g}{(Z_{2\Sigma}+Z_f)+(Z_{0\Sigma}+Z_f+3Z_g)}\dot{I}_{a1} \tag{7.72}$$

$$\dot{U}_{a0}=Z_{0\Sigma}\frac{Z_{2\Sigma}+Z_f}{(Z_{2\Sigma}+Z_f)+(Z_{0\Sigma}+Z_f+3Z_g)}I_{a1} \tag{7.73}$$

5）相电流求解

利用对称分量法可以求出短路点处三相不对称短路电流如下

$$\dot{I}_a=\dot{I}_{a1}+\dot{I}_{a2}+\dot{I}_{a0}=0$$

$$\begin{aligned}\dot{I}_b&=\alpha^2\dot{I}_{a1}+\alpha\dot{I}_{a2}+\dot{I}_{a0}\\&=\left[\alpha^2-\frac{(Z_{2\Sigma}+Z_f)+\alpha(Z_{0\Sigma}+Z_f+3Z_g)}{(Z_{2\Sigma}+Z_f)+(Z_{0\Sigma}+Z_f+3Z_g)}\right]\dot{I}_{a1}\end{aligned} \tag{7.74}$$

$$\begin{aligned}\dot{I}_c&=\alpha\dot{I}_{a1}+\alpha^2\dot{I}_{a2}+\dot{I}_{a0}\\&=\left[\alpha-\frac{(Z_{2\Sigma}+Z_f)+\alpha^2(Z_{0\Sigma}+Z_f+3Z_g)}{(Z_{2\Sigma}+Z_f)+(Z_{0\Sigma}+Z_f+3Z_g)}\right]\dot{I}_{a1}\end{aligned} \tag{7.75}$$

6）当 Z_f=Z_g=0 时两相接地短路

如果在短路点处 b、c 两相直接金属性短接，即 Z_f=Z_g=0 时，各序电压关系为

$$\dot{U}_{a1}=\dot{U}_{a2}=\dot{U}_{a0}$$

显然，三序网端口处相当于并联关系，复合序网如图 7.33 所示。

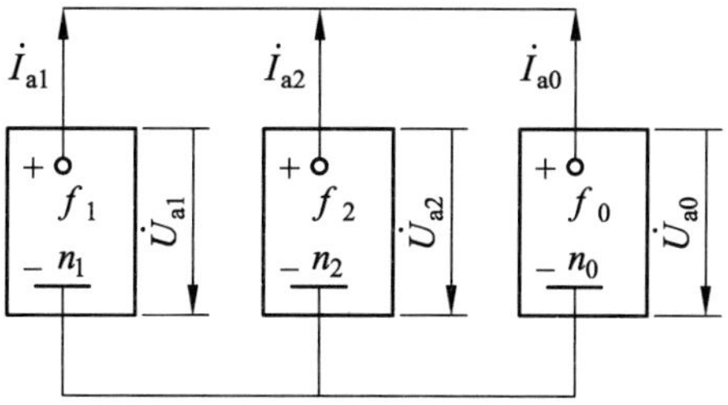

图 7.33　两相接地短路复合序网（$Z_f=0$，$Z_g=0$）

根据图 7.33 可求出短路点处的序电流为（设各序阻抗为纯电抗）

$$\dot{I}_{a1}=\frac{\dot{E}_{\Sigma}}{\mathrm{j}\left(X_{1\Sigma}+\dfrac{X_{2\Sigma}X_{0\Sigma}}{X_{2\Sigma}+X_{0\Sigma}}\right)} \tag{7.76}$$

$$\dot{I}_{a2}=-\frac{X_{2\Sigma}}{X_{2\Sigma}+X_{0\Sigma}}\dot{I}_{a1} \tag{7.77}$$

$$\dot{I}_{a0} = -\frac{X_{2\Sigma}}{X_{2\Sigma} + X_{0\Sigma}}\dot{I}_{a1} \tag{7.78}$$

短路点处对地故障相电流为

$$\begin{aligned}\dot{I}_{b} &= \alpha^2\dot{I}_{a1} + \alpha\dot{I}_{a1} + \dot{I}_{a0} \\ &= \left[\frac{-3X_{2\Sigma} - \mathrm{j}\sqrt{3}(X_{2\Sigma} + 2X_{0\Sigma})}{2(X_{2\Sigma} + X_{0\Sigma})}\right]\dot{I}_{a1}\end{aligned} \tag{7.79}$$

$$\begin{aligned}\dot{I}_{c} &= \alpha\dot{I}_{a1} + \alpha^2\dot{I}_{a2} + \dot{I}_{a0} \\ &= \left[\frac{-3X_{2\Sigma} + \mathrm{j}\sqrt{3}(X_{2\Sigma} + 2X_{0\Sigma})}{2(X_{2\Sigma} + X_{0\Sigma})}\right]\dot{I}_{a1}\end{aligned} \tag{7.80}$$

此时故障相电流有效值大小为

$$I_{b} = I_{c} = \sqrt{3}\sqrt{1 - \frac{X_{2\Sigma}X_{0\Sigma}}{(X_{2\Sigma} + X_{0\Sigma})^2}}I_{a1} \tag{7.81}$$

短路点处序电压为

$$\dot{U}_{a1} = \dot{U}_{a2} = \dot{U}_{a0} = \mathrm{j}\frac{X_{2\Sigma}X_{0\Sigma}}{X_{2\Sigma} + X_{0\Sigma}}\dot{I}_{a1} \tag{7.82}$$

短路点处三相对地电压为

$$\dot{U}_{a} = 3\dot{U}_{a1} = \mathrm{j}3\frac{X_{2\Sigma}X_{0\Sigma}}{X_{2\Sigma} + X_{0\Sigma}}\dot{I}_{a1} \tag{7.83}$$

7）电流与电压相量图

取 $\dot{I}_{a1}$ 作参考相量，可以作出两相直接接地情况下短路点处的电流和电压相量图，如图 7.34 所示。

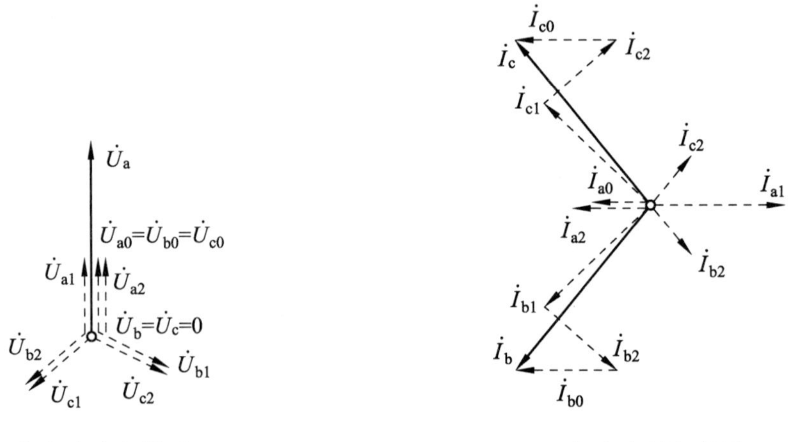

（a）电流相量图　　　　（b）电压相量图

图 7.34　两相接地短路时短路点的电流与电压相量图

4. 正序等效定则

综合分析以上所得的三种简单不对称短路时短路计算结果可知，短路点处基准相电流的正序分量的算式（7.41）、式（7.52）、式（7.68），可以统一写成通式

$$\dot{I}_{a1}^{(n)}=\frac{\dot{E}_{\Sigma}}{Z_{1\Sigma}+Z_{\Delta}^{(n)}} \tag{7.84}$$

其中，上标（n）表示短路故障类型的符号；$Z_{\Delta}^{(n)}$ 表示附加阻抗，直接短路时（Z_f=Z_g=0）它仅与负序阻抗和零序阻抗有关。非直接短路即 $Z_f\neq 0$，$Z_g\neq 0$时，$Z_{\Delta}^{(n)}$ 还会与 Z_f、Z_g 有关。各种类型短路时附加阻抗 $Z_{\Delta}^{(n)}$ 值如表 7.4 所示。

式（7.84）表明一个很重要的概念：在简单不对称短路的情况下，短路点处电流的正序分量与在短路点处每一相中加入附加阻抗 $Z_{\Delta}^{(n)}$ 之后发生三相短路的电流相等，这就是正序等效定则。它阐明一个重要概念：不对称短路可以转化为对称短路来计算。

表 7.4　各种类型短路时附加阻抗 $Z_{\Delta}^{(n)}$ 值

短路类型	短路符号	直接短路接地 $Z_{\Delta}^{(n)}$	经阻抗短路接地 $Z_{\Delta}^{(n)}$
单相接地短路	$f^{(1)}$	$Z_{2\Sigma}+Z_{0\Sigma}$	$Z_{2\Sigma}+Z_{0\Sigma}+Z_f$
两相短路	$f^{(2)}$	$Z_{2\Sigma}$	$Z_{2\Sigma}+Z_f$
两相接地短路	$f^{(1,1)}$	$Z_{2\Sigma}//Z_{0\Sigma}$	$Z_f+(Z_{2\Sigma}+Z_f)//(Z_{0\Sigma}+Z_f+3Z_g)$
三相短路	$f^{(3)}$	0	Z_f

从前面讨论的三种不对称短路故障的相关公式可以看出，故障相短路点处短路电流的大小与它的正序电流的大小成正比例关系，即

$$I_{f}^{(n)}=m^{(n)}I_{a1} \tag{7.85}$$

式中：$m^{(n)}$为比例系数，其值视短路故障种类而定。各种简单不对称短路故障的 $m^{(n)}$见表 7.5。

表 7.5　各种类型短路的 $m^{(n)}$值

短路类型	短路符号	直接短路接地（$m^{(n)}$）	经阻抗短路接地（$m^{(n)}$）
单相接地短路	$f^{(1)}$	3	3
两相短路	$f^{(2)}$	$\sqrt{3}$	$\sqrt{3}$
两相接地短路	$f^{(1,1)}$	$\sqrt{3}\sqrt{1-\frac{X_{2\Sigma}X_{0\Sigma}}{(X_{2\Sigma}+X_{0\Sigma})^2}}$	略
三相短路	$f^{(3)}$	1	1

根据以上讨论，可以得到一个结论：简单不对称短路电流的计算步骤如下：先求出系统对短路点的正序、负序和零序阻抗（或电抗）；再根据短路类型的不同而组成附加阻抗（或电抗），将它接入短路点的正序等值阻抗（或电抗）；然后如同计算三相短路一样，计算出短路

点处的正序电流，从而可以算出其他各序电流、各序电压和短路点处的三相电流和三相电压。这样三相短路电流的各种计算方法，也适用于不对称短路时正序电流的计算。

运用正序等效定则计算不对称短路的步骤如下：

（1）计算电力系统正序、负序和零序网络参数。

（2）计算正常运行情况下各电源的次暂态电势 $\dot{E}''$ 或短路点短路前瞬间正常工作电压 $\dot{U}$（或称短路点的开路电压）。如采用近似计算，这步可以省略，直接取各等值电源电势标幺值为 1.0。

（3）绘出不对称短路时的正序、负序和零序等值网络，从而求出 $Z_{1\Sigma}$、$Z_{2\Sigma}$和$Z_{0\Sigma}$（或者 $X_{1\Sigma}$、$X_{2\Sigma}$和$X_{0\Sigma}$），以及附加阻抗 $Z_{\Delta}^{(n)}$（或附加电抗 $X_{\Delta}^{(n)}$）。

（4）将 $Z_{\Delta}^{(n)}$（或 $X_{\Delta}^{(n)}$）串联在正序网络的短路点处，然后利用式（7.84）计算不对称短路时短路点处的正序电流。

（5）根据复合序网，利用各序电流的关系，求出负序和零序电流及正序、负序和零序电压。

（6）利用对称分量法，将短路点处的序电流转换为不对称的相电流，序电压转换为不对称的相电压。也可以直接使用式（7.85）直接求取短路点处故障电流的大小，这在实用中常常用到。

【例 7.3】如图 7.35（a）所示电力系统中各元件参数如下：发电机 G-1：100 MW，$\cos\varphi=0.85$，$X_d''=0.183, X_2=0.223$；G-2：50 MW，$\cos\varphi$=0.8，$X_d''=0.141$，$X_2=0.172$；变压器 T-1：120 MV·A，U_s%=14.2；T-2：63 MV·A，U_s%=14.5；输电线路 L：每回 120 km，$x_1=0.432\ \Omega/\text{km}$，$x_0=5x_1$。试计算 f 点发生各种不对称短路时的短路电流。

解：（1）根据 7.35（a）系统接线图，选取系统基准功率 S_B=100 MV·A 和基准电压 $U_B=U_{av}$，计算各元件的各序电抗的标幺值，计算结果标于图 7.35（b）、（c）、（d）中。

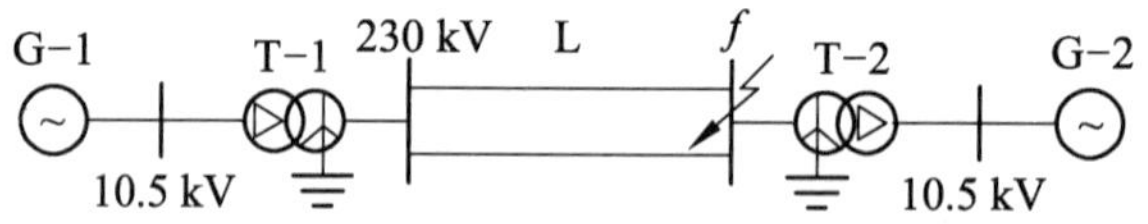

（a）电力系统接线图

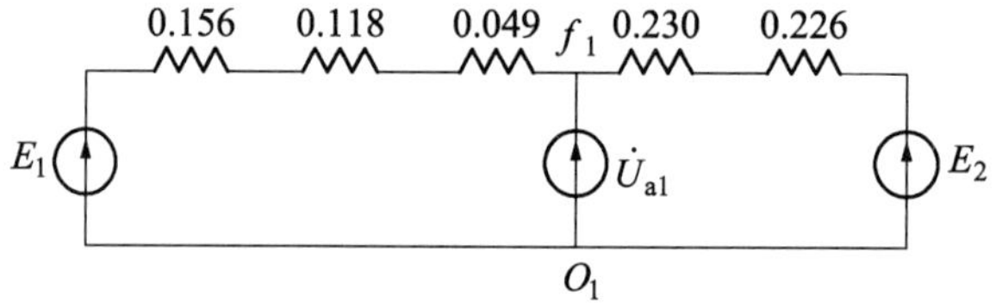

（b）正序等值网络

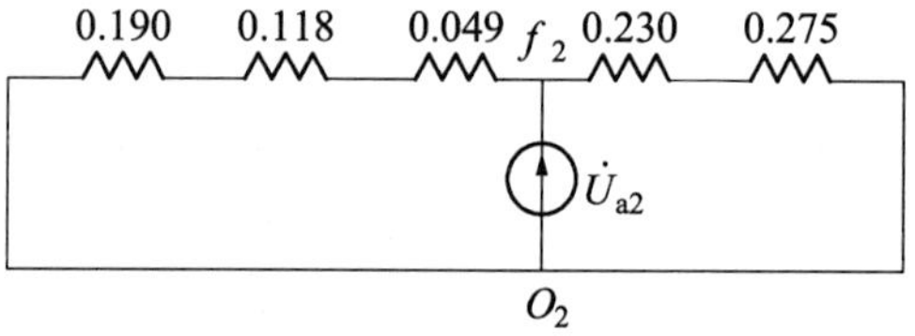

（c）负序等值网络

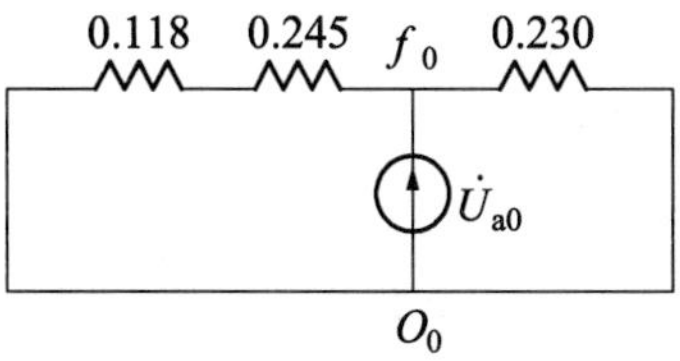

（d）零序等值网络

图 7.35　例 7.3 的接线及各序网络图

$$X_{1\Sigma}=(0.156+0.118+0.049)\,//\,(0.230+0.226)=0.189$$

$$X_{2\Sigma}=(0.190+0.118+0.049)\,//\,(0.230+0.275)=0.209$$

$$X_{0\Sigma}=(0.118+0.245)\,//\,0.230=0.141$$

（2）利用正序等效定则，计算各种不对称短路时的短路电流。

①单相接地短路。

附加电抗：$X_{\Delta}^{(1)}=X_{2\Sigma}+X_{0\Sigma}=0.209+0.141=0.350$

比例系数：$m^{(1)}=3$

正序电流：$I_{a1}^{(1)}=\dfrac{E_{\Sigma}}{X_{1\Sigma}+X_{\Delta}^{(1)}}=\dfrac{1}{0.189+0.350}=1.855$

基准电流：$I_{B}=\dfrac{100}{\sqrt{3}\times 230}=0.251$（kA）

故障点处短路电流：$I_{f}^{(1)}=m^{(1)}I_{a1}^{(1)}I_{B}=3\times 1.855\times 0.251=1.397$（kA）

②两相短路。

附加电抗：$X_{\Delta}^{(2)}=X_{2\Sigma}=0.209$

比例系数：$m^{(2)}=\sqrt{3}$

正序电流：$I_{a1}^{(2)}=\dfrac{E_{\Sigma}}{X_{1\Sigma}+X_{\Delta}^{(2)}}=\dfrac{1}{0.189+0.209}=2.513$

故障点处短路电流：$I_{f}^{(2)}=m^{(2)}I_{a1}^{(2)}I_{B}=\sqrt{3}\times 2.513\times 0.251=1.092$（kA）

③两相接地短路。

附加电抗：$X_{\Delta}^{(1,1)}=X_{2\Sigma}//X_{0\Sigma}=0.208//0.141=0.084$

比例系数：$m^{(1,1)}=\sqrt{3}\sqrt{1-[X_{2\Sigma}X_{0\Sigma}/(X_{2\Sigma}+X_{0\Sigma})^{2}]}$

$$=\sqrt{3}\sqrt{1-[0.209\times 0.141/(0.209+0.141)^{2}]}$$

$$=1.509$$

正序电流：$I_{a1}^{(1,1)}=\dfrac{E_{\Sigma}}{X_{1\Sigma}+X_{\Delta}^{(1,1)}}=\dfrac{1}{0.189+0.084}=3.663$

故障点处短路电流：$I_{f}^{(1,1)}=m^{(1,1)}I_{a1}^{(1,1)}I_{B}=1.509\times 3.663\times 0.251=1.387$（kA）

【**例 7.4**】某电力系统如图 7.36（a）所示，试计算 f 点发生单相接地时短路处的电流和电压的标幺值。已知系统各元件参数如下：

发电机 G1：S_{NG1}=62.5 MV·A，U_N=10.5 kV，E_{G1}=11.025 kV，X_1=0.125，X_2=0.16；

发电机 G2：S_{NG2}=31.25 MV·A，U_N=10.5 kV，E_{G2}=10.5 kV，X_1=0.125，X_2=0.16；

变压器 T1：S_{NT1}=60 MV·A，U_s%=10.5，k_{T1}=10.5/121kV；

变压器 T2：S_{NT2}=31.5 MV·A，U_s%=10.5，k_{T2}=115/6.3kV；

线路 WL：L=40 km，$X_1=X_2$=0.4 Ω/km，$X_0=2X_1$；

解：根据图 7.36（a）的系统接线，选取系统基准功率 S_B=100 MV·A 和基准电压 $U_B=U_{av}$，制作各序网如图 7.36（b）、（c）、（d）所示。

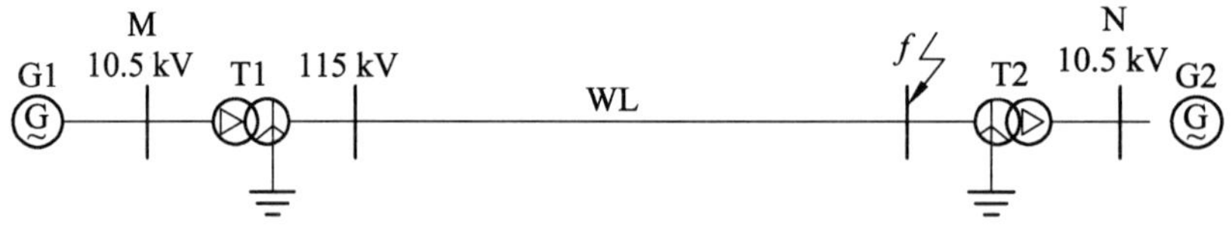

（a）电力系统接线

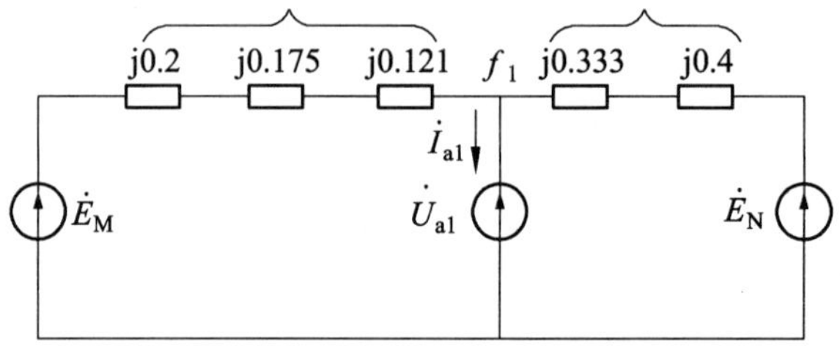

（b）正序等值网络

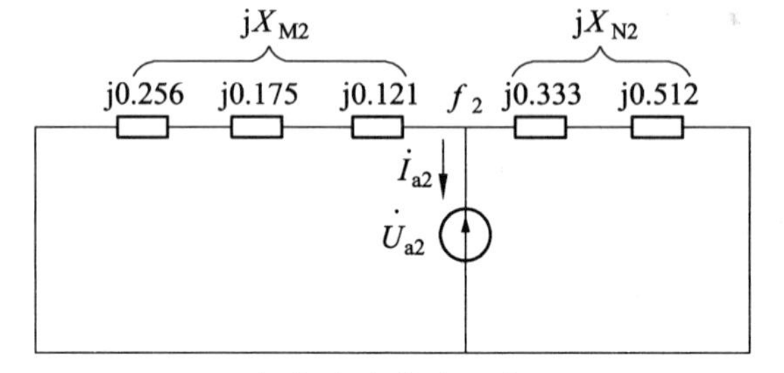

（c）负序等值网络

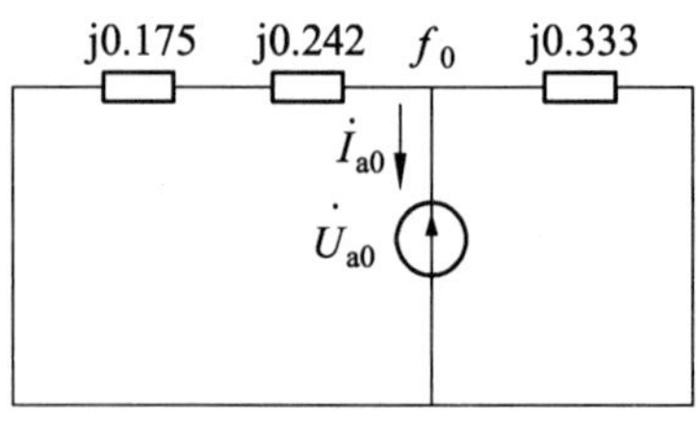

（d）零序等值网络

图 7.36　例 7.4 电力系统接线及各序网络图

（1）计算网络参数。

发电机 G1 参数：

$$E_{\mathrm{M}}=\frac{E_{\mathrm{G1}}}{U_{\mathrm{B}}}=\frac{11.025}{10.5}=1.05$$

$$X_{\mathrm{G1.1}}=X_1\frac{S_{\mathrm{B}}}{S_{\mathrm{NG1}}}=0.125\times\frac{100}{62.5}=0.2$$

$$X_{\mathrm{G1.2}}=X_2\frac{S_{\mathrm{B}}}{S_{\mathrm{NG1}}}=0.16\times\frac{100}{62.5}=0.256$$

发电机 G2 参数：

$$E_{\mathrm{N}}=\frac{E_{\mathrm{G2}}}{U_{\mathrm{B}}}=\frac{10.5}{10.5}=1.0$$

$$X_{\mathrm{G2.1}}=X_1\frac{S_{\mathrm{B}}}{S_{\mathrm{NG2}}}=0.125\times\frac{100}{31.25}=0.4$$

$$X_{\mathrm{G2.2}}=X_2\frac{S_{\mathrm{B}}}{S_{\mathrm{NG2}}}=0.16\times\frac{100}{31.25}=0.512$$

变压器 T1 和 T2 参数：

$$X_{\mathrm{T1}}=\frac{U_{\mathrm{S}}\%}{100}\times\frac{S_{\mathrm{B}}}{S_{\mathrm{TN1}}}=\frac{10.5}{100}\times\frac{100}{60}=0.175$$

$$X_{\mathrm{T2}}=\frac{U_{\mathrm{S}}\%}{100}\times\frac{S_{\mathrm{B}}}{S_{\mathrm{TN2}}}=\frac{10.5}{100}\times\frac{100}{31.5}=0.333$$

线路参数：

$$X_{\mathrm{WL.1}}=X_{\mathrm{WL.2}}=x_1 l\frac{S}{U_{\mathrm{B}}^2}=0.4\times40\times\frac{100}{115^2}=0.121$$

$$X_{\mathrm{WL.0}}=2X_{\mathrm{WL.1}}=2\times0.121=0.242$$

（2）计算正序、负序和零序网络参数。

$$X_{1\Sigma}=(0.2+0.175+0.121)\,/\!/\,(0.333+0.4)=0.496\,/\!/\,0.733=0.296$$

$$X_{2\Sigma}=(0.256+0.175+0.121)\,/\!/\,(0.333+0.512)=0.552\,/\!/\,0.845=0.334$$

$$X_{0\Sigma}=(0.175+0.242)\,/\!/\,(0.333)=0.185$$

（3）计算短路点处各序电流和各序电压，单相短路时复合序网图是三序网串联。

$$E_{\Sigma}=(E_{\mathrm{M}}X_{\mathrm{N1}}+E_{\mathrm{N}}X_{\mathrm{M1}})/(X_{\mathrm{M1}}+X_{\mathrm{N1}})=\frac{1.05\times0.733+1\times0.496}{0.496+0.733}=1.03$$

$$\dot{I}_{\mathrm{a1}}=\dot{I}_{\mathrm{a2}}=\dot{I}_{\mathrm{a0}}=\frac{\dot{E}_{\Sigma}}{\mathrm{j}(X_{1\Sigma}+X_{2\Sigma}+X_{0\Sigma})}=\frac{\mathrm{j}1.03}{\mathrm{j}(0.296+0.334+0.185)}=1.264$$

$$\dot{U}_{a1}=\dot{E}_{\Sigma}-\mathrm{j}\dot{I}_{a1}X_{1\Sigma}=\mathrm{j}1.03-1.264\times\mathrm{j}0.296=\mathrm{j}0.656$$

$$\dot{U}_{a2}=-\dot{I}_{a1}X_{2\Sigma}=-1.264\times\mathrm{j}0.334=-\mathrm{j}0.422$$

$$\dot{U}_{a0}=-\dot{I}_{a1}X_{0\Sigma}=-1.264\times\mathrm{j}0.185=-\mathrm{j}0.234$$

（4）求短路点处相电流及相电压。

$$\dot{I}_b=\dot{I}_c=0,\ \dot{I}_a=3\dot{I}_{a1}=3.792$$
$$\dot{U}_a=0$$
$$\dot{U}_b=\alpha^2\dot{U}_{a1}+\alpha\dot{U}_{a2}+\dot{U}_{a0}=\alpha^2\times\mathrm{j}0.656+\alpha(-\mathrm{j}0.442)+(-\mathrm{j}0.234)=0.997\mathrm{e}^{-\mathrm{j}20.6^\circ}$$
$$\dot{U}_c=\alpha\dot{U}_{a1}+\alpha^2\dot{U}_{a2}+\dot{U}_{a0}=\alpha\times\mathrm{j}0.656+\alpha^2(-\mathrm{j}0.442)+(-\mathrm{j}0.234)=0.997\mathrm{e}^{-\mathrm{j}220.6^\circ}$$

7.4.2 非故障处的短路电流和电压的计算

电力系统设计运行中，除需要知道故障点处的短路电流和电压外，有时还需要知道网络中某些支路电流和某些非故障处的节点电压。这一要求可以通过对故障后各序网络的电流和电压分布计算求取得到。基本思路：在求得故障点处的基准相各序电流和序电压后，分别按照各序等值电路求出所需支路的电流和所需节点的电压，然后将各序对称分量合成，求得所需各相支路电流和节点的相电压。需要注意的是：电流和电压的对称分量经过变压器后，二者均可能会发生相位偏移。根据电机学的原理，相位偏移取决于变压器绕组的联结组别。

1. 变压器两侧电压、电流对称分量的相位关系

1）电压、电流对称分量经 Y, y12、Y_N, yn0 和 D, d0 接线的变压器的相位关系

下面以 Y, y12 接线的变压器为例说明电压、电流对称分量的变换，其他两种情况也类似。用 A、B 和 C 表示变压器绕组Ⅰ的出线端，用 a、b 和 c 表示变压器绕组Ⅱ的出线端。如果在Ⅰ侧施加正序电压，则Ⅱ侧绕组的相电压与Ⅰ侧绕组的相电压同相位，如图 7.37（b）所示。如果在Ⅰ侧施加负序电压，则Ⅱ侧绕组的相电压与Ⅰ侧绕组的相电压同相位，如图 7.37（c）所示。

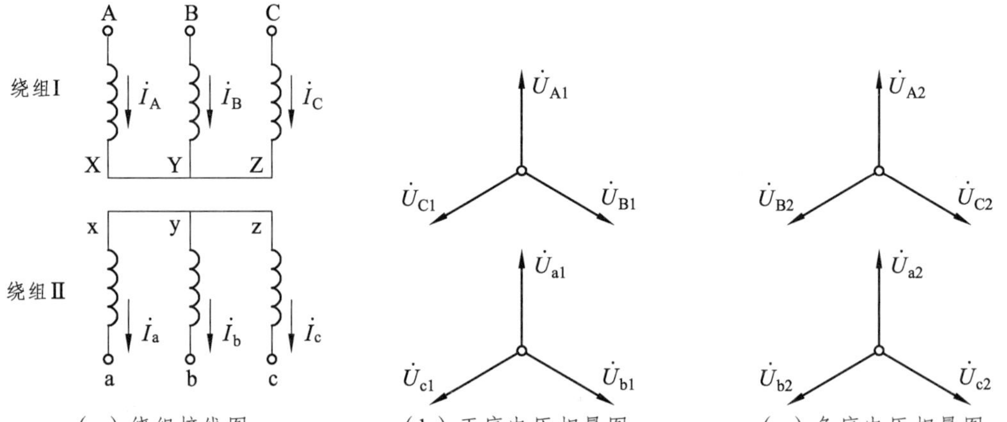

（a）绕组接线图　（b）正序电压相量图　（c）负序电压相量图

图 7.37　Y，y12 接线变压器两侧电压相量图

两侧正序、负序电压对称分量相位相同，其大小由变比 k 确定。

$$\frac{\dot{U}_{A1}}{\dot{U}_{a1}}=\frac{\dot{U}_{A2}}{\dot{U}_{a2}}=k$$

$\dot{U}_{A1}$、$\dot{U}_{a1}$ 分别表示高压侧绕组、低压侧绕组的正序相电压；$\dot{U}_{A2}$、$\dot{U}_{a2}$ 分别表示高压侧绕组、低压侧绕组的负序相电压。

两侧正序、负序电流对称分量相位也相同，其大小也由变比 k 确定。

$$\frac{\dot{I}_{A1}}{\dot{I}_{a1}}=\frac{\dot{I}_{A2}}{\dot{I}_{a2}}=\frac{1}{k}$$

如果变压器为 Y_N, yn0 且存在零序电流的流通路径，则变压器两侧的零序电流或零序电压也是同相位的。

电压和电流的各序对称分量经过 Y, y 联结组的变压器时，并不发生相位偏移。

2）电压、电流对称分量经 Y_N, d11（Y, d11）接线的变压器的相位关系

Y_N, d11 接线的变压器与 Y, y12 接线的变压器不同。如果在 Y 侧施加正序电压，△侧的线电压虽然与 Y 侧相电压同相位，但是△侧的相电压却超前于 Y 侧相电压 30°，如图 7.38（b）所示。如果在 Y 侧施加负序电压，△侧的线电压虽然与 Y 侧相电压同相位，但是△侧的相电压却滞后于 Y 侧相电压 30°，如图 7.38（c）所示。

当变压器非标准变比 k_*=1 时，变压器两侧相电压的正序和负序分量的标幺值存在以下关系：

$$\left.\begin{aligned}\dot{U}_{a1}&=\dot{U}_{A1}e^{j30^\circ}\\ \dot{U}_{a2}&=\dot{U}_{A2}e^{-j30^\circ}\end{aligned}\right\}\tag{7.86}$$

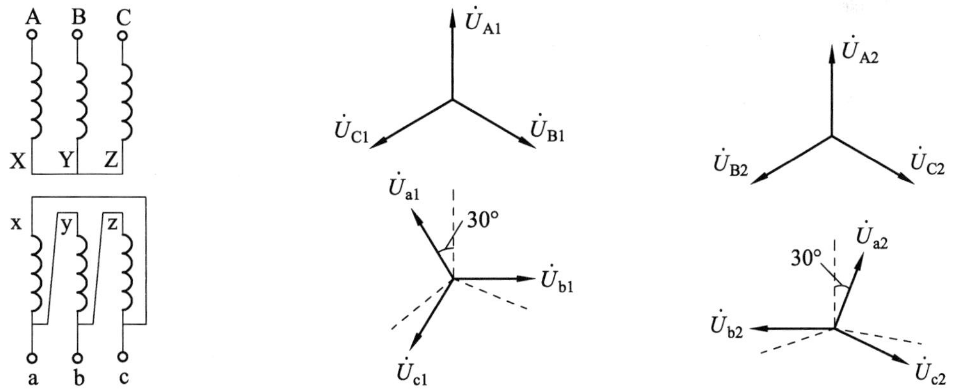

（a）绕组接线图　　（b）正序电压相量图　　（c）负序电压相量图

图 7.38　Y_N, d11 接线变压器两侧电压相量图

对于 Y_N, d11 接线的变压器，其两侧电流相位关系与电压关系类似。当变压器非标准变比 k_*=1 时，变压器两侧相电流的正序和负序分量的标幺值存在以下关系：

$$\left.\begin{aligned}\dot{I}_{a1}&=\dot{I}_{A1}e^{j30^\circ}\\ \dot{I}_{a2}&=\dot{I}_{A2}e^{-j30^\circ}\end{aligned}\right\}\tag{7.87}$$

对于 Y_N, d11 接线的变压器，在 Δ 侧的外部电路中无零序分量。

由以上相位偏移的分析可知，Y_N, d11 接线的变压器，由 Y 侧到△侧时，正序分量逆时针方向旋转 30°，负序分量顺时针方向旋转 30°。反之，由△侧到 Y 侧时，正序分量顺时针方向旋转 30°，负序分量逆时针方向旋转 30°。

2. 不对称短路时网络中电流和电压的计算

求解不对称短路问题，除了要求取短路点处的各序电流、序电压，进而求出短路点处的相电流和相电压外，往往还要求取网络各支路的序电流、相电流和各序节点电压和各相节点电压。

1）电流分布计算

求取支路电流的方法是先将短路点处各序电流按各序网络的结构和参数分别分配到各支路中去。对于正序网络，根据迭加原理可将其分解为正常情况和故障分量两部分，正常情况的网络支路是负荷电流，而故障分量的电源电势为零，网络中只有节点电流，由它可求得各节点电压和电流分布。对于负序网络和零序网络，没有电源电势只有故障分量，可以与正序的故障分量一样，用电流分布系数计算电流分布，进而求出电压分布。

2）电压分布计算

网络中某一节点的各序电压等于短路点处的各序电压加上该点与短路点之间的同一序电流在其连接的电抗上所产生的电压降。例如，某节点 h 在正序、负序和零序网络中，分别经电抗 X_1、X_2 和 X_0 与短路点 f 相连，此时，h 点的各序电压为

$$\left.\begin{aligned}\dot{U}_{h1}&=\dot{U}_{f1}+jX_1\dot{I}_1\\ \dot{U}_{h2}&=\dot{U}_{f2}+jX_2\dot{I}_2\\ \dot{U}_{h0}&=\dot{U}_{f0}+jX_0\dot{I}_0\end{aligned}\right\}\tag{7.88}$$

式中，$\dot{I}_1$，$\dot{I}_2$和$\dot{I}_0$是从 h 点流向 f 点的各序分量电流。

由于 $jX_2\dot{I}_2$ 与 $\dot{U}_{f_2}$ 符号相反，$jX_0\dot{I}_0$ 与 $\dot{U}_{f_0}$ 符号相反，网络中 h 点或其他节点的负序电压和零序电压会比短路点的要低。离短路点越远，节点的负序电压和零序电压就越低。在电源点处负序电压等于零，而零序电压一般在 Y_N, d 接线变压器的 d 绕组末端或 Y_N 接线中性点经 X_n 接地时 $3X_n$ 末端为零，或者 Y_N 接线的发电机或负荷的中性点为零。

为了说明各序电压的分布情况，图 7.39 画出某一简单网络在发生三种不同短路时序电压的分布情况（Z_f=Z_g=0）。

由图 7.39 分析电压分布具有如下规律：

（1）越靠近电源侧，正序电压数值越高，电源点的正序电压最高为 E；越靠近短路点侧，正序电压数值越低。三相短路时，短路点 f 处的电压为零，其各点电压降低最严重。单相接地短路时正序电压值降低最小。

（2）发生不对称短路，短路点处的负序和零序电压最高，离短路点越远，负序和零序电压数值越低，发电机中性点处负序电压为零。零序电流终止的点，如 Y_N, d 接线变压器的三角形侧，零序电压为零。

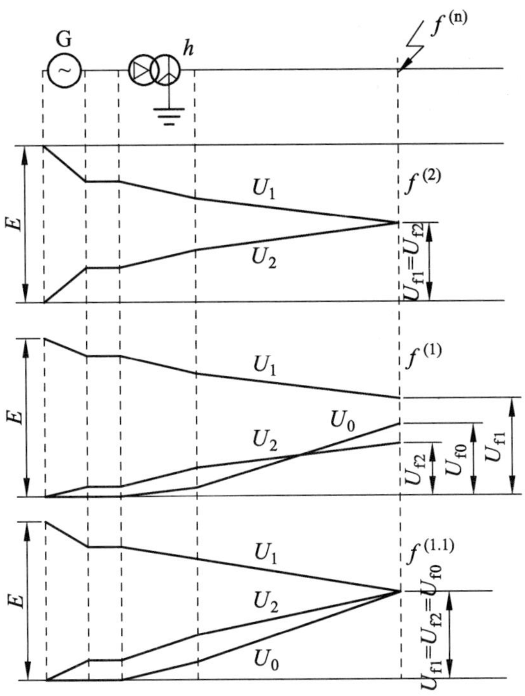

图 7.39　不对称短路时各序电压分布（$Z_f = Z_g = 0$）

（3）网络中各节点电压的不对称程度主要由负序电压决定。负序电压分量越大，电压就越不对称。比较图 7.39 中各个图形可以看出单相接地短路时电压的不对称程度要比其他类型时的不对称小些，两相短路时电压最不对称。不管发生何种不对称短路，短路点的电压最不对称，而且电压的不对称程度随着离短路点距离增大而逐渐减弱。

（4）如果各序分量经过变压器，则要考虑对称分量经过变压器后的相位移动，最后用对称分量法，将某条支流各序电流合成该支路三相电流，将某一节点各序电压合成该节点的三相电压。

【例 7.5】在例 7.3 所示的网络中，f 点发生 b、c 两相接地短路。试计算 T-1 变压器△侧的各相电压和电流。变压器 T-1 是 Y, d11 接法。

解：在例 7.3 中已经算出了网络的各序组合电抗以及两相接地短路时短路点处的正序电流，即 $X_{1\Sigma}=0.189$ 、$X_{2\Sigma}=0.209$ 、$X_{0\Sigma}=0.141$ ，$\dot{I}_{a1}=0.3663$ 。本例下面的计算直接利用这些结果。由于变压器 Δ 侧没有零序分量，因此，只需计算电流和电压的正序和负序分量。

对于两相接地短路，有

$$\dot{I}_{a2} = -\frac{X_{0\Sigma}}{X_{2\Sigma}+X_{0\Sigma}}\dot{I}_{a1} = -\frac{0.141}{0.209+0.141}\times 3.663 = -1.476$$

短路点处各序电压为

$$\dot{U}_{a1} = \dot{U}_{a2} = \mathrm{j}\frac{X_{2\Sigma}X_{0\Sigma}}{X_{2\Sigma}+X_{0\Sigma}}\dot{I}_{a1} = \mathrm{j}\frac{0.209\times 0.141}{0.209+0.141}\times 3.663 = \mathrm{j}0.308$$

图 7.35（b）和图 7.35（c）中

$$X_1 = 0.156 + 0.118 + 0.049 = 0.323$$

$$X_2 = 0.19 + 0.118 + 0.049 = 0.357$$

从输电线流向 f 点的正序电流 $\dot{I}_{L1}$ 为

$$\dot{I}_{L1} = \frac{\dot{E}_1 - \dot{U}_{a1}}{jX_1} = \frac{j(1.0 - 0.308)}{j0.323} = 2.142$$

从输电线流向 f 点的负序电流 $\dot{I}_{L2}$ 为

$$\dot{I}_{L2} = \frac{X_{2\Sigma}}{X_2}\dot{I}_{a2} = -\frac{0.209}{0.357} \times 1.476 = -0.864$$

T-1 变压器 Y 侧的电流即是线路 L1 的电流，因此△侧的各序电流为

$$\dot{I}_{Ta1} = \dot{I}_{L1}e^{j30°} = 2.142e^{j30°}$$

$$\dot{I}_{Ta2} = \dot{I}_{L2}e^{-j30°} = -0.864e^{-j30°}$$

短路点处的正序电压加上线路 L-1 和变压器 T-1 的电抗中的正序电压降，再逆时针转过 30°，便得 T-1 变压器 Δ 侧的正序电压，即

$$\dot{U}_{Ta1} = [j0.308 + j(0.118 + 0.049) \times 2.142]e^{j30°} = j0.666e^{j30°}$$

同样也可得 Δ 侧的负序电压为

$$\dot{U}_{Ta2} = [j0.308 + j(0.118 + 0.049) \times (-0.864)]e^{-j30°} = j0.164e^{-j30°}$$

应用对称分量合成为各电压与电流相量，可得变压器△侧各相电压和电流的标幺值如下

$$\dot{U}_{Ta} = \dot{U}_{Ta1} + \dot{U}_{Ta2} = j0.666e^{j30°} + j0.164e^{-j30°} = -0.251 + j0.719 = 0.761e^{j109.24°}$$

$$\begin{aligned}\dot{U}_{Tb} &= \alpha^2 \times \dot{U}_{Ta1} + \alpha \times \dot{U}_{Ta2} = \alpha^2 \times j0.666e^{j30°} + \alpha \times j0.164e^{-j30°} \\ &= 0.666 - 0.164 = 0.502\end{aligned}$$

$$\begin{aligned}\dot{U}_{Tc} &= \alpha \times \dot{U}_{Ta1} + \alpha^2 \times \dot{U}_{Ta2} = \alpha \times j0.666e^{j30°} + \alpha^2 \times j0.164e^{-j30°} \\ &= -0.251 - j0.164e^{-j109.24°}\end{aligned}$$

$$\begin{aligned}\dot{I}_{Ta} &= \dot{I}_{Ta1} + \dot{I}_{Ta2} = 2.142e^{j30°} - 0.864e^{-j30°} \\ &= -0.251 - j0.719 = 0.761e^{-j109.24°}\end{aligned}$$

$$\begin{aligned}\dot{I}_{Tb} &= \alpha^2 \times \dot{I}_{Ta1} + \alpha \times \dot{I}_{Ta2} = \alpha^2 \times 2.142e^{j30°} - \alpha \times 0.864e^{-j30°} \\ &= -j2.142 - j0.864 = 3.006e^{-j90°}\end{aligned}$$

$$\begin{aligned}\dot{I}_{Tc} &= \alpha \times \dot{I}_{Ta1} + \alpha^2 \times \dot{I}_{Ta2} = \alpha \times 2.142e^{j30°} - \alpha^2 \times 0.864e^{-j30°} \\ &= -1.107 + j1.503 = 1.867e^{j126.37°}\end{aligned}$$

相电压的基准值 $U_{P \cdot B} = 10.5/\sqrt{3} = 6.062$（kV）

10.5 kV 电压级的基准电流 $I_B=\dfrac{S_B}{\sqrt{3}\times U_{av}}=\dfrac{S_B}{\sqrt{3}\times 10.5}$=5.499 kA，于是 T-1 变压器△侧各相电压和电流的有名值分别为

$$U_{Ta}=4.613\text{ kV},\quad U_{Tb}=3.043\text{ kV},\quad U_{Tc}=4.613\text{ kV}$$

$$I_{Ta}=10.267\text{ kA},\quad I_{Tb}=16.530\text{ kA},\quad I_{Tc}=10.267\text{ kA}$$

7.5 非全相运行的分析和计算

本章前面章节叙述的电力系统短路故障通常称为横向故障，它是指网络的短路点和零电位点组成故障端口；电力系统另一类不对称故障是纵向故障，它是指网络中两个相邻节点和（非零电位节点）之间出现不正常断开或三相阻抗不相等的情况，也称为非全相运行。造成非全相运行的原因很多，例如某一线路单相接地短路后，故障相开关跳闸，导线一相或两相断线，分相检修线路或开关设备以及开关合闸过程中三相触头不同时接通，等等。

电力系统非全相运行包括单相断线和两相断线，如图 7.40 所示。非全相运行时，系统的结构只在断口处出现了纵向三相不对称，其他部分的结构仍然是对称的，故也称为纵向不对称故障。与不对称短路（横向不对称故障）相似，仍然可以应用对称分量法进行分析，用插入在故障端口的一组不对称电动势来代替实际存在的不对称状态，然后将这组不对称电动势分解为正序、负序和零序分量，它们分别作用在彼此间没有耦合的相互独立的正序、负序和零序网络中，如图 7.40 所示。

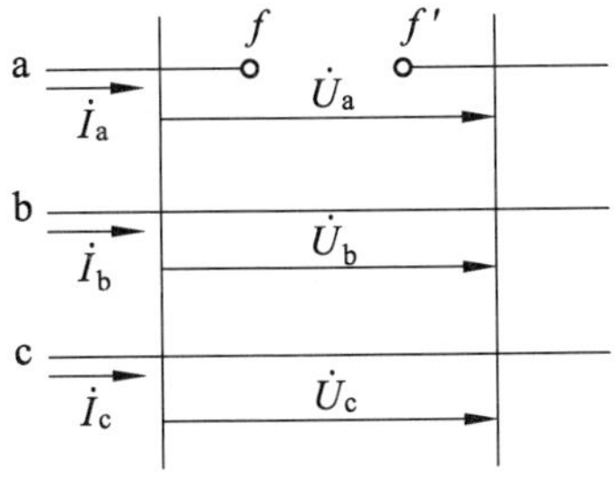

（a）断一相

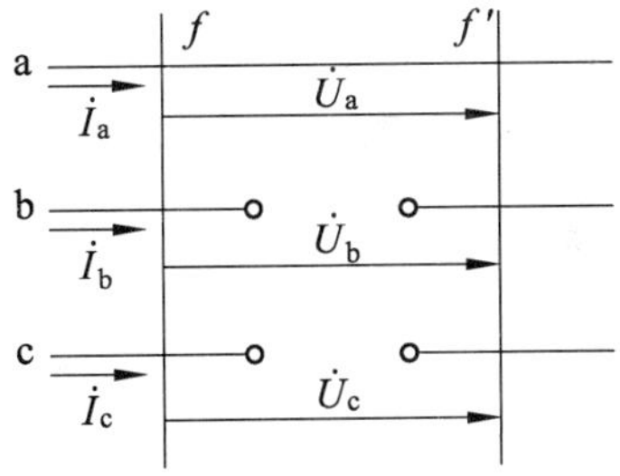

（b）断两相

图 7.40　电力系统非全相运行

与不对称短路时一样，可以列出各序等值网络的序电压方程式为

$$\left.\begin{aligned}\dot U_{ff'}-\dot I_{a1}Z_{1\Sigma}&=\Delta\dot U_{a1}\\0-\dot I_{a2}Z_{2\Sigma}&=\Delta\dot U_{a2}\\0-\dot I_{a0}Z_{0\Sigma}&=\Delta\dot U_{a0}\end{aligned}\right\}\tag{7.89}$$

其中，$\dot U_{ff'}$ 是故障口 ff' 的开路电压，即当 f 和 f' 两点之间三相断开时，网络内的电源在端口 ff' 产生的电压。

上述方程式包含了 6 个未知量，必须根据非全相运行的具体边界条件列出另外 3 个方程

才能求解。

7.5.1 一相断线

取 a 相为断开相，如图 7.40（a）所示，选择 a 相位为基准相。

1. 相量边界条件

故障处的相量边界条件为

$$\left.\begin{aligned}\dot{I}_a &= 0\\ \Delta\dot{U}_b = \Delta\dot{U}_c &= 0\end{aligned}\right\} \tag{7.90}$$

与短路点处金属性两相接地短路的相量边界条件完全相同，用对称分量法可以表示序分量边界条件。

2. 序分量边界条件

$$\left.\begin{aligned}\dot{I}_{a1} + \dot{I}_{a2} + \dot{I}_{a0} &= 0\\ \Delta\dot{U}_{a1} = \Delta\dot{U}_{a2} &= \Delta\dot{U}_{a0}\end{aligned}\right\} \tag{7.91}$$

与短路点处金属性两相接地短路的序分量边界条件完全相同。

3. 复合序网法求解序电流

利用序分量边界条件，作出复合序网如图 7.41 所示，由此复合序网可以求出 a 相断线时各序电流的表达式

$$\left.\begin{aligned}\dot{I}_{a1} &= \frac{\dot{U}_{ff'}}{Z_{1\Sigma} + Z_{2\Sigma} // Z_{0\Sigma}}\\ \dot{I}_{a2} &= -\frac{Z_{0\Sigma}}{Z_{2\Sigma} + Z_{0\Sigma}}\dot{I}_{a1}\\ \dot{I}_{a0} &= -\frac{Z_{2\Sigma}}{Z_{2\Sigma} + Z_{0\Sigma}}\dot{I}_{a1}\end{aligned}\right\} \tag{7.92}$$

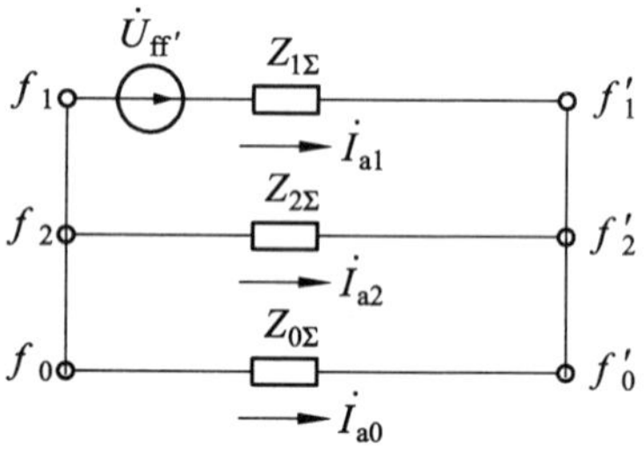

图 7.41　单相断线时复合序网

4. 非故障相电流和断口电压

$$\left.\begin{aligned}\dot{I}_b &= \left(a^2 - \frac{Z_{2\Sigma} + aZ_{0\Sigma}}{Z_{2\Sigma} + Z_{0\Sigma}}\right)\dot{I}_{a1} = \frac{-3Z_{2\Sigma} - \mathrm{j}\sqrt{3}(Z_{2\Sigma} + 2Z_{0\Sigma})}{2(Z_{2\Sigma} + Z_{0\Sigma})}\dot{I}_{a1}\\ \dot{I}_c &= \left(a - \frac{Z_{2\Sigma} + a^2Z_{0\Sigma}}{Z_{2\Sigma} + Z_{0\Sigma}}\right)\dot{I}_{a1} = \frac{-3Z_{2\Sigma} + \mathrm{j}\sqrt{3}(Z_{2\Sigma} + 2Z_{0\Sigma})}{2(Z_{2\Sigma} + Z_{0\Sigma})}\dot{I}_{a1}\end{aligned}\right\} \tag{7.93}$$

根据式（7.93），可以求得 a 相单相断线时非故障相电流的大小为

$$I_b = I_c = \sqrt{3}\sqrt{1-\frac{Z_{2\Sigma}Z_{0\Sigma}}{(Z_{2\Sigma}+Z_{0\Sigma})^2}}I_{a1} \tag{7.94}$$

故障相的断口处电压为

$$\Delta\dot{U}_a = 3\Delta\dot{U}_{a1} = \frac{3Z_{2\Sigma}Z_{0\Sigma}}{Z_{2\Sigma}+Z_{0\Sigma}}\dot{I}_{a1} \tag{7.95}$$

断口处的电流与电压的计算公式，与直接两相接地短路的计算公式完全相同。

7.5.2 两相断线

取 b、c 两相断开，如图 7.40（b）所示，选择 a 相位为基准相。

1. 相量边界条件

故障处的相量边界条件为

$$\left.\begin{aligned}&\dot{I}_b = \dot{I}_c = 0\\&\Delta\dot{U}_a = 0\end{aligned}\right\} \tag{7.96}$$

与短路点处金属性单相接地短路的相量边界条件完全相同，用对称分量法可以表示序分量边界条件。

2. 序分量边界条件

$$\left.\begin{aligned}&\dot{I}_{a1} = \dot{I}_{a2} = \dot{I}_{a0}\\&\Delta\dot{U}_{a1}+\Delta\dot{U}_{a2}+\Delta\dot{U}_{a0} = 0\end{aligned}\right\} \tag{7.97}$$

与短路点处金属性单相接地短路的序分量边界条件完全相同。

3. 复合序网法求解序电流

利用序分量边界条件，作出复合序网如图 7.42 所示，由此复合序网可以求出 b、c 两相断线时各序电流的表达式

$$\dot{I}_{a1} = \dot{I}_{a2} = \dot{I}_{a0} = \frac{\dot{U}_{ff'}}{\mathrm{Z}_{1\Sigma}+\mathrm{Z}_{2\Sigma}+\mathrm{Z}_{0\Sigma}} \tag{7.98}$$

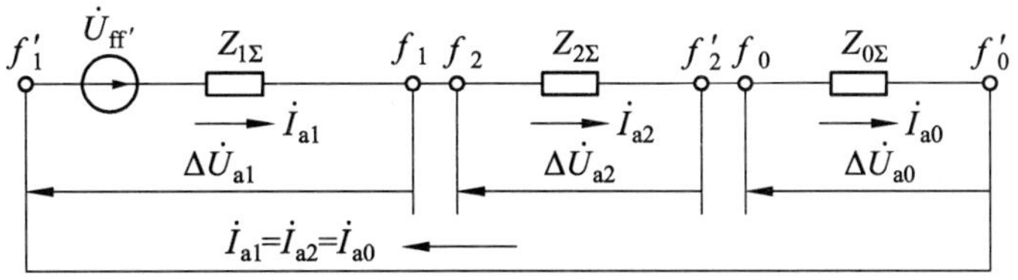

图 7.42 两相断线时复合序网

4. 非故障相电流和断口电压

根据上式，可以求得 b、c 两相断线时非故障相电流为

$$\dot{I}_{\mathrm{a}} = 3\dot{I}_{\mathrm{a1}}$$

故障相的断口处电压为

$$\left.\begin{aligned}\Delta\dot{U}_{\mathrm{b}} &= [(a^2-a)Z_{2\Sigma}+(a^2-1)Z_{0\Sigma}]\dot{I}_{\mathrm{a1}}\\ &= \frac{\sqrt{3}}{2}[-\mathrm{j}(2Z_{2\Sigma}+Z_{0\Sigma})]-\sqrt{3}Z_{0\Sigma}]\dot{I}_{\mathrm{a1}}\\ \Delta\dot{U}_{\mathrm{c}} &= [(a-a^2)Z_{2\Sigma}+(a-1)Z_{0\Sigma}]\dot{I}_{a1}\\ &= \frac{\sqrt{3}}{2}[\mathrm{j}(2Z_{2\Sigma}+Z_{0\Sigma})]-\sqrt{3}Z_{0\Sigma}]\dot{I}_{\mathrm{a1}}\end{aligned}\right\} \tag{7.99}$$

断口处的电流与电压的计算公式，与单相接地短路的计算公式完全相同。

【例 7.6】某电力系统如图 7.43（a）所示，输电线路 L 首端 a 相单相断开，试计算断开相的断口电压和非断开相的电流。系统各元件归算到统一基准值下的标幺值参数如图 7.43（b）所示。

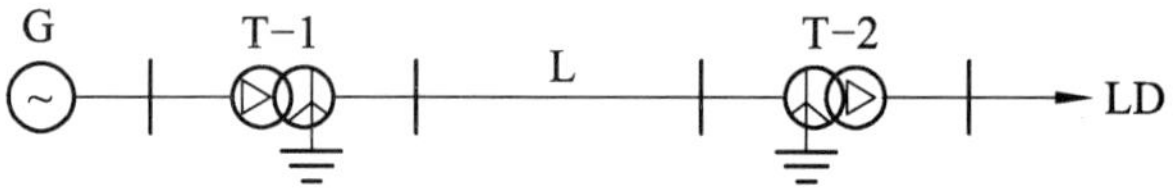

（a）电力系统接线图

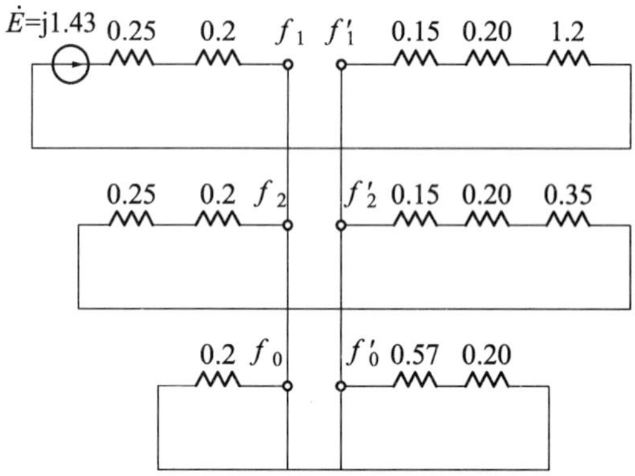

（b）序等值网络

图 7.43　例 7.6 的接线及各序网络图

解：（1）作单相断开的复合序网如图 7.43（b）所示，计算各序组合电抗和故障口开路电压。

$$X_{1\Sigma} = 0.25+0.2+0.15+0.2+1.2 = 2.0$$

$$X_{2\Sigma} = 0.25+0.2+0.15+0.2+0.35 = 1.15$$

$$X_{0\Sigma} = 0.2+0.57+0.2 = 0.97$$

$$\dot{U}_{ff'} = \dot{E} = \mathrm{j}1.43$$

（2）计算故障口的各序电流。

$$\dot{I}_{\mathrm{a}1} = \frac{\dot{U}_{ff'}}{\mathrm{j}(X_{1\Sigma} + X_{2\Sigma} \mathbin{/\!/} X_{0\Sigma})} = \frac{\mathrm{j}1.43}{\mathrm{j}(2.0 + 1.15 \mathbin{/\!/} 0.97)} = 0.566$$

$$\dot{I}_{\mathrm{a}2} = -\frac{X_{0\Sigma}}{X_{2\Sigma} + X_{0\Sigma}} \dot{I}_{\mathrm{a}1} = -\frac{0.97}{1.15 + 0.97} \times 0.566 = -0.259$$

$$\dot{I}_{\mathrm{a}0} = -\frac{X_{2\Sigma}}{X_{2\Sigma} + X_{0\Sigma}} \dot{I}_{\mathrm{a}1} = -\frac{1.15}{1.15 + 0.97} \times 0.566 = -0.307$$

（3）计算故障断口电压和非故障相电流。

$$\Delta\dot{U}_{\mathrm{a}} = \mathrm{j}3(X_{2\Sigma} \mathbin{/\!/} X_{0\Sigma})\dot{I}_{\mathrm{a}1} = \mathrm{j}3 \times (1.15 \mathbin{/\!/} 0.97) \times 0.566 = \mathrm{j}0.893$$

$$\begin{aligned}\dot{I}_{\mathrm{b}} &= a^2\dot{I}_{\mathrm{a}1} + a\dot{I}_{\mathrm{a}2} + \dot{I}_{\mathrm{a}0} = a^2 \times 0.566 + a \times (-0.259) - 0.307 \\ &= -0.461 - \mathrm{j}0.714 = 0.85\mathrm{e}^{-\mathrm{j}122.85^\circ}\end{aligned}$$

$$\begin{aligned}\dot{I}_{\mathrm{c}} &= a\dot{I}_{\mathrm{a}1} + a^2\dot{I}_{\mathrm{a}2} + \dot{I}_{\mathrm{a}0} = a \times 0.566 + a^2 \times (-0.259) - 0.307 \\ &= -0.461 + \mathrm{j}0.714 = 0.85\mathrm{e}^{\mathrm{j}122.85^\circ}\end{aligned}$$

b、c 相电流的绝对值也可按公式（7.94）求取，即

$$I_{\mathrm{b}} = I_{\mathrm{c}} = \sqrt{3}\sqrt{1 - \frac{X_{2\Sigma}X_{0\Sigma}}{(X_{2\Sigma} + X_{0\Sigma})^2}} \cdot I_{\mathrm{a}1} = \sqrt{3}\sqrt{1 - \frac{1.15 \times 0.97}{(1.15 + 0.97)^2}} \times 0.566 = 0.85$$

习　题

7.1　什么是对称分量法？正序、负序和零序分量各有什么特点？推导对称分量法的变换公式。

7.2　如何应用对称分量法分析不对称短路故障？

7.3　电力系统序参数的基本概念如何？

7.4　旋转元件（同步发电机、异步电动机）的序参数有何特点？

7.5　变压器的零序参数由哪些因素决定？零序等值电路有何特点？

7.6　架空输电线路正序、负序和零序参数各有什么特点？

7.7　如何制定电力系统的三序等值电路？

7.8　三个序网络方程是否与不对称故障的形式有关？为什么？

7.9　电力系统不对称故障的边界条件指的是什么？

7.10 试述电力系统不对称故障（短路与断线）的分析与计算步骤。

7.11 如何制定电力系统不对称短路故障的复合序网（故障点金属性短路和经过渡电阻故障）？

7.12 何谓正序等效定则？

7.13 电力系统不对称故障电流和电压经变压器后，其对称分量发生怎么的变化？如何计算？

7.14 电力系统发生不对称短路时，分析正序、负序和零序电压的分布规律。

7.15 三相负载三角形连接，若 B 相断开，流过 A、C 两相的电流为 $\dot{I}_A=10\angle 0°$，$\dot{I}_C=10\angle 180°$。以 A 端线电流为参考相量，计算线电流的各对称分量。

7.16 电力系统接线如图 7.44 所示，在 f 点发生不对称短路故障时，用正序等效定则求各种不对称短路时故障点处的短路电流。系统各元件参数如下：发电机 G：S_{GN}=120 MV·A，U_N=10.5 kV，E_1=1.67，X_1=0.9，X_2=0.45；变压器 T1：S_{NT}=60 MV·A，$U_s\%$=10.5，变比：k_{T1}=10.5/115 kV；变压器 T2：S_{NT}=60 MV·A，$U_S\%$=10.5，k_{T2}=115/6.3 kV；线路 L：单回路长度 105 km，X_1=0.4 Ω/km，$X_0=3X_1$；负荷 LD1：S_{NLD1}=60 MV·A，X_1=1.2，X_2=0.35；负荷 LD2：S_{NLD2}=40 MV·A，X_1=1.2，X_2=0.35。

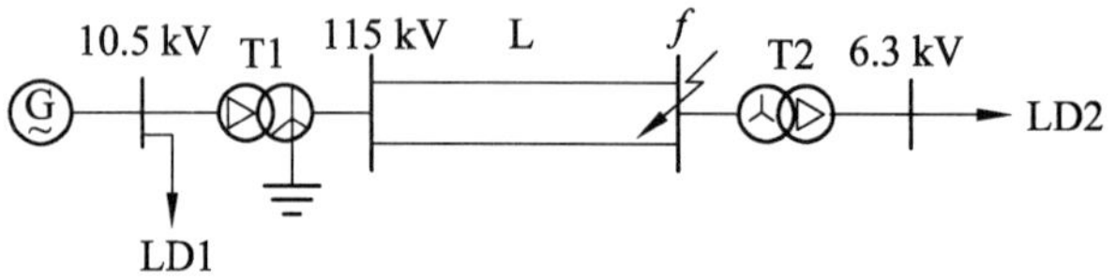

图 7.44 题 7.16 图

7.17 电力系统接线如图 7.45 所示，已知各元件参数如下：发电机 G：30 MV·A，$X_1=X''_d=0.125$，$X_2=1.22X_1$；变压器 T：40 MV·A，$U_s\%$=10.5。当 f 点处发生 B、C 两相短路时，试求：（1）10 kV 母线上的各相电压及各相电流；（2）10 kV 母线上的负序电压及负序电流；（3）绘出 10 kV 母线上的电流、电压相量图。

7.18 电力系统接线如图 7.46 所示，图中标出了标幺值参数，如果在 f 处发生 B、C 两相断线，试求非故障相 A 相的电流（标幺值）。

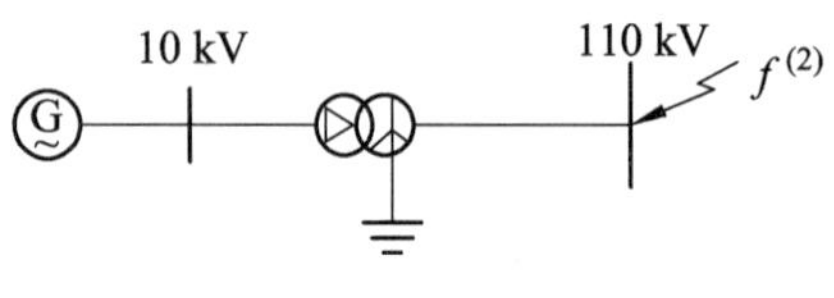

图 7.45 题 7.17 图

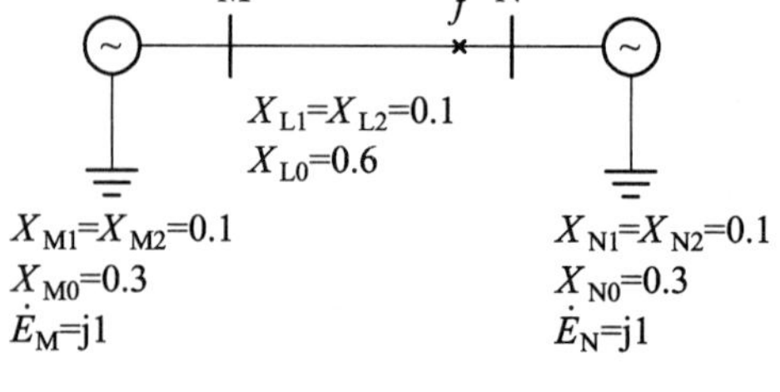

图 7.46 题 7.18 图

第 8 章　牵引供电系统短路分析与计算

8.1　牵引供电系统概述

8.1.1　牵引供电系统组成

现代各行业电力牵引都是以公用电网为外部电源，在我国地铁、城市电车、轻轨交通及矿山电力牵引都采用直流制式，电压从 450 V 到 3 000 V 不等；电气化铁路采用工频单相交流制式，额定电压为 25 kV 或 2×25 kV。

牵引供电系统主要由牵引变电所和牵引网两部分组成。电力牵引供电系统由国家电力系统或发电厂用专门的高压输电线路供电，并把三相高压电能变为适合电动车组牵引需要的单相电，用馈电线馈送给接触网，通过电动车组的受电弓与接触网的接触导线滑动接触，将单相电引入电动车组主变压器的高压绕组。牵引供电回路是由牵引变电所—馈（电）线—接触网—电动车组—钢轨回路—回流线—接地网等组成的闭合回路，如图 8.1 所示。

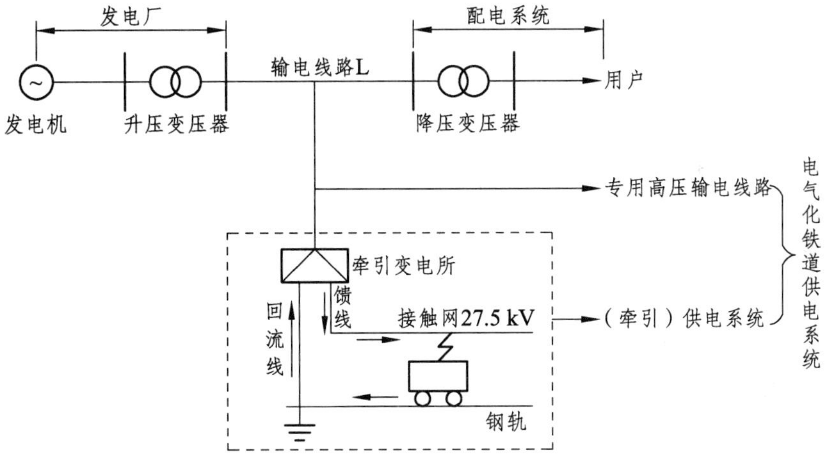

图 8.1　牵引供电系统原理图

国家电力系统作为一次供电系统，相对牵引供电系统而言为外部电源。在上述牵引供电回路中流通的电流称为牵引电流。因轨道与大地之间有导电的联系，因此牵引电流在流经电动车组后，有部分电流通过轨道进入大地，这部分电流以大地作为导体，然后经过牵引变电所的接地网流回牵引变电所的母线。通常，由大地流回牵引变电所的电流，称为泄漏电流或杂散电流。

1. 牵引变电所

牵引变电所的作用是将电力系统供应的电能转变为适合电力牵引及其供电方式的电能，

其核心元件是牵引变压器。与电力行业变电所相比，牵引变电所绝大多数情况下是用于提供牵引供电，作为区别称为牵引变电所。

牵引变电所中的牵引变压器将 110 kV、220 kV 或 330 kV 三相交流电变换成 27.5 kV 或 2×27.5 kV 单相交流电，并供电给电牵引网和电动车组，此外，有少数牵引变电所同时担负给地区 10 kV 动力负荷供电。牵引变电所是接受与分配电能并改变电能电压的枢纽，是电力系统到机车车辆之间的重要变换元件。根据牵引变压器接线方式的不同，牵引变电所可以分为单相牵引变电所、三相牵引变电所、三相—两相平衡接线牵引变电所。

2. 牵引网

牵引网是由馈（电）线、接触网、轨（地）、回流线组成，是牵引供电网（回路），完成对机车车辆的供电任务。

1）馈（电）线

馈（电）线是连接牵引变电所和接触网的导线。它把牵引变电所变换完成的牵引用电能输送给接触网。馈电线一般采用大截面的钢芯铝绞线。

2）接触网

接触网是一种悬挂在电气化铁道钢轨正上方并和轨顶保持一定距离的链型或单导线的输电网。电动车组的受电弓与接触网之间滑动接触取得电能。交流电气化铁道接触网额定电压为 25 kV，直流接触网额定电压为 1500 V 或 750 V。

3）钢轨

在非电牵引的情况下，钢轨作为列车的导轨和行车信号之用。在电牵引的情况下，轨道还起导通牵引回流电流的作用，是电路的组成部分。因此，轨道交通行业的钢轨应具有通畅的导电性能。

4）回流线

回流线是与接触网同杆并列架设的、将轨道中的牵引负荷电流输回到牵引变压器的架空输电线。

3. 牵引供电系统其他组成

交流电气化铁路牵引供电系统中除了牵引变电所和牵引网两个主要组成部分外，还必须有配套的分区亭和开闭所，它们在系统中的布置如图 8.2 所示。

1）分区亭

为了提高交流电气化铁道牵引供电系统运行的可靠性，增加供电工作的灵活性，在相邻两变电所供电的相邻两供电分区的分界处常用分相绝缘器断开。若在断开处设置开关设备和相应的配电装置，则组成分区亭。分区亭内部具体结构如图 8.3 所示。

2）开闭所

开闭所，实际上是起配电作用的开关站，其结构如图 8.4 所示。在交流电力牵引供电系统中，一般在下面两种情况或系统中设置开闭所：一是在离牵引变电所较远的铁路枢纽地区，由于站线多，接触网复杂，客货运交会、编组和机车整备作业繁忙，致使故障概率增大，为了保证枢纽供电可靠性，缩小事故范围，一般将接触网横向分组及分区供电，由开闭所的多路馈线向接触网各分组和分区供电。另一种情况是在AT供电方式的复线牵引网供电臂中间设置开闭所，以提高供电灵活性，缩小事故影响的范围。

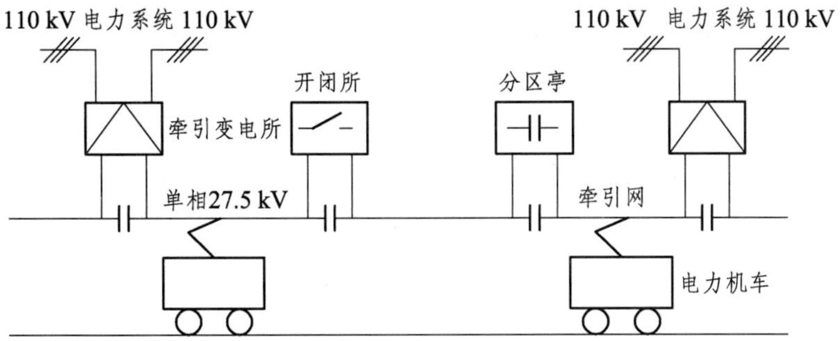

图 8.2 分区亭与开闭所布置图

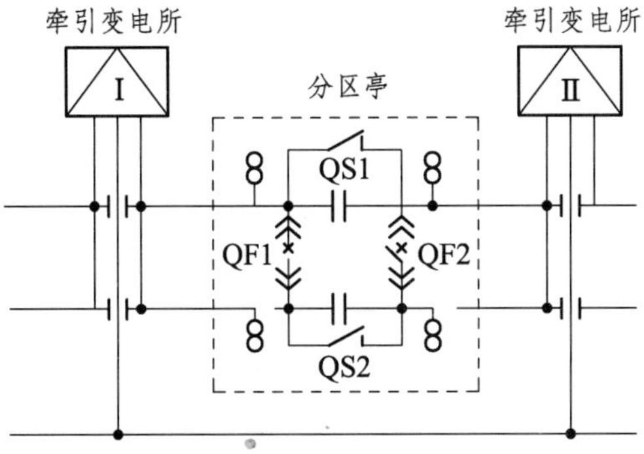

图 8.3 复线区段分区亭

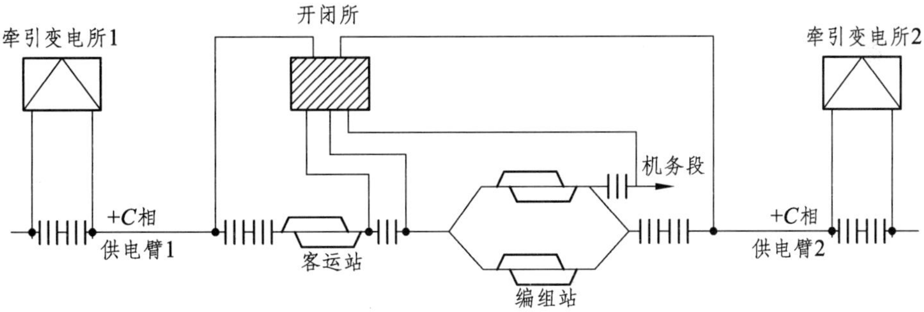

图 8.4 开闭所组成结构图

4. 对电气化铁路供电系统运行的基本要求

（1）保证向电气化铁路安全、可靠、不间断地供电；

（2）提高供电质量，保证必需的电压水平；

（3）提高功率因数，减少电能损失，降低工程投资和运营费用；

（4）尽量减少单相牵引负荷在电力系统中引起的负序电流和高次谐波的影响；

（5）尽量减少对邻近的通信线路的干扰。

8.1.2 牵引供电系统的供电方式

1. 电力系统对牵引变电所的供电方式

交流牵引供电系统是电力系统与电气化铁路机车车辆之间的变电、配电及输电系统。《TB10009-2005 铁路电力牵引供电设计规范》规定：电力牵引负荷为一级负荷，牵引变电所应有两路电源供电；当其中任一路发生故障时，另一路应仍能正常供电，两路电源可来自不同地区变电所或同一地区变电所的不同母线或分段母线。承担为牵引变电所供电任务的电力系统的供电方式以保证供电可靠性为原则，同时注意电源容量及经济性。

电力系统对牵引变电所的供电方式，即牵引变电所一次侧（电源侧）的供电方式，可分为单边供电、两边供电、环形供电和放射供电。

1）单边供电

单边供电就是牵引变电所的电能由电力系统中一个方向的发电厂送来，如图 8.5 所示。按国家规定，电气化铁道为一级电力负荷，为保证供电可靠性，牵引变电所必须由两路输电线供电，而且每路输电线要有各自的杆塔和走线。这样，当一路输电线发生故障或检修时，还有另一路输电线送电，保证牵引变电所不会长时间中断供电。

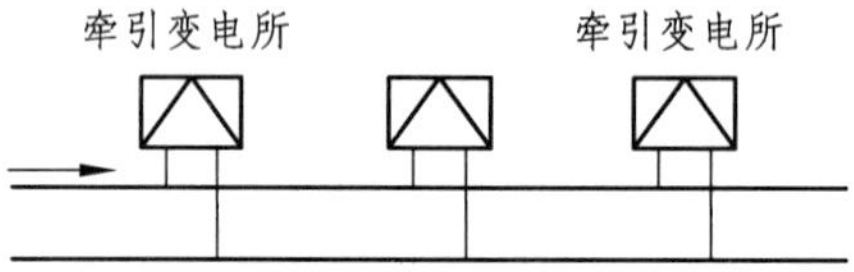

图 8.5 牵引变电所一次侧的单边供电方式

2）两边供电

牵引变电所的电能由电力系统中两个方向的发电厂送来。如图 8.6 所示，电源来自电力系统的两个地区变电所，给牵引变电所供电的输电线是联络这两个地区变电所的通路。

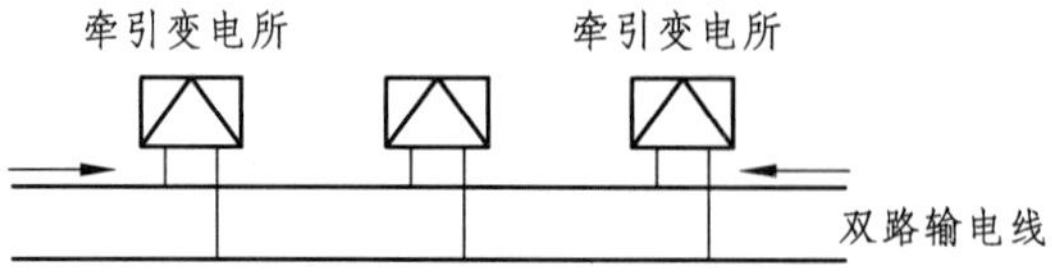

图 8.6 牵引变电所一次侧的两边供电方式

3）环形供电

环形供电是指若干个发电厂或地区变电所通过高压输电线连接成环形的电力系统，牵引变电所处于环形电力系统的一段环路之中，如图 8.7 所示。这种方式的优点是供电可靠性高，但牵引变电所高压侧的进出线多，开关设备多，建设成本增加。

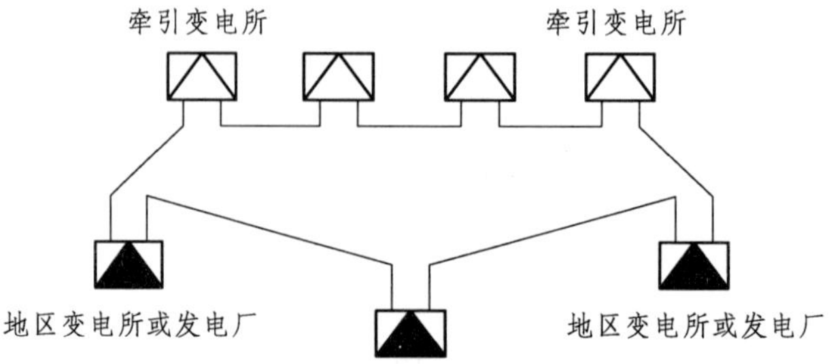

图 8.7 牵引变电所一次侧的环形供电方式

4）放射供电

当各牵引变电所距离电源差不多距离并且比单边供电更经济时，可采用放射供电方式，如图 8.8 所示。

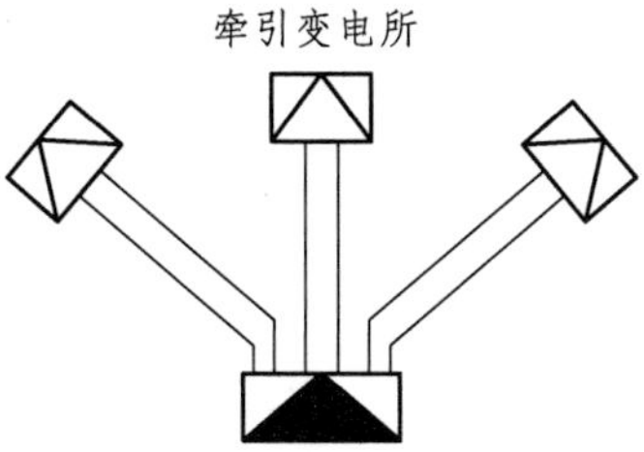

图 8.8　牵引变电所一次侧的放射供电方式

需要指出，国内现行电网模式中，有更高一级电网时，就不再使用低一级电网运行。因此，在目前 220 kV 或 330 kV 电压广泛形成的环境下，当用 110 kV 系统给铁路牵引供电时，就较少采用双边供电或环形供电，而采用单边供电方式或带有备用开关的两边供电方式及放射供电方式。牵引变电所一次侧供电方式，究竟采用单边供电、两边供电、环形供电或放射供电，取决于电气化铁路所经过的地区电力系统的具体情况。

2. 牵引变电所对牵引网的供电方式

1）单边供电

牵引变电所向接触网供电有单边供电和双边供电两种方式。接触网通常在相邻两个牵引变电所的中间处断开，分成左右两个供电臂。每一个供电臂只能从一端的牵引变电所获得电流，这种供电方式称为单边供电，如图 8.9 所示。单边供电的主要优点是：当某一供电臂内接触网发生故障时，只影响本供电臂，而不影响其他供电臂的正常供电，从而可以缩小事故范围。我国一般采用单边供电。

对于复线电气化区段，除单边供电方式外，较多的采用单边上、下行同相并联供电方式。图 8.9 中，在两相邻牵引变电所之间的供电分区分界点设置分区所（具有断路器），分别将两个供电分区上、下行接触网并联，使每个供电分区实现同相并联供电，从而可降低牵引网电压损失和功率损失，与单线两边供电的效果相似。若复线上、下行牵引实行分开的同相单边供电，由于上、下行机车负荷不同，将致使上、下行接触网之间出现较大电压差，当机车通过道岔时，往往会产生电弧放电将机车受电弓和接触网有关设备烧损，严重时甚至导致短路故障，使馈线断路器跳闸而停电。因而，在复线区段普遍采用单边上、下行并联供电方式。

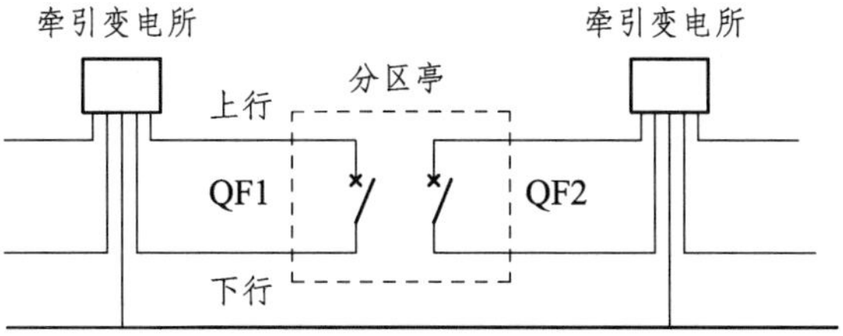

图 8.9　复线上、下行并联单边供电

2）双边供电

双边供电如图 8.10 所示，是在相邻两个牵引变电所之间的接触网中央断开处设置断路器，需要时将断路器闭合，则相邻牵引变电所间的两个同相接触网供电臂可同时从两个牵引变电所获得电流。当断路器断开时，即成为单边供电。

双边供电均衡了负荷，降低了接触网损耗，可以提高接触网的电压水平。但双边供电后形成环网，当牵引变电所电源侧线路发生故障时，低压侧向高压侧有反馈，会造成继电保护设置困难；严重时，原边电压会升高，造成设备损坏。双边供电发生故障时影响范围大，目前较少采用。

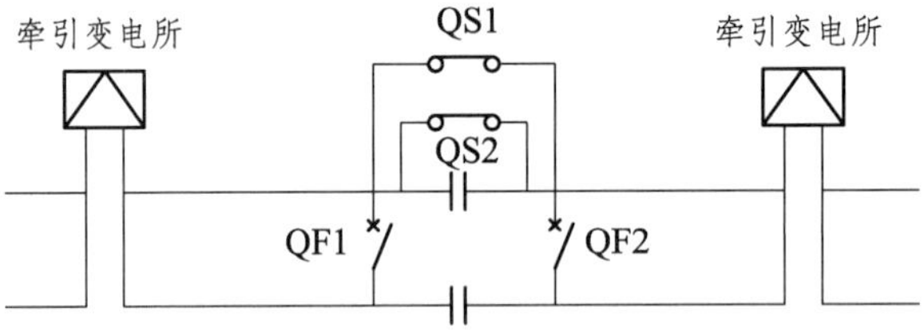

图 8.10　双边供电原理图

当某一牵引变电所发生严重故障或由于某种原因不能对供电臂正常供电时，该变电所所负担的供电臂通过接触网上的连接开关，由两侧相邻的牵引变电所临时供电，这种非正常供电方式称为越区供电。越区供电时，相邻变电所的供电范围扩大，严重影响供电质量，一般不允许，只是在保证客运和重点列车正点运行等情况下采用，作为避免中断行车的一种临时措施。

3. 牵引网的供电方式

针对牵引网的结构，采取不同的技术措施和装备，以减少牵引网对邻近通信线的干扰，降低牵引网电压损失和电能损失，提高电气化铁道效益，从而形成了牵引供电系统不同的供电方式。供电方式主要有直接供电方式、带回流线的直接供电方式、吸流变压器—回流线供电方式（Booster Transformer，BT）和并联自耦变压器供电方式（Auto Transformer，AT）等几种，现分别论述如下。

1）直接供电方式

直接供电方式是在牵引网中不加特殊防护措施的一种供电方式。电气化铁路最早大都采用这种供电方式，它由接触网（C）和钢轨（T）组成，如图 8.11 所示。这种供电方式最简单，投资最省，牵引网阻抗较小，能耗也较低。供电距离单线一般为 30 km 左右，双线一般为 25 km 左右。电气化铁路是单相负荷，机车由接触网取得的电流经钢轨流回牵引变电所。由于钢轨与大地是不绝缘的，一部分回流电流由钢轨流入大地，因此对通信线路产生电磁感应影响。这是直接供电方式的缺点。它一般采用在铁路沿线无架空通信线路或通信线路已改用地下屏蔽电缆的区段。

图 8.11　直接供电方式

2）带回流线的直接供电方式

直接供电方式牵引网结构简单经济，主要缺陷是它将对沿线平行接近通信线产生电磁干扰影响，因而限制了它的实际应用。为了减轻牵引网的电磁干扰影响，可在接触导线平行位置（支柱另侧）增加金属回流导线 NF，并隔一定距离设置连接导线将回流导线与钢轨并联，从而构成回流导线和钢轨—地回路的回流设施，如图 8.12 所示。这种供电方式称为带回流线的直接供电方式，简称 DN 供电方式。

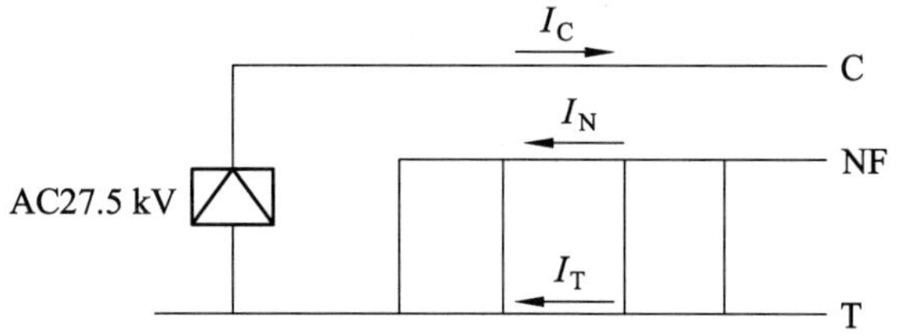

图 8.12　带回流线的直接供电方式

从图 8.12 中可知，由于 NF 线和钢轨并联连接，使正常运行时钢轨中负荷电流的一部分分流到 NF 中去，从而可降低钢轨对地电位，减少流入地中的电流。同时 NF 线与接触导线距离较小（按 25 kV 绝缘距离要求），增强了对接触网负荷电流磁场的去磁效应。由于这两方面的原因，可减轻对通信线路的干扰影响，并使牵引网单位阻抗降低，有利于减小电压损失和功率损失。若对回流线网（NF 线与连接导线）结构布置和参数选择进行优化，可以有效提高抗干扰的效果。DN 供电方式相对于 BT 和 AT 供电方式，其牵引网结构较简单，经济性较好，因而在国内外得到了广泛的应用。

3）吸流变压器—回流线供电方式

在图 8.11 的基础上，如果在牵引网的接触导线和回流线中串联接入变压比为 1∶1 的吸流变压器 BT，即构成吸流变压器—回流线供电方式，其原理如图 8.13 所示。图中，牵引网每隔 2~4 km 设置一台 BT，称为供电分段，其原边接入接触网 J，副边串入于回流线 N 中。当牵引负荷电流经 BT 原边时，其副边产生很大的互感电流，迫使负荷电流沿回流线流回牵引变电所而不经由轨道和大地（仅 BT 原边的激磁电流仍流经轨道和大地返回）。从而极大地减弱了牵引网周围的磁场，有效降低了牵引电流对邻近通信线的干扰影响。

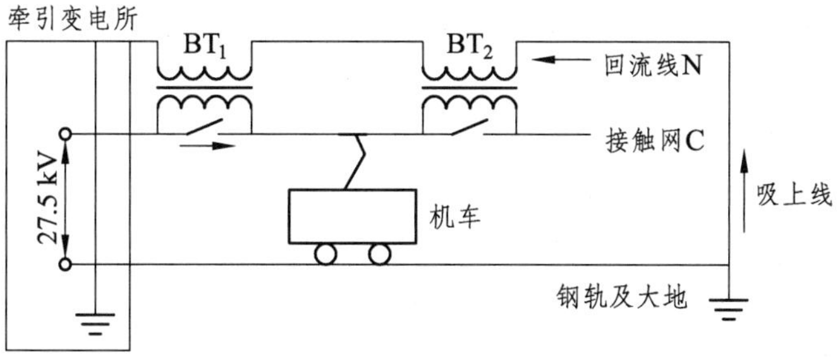

图 8.13　吸流变压器—回流线供电方式

然而，吸流变压器—回流线供电方式也存在着一定缺陷，即在一定范围内失去吸流防护效应。牵引网中串联接入大量吸流变压器的短路阻抗，将使牵引网电压水平降低，并增大功率损失，接触导线断口串联接入 BT 原边绕组，对列车运行速度会产生不利影响，并在机车通过断口时，受电弓将产生大电弧而受到烧损。此外，吸流变压器—回流线装置的设备增多（含

BT 的保护避雷器等），投资增大，运营维护复杂，因而限制了它的应用范围，一般仅在靠近城市通信线路密集的电气化区段中采用。

4）并联自耦变压器（AT）供电方式

为了克服吸流变压器—回流线供电方式在技术上存在的电压损失大及影响列车高速运行等主要缺陷，提出了牵引网并联自耦变压器（AT）供电方式，其原理电路如图 8.14 所示。AT 表示变比为 1∶1 的自耦变压器，其原边并联接于接触网 C 和正馈导线 F 上，中点接入轨道 T，机车运行于 AT 副边的 C、T 之间。在结构上，AT 供电方式用自耦变压器取代了 BT，正馈导线的作用及其布置与回流线相同，但两个 AT 之间距离可增大至 10~20 km（称为 AT 段），并消除了接触导线由于串入 BT 而存在断口的问题。

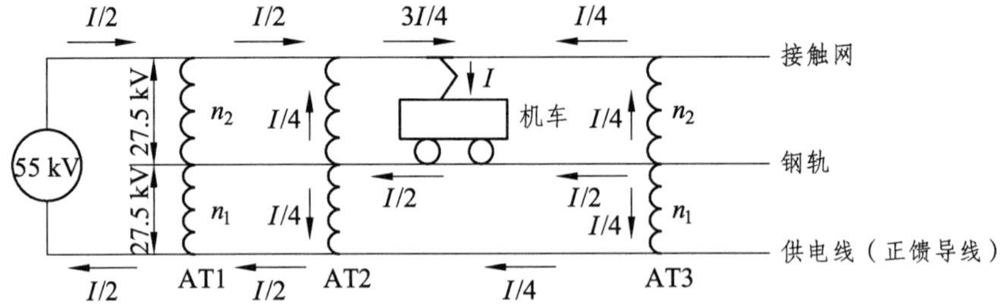

图 8.14　自耦变压器供电方式原理图

AT 供电方式对邻近通信线的抗干扰原理及其优点分析介绍如下。

首先假定自耦变压器阻抗为零，AT 的原绕组 n_1 与 n_2 串联接于电源，n_2 连接负载。如图 8.14 所示，当电动车组处于两台 AT 之间（一个 AT 段）时，设牵引负荷电流为 I，对段内同时由 AT2、AT3 的副绕组 n_2 供电，其值为 $I/4$，两电流同时经轨道-地回路并有部分流入大地，均在 AT2、AT3 的原绕组 n_1 感应电流作用下，被吸流流至正馈导线 F。此时段内两台 AT 中每台的串联绕组 n_1 和 n_2 中的负荷电流总是大小相等、方向相反，其所产生的磁通相互抵消。需要指出，牵引网产生的电磁影响是大小相等且方向相反的，对平行于该 AT 段的通信线不产生感应。机车所处 AT 段以外的其他 AT 可以认为不提供牵引电流。

实际上由于自耦变压器存在阻抗且容量是有限的，因而远离机车的 AT 也提供部分牵引电流，致使全部供电区的轨道-地回路中都有电流流通，并相应地存在地中电流，导致对邻近通信线路产生电磁感应影响。但由于 AT 阻抗很小（一般为 0.45 Ω），因而机车所处 AT 段以外的每台 AT 向机车供给的牵引电流较小，可有效降低全线的感应影响，其防护效果与吸流变压器—回流线供电方式相当。

AT 供电方式的主要技术经济特性如下：

（1）牵引网传输功率和电压水平提高，由于 AT 原边为 2 倍接触网电压（2×25 kV），只有 1/2 牵引电流通过接触网和正馈线，有利于牵引网传输大功率电力。同时，牵引网的电压损失和功率损失大幅度降低，可提高电压水平，增强运营的经济效益。

（2）牵引网电压提高为 2×25 kV 后，牵引变电所的间隔可增大为 90~100 km（比 BT 方式增大 3 倍），变电所主变压器副边绕组和相应开关设备绝缘水平应提高，牵引网单位阻抗比 BT 方式有较大降低，但牵引网结构较复杂，并在沿线设置若干台自耦变压器及相应的开关设备和避雷器等（称为 AT 站），使牵引网系统（含 AT 站）的造价增大，维护运行工作增多。

（3）对通信线防干扰特性和效果较好，且接触导线不需断口（BT 方式需要），有利于列车高速运行。

总之，采用 AT 供电方式时，应作牵引供电系统（含牵引变电所有关设备）的全面综合技术经济比较，尽量发挥它的技术优势。在高速重载电气化区段 AT 供电方式有较大的适用性，也可按不同地区采用 AT 方式与 DN 方式相结合（部分为 AT 或部分为 DN 方式）的综合供电方式。

5）同轴电力电缆供电方式

同轴电力电缆供电方式也称 CC 供电方式，是一种新型的供电方式。同轴电力电缆沿铁路线路埋设，其内部芯线作为馈电线与接触网连接，外部导体作为回流线与钢轨相接。每隔 5~10 km 作一个分段，如图 8.15 所示。由于馈电线与回流线在同一电缆中，间隔很小，而且同轴布置，使互感系数增大，所以同轴电力电缆的阻抗比接触网和钢轨的阻抗小得多，牵引电流和回流几乎全部经由同轴电力电缆中流过。因此电缆芯线与外部导体电流相等，方向相反，二者形成的磁场相互抵消，对邻近的通信线路几乎无干扰。由于阻抗小，因而供电距离长。但由于同轴电力电缆造价高，投资大，现仅在一些特别困难的区段采用。

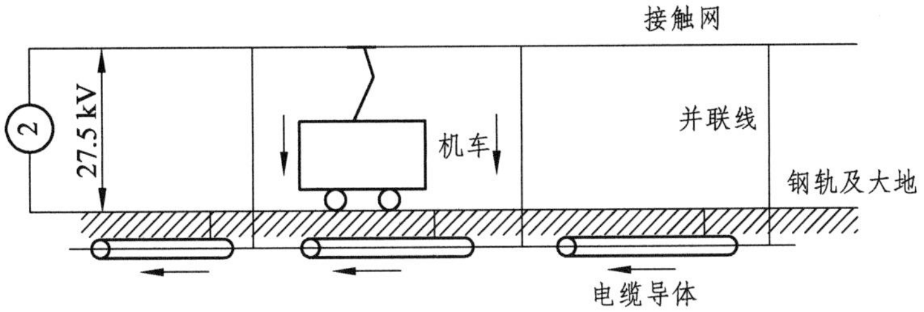

图 8.15　同轴电力电缆供电方式

8.1.3　牵引供电系统中的特殊问题

交流电气化铁路与一般工业用户不同，它是一个不对称的单相负荷，因此，会造成电力系统三相负荷的不平衡，对电力系统的运行产生不良影响，主要是负序和谐波。

1. 电力牵引负荷的特点

（1）负荷大。由于牵引重量大（最大超过 10 000 t）、速度快（客车最高时速 350 km/h），因此列车负荷比城市交通、矿山运输（牵引重量在 1000 t 以下，运行速度在 100 km/h 以下）大得多。

（2）采用 25 kV 工频单相交流供电。可以采用功率大的电动车组，减少系统的电压损失和电能损失，降低导线等有色金属的消耗量。而城市轨道交通、矿山运输的供电采用 750~1500 V 的直流，牵引变电所设有交-直流变换设备。

（3）对电力系统产生负序影响。由于负荷是单相，因此有负序电流流入电力系统。为了减少负序电流的影响，牵引变电所往往采用轮换接线方式和采用三相-两相平衡变压器。

（4）对通信线路产生危险影响和杂音干扰。由于系统中交流电压和电流产生电磁影响，邻近通信线路中有静电感应和电磁感应，会造成危及人身安全和设备安全的危险影响；而负荷中的高次谐波电流会在通信设备的端子间产生谐波感应电压，造成杂音干扰，使电话通信质量下降。为了减少上述影响，可在系统中采用对通信线路影响小的供电方式，如带回流的直接供电方式、AT 供电方式等。

2. 单相牵引负荷对三相系统的负序不对称影响与对策

电气化铁路牵引负荷是单相负荷。牵引变电所用两相分别向两边接触网供电，是一个不平衡负荷。按对称分量法可以分解为正序和负序，但没有零序，由于负序分量的相序与电力系统正常运行的相序相反，因此会对三相电力系统产生不良影响。

1）负序不对称影响

（1）对发电机的影响。

① 使发电机出力下降。从发电机的安全运行考虑，每相电流均不应超过额定值。当其中一相达到额定值，而其他相达不到额定值时，实际上发电机的出力下降了。因此限制了发电机的出力，否则将超过额定温升。

② 使发电机产生附加振动。负序电流产生的负序磁场旋转的方向与发电机旋转方向相反，因此负序磁场实际上是以 2 倍的转速切割转子，产生负序转矩，使发电机产生附加振动。

③ 造成定子各部分不均匀发热和转子表面发热。

（2）对电动机的影响。负序电流流入电力系统时产生负序电压，会造成电动机端子三相电压不对称，而使正序分量减小。当电动机的机械功率不变时，必将引起定子电流的增加，并造成各相电流的不平衡，从而降低运行效率，使电动机过热。

（3）对电力变压器的影响。由于负序电流造成三相电流不对称，因而电力系统三相变压器有一相电流最大，不能有效发挥变压器的额定出力，而使变压器容量利用率下降，同时还会造成变压器附加能量损失和铁芯附加发热。

（4）对输电线路的影响。负序电流流过电力网时，负序功率实际上并不做功，而只造成电能损失，降低了电力网的输送能力。

（5）对继电保护的影响。对采用以负序为特征的继电保护产生不良影响，当继电保护整定值小于负荷中的负序值时，继电保护将会误动作。严重时可能使既有继电保护装置不能使用，需要重新配置保护，增加了保护的复杂性。

2）负序不对称影响的改善对策

（1）采用不同接线形式的变压器。不同接线形式的变压器，流入电力系统的负序不一样。牵引负荷是单相负荷，但牵引变电所可以用同一相或两个不同相分别向两边供电，因此可以根据不同情况选用不同接线形式的变压器。

（2）采用轮换相序的接线方法。电气化铁路设有多个牵引变电所，由同一电力系统供电的牵引变电所产生的负序电流，均流入本系统。各个牵引变电所产生的负序电流数值是不能改变的，但流入电力系统中总的负序电流与各个牵引变电所接入的相序有关。接入的相序不同，负序电流的相位也不同。多个不同相位的负序电流相加，其总负序电流会减少，如数值相等而相位相差 120°的 3 个负序电流相加，总负序电流等于零。因此接入多个不同相序的牵引变电所，可以降低流入同一电力系统总负序电流的影响。

采用轮换相序的接线方法，要考虑相邻牵引变电所供电臂间的相位，应使其相位相同，当相位不同时，两个供电臂之间的电压差应不大于 $\sqrt{2}$ 倍接触网额定电压值。

轮换相序的接线方法有两种，一种是依次轮换的接线方法，另一种是对称轮换的接线方法。

（3）电力系统采取的措施。为减少负序对电力系统的影响，除电气化铁路采取措施外，电力系统也可以采取措施降低其影响：

① 在发电厂或枢纽变电所安装特殊的同期调相机。这种同期调相机承受负序电流的能力较大，负序阻抗较低，可用来吸收负序电流，但投资较大。

② 在电力系统的运行方式上作适当改变。一些小容量的发电机组不联网运行，或增大其接入电力系统的阻抗，改变负序电流的分配，以减少负序电流流入小容量发电机组。

③ 改变一些以负序为特征的继电保护整定值，或采用其他保护方式，避免继电保护误动作。

3. 谐波的影响及对策

1）谐波

我国电力系统的频率是 50 Hz，即每秒钟变化 50 次，其波形是正弦波，这是电路中的基波。谐波是其他频率的电量，其波形也是正弦波。如频率 100 Hz 的电量，即为 2 次谐波，150 Hz 的电量为 3 次谐波，依此类推。其中 2、4、6 等次谐波称为偶次谐波；而 3、5、7 等次谐波称为奇次谐波。高于 2 次的谐波称为高次谐波。

一个非正弦波的周期量，可以用数学公式傅立叶级数展开为各种不同频率的正弦波分量，因此，也可以说这个非正弦波周期量是由基波和各次谐波所组成的。

我国电动车组采用直流牵引电机，电动车组从接触网接受的工频单相 25 kV 交流电，通过变压器降压后整流成直流电供给牵引电机，因此，接触网电流产生畸变，CRH2 电动车组网侧谐波含有率如图 8.16 所示。电动车组负荷电流中以奇次谐波为主，偶次谐波含量低。随机车型式不同，谐波电流含有率也不同。

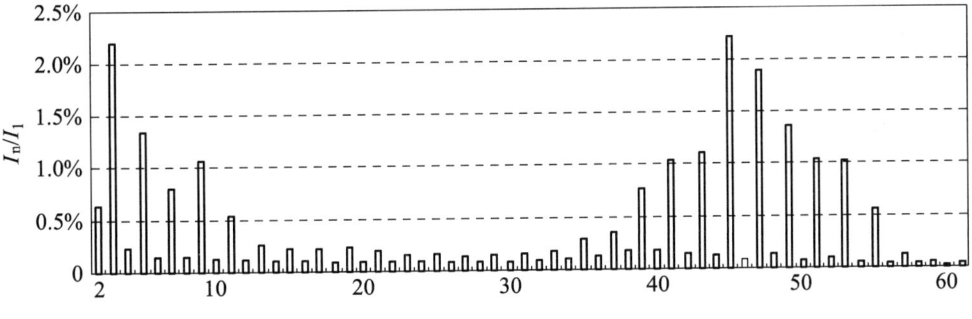

图 8.16　CRH2 动车组网侧谐波含有率

2）谐波的影响

（1）高次谐波可以引起电力系统内部的谐振。为提高功率因数或提高电压，在电力系统安装有并联或串联电容器。高次谐波电流可能引起谐振，并联电容补偿装置谐振时，可能引起高次谐波的放大，串联谐振时，可能引起串联回路中元件过负荷。

（2）对发电机的影响。

① 高次谐波产生旋转磁场，引起振动扭矩。各次谐波在电机中都产生旋转磁场，谐波次数不同，旋转磁场的频率与方向也不同。相对基波产生的磁场，有相对转速。5 次谐波引起的磁场以 5 倍速度向基波磁场相反方向旋转，因此，磁场对转子回路是以 6 倍相对速度交链，

感应出 6 倍基波频率的电压，引起振动扭矩。

② 引起同步电机阻尼绕组过热甚至损坏。高次谐波产生旋转磁场感应出的电动势在阻尼绕组中引起电流，当感应电流过大时会引起阻尼绕组过热甚至损坏。

③ 引起发电机转子附加损失。当发电机带有不平衡负荷时，其中含有负序电流，在转子回路中感应出 2 倍基波频率的电流。当负序电流与高次谐波电流同时存在时，则发电机转子回路内感应的频率不是 2 倍，而是感应出 6 倍或 12 倍频率的电流。因此，存在一个与高次谐波电流产生损失相等的等价负序电流，这个等价负序电流会造成附加损失。

④ 同理也增加了定子线圈和转子铁心的附加损失。

（3）对电容器和串联电抗器的影响。由于高次谐波电流的流入，增加了电容器和串联电抗器的附加损耗，引起设备温升的增加，同时也增加了谐波电压。

（4）对变压器的影响。

① 由于谐波电流在铁心中产生的磁通变化，频率高于基波电流。因此引起噪声。

② 增加了变压器的铁损与铜损。

③ 使励磁电流产生畸变。

（5）对电气计量仪表的影响。高次谐波对电气计量仪表，特别是电度计量仪表的影响较大。由于感应电度表频带狭窄，不能准确计量畸变电流的电度量，造成计量的误差。

（6）其他影响。

① 由于电压波形畸变，含有高次谐波，因控制信号相位变化而引起相位控制装置发生误控现象。

② 影响继电保护动作特性。

③ 影响电子计算机正常工作。

④ 影响收音机、电视机、扩大器等的收视效果，产生噪音及图像闪动。

铁道部提出电气化铁路谐波引起总畸变率（不含电力系统原有的电压畸变率）为 3%。

3）谐波影响的改善对策

（1）在牵引变电所中安装并联电容补偿装置。一方面改善功率因数，一方面起滤波作用。装置中的参数选择以滤去 3 次谐波为主，一般感抗容抗比取 0.12~0.14，可以滤去部分 3 次谐波。

（2）在机车上安装并联电容补偿和滤波装置。在电动车组变压器二次侧安装 3 次和 5 次独立支路，一方面改善功率因数，同时滤去部分 3 次和 5 次谐波，在机车上安装并联电容补偿和滤波装置可以在产生谐波的地方滤波，可以避免在牵引变电所安装并联电容补偿装置，不能适应功率因数和谐波变化而产生过补偿或欠补偿的问题。

（3）电力系统增容，调整运行方式等。

4. 对通信的干扰及改善对策

1）对通信的影响

交流牵引网对沿线通信线的影响，按其作用的性质可分为静电影响和电磁影响。两种影响分别由牵引网电场的静电感应和牵引网电流的交变磁场的电磁感应所引起。牵引网对沿线通信线的静电感应和电磁感应有可能在通信电路中产生危险电压，使通信设备绝缘遭到破坏，甚至危及操作和维护人员的安全。牵引网的电磁感应还可在通信线路中产生高频杂音，降低通信质量。

牵引网在与其邻近的其他电路和金属管道中以及电气设备的金属外壳和其他金属物上，也可能产生危险电压。

另外，由于牵引电流流入大地，使大地在不同地点出现不同的电位，而对通信线产生传导影响。但这种影响仅限于对以地为回路的单导线通信电路。这种以地为回路的电路有两个位于不同地点的工作接地，当牵引电流使两个接地点之间出现电位差时，将在通信电路中出现干扰电流。牵引电流经轨道流入地下，还使轨道产生对地电位。所以必要时在站场须将轨道接地。

对邻近通信线的影响的防护，是一个重要的技术课题。一方面是因为其影响，特别是杂音干扰，往往涉及国家的重要电信线路。另一方面也是由于消除这些影响的措施往往投资大，涉及的技术问题也较多。

当牵引电流流过接触网时，要在接触网导线周围产生电场和磁场，这种电场和磁场会对邻近的通信和广播线路产生危险影响和干扰影响。

（1）危险影响。危险影响是指通信线路受交流电气化铁路的电磁感应及入地电流的作用而产生的电压和电流足以危及通信设备的运行，危及维护人员的生命安全，损坏线路、设备和仪器，引起房屋火灾或铁路信号设备误动作等的影响。

按照影响的起因又可分为磁感应影响、静电感应影响和地电位影响：

① 磁感应影响是指接触网牵引电流所产生的交变电磁场，通过通信线路与接触网之间的互感而产生的对通信线路和设备的影响，如图 8.17 所示。根据电磁感应原理，由接触网电流产生的磁力线切割邻近的通信线路，在其上产生感应纵电动势。它的大小不仅与接触网电流大小有关，而且与通信线路和接触网间的接近距离、通信线路与接触网的平行接近长度，以及周围大地导电率有关。接触网电流越大，接近距离越近、平行接近长度越长及大地导电率值越小，感应的纵电动势就越大；反之，感应的纵电动势就越小。

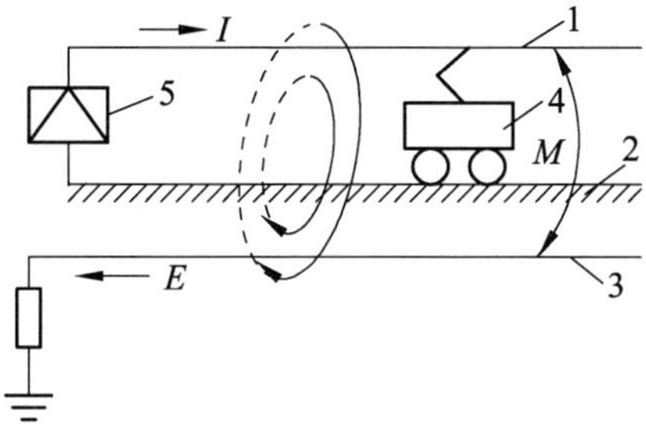

1—接触网；2—钢轨；3—通信线；4—电动车组；5—牵引所；M—互感系数。

图 8.17　对通信线路磁感应影响

感应电压对人体和设备的危险影响，在很大程度上还取决于感应电压对人体和设备的作用时间的长短。接触网正常工作时，感应电压较小，但持续时间长；当接触网发生短路故障时，感应电压较高，但持续时间短。因此在规定允许值时，应有区别。

②静电感应影响是指接触网对地电压所产生的电场而引起的影响。由于接触网与通信线路间以及通信线路与大地间存在着耦合电容，而使通信线路产生对地电压。当人体碰触通信线路时，通过人体形成静电电流，如图 8.18 所示。

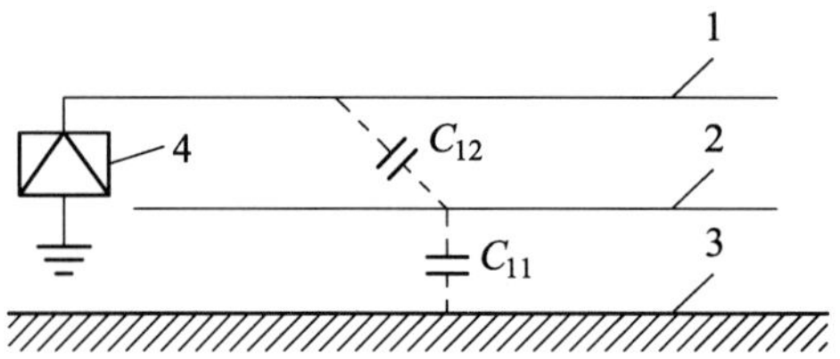

1—接触网；2—通信线；3—大地；4—牵引变电所。

图 8.18　对通信线路的静电感应影响

当接触导线加电压 U 后，则在通信线路上产生静电感应电压 U_{jj}，静电感应电压 U_{jj} 的大小与静电电容 C_{12}、C_{11} 和接触导线所加电压 U 有关，而与接触网中是否有电流无关。静电电容与两导线的位置有关，当两导线间的距离越近时，C_{12} 越大，静电感应电压也越大；反之两导线间的距离越远，则 C_{12} 越小，静电感应电压也越小。因此，当一般通信线路与接触导线的平行接近距离小于 100 m 时，对静电感应电压的影响不容忽视，应充分考虑；当大于 100 m 时，可以忽略这部分影响；由于大地为静电屏蔽体，所以对地下直埋电缆和有金属护套并接地的架空电缆，一般不考虑其静电感应影响。

③地电位影响是指接触网电流通过钢轨回流时，通过钢轨与大地之间的漏导入地，使入地点及附近的大地电位升高而引起的对邻近的通信线路或设备接地装置的电位的影响。尤其是在接触网发生短路故障时，瞬时短路电流很大，短路点处地电位升高很大，也会引起设备损坏或人身伤害。地电位升高的大小与短路电流值、大地导电率及通信线路和设备的接地点与短路点间的距离有关。

（2）杂音干扰影响。杂音干扰影响，是指通信线路因受交流电气化铁路接触网谐波电压和谐波电流的感应而产生的电压和电流，足以损坏通信设备正常工作的影响，如电话回路中产生杂音，降低传输质量，使电报信号和数据传输失真等。

产生杂音干扰影响的原因是，当电动车组取流时，其主变压器在整流换相过程中，在电流和电压中产生大量谐波分量。当通过接触网传输时，与接触网的分布电容和电感等参数产生谐振，而形成谐波电压和电流，其谐振频率为基波的奇数倍，而且主要分布在 13~27 次谐波频率范围内，这些谐波频率均处于人耳最敏感的音频频段，因此，在音频回路中产生杂音干扰影响。

2）防护措施

当交流电气化铁路对通信和广播线路的影响超过容许值标准时，应采取防护措施。防护措施可以从两个方面考虑：一个是从干扰源方面，即从电气化铁路方面采取措施，降低其影响；另一个是从被干扰的设备方面，即从通信和广播线路方面采取措施，减少对它的影响。

（1）电气化铁路方面的防干扰措施

① 设置架空回流线。利用接触线与架空回流线间的互感作用，提高供电回路的对称性，使大部分回流电流经由架空回流线流回牵引变电所，减少对通信线路的影响，一般在影响超过标准容许值不大时，可采用这种措施。

② 采用吸流变压器供电方式或自耦变压器供电方式。由于这两种供电方式的回流绝大部分是经由回流线或正馈线流回牵引变电所，因此减轻了对通信和广播线路的影响。

③ 采用同轴电力电缆供电方式。由于同轴电力电缆内外导体之间互感系数大，当牵引变电所通过内导体向接触网供电时，外导体中产生的感应电流接近于内导体中的馈电电流，因此能提高交流电气化铁路供电回路的对称性，从而降低了对通信和广播线路的影响。

④ 合理选择机车类型。由于电动车组的整流方式不同，在整流过程中产生的谐波也不相同，对通信和广播线路干扰影响的程度也不同。

（2）通信线路方面的防干扰措施。

① 在通信线路中加装中和变压器、屏蔽变压器、分隔变压器、幻通谐振变压器以及放电器等。

② 在一些通信机械设备上加装防护滤波器、谐振短路器、谐振分路器、杂音抑制器、杂音补偿器等。

③ 单线回路改为双线回路。

④ 在电杆上架设金属屏蔽地线或沿电杆及电缆径路在地下敷设金属屏蔽地线。

⑤ 架空明线迁移至远离电气化铁路的地方。

⑥ 架空明线改为地下屏蔽电缆。

⑦ 采用光缆。

⑧ 与牵引变电所接地装置保持一定距离。

8.2 牵引变电所主变压器接线方式

交流牵引变电所是交流工频单相电力牵引供电系统的重要环节，它完成变压、变相和向牵引网供电等功能，并实现三相交流一次供电系统与单相电牵引系统的接口与系统变换。

交流牵引变电所的主要设备是牵引变压器，又称主变压器。由于电气化铁路电力牵引属于一级负荷，为提高供电可靠性，牵引变电所需由两路高压输电线供电，并且在牵引变电所中设置两台同型号牵引变压器。牵引变压器的原边额定电压是 110 kV、220 kV 或 330 kV 中的某一种，副边额定电压为 27.5 kV（比接触网额定电压高 10%），需要注意是 AT 供电方式牵引变压器副边额定电压为 2×27.5 kV。

根据牵引变电所中牵引变压器形式的不同，可分为单相牵引变电所、三相牵引变电所和三相-两相牵引变电所。

8.2.1 单相牵引变电所牵引变压器的接线方式

1. 单相接线牵引变电所

牵引变电所内安装的是单相牵引变压器称为单相牵引变电所。单相牵引变电所按照牵引变压器的接线方式，可分为纯单相接线和 V/V 接线两种。

1）纯单相接线牵引变电所

纯单相变压器接线原理图如图 8.19 所示，单相牵引变压器的高压侧接到电力网的 AB 相（也可接入 BC 相或 CA 相），低压侧的一端接到 27.5 kV 牵引母线上，另一端与接地网和钢轨连接。

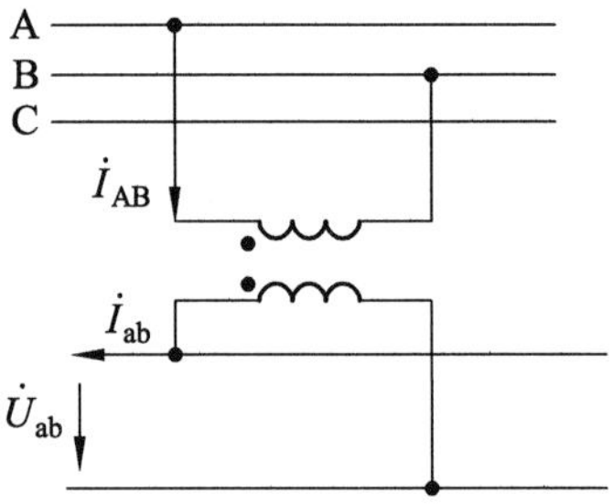

图 8.19　纯单相变压器接线原理图

单相接线牵引变电所的主要优点是牵引变压器的容量利用率（额定输出容量与额定容量之比）可达 100%；主接线简单，设备少，占地面积小，投资省等。缺点是不能供应地区和牵引变电所三相负荷用电；对电力系统的负序影响最大；对接触网的供电不能实现两边供电。这种接线只适用于电力系统容量较大，电力网比较发达，三相负荷用电能够可靠地由地方电网得到供应的场合。另外，单相牵引变压器要按全绝缘水平设计制造。

2）单相 V/V 接线牵引变电所

单相 V/V 接线牵引变电所由两台单相变压器连接成开口三角形，其接线原理图如图 8.20 所示。1T 和 2T 分别为单相变压器。1T 和 2T 的高压侧分别接入 AB 相与 BC 相。低压侧各取一端接到 27.5 kV 的 a、b 相母线上，另一端均接到接地网和钢轨。

a 相母线对地电压 $\dot{U}_{ab}$ 供应左侧牵引负荷 $\dot{I}_{ab}$，b 相母线对地电压 $\dot{U}_{bc}$ 供应右侧牵引负荷 $\dot{I}_{bc}$。

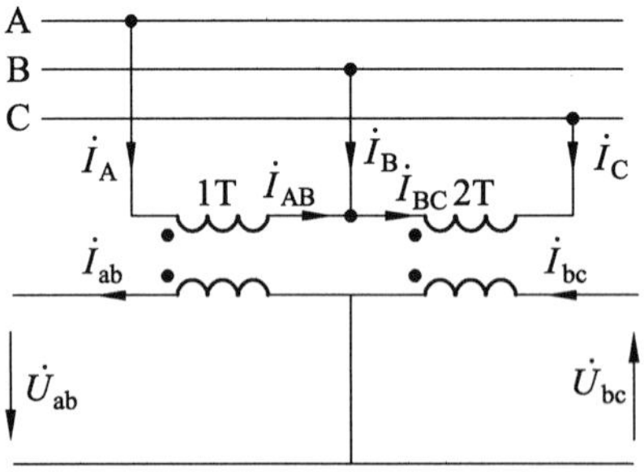

图 8.20　单相 V/V 变压器接线原理图

单相 V/V 接线变电所设备较三相牵引变电所简单，变压器绕组中的电流与纯单相变压器相同，都等于馈线电流。容量利用率可达到 100%。在正常运行时，牵引侧保持三相，可供应牵引变电所自用电和地区三相负载；主接线简单，设备较少，投资较省；对电力系统的负序影响比纯单相接线小；对接触网的供电可实现两边供电。

8.2.2　三相牵引变电所牵引变压器的接线方式

三相牵引变电所是指变电所内采用 110 kV 油浸风冷式三相变压器，我国电气化铁道目前采用最多的形式之一。该牵引变压器的接线采用 Y_N, d11 标准联结组。这种牵引变电所中装设两台三相 Y_N, d11 接线牵引变压器，可以两台并联运行；也可以一台运行，另一台固定备用。

三相牵引变压器接线原理图如图 8.21 所示。三相 Y_N, d11 接线牵引变压器的高压侧通过引入线接到三相电力系统的高压输电线上；低压侧的 c 端子与轨道、接地网连接，另两个 a、b 端子分别接到牵引侧两相牵引母线上，由两相牵引母线分别向两侧对应的供电臂牵引网所带的电动车组供电。

由图 8.21 接线原理图可见，高压侧绕组为 Y_N，三个端子（A）、（B）、（C）分别接电力系统的 A、B、C 三相（或 ACB，BCA…），（X）（Y）（Z）接成公共端后可通过隔离开关 QS 接地。中性点开关 QS 接地分两种情况即电力调度部门为形成零序电流通路时要接地，变压器检修完成后重新投入运行前为保护变压器绕组绝缘的需要中性点要接地，而正常运行时中性点开关 QS 是断开的。次边绕组接成 Δ，（c）端子接钢轨和地。

由图 8.21 接线原理图可见，（a）、（b）端子分别接牵引母线供应左边供电臂牵引网的电压是 $\dot{U}_a$，供应右边供电臂牵引网的电压是是 $-\dot{U}_c$。由于 $\dot{U}_a$ 和 $-\dot{U}_c$ 之间的相位角为 60°，故也称为 60°接线。需要指出的是，由于三相牵引变电所换接相序，牵引变压器原边绕组端子所标的相序有时与接到电力系统的相序不一致，所以其实际相序要由电力系统的相序决定。

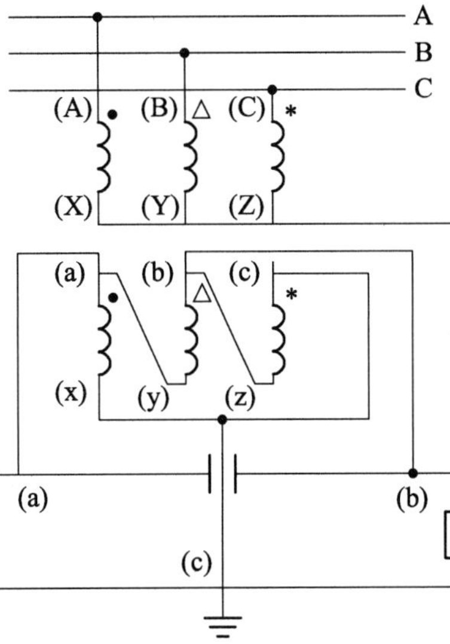

图 8.21　三相 Y_N，d11 牵引变压器接线原理图

8.2.3　平衡牵引变电所牵引变压器的接线方式

平衡牵引变电所也称为三相—两相牵引变电所，其将原边对称的三相电压变换为副边两相对称电压。SCOTT 接线变压器是典型的平衡牵引变电所中的主牵引变压器。

SCOTT 牵引变压器接线原理图如图 8.22 所示。该变压器实际上也是由两台单相变压器按规定连接而成。一台单相变压器的原边绕组两端引出，分别接到三相电力系统的 A，B 两相，称为 M 座变压器；另一台单相变压器的原边绕组一端引出，接到三相电力系统的 C 相，另一端接到 M 座变压器原边绕组的中点 D，称为 T 座变压器。这种接线形式把对称三相电压变换成对称二相电压，用其一相供应一边供电臂，另一相供应另一边供电臂。

图中 M 座变压器原边绕组匝数、电压分别用 ω_1、$\dot{U}_{1M}$ 表示，两端分别接入电力系统的 A，B 相；副边绕组匝数、电压分别用 ω_2、$\dot{U}_\beta$ 表示，向左边供电臂供电。T 座变压器原边绕组匝数、电压分别为 $\omega'_1=\frac{\sqrt{3}}{2}\omega_1$、$\dot{U}_{1T}$，一端接到 M 座变压器原边绕组的中点 D，另一端接到电力系统的 C 相；副边绕组匝数、电压分别为 ω'_2、$\dot{U}_\alpha$，向右边供电臂供电。实际中，通常把两台单相变压器绕组装配在一个铁芯上，安装在一个油箱内。

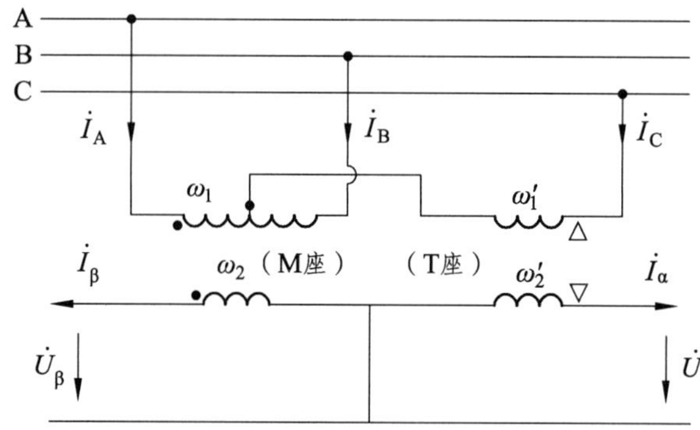

图 8.22　SCOTT 牵引变压器接线原理图

M 座和 T 座原边电压相量关系如图 8.23 所示。相量 $\dot{U}_{AB}$，$\dot{U}_{BC}$，$\dot{U}_{CA}$ 表示三相电力系统的线电压，三相电压对称，形成等边三角形。M 座变压器原边端电压 $\dot{U}_{1M}=\dot{U}_{AB}$，呈水平方向。

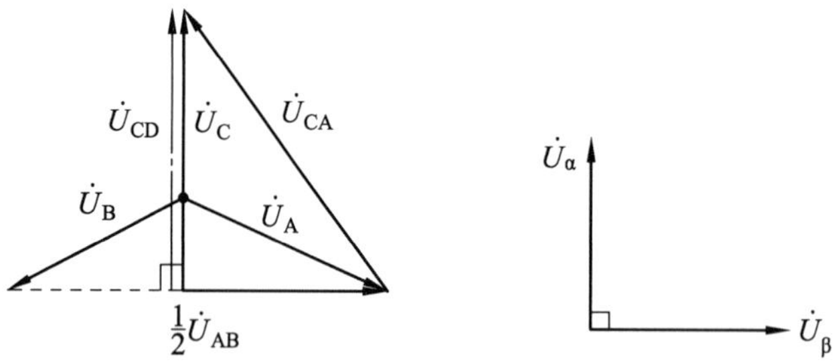

图 8.23　SCOTT 接线变压器原副边电压相量图

T 座变压器原边端电 $\dot{U}_{CD}$ 比 $\dot{U}_{AB}$ 引前 90°，$\dot{U}_{CD}=\frac{\sqrt{3}}{2}\dot{U}_{AB}\angle 90°$。

又因 M 座变压器变比 $K_M=\omega_1/\omega_2$，T 座变压器变比 $K_T=\frac{\sqrt{3}}{2}K_M$，所以有

$$\dot{U}_\alpha=\frac{\dot{U}_{CD}}{K_T}=\frac{\frac{\sqrt{3}}{2}\dot{U}_{AB}\angle 90°}{\frac{\sqrt{3}}{2}K_M}=\dot{U}_\beta\angle 90° \tag{8.1}$$

可见，SCOTT 接线变压器可以把对称三相电压变换成对称两相电压（大小相等，相互垂直）。由于 M 座与 T 座变压器原边电压的关系对应于等边三角形底与高的关系，所以通常 M 座又称为底变压器，T 座为高变压器。

同样，可以推导，在 M 座和 T 座两供电臂负荷电流大小相等、功率因数也相等的前提条件下，SCOTT 接线牵引变压器原边三相电流大小相等、相位互差 120°，即原边三相电流对称，不会在电力系统中产生负序和零序电流。

SCOTT 接线牵引变压器的优点是当 M 座和 T 座两供电臂负荷电流大小相等、功率因数也相等时，SCOTT 接线变压器原边三相电流对称；变压器容量可全部利用；能供应牵引变电所自用电和站区三相电（用逆 SCOTT 接线变压器把对称两相电压变换成对称三相电压）；对接触网的供电可实现两边供电。

SCOTT 接线牵引变压器的缺点是制造难度较大，绝缘水平要采用全绝缘，造价较高；牵引变电所主接线复杂，设备较多，工程投资也较多；维护、检修工作量和相应的费用也有所增加。

8.3 牵引变电所牵引母线短路分析与计算

8.3.1 牵引供电系统短路故障概述

在牵引供电系统的各种故障中，主要研究造成严重危害的短路故障。短路计算的主要内容是确定短路电流的大小。短路按故障发生的地点不同，分为牵引变电所主变压器内部短路、主变压器二次侧短路（也称牵引母线短路）和牵引网短路。本章着重分析计算后两种短路情况。

和电力系统短路一样，牵引供电系统短路也是一个涉及多种因素作用和影响的复杂的过程。一方面，为了抓住主要因素而又达到简化分析计算的目的，在满足工程技术精度要求的前提下，也采用了一些合理的假设条件，和电力系统故障研究中相同的条件，可参考前述。牵引供电系统中特有的假设条件，需要用到时再逐一指出。另一方面，由于两个系统的故障具有密切内在的联系，因此对相似类型的故障计算尽可能套用第 7 章已有公式，不再另行推导。对牵引供电系统特殊的故障，在分门别类地进行研究时，也仍采用已熟悉的对称分量法和复合序网法这种有效的分析手段。

牵引变电所主变压器简称牵引变压器。牵引变压器一次侧和电力系统三相相连，额定电压为 110 kV、220 kV 或 330 kV（西北电网）。通常牵引变压器二次侧引出两相电压供给左右两个供电分区的接触网。因此经常把牵引供电系统看成是个两相系统，牵引变压器视为三相系统到二相系统的系统变换元件，牵引变压器二次侧额定电压（变压器空载电压）单相为 27.5 kV，三相—两相变压器为 2×27.5 kV，后者专门供电给 AT 牵引网。在使用有名值的短路计算中，原副边的各电气量应统一归算在同一个电压级上。一般习惯于把一次侧各电气量都归算在 27.5 kV 电压级的牵引侧，并且对于 2×27.5 kV 电压级的 AT 牵引网各电气量也归算到 27.5 kV 这一电压级。在简化的短路计算中，假设故障前电力系统正常运行时各点电压维持在其额定电压附近，不计牵引负荷的影响，视其开路。这样，牵引母线短路或牵引网短路计算中系统正序网中戴维南等值星形相电势为 $E = 27.5/\sqrt{3}$ kV。

大多数牵引网的参数是非线性分布式参数，在短路计算中总是近似以线性集中元件和参数来等值。牵引网属配电网络，网络参数中电阻占有一定比例，短路计算中需计及牵引网电阻的影响。只有在单位电阻与单位电抗相比在 1/3 以下时才可允许工程性忽略，若系统归算到牵引侧的综合电抗和牵引网电抗远大于牵引网电阻时，也可以忽略它。不论何种结构的牵引网，通常给出的所谓牵引网单位阻抗是在供电计算中已计及了轨道、大地的影响，即已经把轨—地回路的自、互阻抗归算入等效的接触网—地回路的接触网单位阻抗中。经过这样的归算后，牵引网短路计算中的轨地已合为一体，它们的阻抗为零。在这种情况下牵引网接地短路和牵引网接轨短路意义完全相同。

特别需要指出的是，一般牵引变压器一、二次侧绕组对零序电流都不提供通路，零序网电路中牵引变压器这个元件处于开路状态。可以这样认为：和钢轨一起转化成为零序阻抗元件的牵引供电系统的轨地，隔离于电力系统的大地。因此牵引供电系统一相接地的正常工作状态不同于一般电力系统单相接地的故障状态，即正常情况下牵引变压器二次侧的一端工作接地不会产生电力系统单相接地通常所造成的短路电流，并且在故障情况下，诸如牵引供电系统常见的牵引母线或牵引网接地短路，原属于两相短路接地的故障类型，由于零序网开路和短路电流的零序分量为零，这样就使短路电流计算公式转化成为两相短路类型，也使短路电流有所减小。此外，异相牵引母线短路和短路接地等一些故障，其计算也都转化为两相或三相间的相间短路类型。

本节首先分析牵引供电系统简单形式的故障，它包括各种牵引变电所牵引母线短路。这里主要应用上章电力系统相间短路的计算公式。要着重掌握三相系统到两相系统各电气量的系统变换方法。在此基础上进一步研究较为复杂的牵引网短路，使用两相对称分量法进行牵引网等值短路阻抗的推导计算。

8.3.2 单相牵引变电所牵引母线短路分析与计算

以 V/V 接线牵引变电所为例分析牵引母线短路的情况。牵引变压器是由两台单相变压器接成开口三角形形式。二次侧公共端接轨地，另两端各接一供电臂牵引母线。短路计算时两个单独变压器各自按单相变压器的简化等值电路表示，见图 8.24（b）所示。

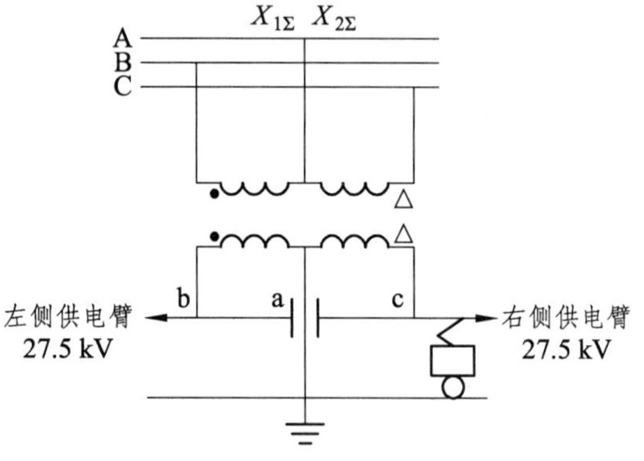

（a）V/V 接线变压器

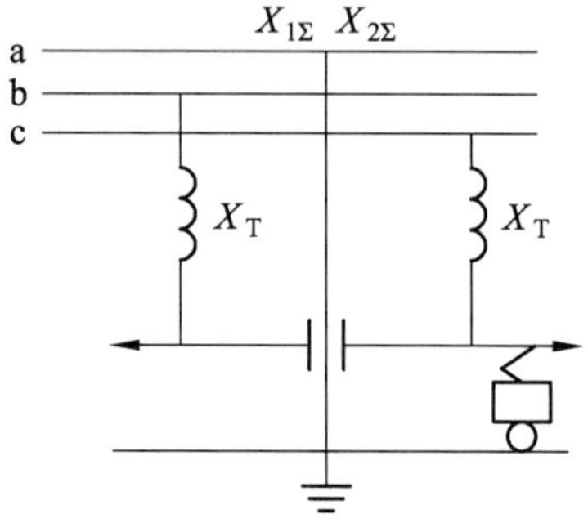

（b）参数归算到二次侧等值电路

图 8.24 V/V 接线牵引变电所

1. 一臂牵引母线接地短路

如图 8.25 所示的一臂牵引母线接地短路示意图，可以把一个变压器电抗 X_T 串接于短路回路中这相当于故障电抗为 X_T 的两相短路。

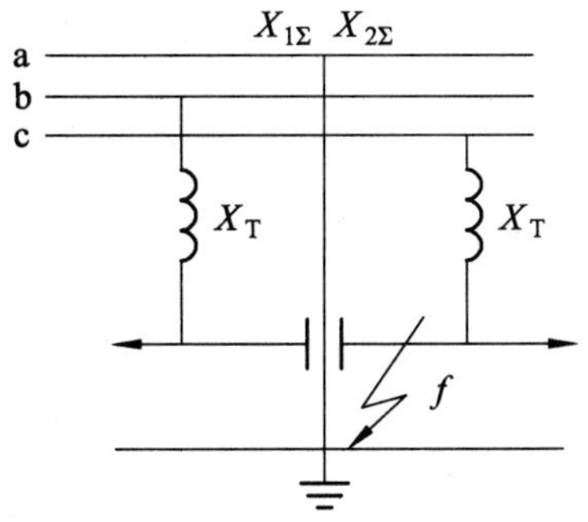

图 8.25　一臂牵引母线接地短路

故障点 f 处的短路电流大小为

$$I_f = \frac{\sqrt{3}E}{X_{1\Sigma} + X_{2\Sigma} + X_T} \tag{8.2}$$

其中：E 为正序网戴维南等值相电势，$E = 27.5/\sqrt{3}$ kV；$X_{1\Sigma} = X_{2\Sigma}$ 为电力系统归算到牵引变压器二次侧的正、负序总电抗；X_T 单相变压器电抗。

一臂牵引母线接地短路，也可以看作在三相对称系统中在 f' 点处发生了各相电抗均为 $X_T/2$ 的两相短路故障，如图 8.26 所示的复合序网法。

故障点处的正序电流大小为

$$I_{a1} = I_{a2} = \frac{E}{(X_{1\Sigma} + \frac{1}{2}X_T) + (X_{2\Sigma} + \frac{1}{2}X_T)} = \frac{E}{X_{1\Sigma} + X_{2\Sigma} + X_T} \tag{8.3}$$

故障点处的短路电流大小为：

$$I_f = \frac{\sqrt{3}E}{X_{1\Sigma} + X_{2\Sigma} + X_T} = \frac{\sqrt{3}E}{2X_{1\Sigma} + X_T} \tag{8.4}$$

在简化计算时取 $X_{1\Sigma} = X_{2\Sigma}$。

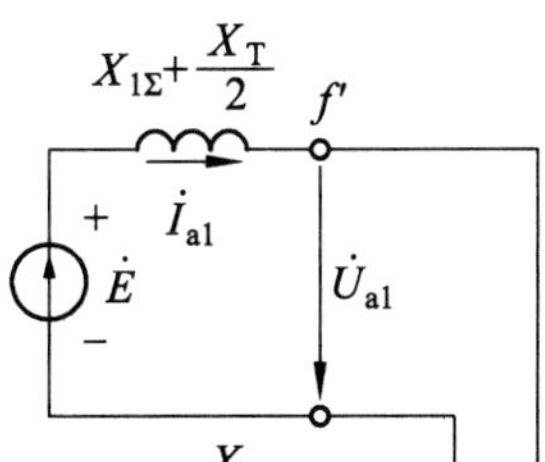

图 8.26　一臂牵引母线接地短路复合序网

2. 异相牵引母线短路

在图中异相牵引母线 b 与 c 短路。由于流经两个变压器二次侧绕组的短路电流相等，而接地母线 a 中无电流流通，因此一次侧 A 相引入线中也无电流流通。可以视为 A 相开路，两台变压器串接于相间短路回路中。一次侧 A、B、C 三相归算到二次侧以 a、b、c 表示和异相牵引母线短路的等值电路与复合序网如图 8.27 所示。

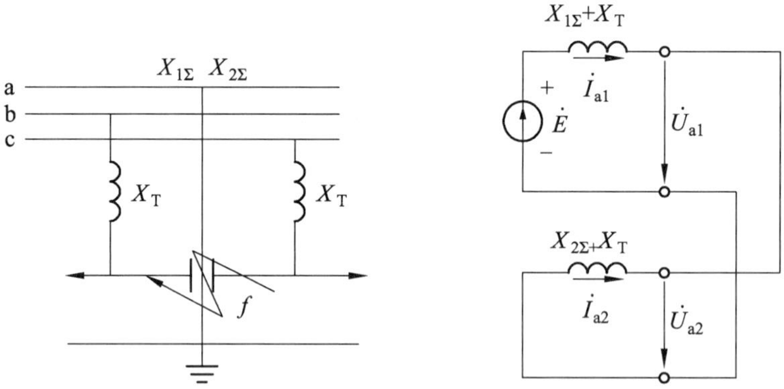

图 8.27 异相牵引母线短路与复合序网

故障点处的正序电流大小为

$$I_{a1}=I_{a2}=\frac{E}{(X_{1\Sigma}+X_{T})+(X_{2\Sigma}+X_{T})}=\frac{E}{X_{1\Sigma}+X_{2\Sigma}+2X_{T}} \tag{8.5}$$

故障点处的短路电流大小为

$$I_{f}=\frac{\sqrt{3}E}{X_{1\Sigma}+X_{2\Sigma}+2X_{T}}=\frac{\sqrt{3}E}{2(X_{1\Sigma}+X_{T})} \tag{8.6}$$

在简化计算时取 $X_{1\Sigma}=X_{2\Sigma}$。

3. 异相牵引母线短路接地

异相牵引母线短路接地的示意图如图 8.28（a）所示。这种不对称短路已经不属于第 7 章分析的那些类型，不能套用前述公式。但仍可以用对称分量法和复合序网法来推导。

以 a 相位特殊相，故障阻抗为 Z_f，短路情况和各相量的正方向如图 8.28 所示。

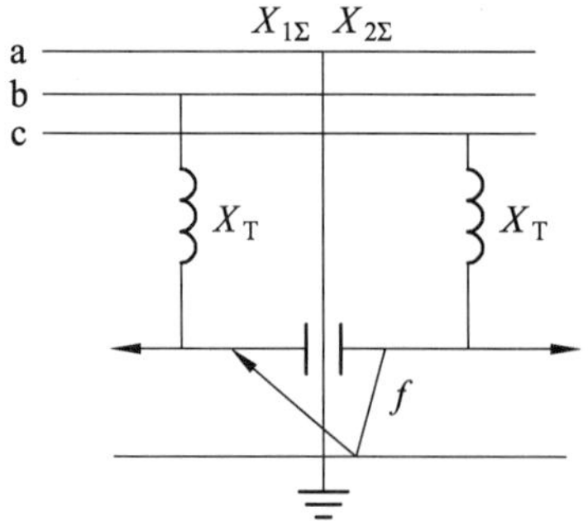

（a）异相牵引母线短路接地

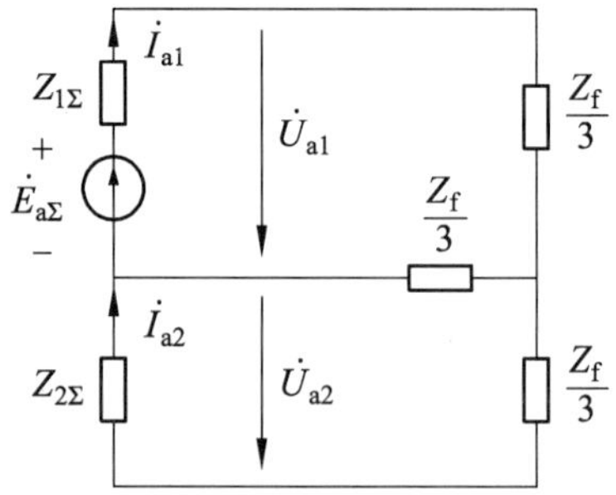

（b）复合序网

图 8.28 异相牵引母线短路接地与复合序网

短路点处相量边界条件为

$$\left.\begin{aligned}&\dot{I}_{\mathrm{a}}+\dot{I}_{\mathrm{b}}+\dot{I}_{\mathrm{c}}=0\\&\dot{U}_{\mathrm{b}}-\dot{U}_{\mathrm{a}}=Z_f\dot{I}_{\mathrm{b}}\\&\dot{U}_{\mathrm{c}}-\dot{U}_{\mathrm{a}}=Z_f\dot{I}_{\mathrm{c}}\end{aligned}\right\}\tag{8.7}$$

电压相量边界条件可以改写为矩阵形式为

$$\begin{bmatrix}-1&1&0\\-1&0&1\end{bmatrix}\begin{bmatrix}\dot{U}_{\mathrm{a}}\\\dot{U}_{\mathrm{b}}\\\dot{U}_{\mathrm{c}}\end{bmatrix}=Z_f\begin{bmatrix}0&1&0\\0&0&1\end{bmatrix}\begin{bmatrix}\dot{I}_{\mathrm{a}}\\\dot{I}_{\mathrm{b}}\\\dot{I}_{\mathrm{c}}\end{bmatrix}\tag{8.8}$$

将电压电流相量用对应的各序分量代入后，则有

$$\begin{bmatrix}\alpha^2-1&\alpha-1&0\\\alpha-1&\alpha^2-1&0\end{bmatrix}\begin{bmatrix}\dot{U}_{\mathrm{a1}}\\\dot{U}_{\mathrm{a2}}\\\dot{U}_{\mathrm{a0}}\end{bmatrix}=Z_f\begin{bmatrix}\alpha^2&\alpha&1\\\alpha&\alpha^2&1\end{bmatrix}\begin{bmatrix}\dot{I}_{\mathrm{a1}}\\\dot{I}_{\mathrm{a2}}\\\dot{I}_{\mathrm{a0}}\end{bmatrix}\tag{8.9}$$

由于 $\dot{I}_{\mathrm{a0}}=(\dot{I}_{\mathrm{a}}+\dot{I}_{\mathrm{b}}+\dot{I}_{\mathrm{c}})/3=0$，则上式可以化简为

$$\begin{bmatrix}\dot{U}_{\mathrm{a1}}\\\dot{U}_{\mathrm{a2}}\end{bmatrix}=\frac{Z_f}{3}\begin{bmatrix}2&-1\\-1&2\end{bmatrix}\begin{bmatrix}\dot{I}_{\mathrm{a1}}\\\dot{I}_{\mathrm{a2}}\end{bmatrix}\tag{8.10}$$

结合序网络的基本方程式

$$\left.\begin{aligned}&\dot{E}_{\Sigma}-\dot{I}_{\mathrm{a1}}Z_{1\Sigma}=\dot{U}_{\mathrm{a1}}\\&0-\dot{I}_{\mathrm{a2}}Z_{2\Sigma}=\dot{U}_{\mathrm{a2}}\end{aligned}\right\}\tag{8.11}$$

可以绘制出如图 8.28（b）所示的复合序网，并求出序电流

$$\left.\begin{aligned}&\dot{I}_{\mathrm{a1}}=\frac{\dot{E}_{\mathrm{a}\Sigma}}{Z_{1\Sigma}+Z_f/3+(Z_{2\Sigma}+Z_f/3)//(Z_f/3)}=\frac{(3Z_{2\Sigma}+2Z_f)\dot{E}_{\mathrm{a}\Sigma}}{3Z_{1\Sigma}Z_{2\Sigma}+2Z_f(Z_{1\Sigma}+Z_{2\Sigma})+Z_f^2}\\&\dot{I}_{\mathrm{a2}}=\frac{Z_f}{3Z_{2\Sigma}+2Z_f}\dot{I}_{\mathrm{a1}}=\frac{Z_f\dot{E}_{\mathrm{a}\Sigma}}{3Z_{1\Sigma}Z_{2\Sigma}+2Z_f(Z_{1\Sigma}+Z_{2\Sigma})+Z_f^2}\end{aligned}\right\}\tag{8.12}$$

短路点处的相电流为

$$\left.\begin{aligned}&\dot{I}_{\mathrm{a}}=\dot{I}_{\mathrm{a1}}+\dot{I}_{\mathrm{a2}}=\frac{3(Z_{2\Sigma}+2Z_f)\dot{E}_{\mathrm{a}\Sigma}}{3Z_{1\Sigma}Z_{2\Sigma}+2Z_f(Z_{1\Sigma}+Z_{2\Sigma})+Z_f^2}\\&\dot{I}_{\mathrm{b}}=\alpha^2\dot{I}_{\mathrm{a1}}+\alpha\dot{I}_{\mathrm{a2}}=\frac{[3\alpha^2Z_{2\Sigma}+(\alpha^2-1)Z_f]\dot{E}_{\mathrm{a}\Sigma}}{3Z_{1\Sigma}Z_{2\Sigma}+2Z_f(Z_{1\Sigma}+Z_{2\Sigma})+Z_f^2}\\&\dot{I}_{\mathrm{c}}=\alpha\dot{I}_{\mathrm{a1}}+\alpha^2\dot{I}_{\mathrm{a2}}=\frac{[3\alpha Z_{2\Sigma}+(\alpha-1)Z_f]\dot{E}_{\mathrm{a}\Sigma}}{3Z_{1\Sigma}Z_{2\Sigma}+2Z_f(Z_{1\Sigma}+Z_{2\Sigma})+Z_f^2}\end{aligned}\right\}\tag{8.13}$$

【**例题 8.1**】某单相 V/V 牵引变电所单台主变压器工作，另外一台备用不投入运行，每台变压器容量为 15 MV·A，$U_S\%=10.5$；一次侧供电系统的电抗标幺值为 $X_{1\Sigma*}=X_{2\Sigma*}=0.689$。当牵引变压器一臂母线接地短路和异相牵引母线短路时电流有名值大小。

解：归算到二次侧 27.5 kV 的电力系统正负序电抗和变压器等值电抗的有名值分别为：

$$X'_{1\Sigma}=X_{1\Sigma*}\times\frac{U_B^2}{S_B}=0.689\times\frac{27.5^2}{100}=5.22\,(\Omega)$$

$$X_T=\frac{U_S\%}{100}\times\frac{U_B{}^2}{S_{TN}}=\frac{10.5}{100}\times\frac{27.5^2}{15}=5.3\,(\Omega)$$

一臂母线接地短路时，其短路电流有名值大小为

$$I_f=\frac{\sqrt{3}E}{(2X'_{1\Sigma}+X_T)}=\frac{27.5}{2\times5.22+5.3)}=1.75\,(\text{kA})$$

异相牵引母线短路时的短路电流为

$$I_f=\frac{\sqrt{3}E}{2\times(X'_{1\Sigma}+X_T)}=\frac{27.5}{2\times(5.22+5.3)}=1.31\,(\text{kA})$$

【**例题 8.2**】某单相 V/V 牵引变电所单台主变压器工作，另外一台备用变压器不投入运行，每台变压器容量为 15 MV·A，$U_S\% = 10.5$；一次侧供电系统断路器三相短路容量为 $S_D = 1500$ MV·A。当牵引变压器异相牵引母线短路时，试求短路电流有名值大小。

解：归算到二次侧 27.5 kV 的电力系统正负序电抗和变压器等值电抗的有名值分别为：

$$X'_{1\Sigma}=X_{1\Sigma*}\times\frac{U_B{}^2}{S_B}=\frac{1}{S_{D*}}\times\frac{U_B{}^2}{S_B}=\frac{S_B}{S_D}\times\frac{U_B{}^2}{S_B}=\frac{U_B{}^2}{S_D}=\frac{27.5^2}{1500}=0.504\,(\Omega)$$

$$X_T=\frac{U_S\%}{100}\times\frac{U_B{}^2}{S_{TN}}=5.3\,(\Omega)$$

异相牵引母线短路时的短路电流为

$$I_f=\frac{\sqrt{3}E}{2\times(X'_{1\Sigma}+X_T)}=\frac{27.5}{2\times(0.504+5.3)}=2.37\,(\text{kA})$$

8.3.3 三相牵引变电所牵引母线短路分析

我国电力系统和交直流牵引供电系统中应用最多的是三相 Y_N，d11 接线变压器，三相 Y_N，d11 标准接线组在此不再赘述。交流牵引供电系统中主牵引变压器形式和简化等值电路如图 8.29 所示。

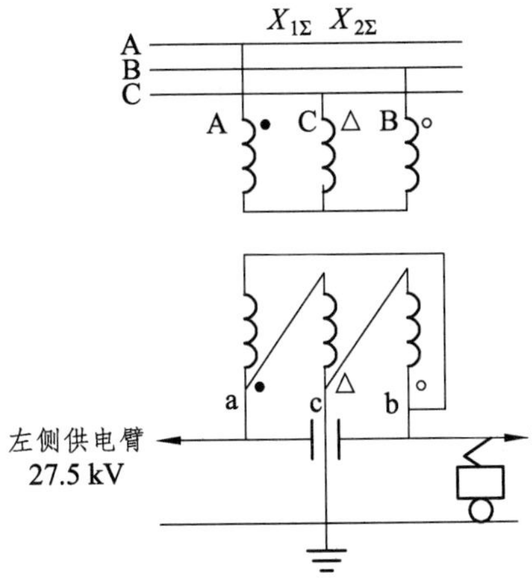

（a）Y_N, d11 接线变压器

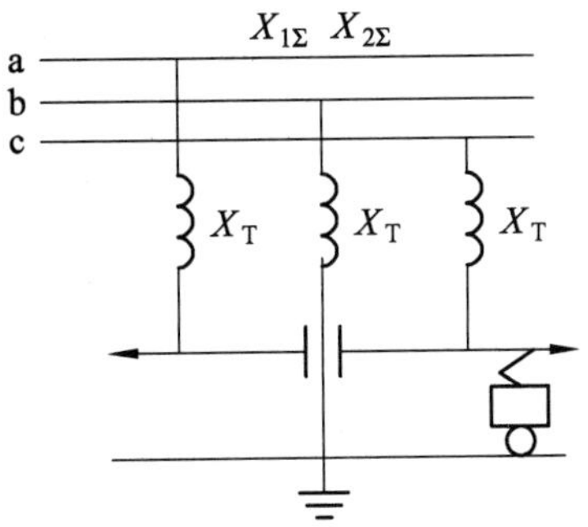

（b）参数归算到二次侧等值电路

图 8.29　三相接线与二次侧等值电路

需要说明的是故障点处各种形式的短路后三相电路仍然是对称的，可以按第 7 章的公式计算。故障点到系统电源的正、负序电抗是电力系统的综合电抗。

1. 一臂牵引母线接地短路

如图 8.30（a)、(b）分别表示一臂牵引母线接地短路后的示意图与复合序网，此时相当于三相系统的两相短路。

故障点处的正序电流大小为

$$I_{a1} = I_{a2} = \frac{E}{(X_{1\Sigma} + X_T) + (X_{2\Sigma} + X_T)} = \frac{E}{X_{1\Sigma} + X_{2\Sigma} + 2X_T} \tag{8.14}$$

故障点处的短路电流大小为

$$I_f = \frac{\sqrt{3}E}{X_{1\Sigma} + X_{2\Sigma} + 2X_T} = \frac{\sqrt{3}E}{2(X_{1\Sigma} + X_T)} \tag{8.15}$$

在简化计算时取 $X_{1\Sigma} = X_{2\Sigma}$。

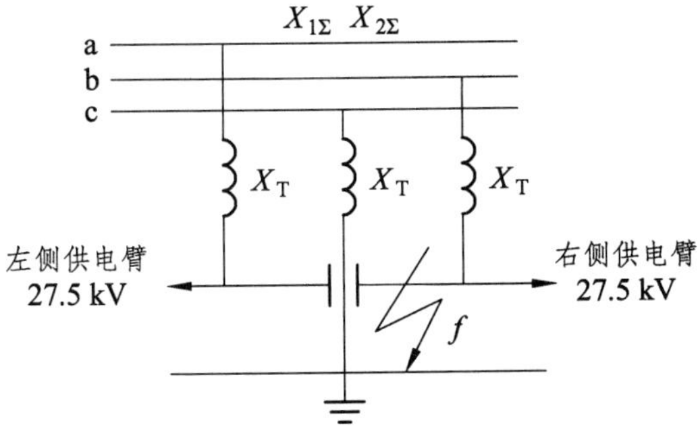

（a）一臂牵引母线接地短路

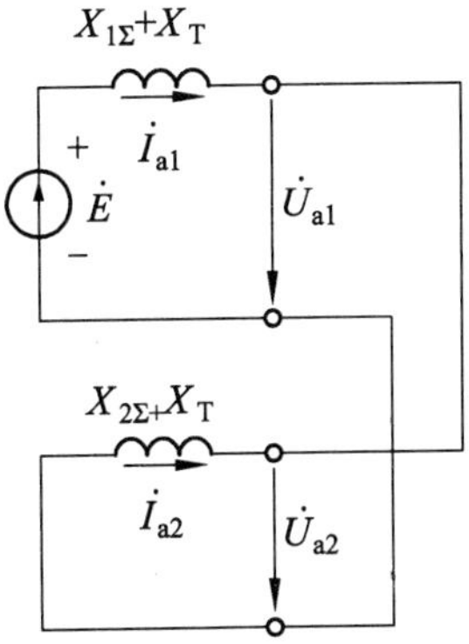

（b）复合序网

图 8.30　一臂牵引母线接地短路与复合序网

2. 异相牵引母线短路

如图 8.31（a)(b）分别表示异相牵引母线短路后的示意图与复合序网。

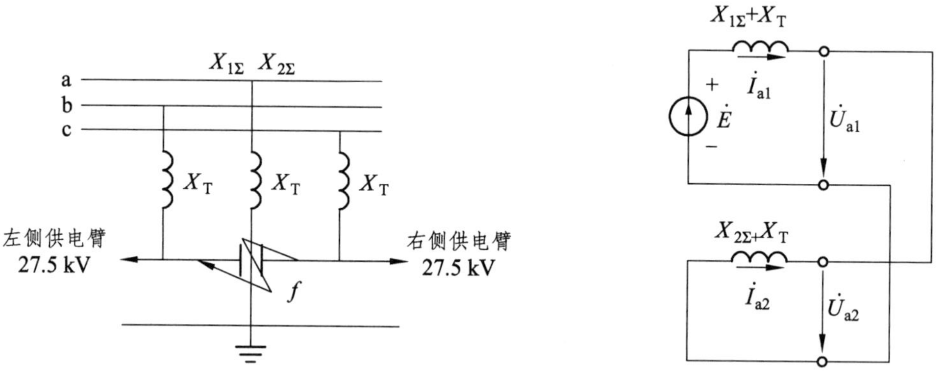

（a）异相牵引母线接地短路　　（b）复合序网

图 8.31　异相牵引母线接地短路与复合序网

异相牵引母线短路和一臂牵引母线接地短路一样相当于三相系统的两相短路，短路电流的计算公式和一臂牵引母线接地短路完全相同。

3. 异相牵引母线接地短路

图 8.32 为异相牵引母线接地短路后的示意图，它是三相系统对称接地短路，不存在负序和零序网络。

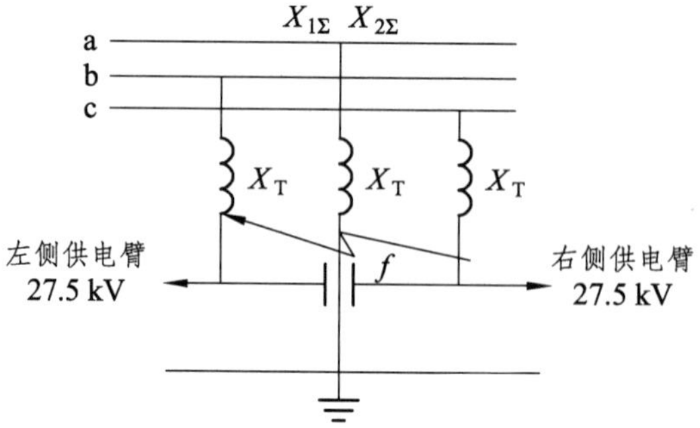

图 8.32　异相牵引母线接地短路

根据复合序网法可知，牵引母线和接地母线上短路电流大小，即故障点处的短路电流大小为

$$I_f = \frac{E}{X_{1\Sigma} + X_T} \tag{8.16}$$

【**例题 8.3**】交流电气化铁路的三相 Y_N，d11 牵引变电所单台主变压器工作，另外一台备用不投入运行，每台变压器容量为 15 MV·A，$U_S\%=10.5$；一次侧供电系统断路器三相短路容量 $S_D=1200$ MV·A。当牵引变压器异相牵引母线接地短路时，试求短路电流有名值大小。

解：归算到 27.5kV 的系统电抗和变压器的等值电抗的有名值分别为

$$X'_{1\Sigma} = X_{1\Sigma*} \times \frac{U_B^2}{S_B} = \frac{1}{S_{D*}} \times \frac{U_B^2}{S_B} = \frac{S_B}{S_D} \times \frac{U_B^2}{S_B} = \frac{U_B^2}{S_D} = \frac{27.5^2}{1200} = 0.628\,(\Omega)$$

$$X_T = \frac{U_S\%}{100} \times \frac{S_{TN}}{U_B^2} = 5.3\,(\Omega)$$

异相牵引母线接地短路的短路电流为

$$I_f = \frac{E}{(X'_{1\Sigma} + X_T)} = \frac{27.5/\sqrt{3}}{(0.628 + 5.3)} = 2.68\,(\text{kA})$$

8.3.4 平衡接线牵引变电所牵引母线短路分析

1. SCOTT 接线 $\alpha\beta$ 系统变换

为了降低牵引负荷在一次供电系统造成的不对称程度，可采用三相-两相牵引变电所，这种变电所的主变压器也称为平衡变压器。正如 8.2.3 节所述，当两臂牵引负荷相等时，一次供电系统三相电流将是对称的，一般情况下，这种变电所造成的三相系统的不对称程度比单相、三相变电所要小，三相-两相变压器能把对称的三相系统变换成“对称”的两相系统，这就是所谓的系统变换，它包括电压变换、电流变换和阻抗变换。尽管三相-两相变压器的接线形式和结构很多，然而作为连接两个系统的变换器件，它们的端口特性却是一致的，因此，可用目前我国大量采用的 SCOTT 接线变压器为例，讨论三相系统和两相系统之间电气量的关系，进而把一次侧的三相系统化成二次侧的两相系统，以便求得各种形式短路电流的计算式。

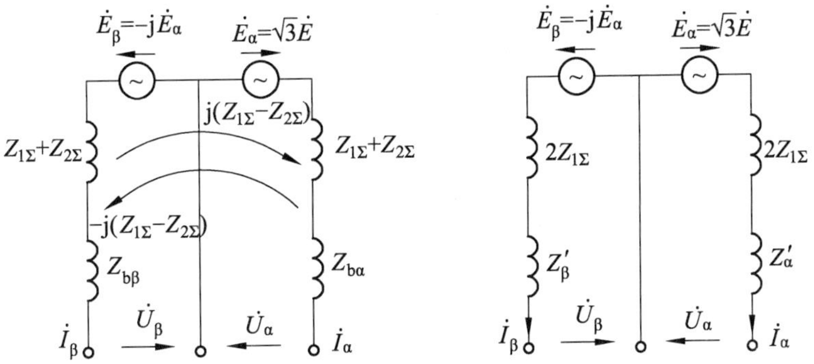

图 8.33 SCOTT 接线等效 $\alpha\beta$ 系统网络

$$\begin{bmatrix} \dot{U}_\alpha \\ \dot{U}_\beta \end{bmatrix} = \begin{bmatrix} \dot{E}_\alpha \\ \dot{E}_\beta \end{bmatrix} - \begin{bmatrix} Z_{1\Sigma} + Z_{2\Sigma} + Z_{b\alpha} & j(Z_{1\Sigma} - Z_{2\Sigma}) \\ -j(Z_{1\Sigma} - Z_{2\Sigma}) & Z_{1\Sigma} + Z_{2\Sigma} + Z_{b\beta} \end{bmatrix} \begin{bmatrix} \dot{I}_\alpha \\ \dot{I}_\beta \end{bmatrix} \tag{8.17}$$

式中：$Z_{b\alpha}$、$Z_{b\beta}$ 为斯柯特变压器单相阻抗；是一次侧三相端子短路从 O，α 端测得的短路阻抗和底边变压器一次侧短路从 O，β 端测得的短路阻抗，$Z_{b\alpha} \approx Z_{b\beta}$；$Z_{1\Sigma}$、$Z_{2\Sigma}$ 为已归算于牵引侧电压级的一次 ABC 系统序阻抗。

图 8.33 绘出了当 $Z_{1\Sigma}=Z_{2\Sigma}$ 和 $Z_{b\alpha}=Z_{b\beta}$ 时，简化 $\alpha\beta$ 系统牵引母线侧的网络图。

以上我们得到的图 8.33 和式(8.17),实质上就是根据戴文南定理在两个牵引母线端口(α 口和 β 口）的一次系统和牵引变电所变压器的戴文南等效电路。

2. 斯柯特变电所牵引母线短路电流计算

在短路简化计算条件下，取 $Z_{b\alpha}=Z_{b\beta}=jX_{\mathrm{T}}$，式（8.17）变为

$$\begin{bmatrix}\dot{U}_\alpha\\ \dot{U}_\beta\end{bmatrix}=\begin{bmatrix}1\\ -\mathrm{j}\end{bmatrix}\sqrt{3}E-\begin{bmatrix}\mathrm{j}(X_{1\Sigma}+X_{2\Sigma}+X_{\mathrm{T}}) & -(X_{1\Sigma}-X_{2\Sigma})\\ (X_{1\Sigma}-X_{2\Sigma}) & \mathrm{j}(X_{1\Sigma}+X_{2\Sigma}+X_{\mathrm{T}})\end{bmatrix}\begin{bmatrix}\dot{I}_\alpha\\ \dot{I}_\beta\end{bmatrix} \tag{8.18}$$

1）一臂牵引母线接地短路

设 α 相母线接地短路，边界条件是

$$\dot{U}_\alpha=0 \qquad \dot{I}_\beta=0$$

代入式（8.18）解得短路电流值为

$$I_f=I_\alpha=\frac{\sqrt{3}E}{X_{1\Sigma}+X_{2\Sigma}+X_{\mathrm{T}}} \tag{8.19}$$

简化计算时 $$I_f=\frac{\sqrt{3}E}{\sqrt{2}(2X_{1\Sigma}+X_{\mathrm{T}})} \tag{8.20}$$

2）异相牵引母线短路

此时边界条件为 $\dot{U}_\alpha=\dot{U}_\beta \quad \dot{I}_\alpha+\dot{I}_\beta=0$

代入式（8.18）解得短路电流为

$$\dot{I}_f=\dot{I}_\alpha=\frac{\sqrt{3}E(1+\mathrm{j})}{\mathrm{j}2(X_{1\Sigma}+X_{2\Sigma}+X_{\mathrm{T}})} \tag{8.21}$$

其值为 $$I_f=\frac{\sqrt{3}E}{\sqrt{2}(2X_{1\Sigma}+X_{2\Sigma}+X_{\mathrm{T}})} \tag{8.22}$$

简化计算时 $$I_f=\frac{\sqrt{3}E}{\sqrt{2}(2X_{1\Sigma}+X_{\mathrm{T}})} \tag{8.23}$$

3）异相牵引母线短路接地

此时边界条件为 $\dot{U}_\alpha=\dot{U}_\beta=0$，代入式（8.18），解得短路电流为

$$\dot{I}_f=\dot{I}_\alpha=\mathrm{j}\dot{I}_\beta=\frac{\sqrt{3}E}{\mathrm{j}(2X_{1\Sigma}+X_{\mathrm{T}})} \tag{8.24}$$

其值为 $$I_f=I_\alpha=I_\beta=\frac{\sqrt{3}E}{2X_{1\Sigma}+X_{\mathrm{T}}} \tag{8.25}$$

由式（8.24）可求得一次侧正、负序电流 $\dot{I}_1=\dfrac{2}{\sqrt{3}k}\dot{I}_\alpha,\dot{I}_2=0$。这说明原边三相电流是对称

的，其数值为 $I_A = I_B = I_C = \frac{2}{\sqrt{3}k} I_f = \frac{1}{k} \times \frac{E}{X_{1\Sigma} + X_T / 2}$。

SCOTT 接线变压器单相电抗在 27.5kV 侧的有名值为

$$X_T = \frac{U_s\%}{100} \times \frac{27.5^2}{S_{TN} / 2} \ (\Omega)$$

表 8.1 汇总了各类牵引变电所牵引母线短路电流的计算公式。

表 8.1　牵引变电所牵引母线短路电流计算公式汇总表

变电所类型＼故障类型	一相母线短路	异相母线短路	异相母线短路接地
单相变电所 V/V 接线	$I_f = \frac{\sqrt{3}E}{X_{1\Sigma} + X_{2\Sigma} + X_T}$	$I_f = \frac{\sqrt{3}E}{X_{1\Sigma} + X_{2\Sigma} + 2X_T}$	$I_{f\max} = \frac{E}{X_{1\Sigma} + \frac{1}{3} X_T}$
三相变电所 （Y/△接线）	$I_f = \frac{\sqrt{3}E}{X_{1\Sigma} + X_{2\Sigma} + 2X_T}$	$I_f = \frac{\sqrt{3}E}{X_{1\Sigma} + X_{2\Sigma} + X_T}$	$I_f = \frac{E}{X_{1\Sigma} + X_T}$
三相-两相变电所 （SCOTT 接线）	$I_f = \frac{\sqrt{3}E}{X_{1\Sigma} + X_{2\Sigma} + X_T}$	$I_f = \frac{\sqrt{2}\sqrt{3}E}{2(X_{1\Sigma} + X_{2\Sigma} + X_T)}$	$I_f = \frac{\sqrt{3}E}{2X_{1\Sigma} + X_T}$

【例 8.4】SCOTT 接线变电所一次侧三相短路容量为 1200 MV·A。变压器总容量 30 MV·A，变压器的短路电压百分值 $U_s\%$ =10.5，求牵引侧一相母线接地短路时的短路电流值。

解：归算到 27.5 kV 侧的系统电抗和变压器电抗有名值为

$$X_{1\Sigma} = \frac{U_N^{\ 2}}{S_D} \times \frac{1}{k^2} = \frac{110^2}{1200} \times \frac{1}{4^2} = \frac{27.5^2}{1200} = 0.628 \ (\Omega)$$

$$X_T = \frac{U_s\%}{100} \times \frac{U_N^2}{S_{TN} / 2} = \frac{10.5}{100} \times \frac{27.5^2}{30 / 2} = 5.3 \ (\Omega)$$

单相牵引母线接地短路时短路电流值为

$$I_f = \frac{\sqrt{3}E}{2X_{1\Sigma} + X_T} = \frac{27.5}{2 \times 0.628 + 5.3} = 4.2 \ (\text{kA})$$

8.3.5　牵引网短路电流的计算

牵引网是接触网、馈电线、轨道和回流线的统称。牵引网由于恶劣的工作环境，发生短路的概率远大于牵引母线和电力系统输电线路。本节总结研究一臂接触网接轨地短路、复线异相接触网间短路和复线异相接触网间短路并接轨地。三种短路分别简称为一臂牵引网短路、异相牵引网短路和异相牵引网短路接地。

虽然牵引网结构日趋复杂、形式愈多样化，各种牵引网阻抗互不相同，同一个牵引网在不同的工作或故障情况下所呈现的阻抗内容也可能不同。然而，无论牵引网结构形式和短路类型如何，短路时发生故障的整个牵引网连同短路点故障阻抗，它们作为无源的线性的网络，总可以等效成一个二端口阻抗元件，串接于牵引母线与轨道之间或牵引母线之间。取阻抗为 Z_{dq}，并称为母线处牵引网等值短路阻抗，简称牵引网等值阻抗。图 8.34 给出了一些牵引网短路时牵引母线处的牵引网等值阻抗 Z_{dq} 的定义和连接形式。

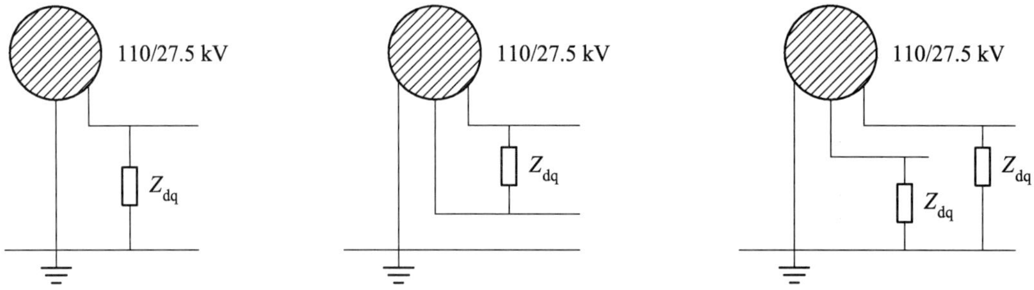

（a）一臂牵引网接地　　（b）复线异相牵引网短路　　（c）复线异相牵引网短路接地

图 8.34　牵引网等值阻抗 Z_{dq}

该 Z_{dq} 加上由戴文南定理和系统变换公式得到的牵引母线处电力系统和牵引变电所的等效电路，就可以求出短路时牵引母线上的电流。

通常不急于直接计算故障点的短路电流而先着眼于牵引母线处的牵引网等值阻抗和母线电流。之所以这样做，一是牵引母线短路和牵引网短路这两种短路，在牵引母线处看无本质差别。牵引网短路相当于故障阻抗为 Z_{dq} 的牵引母线短路；而牵引母线短路也可看成为 $Z_{dq}=0$ 的理想牵引网的短路。

两种短路可按同一个公式计算，差别仅在于计算公式中牵引网短路计算多了个非零的牵引值阻抗 Z_{dq}，显然不同形式的短路，不同结构形式的牵引网 Z_{dq} 是不同的，典型的计算如表 8.2 所示。二是前述章节中已推导了电力系统和牵引变电所的戴文南等效电路及牵引母线短路的计算公式，这一节就可以直接利用它们。三是断开故障牵引网与牵引变电所的联系后单独地计算牵引网等值阻抗是容易的。它使我们对于牵引网短路电流计算这一较为复杂的问题，化整为零，简化成为对于牵引网等值阻抗的推导计算了。四是由于继电保护装置的一些要求，工程上往往也需要知道牵引网短路时的牵引母线电流。此外由牵引母线电流也能方便地计算出牵引网各元件流经的电流，特别是故障点的短路电流。

表 8.2　牵引网等值阻抗 Z_{dq}

供电方式	接触网类型	牵引网等值阻抗 Z_{dq}
直供+带回流线直供	单线	$Z_0 l$
	复线	$\left[Z-\frac{1}{2}(Z-Z_m)\times\frac{l}{L}\right]l$
BT	单线	$Z_0 l$
	复线	$Z_0 l\left(1-\frac{l}{2L}\right)$

续表

供电方式		接触网类型	牵引网等值阻抗 Z_{dq}
AT	接触网对地短路	单线	$\frac{l(Z-Z_m)}{2}+Z-\frac{1}{2}(Z+Z_m)\times\frac{(L'-l')}{L}l'$
		复线	$\frac{(Z-Z_{m1}+Z_{m2}-Z_{m3})}{4}+\frac{1}{2}(Z+Z_{m1})\times\frac{(L'-l')}{L'}l'+\frac{(Z-Z_{m1}-Z_{m2}+Z_{m3})}{4}\times\frac{(D-l)}{D}l$
	接触网对正馈线短路	单线	$\frac{l}{2}(Z-Z_m)$
		复线	$\frac{(Z-Z_{m1}+Z_{m2}-Z_{m3})}{4}+\frac{(Z-Z_{m1}-Z_{m2}+Z_{m3})}{4}\times\frac{(D-l)}{D}l$

表中各个参数含义如下：

Z—接触网或馈线自阻抗；

Z_{m1}—上行或下行线路的接触网与馈线间的互阻抗；

Z_{m2}—不同线路的接触网间或馈线间的互阻抗；

Z_{m3}—不同线路的接触网与馈线间的互阻抗；

l—短路点到牵引网首端的距离（km）；

l'—短路点到相邻所侧相邻 AT 的距离（km）；

L'—与短路点相邻的两个 AT 的间隔（km）；

L 一供电臂长度（km）；

D—横连线间隔（km）。

参考上节牵引母线短路的分析方法和计算公式，不难得出牵引网等值电路阻抗为 Z_{dq} 时牵引母线上电流的计算公式。表 8.3 给出了各种牵引变电所牵引网短路时牵引母线电流 $\dot{I}_f$ 的计算公式。

表 8.3　牵引网短路牵引母线电流和短路点电流

变电所 \ 短路类型	一壁牵引网接地	复线异相牵引网短路	复线异相牵引网短路接地
单相变电所（V/V）	$\dot{I}_f=\frac{\sqrt{3}E}{Z_{1\Sigma}+Z_{2\Sigma}+Z_T+Z_{dq}}$	$\dot{I}_f=\frac{\sqrt{3}E}{Z_{1\Sigma}+Z_{2\Sigma}+2Z_T+Z_{dq}}$	$\dot{I}_{f\max}=\frac{E}{Z_{1\Sigma}+\frac{1}{3}(Z_T+Z_{dq})}$
三相变电所（Y/△）	$\dot{I}_f=\frac{\sqrt{3}E}{Z_{1\Sigma}+Z_{2\Sigma}+2Z_T+Z_{dq}}$	$\dot{I}_f=\frac{\sqrt{3}E}{Z_{1\Sigma}+Z_{2\Sigma}+2Z_T+Z_{dq}}$	$\dot{I}_{f\max}=\frac{E}{Z_{1\Sigma}+Z_T+\frac{1}{3}Z_{dq}}$
三相-两相变电所（SCOTT）	$\dot{I}_f=\frac{\sqrt{3}E}{Z_{1\Sigma}+Z_{2\Sigma}+Z_T+Z_{dq}}$	$\dot{I}_f=\frac{\sqrt{2}\sqrt{3}E}{2(Z_{1\Sigma}+Z_{2\Sigma}+2Z_T)+Z_{dq}}$	$\dot{I}_f=\frac{\sqrt{3}E}{2Z_{1\Sigma}+Z_T+Z_{dq}}$

在许多种牵引网短路时，故障点短路电流相等于牵引母线电流，二者使用表 8.2 给出的同一公式。当不等时，差别也仅在于有一个 2 的系数。简化计算时可以取 $Z_{1\Sigma}=Z_{2\Sigma}$、$I_{\alpha}=I_{\beta}=I_{f}$。

【例 8.5】某牵引变电所两台主变压器并联向复线牵引网供电。每台变压器：S_{TN}=15 MV·A，Us%=10.5，电力系统短路容量为 1200 MV·A；牵引网采用简单牵引网，供电臂末端有横连线将上、下行牵引网并联起来，上、下行牵引网间自阻抗和互阻抗分别为：Z=(0.217+j0.476)Ω/km，Z_m=(0.0319+j0.118) Ω/km。求如图 8.35 所示，f 点发生接地短路时的短路电流。

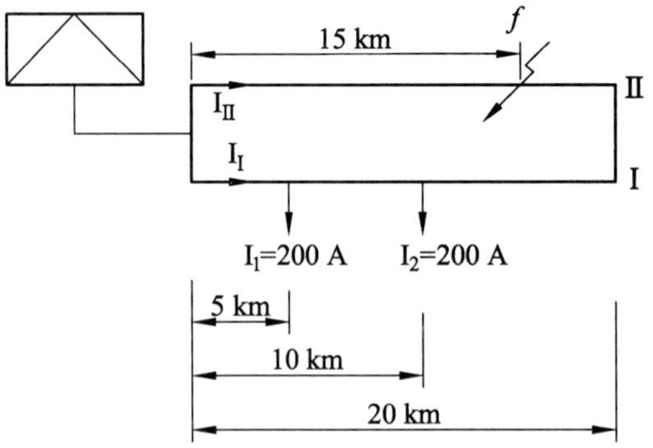

图 8.35　牵引网短路图

解：求出折算至牵引侧各阻（或电抗）抗有名值

系统电抗 $X'_{1\Sigma}=X_{1\Sigma*}\times\dfrac{U_B^{\ 2}}{S_B}=\dfrac{1}{S_{D*}}\times\dfrac{U_B^{\ 2}}{S_B}=\dfrac{S_B}{S_D}\times\dfrac{U_B^{\ 2}}{S_B}=\dfrac{U_B^{\ 2}}{S_D}=\dfrac{27.5^2}{1200}=0.628\,(\Omega)$

变压器电抗 $X_T=\dfrac{U_s\%}{100}\times\dfrac{U_N^2}{S_{TN}/2}=\dfrac{10.5}{100}\times\dfrac{27.5^2}{30/2}=5.3\,(\Omega)$

牵引网等值阻抗为

$$
\begin{aligned}
Z_{dq}&=\left[Z-\frac{1}{2}(Z-Z_m)\times\frac{l}{L}\right]l\\
&=\left[0.217+j0.476-\frac{1}{2}(0.217+j0.476-0.0319-j0.118)\times\frac{15}{20}\right]\times 15\\
&=2.214+j5.13\,(\Omega)
\end{aligned}
$$

$$
\begin{aligned}
\dot{I}_f&=\frac{\sqrt{3}E}{Z_{1\Sigma}+Z_{2\Sigma}+2Z_T+Z_{dq}}\\
&=\frac{27.5}{j0.628+j0.628+2\times j5.3+2.214+j5.13}=\frac{27.5}{2.214+j16.986}
\end{aligned}
$$

因分母的总阻抗中电抗远大于电阻，所以可以忽略电阻，则短路电流近似值为

$$I_f=\frac{27.5}{16.986}=1.619\,(\text{kA})$$

习　题

8.1　简述牵引供电系统各组成部分、功能及对电力系统产生的影响？

8.2　简述牵引网的供电方式及其特点？

8.3　典型牵引变电所主变压器接线方式有哪些？画出对应接线原理图？

8.4　牵引变电所母线短路与电力系统不对称短路有何异同？

8.5　牵引网短路有几种类型？分别列出牵引网一臂母线短路、异相牵引母线短路的计算公式？

8.6　试推导单相 V/V 接线变压器在变压器变比为 K_T，副边负荷 $\dot{I}_{ab}$，$\dot{I}_{bc}$ 分别作用下时，在变压器原边产生 A 相产生的负序电流表达式？

8.7　已知某 Y_N，d11 接线牵引变电所，进线电压为 110 kV，副边电压 27.5 kV，两臂负荷为 $\dot{I}_a$，$\dot{I}_b$。求注入电力系统原边 A 相的负序电流表达式？

8.8　某三相牵引变电所，电力系统的电抗 $X_{1\Sigma}=0.083$（基准容量为 100 MV·A），两台主变压器并联工作，每台容量为 15 MV·A，$U_S\%=10.5$。试求牵引母线一相接地和异相母线短路时的短路电流值？

附录 A　同步电机绕组电感系数

1. 定子各相绕组的自感系数

在定子绕组的空间内有转子在转动。凸极机的转子转动在不同位置时，对于某一定子绕组来说，空间的磁阻是不一样的。因此定子绕组的自感随着转子转动而周期性变化。

下面以 a 相为例来讨论定子绕组自感系数的变化。在图 A.1（a）中画出了转子在 4 个不同位置时，a 相绕组磁通所走的磁路。当 $\theta=0°$ 和 $\theta=180°$ 时自感最大；当 $\theta=90°$ 和 $\theta=270°$ 时自感最小。由此可知，a 相自感的变化规律如图 A-1（b）所示。L 是周期函数，其变化周期为 π，它还是 θ 的偶函数，即转子轴在 $\pm\theta$ 的位置时，L_{aa} 的大小相等。

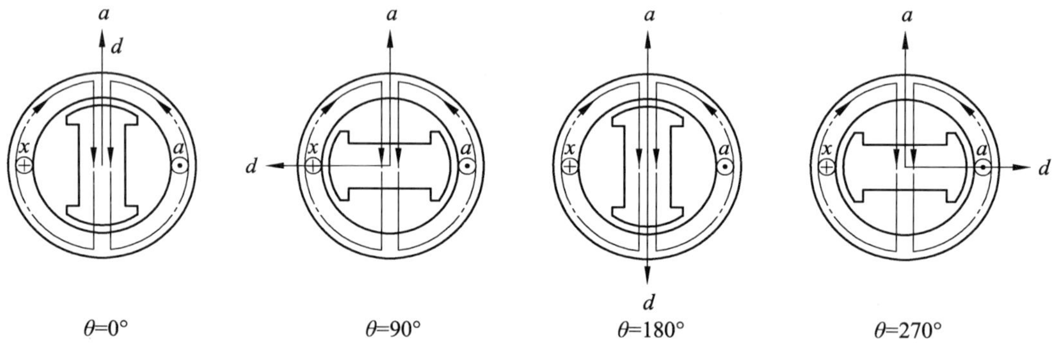

（a）不同位置的磁路图

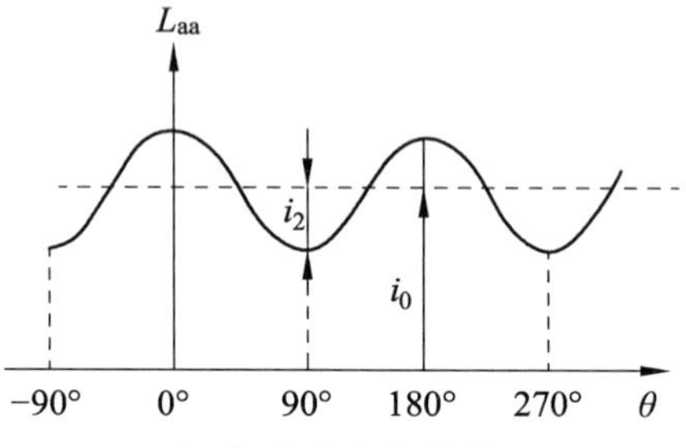

（b）自感变化规律

图 A.1　定子 a 相绕组的自感

周期性偶函数在分解为富氏级数时只含余弦项，而当函数变化周期为 π 时，只有偶次项，于是有

$$L_{aa}=l_0+l_2\cos 2\theta+l_4\cos 4\theta+\cdots$$

略去其中四次以及四次以上的分量，则

$$L_{aa}=l_0+l_2\cos 2\theta$$

类似的，可以得到 L_{bb} 和 L_{cc} 的变化规律。定子各相绕组自感系数与 θ 的函数关系可表示为：

$$\left.\begin{aligned}L_{aa}&=l_0+l_2\cos 2\theta\\L_{bb}&=l_0+l_2\cos 2(\theta-120°)\\L_{cc}&=l_0+l_2\cos 2(\theta+120°)\end{aligned}\right\}\tag{A-1}$$

式（A-1）不难理解，因为 b 相和 c 相绕组与转子 d 轴的夹角分别为 $\theta-120°$ 和 $\theta+120°$ 由于自感总是正的，所以自感的平均值 l_0 总是大于变化部分的幅值 l_2。隐极机的 l_2 为零。

2. 定子各相绕组间的互感系数

与自感系数的情况类似，凸极机的定子绕组互感也是随着转子转动周期性变化，其周期也是 π。下面以 M_{ab} 为例讨论定子绕组间互感系数的变化。首先应指出，因为 a、b 两相绕组在空间相差 120°，a 相绕组的正磁通交链到 b 相绕组总是负磁通，即定子绕组间的互感系数恒为负值。图 A-2（a）示出转子在 4 个不同位置时 a 相交链 b 相的互磁通所走的路径。由图可见，当 $\theta=-30°$ 。和 $\theta=150°$（即 a、b 绕组轴线的分角线）时，M_a 的绝对值最大；$\theta=60°$ 和 $\theta=240°$ 时 M_{ab} 的绝对值最小，变化周期为 π。此外，由图 A-2（a）还可见，若以 $\theta=-30°$ 为一轴线，则当 d 轴超前或滞后该轴线相等角度时，a 相和 b 相绕组间互感磁通路径上的磁导相同，M_{ab} 亦也相同，也就是说 M_{ab} 是 $\theta+30°$ 角的偶函数。图 A-2（b）示出 M_{ab} 亦随 θ 角的变化规律。与上述 L_{aa} 情况相似，可表示为

$$M_{ab}=-[m_0+m_2\cos 2(\theta+30°)]$$

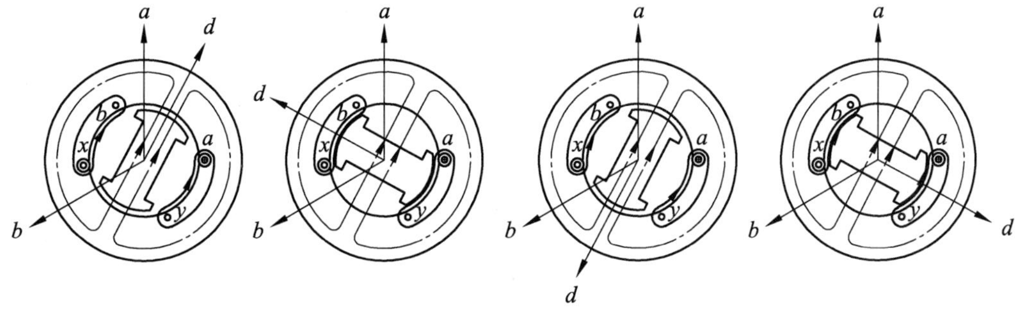

（a）不同位置的磁路图

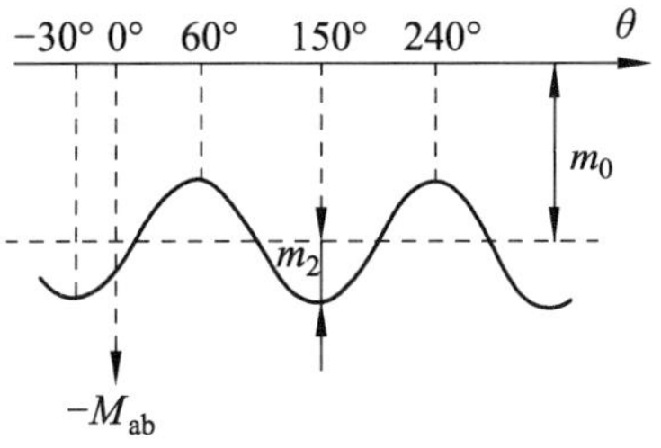

（b）互感变化规律

图 A.2　定子 a、b 两相绕组间的互感

其中，m_0 总大于 m_2，另外，根据理论分析和实验结果可知，互感变化部分的幅值与自感变化部分的幅值基本相等，即 $m_2\approx l_2$。

类似的，可以得到 M_{bc} 和 M_{ca} 的变化规律。下面列出定子各相绕组互感的表达式为

$$\left.\begin{aligned} M_{ab} &= M_{ba} = -[m_0 + m_2 \cos 2(\theta + 30°)] \\ M_{bc} &= M_{cb} = -[m_0 + m_2 \cos 2(\theta - 90°)] \\ M_{ca} &= M_{ac} = -[m_0 + m_2 \cos 2(\theta + 150°)] \end{aligned}\right\} \tag{A-2}$$

3. 转子各绕组的自感系数

转子上各绕组是随着转子一起转的，无论是凸极机还是隐极机，转子绕组的磁路总是不变的，即转子各绕组的自感系数为常数，令它们表示为

$$\left.\begin{aligned} L_{ff} &= L_f \\ L_{DD} &= L_D \\ L_{QQ} &= L_Q \end{aligned}\right\} \tag{A-3}$$

4. 转子各绕组间的互感系数

同上述原因，转子各绕组间的互感系数也都是常数，而且 Q 绕组与 f、D 绕组互相垂直，它们的互感为零，即

$$\left.\begin{aligned} M_{CD} &= M_{Dr} = m_r \\ M_{PQ} &= M_{Qr} = 0 \\ M_{DQ} &= M_{QD} = 0 \end{aligned}\right\} \tag{A-4}$$

5. 定子绕组与转子绕组间的互感系数

无论是凸极机还是隐极机，互感显然与转子绕组相对于定子绕组的位置有关。以 a 相绕组与励磁绕组的互感系数 M_{af} 为例来讨论。当转子 d 轴与定子 a 相轴线重合时，即 $\theta=0°$，两绕组间互感磁通路径的磁导最大，互感系数最大。转子旋转 90°，$\theta=90°$，d 轴与 a 相轴线垂直，而绕组间互感为零。转子再转 90°，$\theta=180°$，d 轴负方向与 a 相轴线正方向重合，互感系数为负的最大。M_{af} 的变化如图 A-3 所示，其周期为 2π。

定子各相绕组与励磁绕组间的互感系数与 θ 的函数关系可表示为

$$\left.\begin{aligned} M_{af} &= m_{af} \cos\theta \\ M_{bf} &= m_{af} \cos(\theta - 120°) \\ M_{cf} &= m_{af} \cos(\theta + 120°) \end{aligned}\right\} \tag{A-5}$$

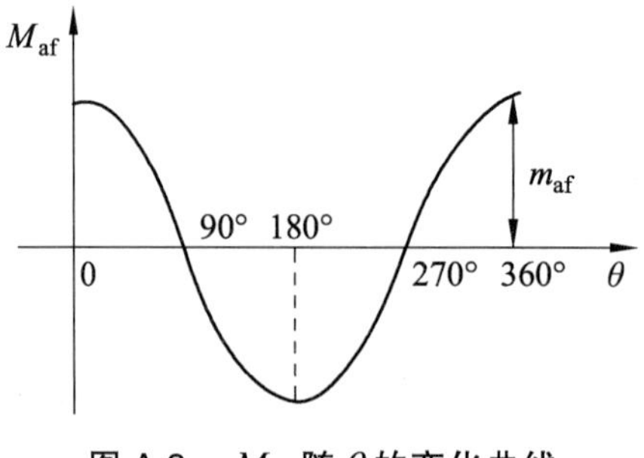

图 A.3　M_{af} 随 θ 的变化曲线

定子绕组和直轴阻尼绕组间的互感系数与定子绕组和励磁绕组间的互感系数基本类似，可表示为

$$\left.\begin{aligned} M_{\mathrm{aD}} &= m_{\mathrm{aD}}\cos\theta \\ M_{\mathrm{bD}} &= m_{\mathrm{aD}}\cos(\theta-120^\circ) \\ M_{\mathrm{cD}} &= m_{\mathrm{aD}}\cos(\theta+120^\circ) \end{aligned}\right\} \tag{A-6}$$

由于转子 q 轴超前于 d 轴 90°，以 $(\theta+90^\circ)$ 替换式（A-6）中的 θ，即可得定子绕组和交轴阻尼绕组间互感系数的表示式为

$$\left.\begin{aligned} M_{\mathrm{aQ}} &= -m_{\mathrm{aQ}}\sin\theta \\ M_{\mathrm{bQ}} &= -m_{\mathrm{aQ}}\sin(\theta-120^\circ) \\ M_{\mathrm{cQ}} &= -m_{\mathrm{aQ}}\sin(\theta+120^\circ) \end{aligned}\right\} \tag{A-7}$$

附录 B　同步电机的标幺值

同步电机 Park 方程（有名值）为

$$\left.\begin{aligned}
u_{\mathrm{d}} &= -ri_{\mathrm{d}} + \psi_{\mathrm{d}} - \omega\psi_{\mathrm{q}} \\
u_{\mathrm{q}} &= -ri_{\mathrm{q}} + \dot{\psi}_{\mathrm{q}} + \omega\psi_{\mathrm{d}} \\
u_0 &= -ri_0 + \dot{\psi}_0 \\
u_{\mathrm{f}} &= r_{\mathrm{f}}i_{\mathrm{f}} + \dot{\psi}_{\mathrm{f}} \\
0 &= r_{\mathrm{D}}i_{\mathrm{D}} + \dot{\psi}_{\mathrm{D}} \\
0 &= r_{\mathrm{Q}}i_{\mathrm{Q}} + \dot{\psi}_{\mathrm{Q}} \\
\psi_{\mathrm{d}} &= -L_{\mathrm{d}}i_{\mathrm{d}} + m_{\mathrm{af}}i_{\mathrm{f}} + m_{\mathrm{aD}}i_{\mathrm{D}} \\
\psi_{\mathrm{q}} &= -L_{\mathrm{q}}i_{\mathrm{q}} + m_{\mathrm{aQ}}i_{\mathrm{Q}} \\
\psi_0 &= -L_0 i_0 \\
\psi_{\mathrm{f}} &= -\frac{3}{2}m_{\mathrm{af}}i_{\mathrm{d}} + L_{\mathrm{r}}i_{\mathrm{f}} + m_{\mathrm{r}}i_{\mathrm{D}} \\
\psi_{\mathrm{D}} &= -\frac{3}{2}m_{\mathrm{aD}}i_{\mathrm{d}} + m_{\mathrm{r}}i_{\mathrm{f}} + L_{\mathrm{D}}i_{\mathrm{D}} \\
\psi_{\mathrm{Q}} &= -\frac{3}{2}m_{\mathrm{aQ}}i_{\mathrm{q}} + L_{\mathrm{Q}}i_{\mathrm{Q}}
\end{aligned}\right\} \tag{B-1}$$

采用标幺制时，对于定子侧的量，首先选定电压基准值 U_{B}、电流基准值 I_{B} 和时间基准值 t_{B} 一般就以同步电机的额定相电压、相电流的幅值为 U_{B}、I_{B}，而 $t_{\mathrm{B}}=1/\omega$。定子侧其他量的基准值即可按下列关系求得

$$\left.\begin{aligned}
z_{\mathrm{B}} &= U_{\mathrm{B}}/I_{\mathrm{B}} \\
L_{\mathrm{B}} &= z_{\mathrm{B}}t_{\mathrm{B}} = \psi_{\mathrm{B}}/I_{\mathrm{B}} \\
\psi_{\mathrm{B}} &= U_{\mathrm{B}}t_{\mathrm{B}} \\
\omega_{\mathrm{B}} &= 1/t_{\mathrm{B}}
\end{aligned}\right\} \tag{B-2}$$

就用已选定的上述基准值，将定子的 3 个电压方程转换为标幺值。在定子的三个电压方程等号两边同除以 $U_{\mathrm{B}}(=z_{\mathrm{B}}I_{\mathrm{B}}=\omega_{\mathrm{B}}\psi_{\mathrm{B}}=\psi_{\mathrm{B}}/t_{\mathrm{B}})$ 即得。以第一方程为例，即

$$\frac{u_{\mathrm{d}}}{U_{\mathrm{B}}} = \frac{-ri_{\mathrm{d}}}{z_{\mathrm{B}}I_{\mathrm{B}}} + \frac{\dot{\psi}_{\mathrm{d}}}{\psi_{\mathrm{B}}/t_{\mathrm{B}}} - \frac{\omega\psi_{\mathrm{q}}}{\omega_{\mathrm{B}}\psi_{\mathrm{B}}}$$

可得

$$u_{\mathrm{d}*} = -r_* i_{\mathrm{d}*} + \dot{\psi}_{\mathrm{d}*} - \omega_*\psi_{\mathrm{q}*}$$

其中

$$\dot{\psi}_{\mathrm{d}*} = \frac{\mathrm{d}\psi_{\mathrm{d}*}}{\mathrm{d}t}$$

同理可得定子其他电压方程为

$$\left.\begin{aligned} u_{d*} &= -r_* i_{d*} + \dot{\psi}_{d*} - \omega^* \psi_{q*} \\ u_{q*} &= -r_* i_{q*} + \dot{\psi}_{q*} + \omega^* \psi_{d*} \\ u_{0*} &= -r_* i_{0*} + \dot{\psi}_{0*} \end{aligned}\right\} \tag{B-3}$$

在转子方面，同样可先选定各回路的电压、电流基准值，若分别为 U_{fB}, U_{DB}, U_{QB} 和 I_{fB}, I_{DB}, I_{QB}，显然，t_B 应和前面选的一样。各回路磁链和阻抗的基准值分别为

$$\left.\begin{aligned} \psi_{fB} &= U_{fB} t_B \\ \psi_{DB} &= U_{DB} t_B \\ \psi_{QB} &= U_{QB} t_B \\ z_{fB} &= U_{fB} / I_{fB} \\ z_{DB} &= U_{DB} / I_{DB} \\ z_{QB} &= U_{QB} / I_{QB} \end{aligned}\right\} \tag{B-4}$$

同样，以 U_{fB}, U_{DB}, U_{QB} 分别除以转子回路的三个电压方程，即可得它们的标幺值方程为

$$\begin{aligned} U_{f*} &= r_{f*} i_{f*} + \dot{\psi}_{f*} \\ 0 &= r_{D*} i_{D*} + \dot{\psi}_{D*} \\ 0 &= r_{Q*} i_{Q*} + \dot{\psi}_{Q*} \end{aligned} \tag{B-5}$$

在转换磁链方程以前，令定子和转子电压基准值之比和电流基准值之比分别为

$$\left.\begin{aligned} k_{uf} &= \frac{U_B}{U_{fB}} \\ k_{uD} &= \frac{U_B}{U_{DB}} \\ k_{UQ} &= \frac{U_B}{U_{QB}} \\ k_{if} &= \frac{I_B}{I_{fB}} \\ k_{iD} &= \frac{I_B}{I_{DB}} \\ k_{iQ} &= \frac{I_B}{I_{QB}} \end{aligned}\right\} \tag{B-6}$$

下面转换磁链方程，以 ψ_d 方程为例，等号两边同除 ψ_B，可得

$$\begin{aligned} \frac{\psi_d}{\psi_B} &= \frac{-L_d i_d}{L_B I_B} + \frac{m_{af} i_f}{L_B I_B} + \frac{m_{aD} i_D}{L_B I_B} \\ \psi_{d*} &= -L_{d*} i_{d*} + \frac{m_{af} i_f}{L_B k_{if} I_{fB}} + \frac{m_{aD} i_D}{L_B k_{iD} I_{DB}} \\ &= -L_{d*} i_{d*} + M_{af*} i_{f*} + M_{aD*} i_{D*} \end{aligned}$$

其中

$$M_{af*} = \frac{m_{af}}{L_B k_{if}}; \quad M_{aD*} = \frac{m_{aD}}{L_B k_{iD}}$$

经过类似推导可得 6 个磁链方程为

$$\left.\begin{aligned}
\psi_{d*} &= -L_{d*}i_{d*} + M_{af*}i_{f*} + M_{aD*}i_{D*} \\
\psi_{q*} &= -L_{q*}i_{q*} + M_{aQ*}i_{Q*} \\
\psi_{0*} &= -L_{0*}i_{0*} \\
\psi_{f*} &= -M_{fa*}i_{d*} + L_{f*}i_{f*} + M_{fD*}i_{D*} \\
\psi_{D*} &= -M_{Da*}i_{d*} + M_{Df*}i_{f*} + L_{D*}i_{D*} \\
\psi_{Q*} &= -M_{Qa*}i_{q*} + L_{Q*}i_{Q*}
\end{aligned}\right\} \qquad \text{(B-7)}$$

式（B-7）中存在以下一些关系式

$$\left.\begin{aligned}
L_{d*} &= \frac{L_d}{L_B} \\
L_{q*} &= \frac{L_q}{L_B} \\
L_{0*} &= \frac{L_0}{L_B} \\
L_{f*} &= \frac{L_f}{L_B}\frac{k_{uf}}{k_{if}} \\
L_{D*} &= \frac{L_D}{L_B}\frac{k_{uD}}{k_{iD}} \\
L_{Q*} &= \frac{L_Q}{L_B}\frac{k_{uQ}}{k_{iQ}} \\
M_{af*} &= \frac{m_{af}}{L_B k_{if}} \\
M_{fa*} &= \frac{\frac{3}{2}m_{aD}}{L_B}k_{uD} \\
M_{aD*} &= \frac{m_{aD}}{L_B k_{iD}} \\
M_{Da*} &= \frac{\frac{3}{2}m_{aD}}{L_B}k_{uD} \\
M_{aQ*} &= \frac{m_{aQ}}{L_B k_{iQ}} \\
M_{Qa_a*} &= \frac{\frac{3}{2}m_{aQ}}{L_B}k_{uQ} \\
M_{fD*} &= \frac{m_r}{L_B}\frac{k_{uf}}{k_{iD}} \\
M_{Df*} &= \frac{m_r}{L_B}\frac{k_{uD}}{k_{if}}
\end{aligned}\right\} \qquad \text{(B-8)}$$

由式（B-8）可知，若令

$$\left.\begin{aligned}k_{uf}k_{if}&=\frac{2}{3}\\k_{uD}k_{iD}&=\frac{2}{3}\\k_{uQ}k_{iQ}&=\frac{2}{3}\end{aligned}\right\}\tag{B-9}$$

即可得 $M_{af*}=M_{fa**},M_{aD*}=M_{Da*},M_{aQ*}=M_{Ca^*},M_{fD*}=M_{Df*}$，因此各互感系数是可逆的。

由式（B-9）可知，当定子电压、电流基准值已选定，则转子各回路的基准值只能在电压和电流中任选一个，然后由式（B-9）决定另一个基准值。一般是先任选转子电流基准值。然后计算电压基准值。虽然转子电流基准值可以任选，但从实际应用情况来看只有数种选择方式，下面介绍一种通常采用的基准值系统，一般称为 x_{ad} 基值系统。

在这种系统中，励磁绕组的电流基准值是这样来决定的：当励磁绕组流过其基准电流值时，产生的交链定子磁链与定子 d 轴电流分量为定子电流基准值时产生的 d 轴电枢反应磁链相等，即

$$m_{af}I_{fB}=L_{ad}I_{B}\tag{B-10}$$

则

$$k_{if}=\frac{I_B}{I_{fB}}=\frac{m_{af}}{L_{ad}}\tag{B-11}$$

将式（B-11）代入到式（B-8）可得

$$M_{af*}=\frac{m_{af}}{L_B}\frac{I_{fB}}{I_B}=\frac{m_{af}}{L_B}\frac{L_{ad}}{m_{af}}=L_{ad*}\tag{B-12}$$

用类似的方法选定直轴和交轴阻尼绕组的电流基准值，则有

$$\left.\begin{aligned}k_{iD}&=\frac{I_B}{I_{DB}}=\frac{m_{aD}}{L_{ad}}\\k_{iQ}&=\frac{I_B}{I_{QB}}=\frac{m_{aQ}}{L_{aq}}\end{aligned}\right\}\tag{B-13}$$

同理可得

$$\left.\begin{aligned}M_{aD*}&=L_{ad*}\\M_{aQ*}&=L_{aq*}\end{aligned}\right\}\tag{B-14}$$

由此可知，这种基准值系统可以使一些互感系数相等。将式（B-8）中互感系数重新整理为

$$\left.\begin{aligned}&M_{af*}=M_{fa*}=M_{aD*}=M_{Da*}=L_{ad*}\\&M_{aQ*}=M_{Qa*}=L_{aq*}\\&M_{fD*}=M_{Df*}=\frac{2}{3}\times\frac{m_r}{L_B}\frac{I_{fB}I_{DB}}{I_B^2}\end{aligned}\right\}\tag{B-15}$$

下面进一步讨论 M_{fD*} 的值。假设定子绕组和励磁绕组电流为零，而只有 D 绕组中流过 $i_{D*}=1$，则有

$$\psi_{d*}=L_{ad*};\quad \psi_{f*}=M_{fD*}$$

故

$$\frac{\psi_d}{\psi_f}=\frac{L_{ad*}\psi_B}{M_{fD*}\psi_{fB}}=\frac{L_{ad*}U_B t_B}{M_{fD*}U_{fB}t_B}=\frac{L_{ad*}}{M_{fD*}}\times\frac{2}{3}\times\frac{I_{fB}}{I_B}$$

又由式（B-10）选择 I_{fB} 时，励磁绕组与定子绕组相应的磁动势相等，即

$$\omega_f I_{fB}=\frac{3}{2}\omega_a I_B$$

式中，ω_a 和 ω_f 分别为定子和励磁绕组的匝数。将该式代入得

$$\frac{\psi_d}{\psi_f}=\frac{L_{ad*}}{M_{fD*}}\frac{\omega_a}{\omega_f}$$

另一方面，假设 $i_{D*}=1$ 产生的磁通，除了本身的漏磁通外，主磁通同时交链定子和励磁绕组，即忽略阻尼绕组与励磁绕组间的漏磁通，则

$$\frac{\psi_d}{\psi_f}\approx\frac{\omega_a}{\omega_f}$$

因此

$$L_{ad*}\approx M_{fD*}=M_{Df*} \tag{B-16}$$

将式（B-15）的前两式和式（B-16）代入式（B-7），并考虑到电感的标幺值和额定频率时相应的电抗标幺值相等，则得标幺值磁链方程式为

$$\left.\begin{aligned}
\psi_{d*}&=-x_{d*}i_{d*}+x_{ad*}i_{f*}+x_{ad*}i_{D*}\\
\psi_{q*}&=-x_{q*}i_{q*}+x_{aq*}i_{Q*}\\
\psi_{0*}&=-x_{0*}i_{0*}\\
\psi_{f*}&=-x_{ad*}i_{d*}+x_{f*}i_{f*}+x_{ad*}i_{D*}\\
\psi_{D*}&=-x_{ad*}i_{d*}+x_{ad*}i_{f*}+x_{D*}i_{D*}\\
\psi_{Q*}&=-x_{ad*}i_{q*}+x_{Q*}i_{Q*}
\end{aligned}\right\} \tag{B-17}$$

实际上，由于式（B-10）中不易求得，所以要采用下述方法求得 I_{fB}。在同步电机转子同步旋转时，调节励磁电流使定子开路电压为额定值，测试励磁电流 i_f 有如下关系式

$$\omega_s m_{af} i_f=U_B$$

而励磁电流的标幺值为

$$i_{f*}=\frac{i_f}{I_{fB}}=\frac{\omega_s m_{af} i_f}{\omega_s m_{af} I_{fB}}=\frac{U_B}{\omega_s L_{ad} I_B}=\frac{U_B}{x_{ad} I_B}=\frac{1}{x_{ad*}} \tag{B-18}$$

由于 x_{ad}，往往已知，而 i_f 可由上述实验测得，故

$$I_{fB} = x_{ad*} i_f \tag{B-19}$$

根据式（B-18）或式（B-19），这个基值系统［即式（B-10）］又称为基值系统。最后，定子和励磁回路的功率基准值为

$$S_B = \frac{3}{2} U_B I_B \tag{B-20}$$

$$S_{fB} = U_{fB} I_{fB} = \frac{U_B}{k_{uf}} \frac{I_B}{k_{if}} = \frac{3}{2} U_B I_B = S_B \tag{B-21}$$

附录 C　同步电机电磁暂态过程中定子交流分量的时间常数

1. 直轴磁耦合等值电路和定子交流分量的时间常数相对应

（1）定子开路时。图 C-1 为定子开路时，励磁绕组 f 和阻尼绕组 D 的等值电路（不含虚线部分），它类似于双绕组变压器等值电路。

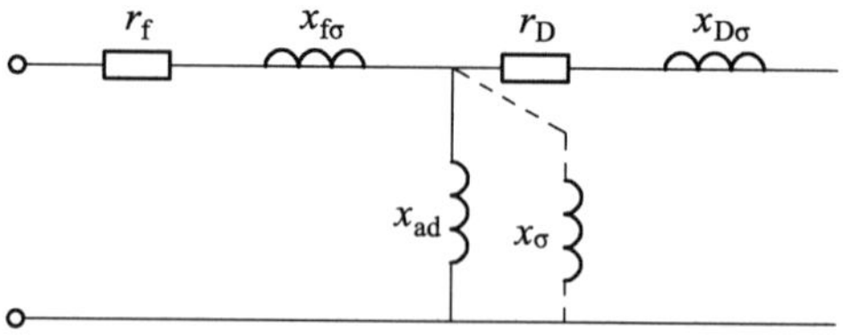

图 C.1　具有磁耦合的 f 绕组和 D 绕组的等值电路

此电路的运算阻抗为

$$\begin{aligned} z(p) &= (r_f + p x_{f_\sigma}) + [(r_D + p x_{D_\sigma}) \,/\!/\, p x_{ad}] \\ &= \frac{p^2(x_f x_D - x_{ad}^2) + p(x_f r_D + x_D r_f) + 1}{r_D + p x_D} = \frac{\sigma_d T_f T_D p^2 + (T_f + T_D)p + 1}{r + r_f r_D} r_f r_D \end{aligned} \tag{C-1}$$

$z(p)$ 的分子是此电路电流象函数的分母，此多项式等于零，即

$$\sigma_d T_f T_D p^2 + (T_f + T_D)p + 1 = 0 \tag{C-2}$$

式（C-2）的根决定了此电路暂态过程中直流电流的时间常数。它们也就是同步电机定子开路时某些电磁暂态过程，例如突然增加励磁后，转子回路直流电流和定子端交流电压增加的时间常数。

（2）定子短路时。相当于上述磁耦合电路旁又多了一个对应定子的假想绕组 dd 的短路回路。其等值电路仅需在图 C-1 中再并联一定子漏电抗 x_σ，如虚线所示，也可看作原电路的互电抗由 x_{ad} 变为 x'_{ad}（即 $x_{ad} \,/\!/\, x_\sigma$）。

很明显，此时运算阻抗为

$$\begin{aligned} z'(p) &= (r_f + p x_f) + [(r_D + p x_{D\sigma}) \,/\!/\, p x'_{ad}] \\ &= \frac{\sigma'_d T'_f T'_D p^2 + (T'_f + T'_D)p + 1}{r_D + p x'_D} r_f r_D \end{aligned} \tag{C-3}$$

其分子可以类推得

$$\sigma'_d T'_f T'_D p^2 + (T'_f + T'_D)p + 1 = 0 \tag{C-4}$$

式（C-4）的根决定了同步电机定子突然短路时，转子自由直流分量和定子短路电流交流分量的衰减时间常数。

2. 时间常数

（1）定子开路时。由方程式（C-2）可解得两个根，对应两个时间常数，即

$$\left.\begin{aligned} T'_{d0} &= -\frac{1}{p_1} = \frac{1}{2}(1+q)(T_f + T_D) \\ T''_{d0} &= -\frac{1}{p_2} = \frac{1}{2}(1-q)(T_f + T_D) \end{aligned}\right\} \tag{C-5}$$

其中

$$q = \sqrt{1 - \frac{4\sigma_d T_f T_D}{(T_f + T_D)^2}}$$

如果 σ_d 较小，$q \approx 1$，则 $1+q \approx 2$，而

$$1-q \approx 1-\left[1-\frac{1}{2}\times\frac{4\sigma_d T_f T_D}{(T_f + T_D)^2}\right] = \frac{2\sigma_d T_f T_D}{(T_f + T_D)^2}$$

于是式（C-5）可近似为

$$\begin{aligned} T'_{d0} &\approx T_f + T_D \\ T''_{d0} &\approx \frac{\sigma_d T_f T_D}{T_f + T_D} \end{aligned}$$

一般 $T_f \gg T_D$，则

$$\left.\begin{aligned} T'_{d0} &\approx T_f \\ T''_{d0} &\approx \sigma_d T_D \end{aligned}\right\} \tag{C-6}$$

（2）定子短路时，类似可得

$$\left.\begin{aligned} T'_d &\approx T'_f = T_f \frac{x'_f}{x_f} = T_f \frac{x'_d}{x_d} \\ T''_d &\approx \sigma'_d T'_D = \sigma_d T_D \frac{x''_d}{x'_d} \approx T''_{d0} \frac{x''_d}{x'_d} \end{aligned}\right\} \tag{C-7}$$

如果不计阻尼回路，则可断开图 C-1 中阻尼支路，显然只有一个时间常数，即

$$\left.\begin{aligned} T'_{d0} &= T_f\text{（定子开路时）} \\ T'_d &= T'_f = T_f \frac{x'_d}{x_d}\text{（定子短路时）} \end{aligned}\right\} \tag{C-8}$$

附录 D　常用网络变换的基本公式列表

表 D-1　常用网络变换的基本公式

变换名称	变换前网络	变换后等效网络	等效网络的阻抗
有源电动势支路的并联	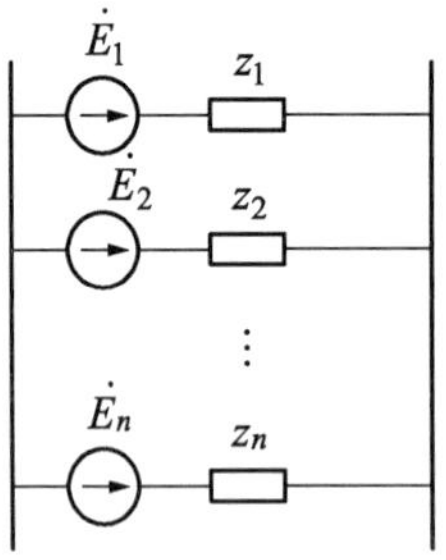	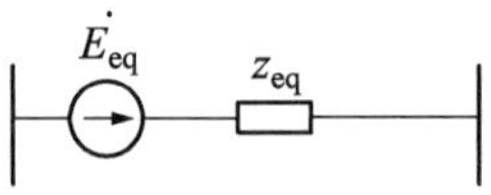	$z_{eq}=\dfrac{1}{\dfrac{1}{z_1}+\dfrac{1}{z_2}+\cdots+\dfrac{1}{z_n}}$ $\dot{E}_{eq}=z_{eq}\left(\dfrac{\dot{E}_1}{z_1}+\dfrac{\dot{E}_2}{z_2}+\cdots+\dfrac{\dot{E}_n}{z_n}\right)$
三角形变星形	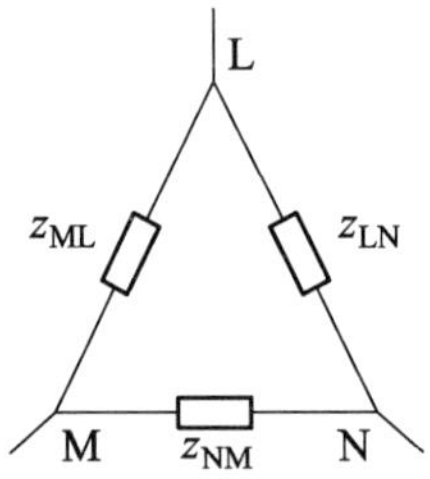	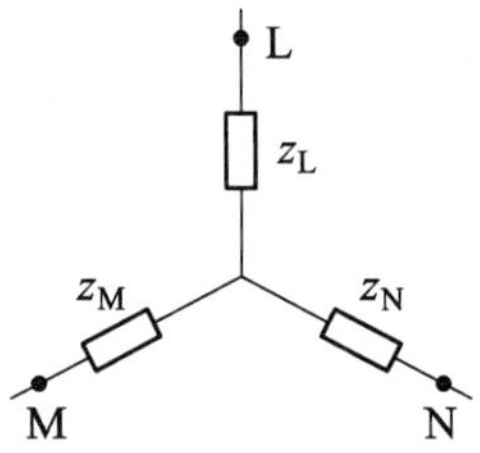	$z_L=\dfrac{z_{ML}z_{LN}}{z_{ML}+z_{LN}+z_{NM}}$ $z_M=\dfrac{z_{NM}z_{ML}}{z_{ML}+z_{LN}+z_{NM}}$ $z_N=\dfrac{z_{LN}z_{NM}}{z_{ML}+z_{LN}+z_{NM}}$
星形变三角形	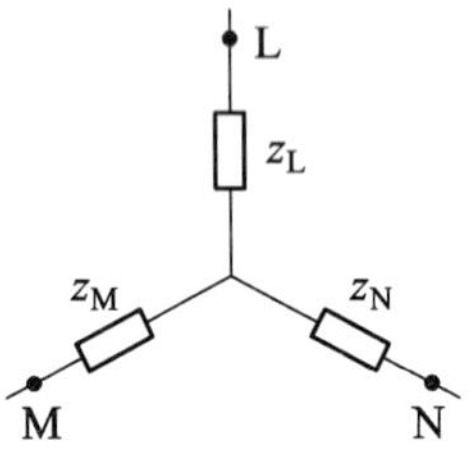	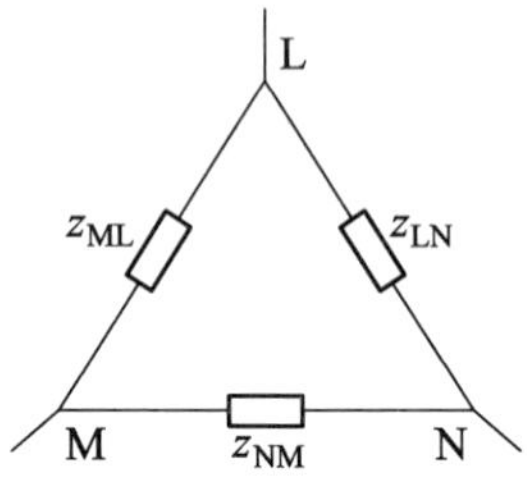	$z_{ML}=z_M+z_L+\dfrac{z_Mz_L}{z_N}$ $z_{LN}=z_L+z_N+\dfrac{z_Lz_N}{z_M}$ $z_{NM}=z_N+z_M+\dfrac{z_Nz_M}{z_L}$
多支路星形变为对角连接的网形	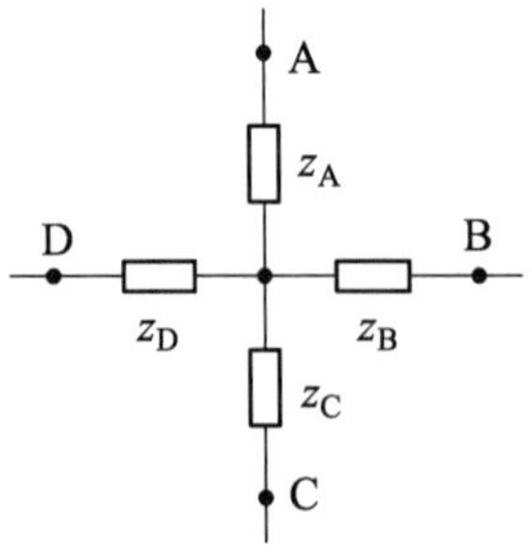	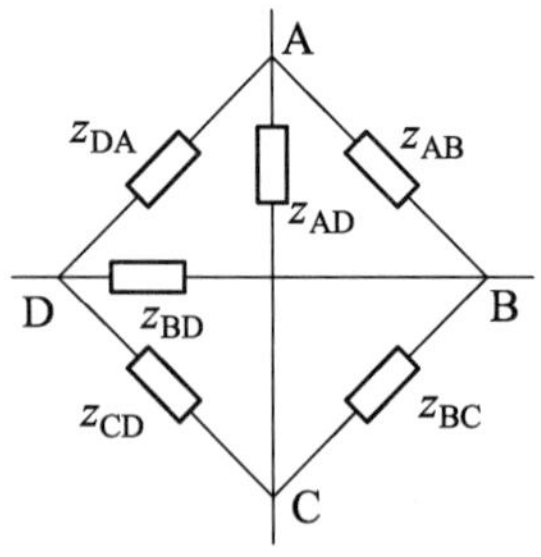	$z_{AB}=z_Az_B\sum\dfrac{1}{z}$ $z_{BC}=z_Bz_C\sum\dfrac{1}{z}$ $\vdots$ 其中 $\sum\dfrac{1}{z}=\dfrac{1}{z_A}+\dfrac{1}{z_B}+\dfrac{1}{z_C}+\dfrac{1}{z_D}$

附录 E　短路电流计算曲线

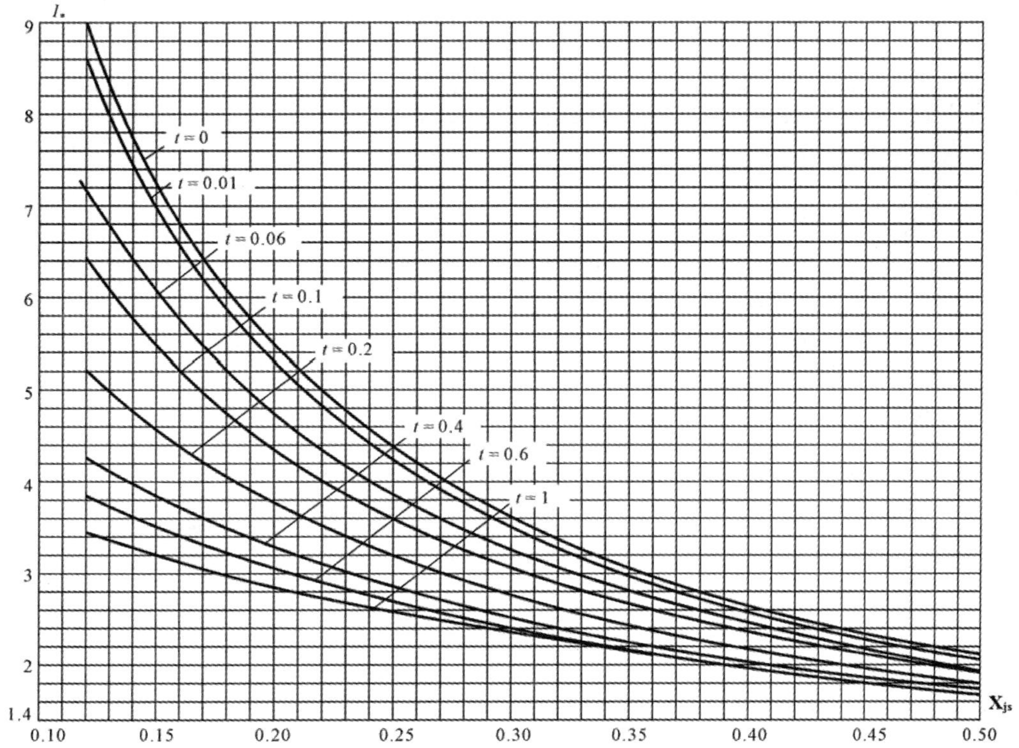

图 E.1　汽轮发电机运算曲线一

图 E.2　汽轮发电机运算曲线二

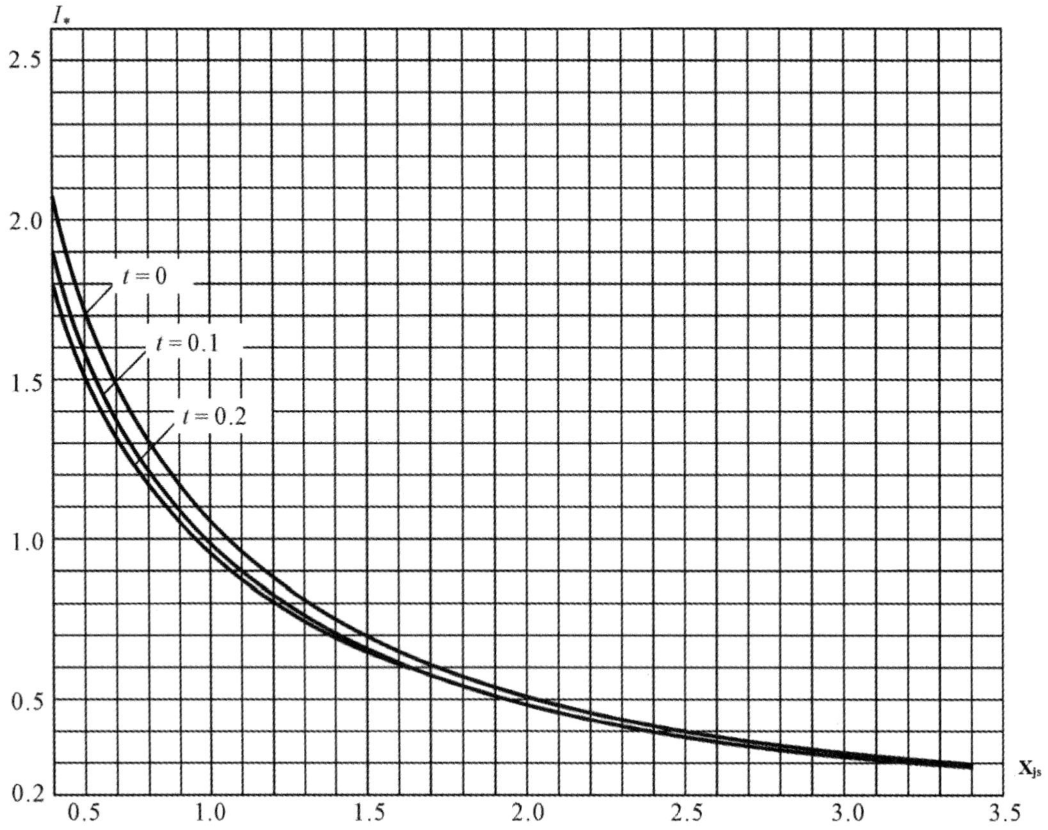

图 E.3　汽轮发电机运算曲线三

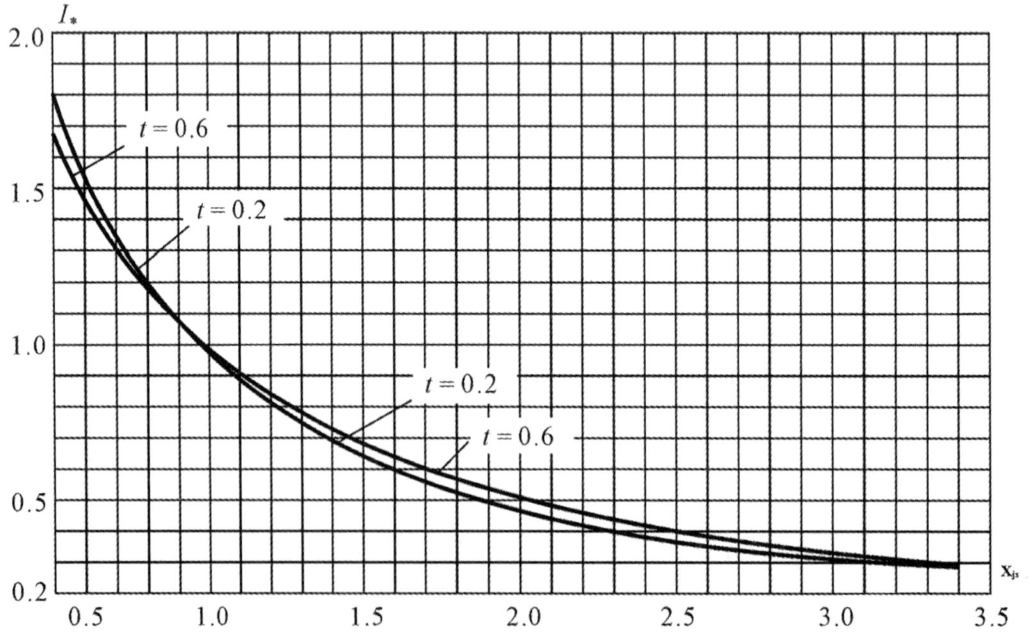

图 E.4　汽轮发电机运算曲线四

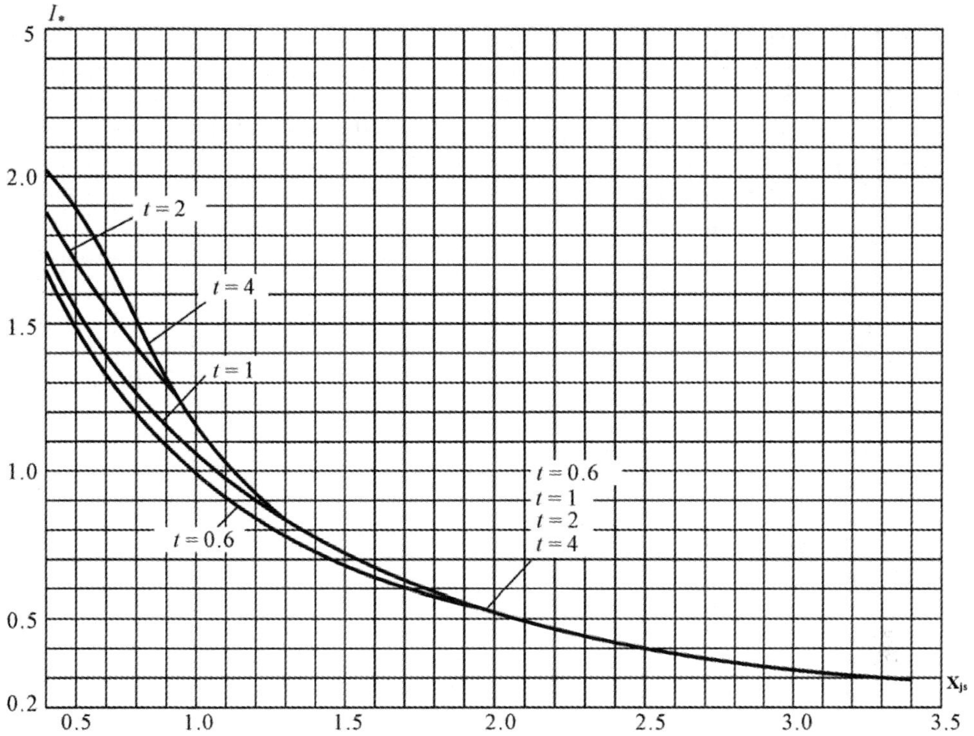

图 E.5　汽轮发电机运算曲线五

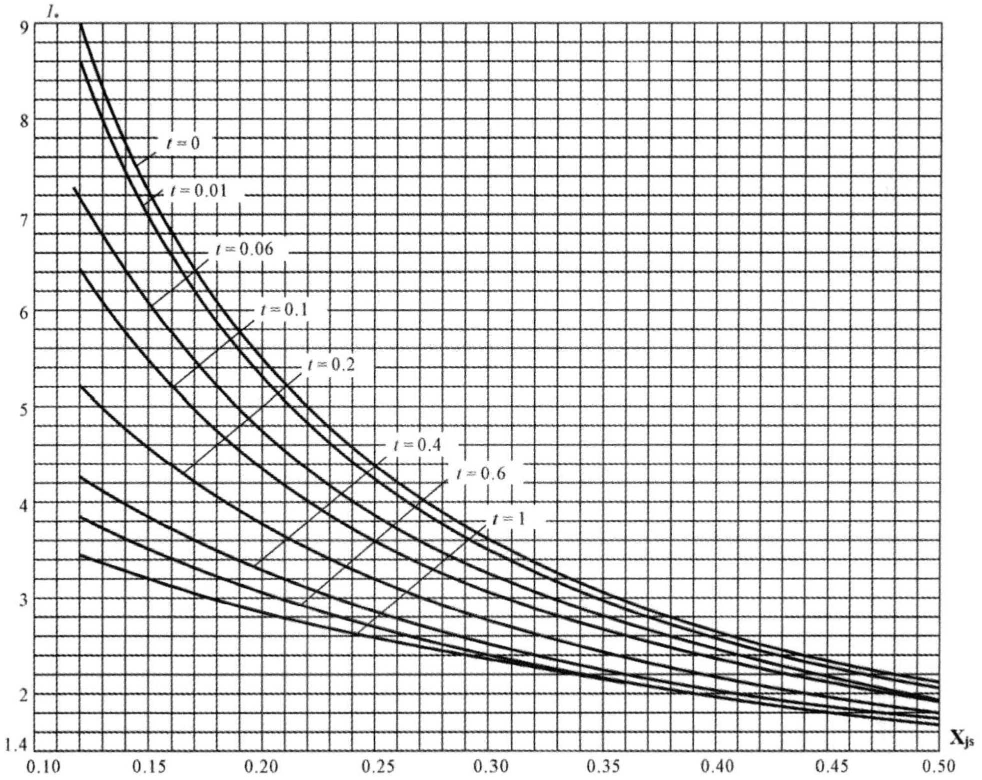

图 E.6　水轮发电机运算曲线一

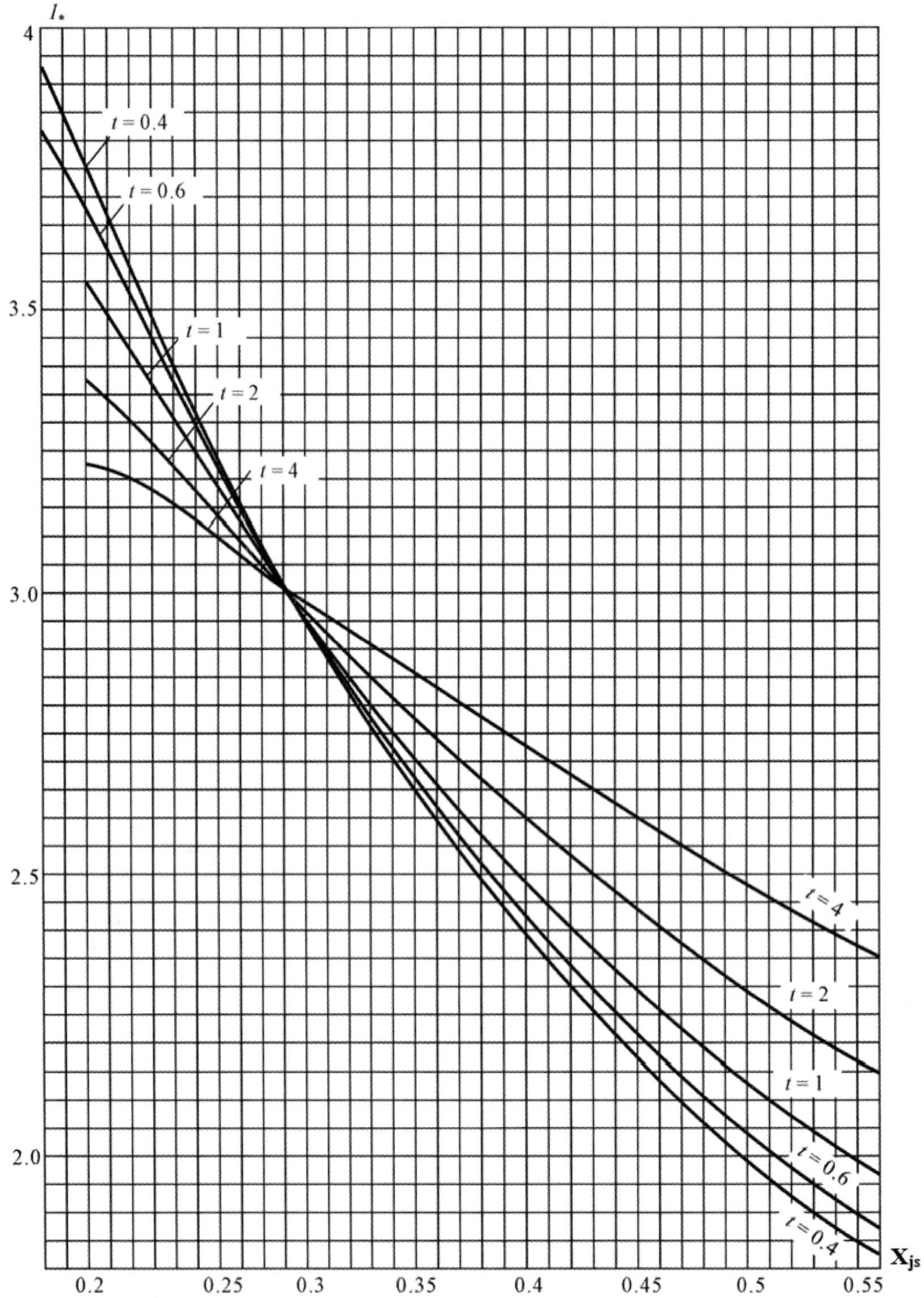

图 E.7　水轮发电机运算曲线二

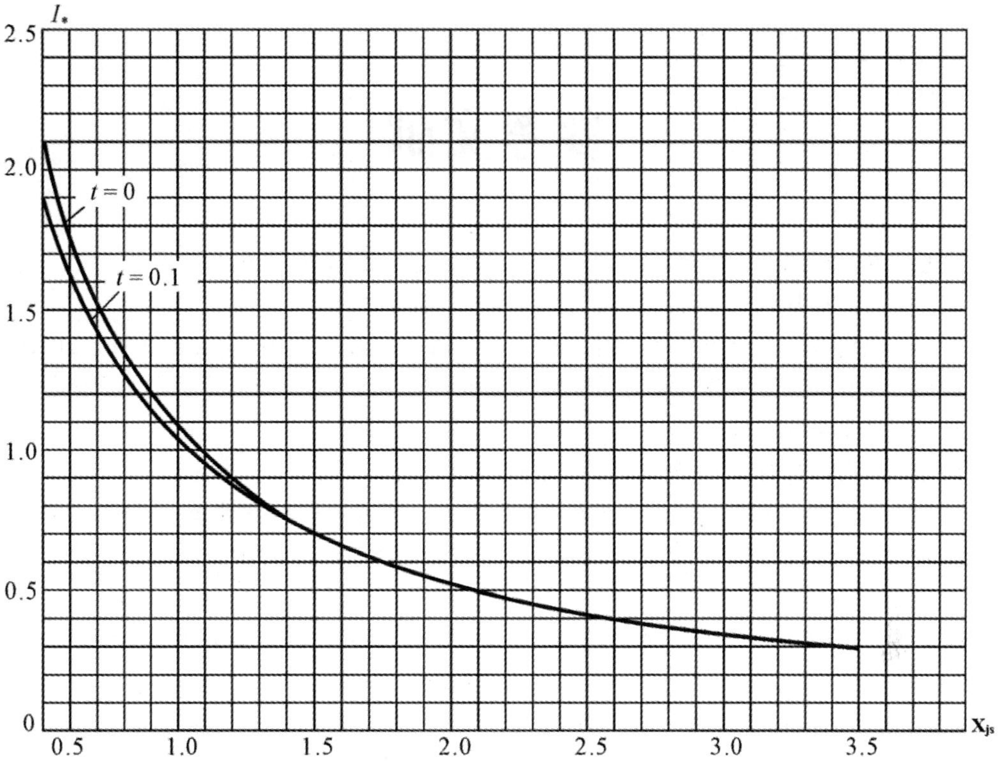

图 E.8 水轮发电机运算曲线三

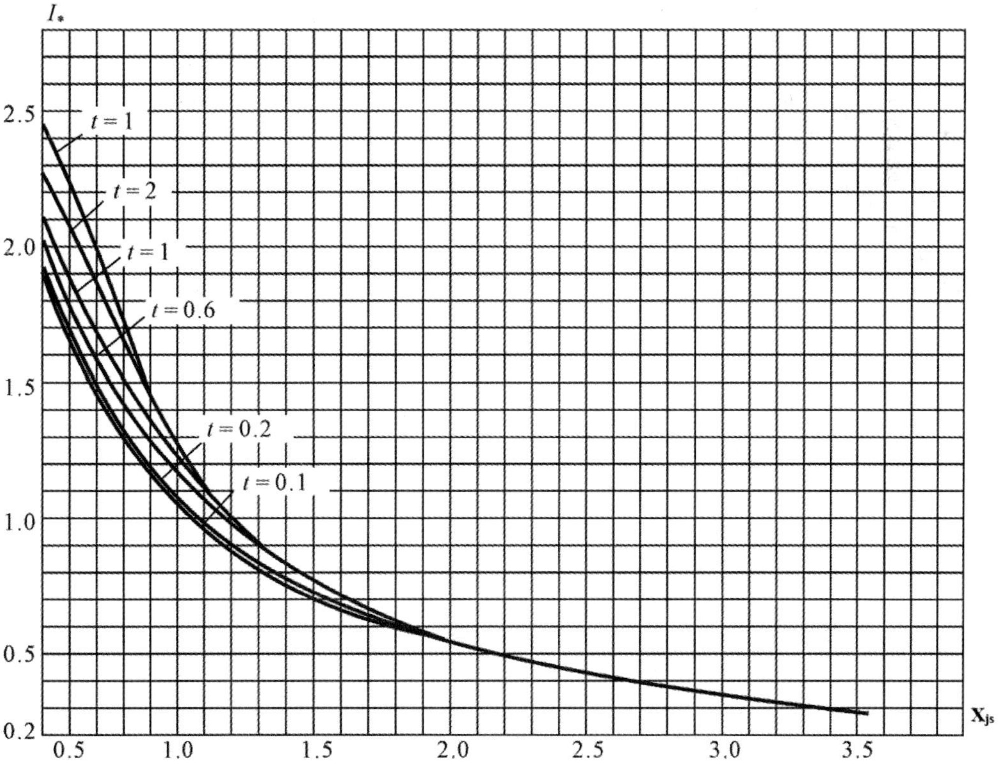

图 E.9 水轮发电机运算曲线四

参考文献

[1] 夏道止. 电力系统分析（第二版）. 北京：中国电力出版社，2011.
[2] 卢芸. 电力工程基础. 北京：机械工业出版社，2013.
[3] 刘天琪. 现代电力系统分析理论与方法（第二版）. 北京：中国电力出版社，2016.
[4] 方万良，李建华，王建学. 电力系统暂态分析（第四版）. 北京：中国电力出版社，2017.
[5] 孙秋野. 电力系统分析. 北京：人民邮电出版社，2012.
[6] 李庚银. 电力系统分析基础. 北京：机械工业出版社，2011.
[7] 哈恒旭，张新慧，何柏娜. 电力系统分析. 西安：西安电子科技大学出版社，2012.
[8] 韩祯祥. 电力系统分析（第五版）. 杭州：浙江大学出版社，2013.
[9] 于永源，杨绮雯. 电力系统分析（第三版）. 北京：中国电力出版社，2007.
[10] 李群湛，贺建闽. 牵引供电系统分析（第 3 版）. 成都：西南交通大学出版社，2012.
[11] 简克良. 电力系统分析. 北京：中国电力出版社，1993.
[12] 陈珩. 电力系统稳态分析（第三版）. 北京：中国电力出版社，2007.
[13] 李光琦. 电力系统暂态分析（第三版）. 北京：中国电力出版社，2012.
[14] 王晓茹，高仕斌. 电力系统分析. 北京：高等教育出版社，2011.
[15] 夏道止，杜正春. 电力系统分析（第三版）. 北京：中国电力出版社，2018.
[16] 韦钢. 电力系统分析基础（第 2 版）. 北京：中国电力出版社，2021.